半导体器件传感器在气体、化学和生物医学方面的应用

Semiconductor Device-Based Sensors for Gas, Chemical, and Biomedical Applications

〔美〕任　帆
〔美〕史蒂芬·皮尔顿（Stephen J. Pearton）　主编
王莹麟　程鹏飞　译

科学出版社
北　京

图字：01-2025-0856号

内 容 简 介

本书是一本全面深入探讨半导体传感器在气体、化学和生物医学领域应用的书籍。它从基本原理和不同类型传感器的工作机制讲起，覆盖了金属氧化物半导体传感器和场效应晶体管传感器等类型，并详细讨论了这些传感器在氧气、一氧化碳、甲烷检测，环境监测，食品安全，以及医疗诊断和生物分子检测中的应用。书中还介绍了传感器技术的最新进展，如小型化、集成化和智能化，并提供了丰富的实际应用案例，旨在为学者、研究人员和工程师在理论知识与实践应用之间搭建桥梁。

本书主要面向固态物理学、电子工程学、材料科学与工程等专业的高年级本科生和研究生，同时也适合在气体检测、化学分析、生物传感以及医学应用等领域从事传感器研究的科研人员。

***Semiconductor Device-Based Sensors for Gas, Chemical, and Biomedical Applications* 1st Edition / by Fan Ren ， Stephen J. Pearton/ ISBN: 978-1-4398-1388-4**

图书在版编目(CIP)数据

半导体器件传感器在气体、化学和生物医学方面的应用 /（美）任帆，（美）史蒂芬·皮尔顿（Stephen J. Pearton）主编；王莹麟，程鹏飞译. -- 北京 : 科学出版社，2025. 6. -- ISBN 978-7-03-081704-4

Ⅰ. TP212

中国国家版本馆 CIP 数据核字第 2025TE4951 号

责任编辑：赵敬伟　郭学雯 / 责任校对：郝甜甜

责任印制：张　伟 / 封面设计：无极书装

科学出版社 出版

北京东黄城根北街 16 号

邮政编码：100717

http://www.sciencep.com

北京中石油彩色印刷有限责任公司印刷

科学出版社发行　各地新华书店经销

*

2025 年 6 月第　一　版　开本：720×1000　1/16

2025 年 6 月第一次印刷　印张：22 1/4

字数：446 000

定价：168.00 元

（如有印装质量问题，我社负责调换）

作　者

任帆是盖恩斯维尔市佛罗里达大学化学工程系杰出教授，获得了纽约布鲁克林理工大学无机化学博士学位。他目前的研究领域包括半导体传感器、基于锑的异质结双极晶体管(HBT)和基于氮化物的高电子迁移率晶体管。他是 APS(美国物理学会)、AVS(美国真空学会)、ECS(美国电化学学会)和 IEEE(电气电子工程师学会)的资深会员。

史蒂芬·皮尔顿（Stephen J. Pearton）是盖恩斯维尔市佛罗里达大学电气与计算机工程系、化学工程系、材料科学与工程系的杰出教授和校友会主席。他获得了塔斯马尼亚大学的物理学博士学位，曾在加利福尼亚大学伯克利分校担任博士后研究员，1994～2004 年在 AT&T 贝尔实验室工作。他的研究领域是半导体的电学和光学性质。他是 APS、AVS、ECS、IEEE、MRS(美国材料研究学会)和 TMS(美国矿物、金属和材料学会)的资深会员。

贡献者名单

Travis J. Anderson
海军研究实验室
华盛顿哥伦比亚特区

C.Y. Chang
材料科学与工程系
佛罗里达大学
盖恩斯维尔，佛罗里达

Yuh-Hwa Chang
纳米工程与微系统研究所
台湾清华大学
新竹，中国台湾

Byung Hwan Chu
化学工程系、材料科学与工程系
佛罗里达大学
盖恩斯维尔，佛罗里达

Irina Cimalla
伊尔梅瑙工业大学
微纳米技术研究所
伊尔梅瑙，德国

Volker Cimalla
弗劳恩霍夫应用固体物理研究所
弗莱堡，德国

M.J. Deen
电气与计算机工程系
麦克马斯特大学
汉密尔顿，安大略省，加拿大

G. Dubey
斯泰西分子科学研究所
加拿大国家研究委员会
渥太华，安大略省，加拿大

Michael Gebinoga
伊尔梅瑙工业大学
微纳米技术研究所
伊尔梅瑙，德国

Shangjr Gwo
物理系
台湾清华大学
新竹，中国台湾

Young-Woo Heo
材料科学与工程学院
庆北大学
大邱，韩国

Yu-Liang Hong
物理系
台湾清华大学
新竹，中国台湾

W.H. Jiang
微结构研究所
加拿大国家研究委员会
渥太华，安大略省，加拿大

D. Landheer
微结构研究所

加拿大国家研究委员会
渥太华，安大略省，加拿大

Vadim Lebedev
弗劳恩霍夫应用固体物理研究所
弗莱堡，德国

Hong-Mao Lee
物理系
台湾清华大学
新竹，中国台湾

Jenshan Lin
材料科学与工程系、电气与计算机工程系
佛罗里达大学
盖恩斯维尔，佛罗里达

G. Lopinski
斯泰西分子科学研究所
加拿大国家研究委员会
渥太华，安大略省，加拿大

W.R. McKinnon
微结构研究所
加拿大国家研究委员会
渥太华，安大略省，加拿大

D.P. Norton
材料科学与工程系
佛罗里达大学
盖恩斯维尔，佛罗里达

Stephen J. Pearton
电气与计算机工程系、化学工程系、材料科学与工程系
佛罗里达大学
盖恩斯维尔，佛罗里达

Vladimir Polyakov
弗劳恩霍夫应用固体物理研究所
弗莱堡，德国

Z.M. Qi
传感器技术国家重点实验室
空天信息创新研究院
中国科学院
北京，中国

Fan Ren
化学工程系
佛罗里达大学
盖恩斯维尔，佛罗里达

Andreas Schober
伊尔梅瑙工业大学
微纳米技术研究所
伊尔梅瑙，德国

Yen-Sheng Lu
纳米工程与微系统研究所
台湾清华大学
新竹，中国台湾

M.W. Shinwari
电气与计算机工程系
麦克马斯特大学
汉密尔顿，安大略省，加拿大

N.G. Tarr
电子系
卡尔顿大学
渥太华，安大略省，加拿大

Yu Lin Wang
台湾清华大学
新竹，中国台湾

H. Xie
电气与计算机工程系
佛罗里达大学
盖恩斯维尔，佛罗里达

J. Andrew Yeh
纳米工程与微系统研究所
台湾清华大学
新竹，中国台湾

前　言

根据 2007 年题为《传感器：全球战略商业报告》的报告显示，2000 年至 2007 年间，全球传感器市场的年均增长率为 4.5%，预计到 2010 年将达到 614 亿美元。化学传感器市场价值 115 亿美元，在全球传感器市场中具有最大占比，这包括用于气体化学检测的传感器、用于液体化学检测的传感器、用于烟气和火灾检测的传感器、液体质量传感器、生物传感器和医疗传感器。利用成熟的微加工技术或新型纳米技术制造的半导体传感器是该市场的主要竞争者之一。硅基传感器由于其低成本、可重复性和可控电子行为以及其在氧化硅或玻璃上化学处理的丰富数据而占据主导地位。然而，硅基传感器通常无法在恶劣的环境下工作(例如，高温、高压和腐蚀性环境)，因此硅基传感器的应用领域十分受限。宽禁带Ⅲ族氮基化合物半导体是替代硅的最佳选择，因为它们具有高耐化学腐蚀性、高温操作性、高电子饱和速度、高功率操作性以及优秀的蓝光和紫外光电特性。

在生物和医学传感应用方面，通过检测血液、尿液、唾液或组织样本中的特定生物标志物(功能或结构异常的酶、低分子量蛋白或抗原)进行疾病诊断的方法已经确立，这些方法包括酶联免疫吸附分析(ELISA)法、基于颗粒的流式细胞仪测定法、基于阻抗与电容的电化学测量法、微悬臂共振频率变化的电学测量法和半导体纳米结构的电导测量法。ELISA 法具有很大局限性，一次只能测量一个分析物。基于颗粒的检测可通过使用多个微珠进行多重检测，但整个检测过程需要 2 h 以上，不适用于临床检测。电化学设备因其成本低和操作简单而备受关注，但用于临床检测时其灵敏度仍需大幅度提升。微悬臂能够检测低至 10 pg/mL 的浓度，但由于介质的黏度和悬臂在溶液环境中的阻尼作用，其谐振频率会产生偏移。迄今为止，纳米材料设备为临床前和临床应用提供了快速、无标记、灵敏、高选择性和多重检测的有力工具。半导体器件被广泛应用于电学测量，例如，利用碳纳米管检测红斑狼疮抗原、利用 In_2O_3 纳米线检测前列腺特异性抗原，以及利用硅纳米线阵列检测血清中的前列腺特异性抗原、癌胚抗原和黏液蛋白-1。

本书为气体、化学、生物医学应用领域基于半导体传感器的最新研究提供了一个专题。传感器的研究与转化对于推动现代科技发展十分关键，本书兼顾基础物理学、器件物理学、新型材料与器件结构、工艺与系统的原创性理论和实验研究。本书旨在为读者提供一个全面的视角以了解半导体传感器的最新研究进展。

本书汇集了众多专家在半导体和纳米材料传感器方面的研究进展，是半导体传感器领域的入门读物和参考资料。本书涵盖了该领域的多个子领域以及相关的前沿研究：纳米材料基传感器、有机半导体基传感器、纳米和微流体系统的 GaN 传感器阵列(用于快速可靠的生物医学检测)、金属氧化物生物传感器、MSM 光学传感器、无线远程氢气传感系统、InN 传感器、GaN MOS 气体传感器、AlGaN/GaN 化学和医疗传感器、Si-MOS-传感器和纳米材料传感器。本书贡献者及其工作如下：Cimalla 博士和他的合作者关于用于直接监测神经细胞对抑制剂反应的 AlGaN/GaN 传感器研究；Gwo 和 Yeh 教授关于 InN 传感器的研究；Chang 博士以及合作者关于用于生物医学应用的 AlGaN/GaN 高电子迁移率晶体管(HEMT)传感器研究；Heo 教授及其合作者关于 ZnO 薄膜和纳米线的传感器研究；海军研究实验室的 Anderson 博士及其合作者关于无线遥感的审查论证；来自加拿大国家研究委员会的 Landheer 博士及其合作者关于 MOS 场效应晶体管的生物亲和传感器研究；谢教授和齐教授关于 MEMS 的光学化学传感器研究。

Fan Ren，Stephen J. Pearton
佛罗里达大学
盖恩斯维尔

目　录

第 1 章　用于直接监测神经细胞对抑制剂反应的 AlGaN/GaN 传感器

Irina Cimalla
伊尔梅瑙工业大学，微纳米技术研究所，德国伊尔梅瑙
Michael Gebinoga
伊尔梅瑙工业大学，微纳米技术研究所，德国伊尔梅瑙
Andreas Schober
伊尔梅瑙工业大学，微纳米技术研究所，德国伊尔梅瑙
Vladimir Polyakov
弗劳恩霍夫应用固体物理研究所，德国弗莱堡
Vadim Lebedev
弗劳恩霍夫应用固体物理研究所，德国弗莱堡
Volker Cimalla
弗劳恩霍夫应用固体物理研究所，德国弗莱堡

1.1 引　　言

哺乳动物的神经细胞是所有生物体中最精密、最复杂的信号传递和处理系统之一。许多疾病，如阿尔茨海默病和帕金森病或肌萎缩侧索硬化，成因都是神经细胞的紊乱。研究神经细胞在神经抑制剂或镇痛剂等应激物诱导下发生生理变化的机制，是了解此类神经疾病信息的一种方法，并为开发治疗方案开辟了道路。然而，开发有效治疗这类疾病的新药是一个漫长的过程，其第一步往往是研发一种新的酶抑制剂。过去，识别这种新型抑制剂的唯一方法是遵循“试错”原则：针对目标酶筛选庞大的化合物库，并研究其反应以获取有效信息。这种“蛮力”方法在某种程度上是可行的，甚至扩展了组合化学方法和高通量筛选技术，以快速生产大量新型化合物、筛选庞大化合物库中的有用抑制剂。然而，尽管在环境保护、毒理学和药物开发领域对高通量功能筛选方法的需求不断增加[1-5]，但这些方法在细胞测量方面还不够有效[3,5,6]。

在药理学中，研究特定化合物的副作用是很重要的。因此，有必要在整个有机体层面应用复杂的功能测试[7,8]。要评估可能成为药物的化学物质的整体毒性，

使用生物传感器对功能细胞进行研究可能比纯物理化学方法更有效[9]。近年来，全细胞生物传感器在毒素检测、药物筛选和细胞动作电位记录方面的应用，已经从学术原理发展为一种被广泛接受的方法[9-19]。早在20世纪50年代初，Hodgkin和Huxley就通过精心设计玻璃微电极刺入细胞膜来研究单个细胞的电学特性，通过这种方法记录了神经元细胞的动作电位，并证明了电压门控离子沟道的存在[20]。20多年后(1976年)，Neher和Sakmann进一步改进了这种方法，开发了膜片钳技术[21]。实验中，玻璃电极被放置在靠近细胞膜的地方，与细胞内部建立低阻抗电接触[22]。利用这种全细胞结构，可以研究细胞膜上的电压门控离子沟道组合，甚至细胞膜上单个离子沟道的功能。然而，这种在医学、药学和生理学研究中被广泛接受的新方法也有一些缺点。膜片钳法操作复杂，具有侵入性，而且在测量后会破坏细胞。此外，这种方法仅限于同时观察几个细胞。同时因为在膜片钳测量期间，细胞会受到很大的应力，因此不能进行长达几个小时的观察。

在开发膜片钳系统的同时，1972年，Thomas等[23]设计了一种平面微电极阵列，用于记录体外培养细胞的胞外电活性；在图案光阻钝化的玻璃基板上构建已知间距和尺寸的镀金镍电极；一个玻璃环用蜡固定在基板上，形成一个培养室。许多研究人员对Thomas等的技术稍加改进，利用微电极阵列在不同条件下检测了多种类型的细胞。在这种模式下，1977年，Gross等[24]首次记录了外植神经组织的胞外电反应。仅仅几年后(1980年)，Pine提议将已开发的两种方法相结合：将玻璃微管插入细胞膜和微电极阵列，以便同时记录细胞内和细胞外的信号[25]。这是一个重要的同步实验，既验证了细胞外技术，又校准了记录的细胞外信号，以便与文献中关于细胞内记录的大量数据进行比较。Pine首次用SiO_2取代有机光刻胶钝化层，以便使用标准的硅芯片加工技术。基于前文提到的结构和技术，多年来，许多科研小组持续对培养细胞及多类型细胞进行研究[26-30]。

1991年，Fromherz等[12]利用集成场效应晶体管(FET)代替以前使用的裸金属电极作为传感元件，开创了生物传感的新纪元。人工将单个离体细胞置于晶体管上以记录胞外信号。将玻璃微管插入细胞膜，用于刺激细胞和监测细胞内电压。后来，Fromherz等使用类似的系统，利用放置在神经元下方的晶体管阵列[31]以及通过薄氧化层对神经元的电容刺激，探索了神经元-硅交界处的物理特性[32]。

基本的传感元件是由Bergveld于1970年[33]提出的pH敏感场效应晶体管，由此引发了大量有关基于成熟硅技术的离子敏感场效应晶体管(ISFET)研究刊物的出版。Bergveld[34]对其发展历程进行了概述，强调其未来的挑战和机遇。硅基生物传感ISFET(BioFET)的进一步分类如图1.1所示。

尽管这些基于硅技术的器件前景广阔、实验效果显著、有利于大规模生产，但是损害了器件的长期化学稳定性，从而限制了实际应用[37]。因此，研究人员致力于开发新的功能性和钝化表面层，但尚未取得令人满意的结果，也未将BioFET

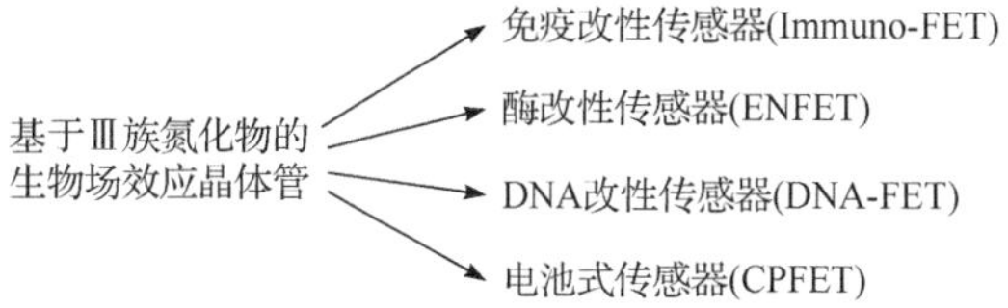

图 1.1　Schöning 和 Poghossian 对 BioFET 的分类(Schöning, M. J. and Poghossian, A.，2002, Analyst, 127, 1137; Schöning, M. J. and Poghossian, A., 2006, Electroanalysis, 18, 1893.)

应用于商业器件。

21 世纪初，一种基于Ⅲ族氮化物(GaN、AlN 及合金)的新型 ISFET 被报道。与 Si 或传统的Ⅲ-Ⅴ族半导体相比，Ⅲ族氮化物表现出许多优越的性能，因此很有希望成为生物传感器的候选材料[38-40]。2003 年，Steinhoff 等首次报道了这些 ISFET 在 pH 传感中的应用[41]。两年后，同一作者报道了使用传感器阵列记录心肌细胞动作电位的情况，与基于硅技术的类似器件相比，基于Ⅲ族氮化物的 ISFET 具有更优越的电气特性[19]。

在未来的应用中，对所记录信号的基本理解仍然是至关重要的前提条件。在本研究中，基于 AlGaN/GaN 异质结构的 ISFET 进一步表征了其与神经细胞的耦合，以便能够应用于 CPFET。具体来说，本章分为以下主题。

- 评估生物相容性和典型的设备处理步骤对活细胞反应的影响。
- 采用神经母细胞瘤-神经胶质瘤混合 NG 108-15 神经细胞系作为细胞外传感器的细胞系统。
- 研究神经细胞与场效应晶体管混合系统的适用性和可靠性。

本章工作的内容如下：1.2 节简要介绍使用基于 AlGaN 的场效应晶体管的传感器；1.3 节概述制造步骤以及 ISFET 的基本电气特性，其中特别关注了传感器的稳定性和生物相容性；1.4 节描述细胞-晶体管耦合实验的实验条件，包括所使用的细胞系和神经毒素的剂量；1.5 节总结校准实验以确定不同离子的灵敏度；基于这些首次耦合实验，1.6 节介绍在药物筛选方面对 NG 108-15 神经细胞-场效应晶体管传感器混合系统的反应进行监测的情况；最后，1.7 节利用位点结合模型对异质结构进行自洽模拟，并根据测得的信号变化估算神经细胞与场效应晶体管传感器之间的离子通量，从而对前文的结果进行分析。

1.2　AlGaN 场效应传感器

光电器件和高频晶体管是Ⅲ族氮化物半导体中最受关注和广泛研究的应用领域之一。特别是限制在 AlGaN/GaN 异质结构中的二维电子气(2DEG)已在制造高电子迁移率晶体管(HEMT)方面取得了极具前景的成果，并可应用于高频功率放大器[42]。同时，Ⅲ族氮化物基微结构及纳米结构的光学特性和电子特性已被证明对表面电荷极为敏感。例如，将未钝化的 AlGaN/GaN HEMT 暴露在水蒸气中会导致极化诱导的 2DEG 显著衰减，导致电子器件特性发生劣化。从 HEMT 器件研究中获益并利用基本 HEMT 结构开发出的气体和液体化学传感器，在过去几年中受到越来越多的关注(详情见 Eickhoff 等[39]和 Pearton 等[40]的综述)。由于具有宽禁带和较强的键合强度，该材料体系具有非常好的化学稳定性，这体现在它们对湿法刻蚀的耐受性[43,44]和生物相容性[45,46]。Ⅲ族氮化物具有宽禁带[19]的低噪声和对表面电荷[38]变化的高灵敏度，因此被认为是最有前途的生物传感器的制备材料之一[47]。此外，在光谱的可见光部分具有光学透明性，为标准光学和电子测量的结合提供了可能。在集成设备的构建方面，可以将化学传感器与Ⅲ族氮化物光电元件(用于光谱分析)、晶体管(用于片上信号处理)和表面声波器件[48](用于模拟信号滤波)进行单片集成。此外，无线传感器网络也被用于射频识别(RFID)技术[40]。

在传统的 HEMT 中，2DEG 在漏极(D)和源极(S)欧姆接触点之间形成沟道，并由栅极进行调制。在一个未覆盖的栅极上，表面电势和 2DEG 密度会受到环境中带电物质的影响。对电荷的强响应最初称为寄生效应，必须加以控制以优化 HEMT，但其在传感器应用的潜力就得到了证实，并代表了实现 ISFET 的基本理念。AlGaN/GaN 场效应晶体管在电解液中的这些特性对于其作为生物传感器至关重要。

与基于 Si 的传统 ISFET 相比，AlGaN/GaN 异质结构利用了材料系统[49,50]的压电和自发极化特性。因此，AlGaN/GaN 异质结构非常简单，无需额外的钝化膜或精心设计，同时保留甚至超过硅基 ISFET 的灵敏度、噪声特性、化学和热稳定性。通过省略栅极金属化而留下裸 GaN 表面，Neuberger 等[38]首先观察到离子对沟道电流 I_D 的调制；离子由等离子体发射装置产生，并被引向表面；入射离子导致的表面电荷变化直接影响了 2DEG 的密度。将水和不同的有机溶剂应用于相同结构的表面，表明 I_D 受液体[51]中分子的偶极矩的影响。

AlGaN/GaN 电解液栅极场效应晶体管(EGFET)是 ISFET 的一种特殊结构，其开放的栅极区域直接暴露在电解液中。该 EGFET 是所有基于 AlGaN/GaN 的生物传感器的基本元件。与固定的栅极电压不同，参考电势 U_{ref} 通过浸入电解液中的参比电极，施加到电解液-氧化物-半导体系统[52](图 1.2)。

正漏极电压 U_{DS} 驱动 AlGaN-GaN 接口平行的漏极电流 I_D。额外施加的基准电压 U_{ref} 会使费米级相对于未掺杂 GaN 层的导带发生移动，促使晶体管工作。由于开路栅极表面的电荷(AlGaN 层中的施主未被占据)，大部分电压都跨过了 AlGaN 层，从而在开路栅极和 2DEG 之间建立了一个准绝缘势垒。根据参考电压的不同，界面上的三角势阱的能量升高或降低，沟道被清空或填满。这对应于漏源电流的变化。对于足够大的基准偏压，在阈值电压 U_T 下，2DEG 区域完全耗尽，

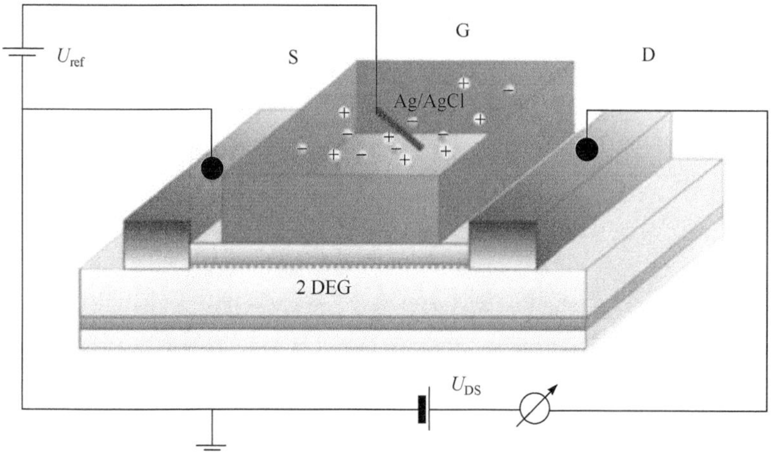

图 1.2　AlGaN/GaN EGFET 的示意图(利用与 Ag/AgCl 参比电极接触的电解液槽取代金属栅极)

电流沟道被切断。非饱和区域(低于截断范围)的漏电流为

$$I_D = \beta \cdot U_{ref} - U_T - \frac{1}{2}U_{DS} \cdot U_{DS} \tag{1.1}$$

其中，β 取决于几何形状的参数(沟道宽长比 W/L)，μ是 2DEG 中电子的迁移率，以及 C_{ox} 是单位面积的栅绝缘体电容：

$$I_D = \frac{1}{2}\mu C_{ox}\beta(U_{GS} - U_T) \tag{1.2}$$

就 ISFET 而言，栅极电压是参考电极处的电压，$U_{ref} = U_{GS}$。阈值电压还包含了反映以下界面特性的项：一侧液体和栅极氧化物之间的界面特性，以及另一侧液体和参比电极之间的界面特性。在传统的金属-氧化物-半导体场效应晶体管(MOSFET)中，栅极金属的功函数被相对于真空的参比电极电势 E_{ref} 所取代。真空能级可以用相对于正常氢电极(NHE)的电势加上相对于真空状态的费米能级值($U_{NHE} = 4.7$ V[53])来计算。对于广泛使用的 Ag/AgCl 电极，计算得出 $U_{ref} = 4.9$ V。栅氧化物-电解液界面的界面电势由溶液的表面偶极电势 X_{sol} 和表面电势 Ψ_0 决定，前者是一个常数，后者是化学反应的结果，通常由氧化物表面基团的解离决定。在这种情况下，阈值电压的计算公式为

$$U_T = E_{ref} - \Psi_0 + X_{sol} - \frac{\phi_{AlGaN}}{e} - \frac{Q_{SS} + Q_{ox} + Q_B}{C_{ox}} + 2\Phi_F \tag{1.3}$$

其中，Q_B 是 AlGaN 中的耗尽电荷；Φ_F 是费米势；ϕ_{AlGaN} 是材料功函数；Q_{SS} 是 GaN 表面的表面态电荷；Q_{ox} 是固定的氧化物电荷。

除 Ψ_0 外，所有项都是常数，Ψ_0 决定了 ISFET 对离子的敏感性。离子浓度对

Ψ_0的影响可以用 Yates 等[54]在 1974 年提出的位点结合模型来解释。该模型认为，金属和半导体氧化物表层的原子在与电解液接触时起到两性的作用。这意味着，根据电解液中的 $H^+(OH^-)$浓度的不同，它们可以向电解液中释放质子(作为施主)，从而带负电荷，形成中性的 OH 位点，或者与电解液(受主)的质子结合，产生正表面电荷。

$$\text{施主：M-OH} \longleftrightarrow \text{M-O}^- + \text{H}^+ \tag{1.4a}$$

$$\text{受主：M-OH} + \text{H}^- \longleftrightarrow \text{M-OH}_2^+ \tag{1.4b}$$

这些表面反应取决于氧化基团的酸度和碱度常数，以及电解液中 H^+的浓度。在高浓度的 H^+(低 pH)的情况下，M-OH 基团倾向于接受质子而不是释放质子。因此，大部分 M-OH 基团充当受主，氧化物表面带正电荷。相反，如果 H^+的浓度较低(高 pH)，则大多数 M-OH 基团会释放质子，表面电荷变为负。要确定表面电荷的总变化，就必须考虑所有表面位点 N_s 的总和，这取决于材料的物理性质(例如，$N_s(SiO_2) \sim 5\times10^{14}\ cm^{-2}$，$N_s(Al_2O_3) \sim 8\times10^{14}\ cm^{-2}$，$N_s(Ga_xO_y) \sim 9\times10^{14}\ cm^{-2}$)[55]。这些由电解液中 pH 变化导致的表面电荷变化会直接影响表面电势 Ψ_0。

对于基于 AlGaN/GaN 的传感器，Steinhoff 等[41]于 2003 年首次报道了 pH 传感的可重复和定量结果。他们比较了不同的晶体管结构对 pH 的响应，发现暴露在大气中形成的薄表面氧化层足以在 pH 为 2～12 的范围内产生线性响应。对电极 GaN 进行的 X 射线光电子能谱(XPS)分析表明，在电极 GaN 表面几乎立即形成了一层氧化物薄膜[56]。与已建立的硅基 ISFET 相比，既不需要热氧化，也不需要特定的离子敏感氧化层(如 Ta_2O_5 或 Al_2O_3)。因此，尽管位点结合模型[54]是针对 Si-ISFET[53,57,58]提出的，但也被用来解释 AlGaN/GaN-ISFET 的 pH 响应。根据该模型，两性羟基在与水溶液接触时与 Ga 表面原子(Ga-OH)结合，如前文所述，根据溶液的 pH 可以质子化($Ga\text{-}OH_2^+$)、中性化(Ga-OH)或去质子化($Ga\text{-}O^-$)(图 1.3)。这改变了表面电荷σ_s，进而影响 2DEG 中的薄片电荷密度 n_s，即分别在低 pH 和高 pH 下增强或消耗 2DEG。本工作中研究的传感器的漏电流响应如图 1.4 所示。

对于高浓度的酸性或碱性溶液，可以观察到偏离两性稳定的简单位点结合模型。此外，基于 ISFET 的 pH 监测往往显示出滞后和漂移效应[60-62]。这可以归因于在高 pH 下触点和Ⅲ族氮化物表面的不稳定性。因此，尽管 AlGaN/GaN 异质结构的基本特性众所周知，但技术问题和钝化策略对于开发用于“实际”应用的传感器是非常重要的。因此，在讨论 AlGaN/GaN 生物传感器的传感特性之前，下文将简要介绍制造 ISFET 的技术步骤以及基本的电学特性表征的结果。有关Ⅲ族氮化物的生长、性质和应用的更多详情，可参阅其他文献[43,63,64]。

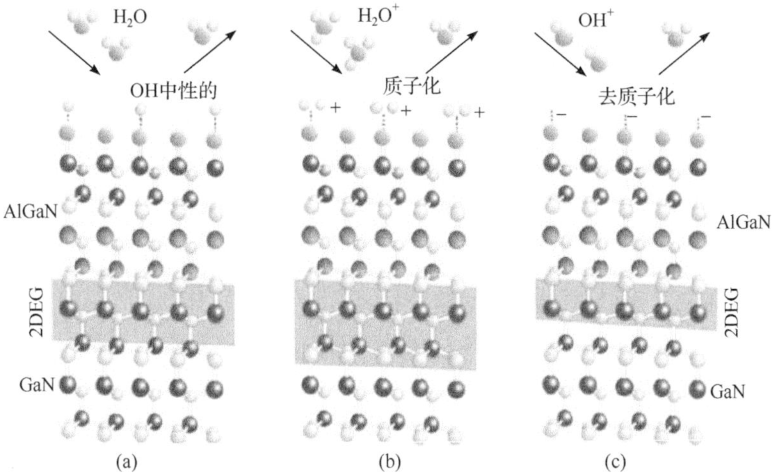

图 1.3　在(a)水、(b)酸性和(c)碱性溶液中，AlGaN/GaN 异质结构表面的羟基，以及其对 2DEG 载流子密度的影响(摘自 Ambacher, O., and Cimalla, V., in Polarization Effects in Semiconductors: From Ab Initio to Device Application(eds. C. Wood and D. Jena), Springer, New York, 2008, p. 27.)

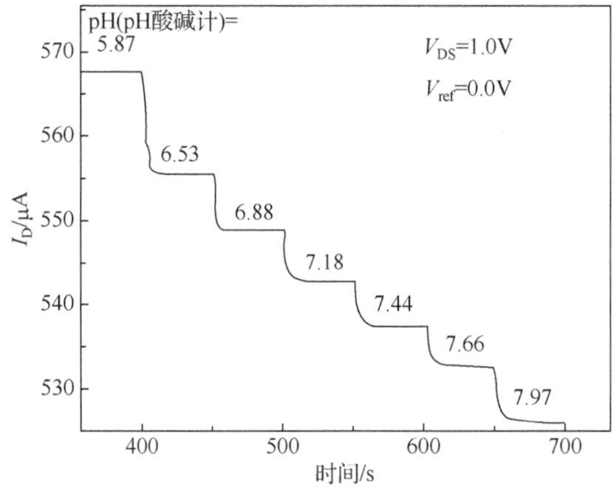

图 1.4　KOH 滴定到 HCl 溶液时，漏电流 I_D 与 pH 的关系(摘自 Spitznas,A., 2005, Diploma thesis, Technical University Ilmenau.)

1.3　AlGaN/GaN 传感器的制备与表征

1.3.1　异质结构的生长

最早用于传感器应用的 AlGaN/GaN 异质结构是通过等离子体诱导分子束外延(PIMBE)[38,41,51,65,66]生长出来的。然而，研究[19,64-69]表明，大多数研究小组使用的是金属有机化合物化学气相沉积(MOCVD)技术。在这项工作中，使用 PIMBE[70]

和 MOCVD[71]在蓝宝石衬底上生长 AlGaN/GaN 异质结构。与 SiC 和 GaN 衬底相比，蓝宝石基质成为首选是由于其具有较高的晶体质量和可用性，成本相对较低。因此，对于生物传感器而言，光学透明度和化学稳定性是衬底选择的重要标准。此外，蓝宝石是生长Ⅲ族氮化物最广泛使用的衬底，其生长技术相当成熟[63,72]。通常生长较薄的 AlN 成核层(10～150 nm)以降低位错密度，从而获得更好的晶体质量。该层也决定了 GaN 层的金属面极性。在 GaN 缓冲层(1～3 μm)上覆盖有 $Al_xGa_{1-x}N$ 阻隔层，其 Al 含量为 20%～30%，厚度在 10～30 nm。为了提高其化学稳定性，该器件通常顶部覆盖 2～5 nm GaN 层。

显然，PIMBE 和 MOCVD 生长方法截然不同，因此尽管异质结构设计名义上相同，但是层参数不同。由于较低的生长温度，PIMBE 层表现出较多的材料缺陷[73]。MOCVD 生长的材料具有更高的结构质量；然而，由于在更高压力下的高温生长(50～200 mbar(1mbar = 100Pa)，而 MBE 中为 10^{-8} mbar)，预计会产生更多杂质。此外，MOCVD 生长的层更均匀，由于更高的生长速率，可以获得更厚的缓冲层。为了表征不同特征的影响，通过两种方法生长一系列 AlGaN/GaN 异质结构，其中厚度和阻隔层中的 Al 含量各不相同(例如表 1.1 和图 1.7，用于研究 pH 传感性质的一系列样品)。

表 1.1 AlGaN/GaN 异质结参数

	样品	AlN 成核厚度	GaN 缓冲区厚度	AlGaN 势垒厚度/nm[a]	GaN 盖帽层厚度
PIMBE	Ⅰ	180 nm	270 nm	d_1 = 10 (10.3)	2 nm
	Ⅱ			d_2 = 13 (12.1)	
	Ⅲ			d_3 = 15 (13.7)	
MOCVD	Ⅳ; Ⅴ	20 nm	1200 nm	d_1 = 10 (8.1;8.5)[b]	
	Ⅵ			d_2 = 15 (14.3)	2 nm
	Ⅶ			d_3 = 20 (18.4)	

注：a 阻挡层厚度值根据生长率计算得出，括号中的值根据电容-电压(*C-V*)测量值计算得出。GaN 盖帽层包含在测量值中。

b 掺硅 GaN 间层改性 MOCVD 异质结构。

1.3.2 传感器工艺

在进一步加工之前，先用丙酮和异丙醇对晶片进行清洗，并在流动的 N_2 中进行干燥。通过在 Cl_2-Ar 混合气体[38]中进行电感耦合等离子体(ICP)刻蚀以横向限制 ISFET 传感器的有效区域(图 1.5)。

通过采用传统的 Ti/Al/Ti/Au 金属化方案[74]，实现了与 2DEG 沟道的欧姆接触。PIMBE 和 MOCVD 两种生长方法需要不同的退火温度。对于 PIMBE 生长的异质结构，最佳退火条件为 750℃、60 s，而 MOCVD 生长的异质结构需要更高的退火条件即 850℃、50 s。最终的传感器结构如图 1.5 所示。

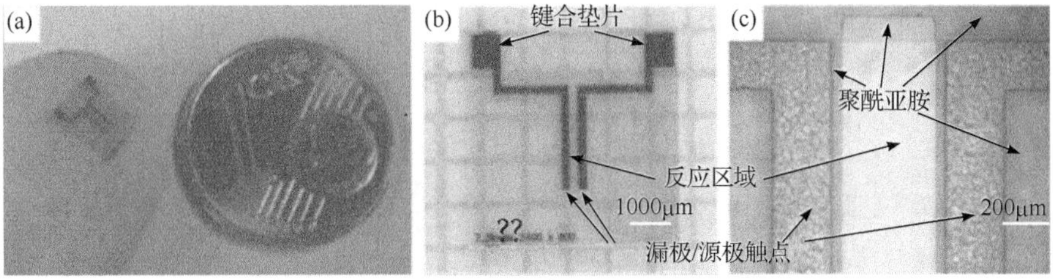

图 1.5　(a)台面刻蚀和金属化后的传感器芯片；(b)显示可见光范围内透明度的单芯片；(c)带有漏极/源极触点和聚酰亚胺钝化的有源区放大图

传感器结构的钝化是实现器件在电解液等液体中的稳定性和再现性的一个非常重要的因素。它消除了金属接触点和电解液之间可能发生的电化学反应。因此，钝化工艺在酸性和碱性溶液中必须具有机械和化学稳定性。此外，对于生物传感器来说，层间生物兼容性也是一个重要的要求。

对于 ISFET 生物传感器，由杜邦公司生产的聚合物聚酰亚胺 PI-2610 被证明是最有前途的钝化材料。该聚酰亚胺材料已经被用于不同的传感器应用[75]。研究表明，这种材料在与生物细胞和有机溶液[46]接触时是稳定的，并且可促进细胞附着，这点将在下文中详细说明。

PI-2610 完美地结合了各种有益的薄膜特性，如低应力、低热膨胀系数、低吸湿性、高弹性模量和良好的延展性。可见光区域的透明性也是这种聚酰亚胺钝化材料的一大优势，它允许使用反向光学显微镜检查细胞。PI-2610 系列的吸湿率为 0.5%，对于高温聚合物[76]来说相对较低。对于在电解液中工作的传感器来说，低吸湿性是一项重要特性，可避免因环境钝化改性而产生记忆效应。在氮气中 350℃固化后，聚酰亚胺的厚度约为 1.2 μm，致密层覆盖了所有传感器触点和传感器之间的区域，仅留下有源晶体管区域和接合垫。

最后，在液体中进行测量时，使用两种方式对传感器进行封装(图 1.6)。第一种是使用 Cu 金属化的印制电路板(PCB)支架，用硅橡胶将芯片固定在上面。触点键合可选用 Ag 浆印刷或 Au 丝键合技术。这种封装方式快捷，而且很灵活(传感器芯片可以取出并重新安装而不损坏)，但具有接触不稳定的缺点(使用夹具)，可能会产生不必要的噪声影响，必须不时更换。另一种改进的封装变体是采用低温共烧陶瓷(LTCC)支架，使传感器无须更换封装即可长期使用。这种多层技术基于烧结温度低于 920℃的玻璃或玻璃-陶瓷复合材料，这种材料的未烧结带的厚度一般为 50～300 μm，易于通过冲压或激光切割进行加工。经过堆叠、层压和烧结过程，得到的最终产物是具有高可靠性和耐化学性的刚性基板[77]。

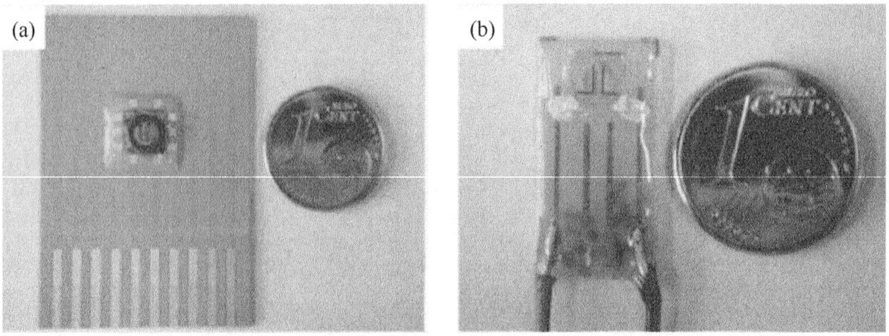

图 1.6　传感器芯片的封装：(a)LTCC 支架；(b)传统 PCB 框架

1.3.3　AlGaN/GaN 异质结构的电学特性分析

对生长好的 AlGaN/GaN 异质结构进行评估，以评价其电子特性、晶体质量和表面性能。表 1.2 对不同异质结构(图 1.7，表 1.1 中)进行了总结。在具有最小势垒厚度的 MOCVD 生长异质结构中(样品Ⅳ，Ⅴ)，靠近 AlGaN-GaN 界面的地方还额外加入了一层 Si 掺杂的 GaN 层(图 1.7(c))。这种掺杂夹层提高了受限 2DEG 中的载流子浓度，并将Ⅲ族氮化物中经常出现的持续光电流效应降至最低[71,78]。

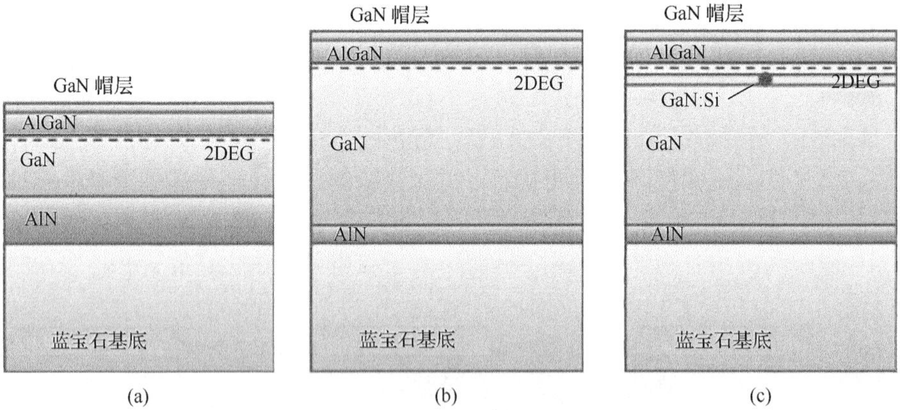

图 1.7　ISFET 生物传感器的(a)PIMBE 和(b)未掺杂 MOCVD 异质结构，以及(c)修饰了掺杂 GaN 中间层的 MOCVD 异质结构

对所选异质结构的电学特性分析表明，MOCVD 生长的样品表现出优异的电子输运特性。PIMBE 样品的电性能较低主要是由于位错密度较高。这种效应对于化学或生物传感器的应用具有重要的影响，因为这些缺陷会优先被刻蚀，并可能成为这种传感设备早期击穿的根源。此外，有研究表明，PIMBE 生长样品中的高位错密度也限制了在碱性溶液中清洗的可能性，而这是食品工业[63]应用的必要程序。另一方面，PIMBE 生长的异质结构具有更好的光稳定性[78,79]。在 MOCVD 生

长过程中，掺杂 Si 的夹层是实现类似甚至更好性能的必要条件。

表 1.2　所研究异质结构的 *C-V* 和霍尔测量结果

势垒厚度/nm	n_s/cm^{-2}		μ/(cm^2/(V · s))	R_{est}/Ω
	C-V	霍尔		
PIMBE				
10	4.78×10^{12}	5.06×10^{12}	563	2192
13	6.26×10^{12}	6.41×10^{12}	798	1221
15	6.88×10^{12}	8.38×10^{12}	700	1065
MOCVD				
10	1.65×10^{13}	1.19×10^{13}	920	571.6
13	1.43×10^{13}	1.17×10^{13}	918	579.8
15	1.29×10^{13}	1.12×10^{13}	901	577.4
20	1.49×10^{13}	1.21×10^{13}	969	570.7

1.3.4　器件加工技术对表面和传感器性能的影响

这部分研究了典型的器件加工步骤(KOH、HCl、HF 湿法化学刻蚀、SF_6 和 Cl 等离子体刻蚀)对Ⅲ族氮化物基化学传感器表面性能的影响，重点研究了传感器的润湿行为、化学成分、生物相容性和电性能[46]。由于 KOH 会侵蚀Ⅲ族氮化物，因此使用了不含 KOH 的显影剂[44,80,81]。通过室温和 70℃下在浓度为 15%的纯溶液中刻蚀样品 30 s 来研究 KOH 的影响。接触 HF 和 HCl 溶液是标准的清洗程序，可在 GaN 传感器表面产生最低的氧和碳覆盖率。同时，研究了在室温下浸泡于 10% HF 或 15%HCl 5 min 的影响。在 Cl_2-Ar 气体混合物[82,83]中进行感应耦合等离子体界面刻蚀，创建三维结构并横向限制传感器的有效范围。

对于生物相容性试验，首先必须对氮化物异质结构的表面进行灭菌。一般有两种不同的灭菌方法：一种是在 121℃下的水蒸气中高压灭菌 20 min，另一种是在室温下用乙醇清洗 20 min 并在氮气中干燥的灭菌方法。第二种方法后来也用于细胞-晶体管耦合实验。在生物模型系统中采用广泛分布的哺乳动物细胞系 HEK 293FT 和 CHO-K1。表 1.3 总结了这些研究中的结果。几乎所有研究过的处理方法都只能轻微改变表面污染量。然而，只有在强碱性溶液或高浓度氯等离子体中进行刻蚀才会降低传感器的性能。这些结果证明，AlGaN/GaN ISFET 在侵蚀性介质中进行化学传感与预期一样，具有高稳定性。有关实验的更多详情，请参阅其他文献[46]。

表 1.3 不同表面处理方法对表面粗糙度(rms)，碳、氧和其他元素(Cont)(离子为 Zn^{2+}、Ca^{2+}、K^{+})污染，接触角ϕ，以及 2DEG 中片状载流子浓度的影响概述

	rms	C	O	其他元素	ϕ	2DEG
F，干法刻蚀	↘(+)	○	↗↗	F	↘↘	↗↗(++)
Cl，干法刻蚀	↗(−)	○	↗	(Cl)	↘	
HF，湿法刻蚀		○	↘	(F)	↘↘	
HCl，湿法刻蚀		○	↘	(Cl)	↘	
KOH，湿法刻蚀	↗↗(−−)	○	○	K	↘↘	↘↘(−−)
高压釜		↗↗	↗		↗↗	
CHO-K1		↗	↗	离子	↗	
HEK293 FT		↗	↗	离子	↗	
DMEM		↗	↗	离子	○	
FCS		↗	↗	离子	○	↘(−)

注：箭头向上和向下分别表示数值增大和减小，圆圈表示没有变化。在 rms 和 2DEG 的情况下，+和−分别表示改善和降低效果[46]。

1.3.5 传感器的生物相容性

实现片上细胞概念的一个关键问题是传感器表面活细胞的存活。如前所述，基于Ⅲ族氮化物的 ISFET 在物理条件下具有化学稳定性，在液体和电解液环境下的传感器应用中表现出良好的特性。相比之下，硅会受到许多重要生物制剂的侵蚀。然而，在氧化表面上可以实现适当的细胞生长。其他半导体(如 GaAs[84])需要进行大量的钝化处理。相比之下，AlGaN 基合金具有化学惰性。对大鼠成纤维细胞(3T3 细胞)的初步研究表明，Ⅲ族氮化物具有良好的黏附性能，而不依赖于 $Al_xGa_{1-x}N$ 合金中的铝浓度($x = 0$、0.22、1)，并且经过氧化预处理后的黏附性能略有改善[47]。最近使用乳酸脱氢酶(LDH)对 7 日龄 Wistar 大鼠[85]制备的小脑颗粒神经元进行的研究清楚地表明，活细胞在 GaN 上的黏附和生长优于硅。

目前工作的生物模型系统是广泛分布的哺乳动物细胞系 HEK 293FT(其黏附较差，只需通过细胞培养基流动即可去除)和 CHO-K1(黏附性很强的成纤维细胞，只有通过胰蛋白酶进行温和的酶处理才能去除)。第三个细胞系是神经母细胞瘤-胶质瘤杂交的 NG 108-15 神经细胞，这是晶体管-细胞耦合实验的研究对象。

根据美国组织类型培养库(ATCC)的标准，细胞在添加了 10%胎牛血清(FCS)和 1%青霉素/链霉素的杜氏改良鹰式中高糖培养基(DMEM)中培养。将带有 1 cm^2 传感器材料的灭菌样品放置在 6 孔组织培养板的孔中。不含传感器材料的对照孔作为生长归一化和细胞形态研究的参考。然后，在每个孔中加入 4 mL 配制好的培养基，均匀接种约 1×10^5 个细胞。在 37℃的 5% CO_2 湿气氛中培养 2 天后，用光学显微镜分析细胞，从孔和样品表面移出细胞，并用 Neubauer 计数器计数。除了 AlGaN/GaN 异质结构外，还使用了 n 型和 p 型硅衬底进行比较。衬底表面没有使用纤维连接蛋白或其他有机材料进行修饰，这些材料通常用于改善不同衬底材料的细胞黏附性和生物相容性。

生物相容性测试表明，所有细胞系在 AlGaN/GaN 材料上生长良好(图 1.8(a))。与工艺步骤无关，硅表面上的生长情况明显较差。碳、碳氢化合物和金属离子[46]的表面污染似乎略微减少了细胞的增殖。有证据表明，HEK 293FT 细胞由于生长速度降低会更敏感。聚酰亚胺对细胞的增殖也很有利，聚酰亚胺用于最终传感器设备的接触钝化(暴露在介质中)。对目前的研究工作最重要的是，NG 108-15 神经细胞系在传感器表面增殖效果也很好，其结果与其他两种被研究的细胞系相似。Wang 等[86]报道，为了进一步增强细胞在 AlGaN 上的增殖能力，可以使用纤连蛋白进行表面修饰。不过，与其他半导体相比，纤连蛋白并不是必要的先决条件。

上述研究表明，不同处理方法对传感器的电性和表面性能的影响类似，同时还研究了这些步骤对生物相容性性能的影响(图 1.8(b))[46]。显然，传感器表面的处

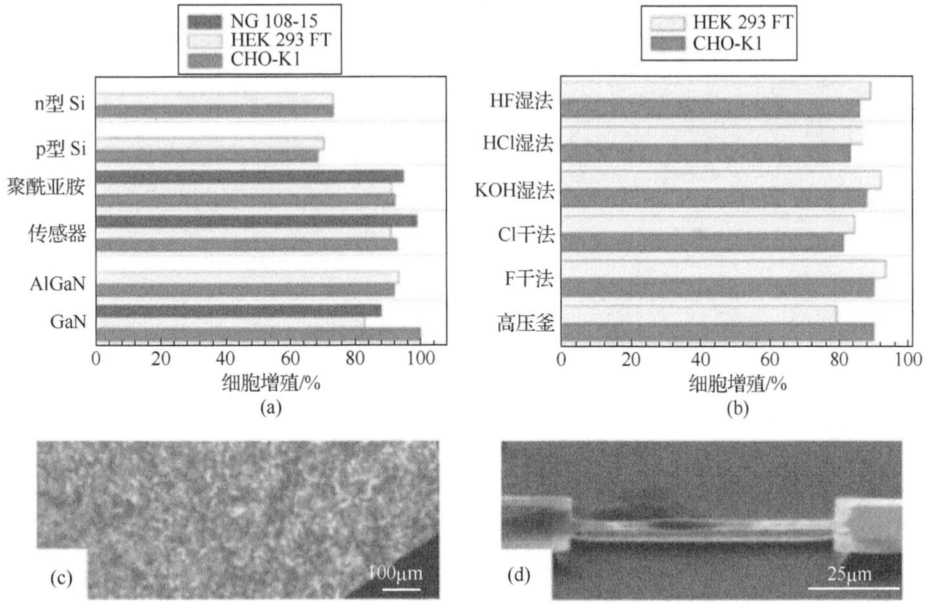

图 1.8　3 种细胞系(HEK 293 FT、NG 108-15 和 CHO-K1)(a)在不同基质上培养两天的细胞数量和(b)在不同处理 AlGaN/GaN 异质结构培养两天的细胞数量；(c)平面 AlGaN/GaN 传感器活性区域的 HEK 293 FT 细胞；以及(d)3D 微机电系统(MEMS)传感器[46]上的 CHO-K1 细胞

理对细胞株的增殖没有实质性影响。因此，与硅基的 ISFET 相比，不需要复杂的修饰来促进细胞在 AlGaN/GaN-ISFET 上的黏附和增殖，尽管纤连蛋白修饰可能是有益的。

1.4 测量条件

生物传感器的主要任务之一是监测离子通量和浓度[87]。在电解液中，大多数过程可以转化为 H^+浓度的变化，进而转化为 pH 的变化。因此，pH 传感器是生物传感器的可靠基础，可用于检测体外或体内发生的不同反应。

1.4.1 缓冲溶液

无论添加少量的酸还是碱，都能保持恒定 pH 的溶液称为缓冲液。缓冲液能够抵抗 pH 的变化，因此在化学制造中非常有用，在许多生化过程中也必不可少。研究中使用缓冲溶液是为了研究恒定环境中的 pH 感知行为，以及在细胞-晶体管耦合实验中稳定细胞介质中的 pH。表 1.4 汇总了所使用的缓冲溶液。

表 1.4　本工作中使用的缓冲区解决方案

名称	25℃下 pK_a	缓冲范围	相对分子质量	产品全称和分子式
4-羟乙基哌嗪乙磺酸(HEPES)	7.48	6.8～8.2	238.3	*n*-2-羟乙基哌嗪-*N*'-2-乙基磺酸; $C_8H_{18}N_2O_4S$
三羟甲基氨基甲烷(Tris)	8.06	7.5～9.0	121.14	2-氨基-2-羟甲基-丙烷-1，3-二醇; $C_4H_{11}NO_3$
CS11	12	5～8		柠檬酸盐 25mmol/L+3-双丙烷 75mmol/L; NaH_2PO_4+Na_2HPO_4
Mettler-Toledo		4～10		

资料来源：Olmsted，J.III，Williams，G.M.，1997，Wm.C.Brown 出版，美国。

1.4.2 表征设置

为了对缓冲溶液中的传感器进行基本表征以及对细胞进行测量，使用了两种不同的测量装置(图 1.9)。在这两种情况下，电解液槽都是通过传统的精密工程技术用 PEEK(聚醚醚酮)制成的。这种材料的优点包括化学稳定性高、电导率极低以及工艺技术简单。

有机玻璃具有高透明性、低成本和良好的机械性能，因此被用作传感器芯片的支架，封装在 PCB 上(图 1.9(a)，传感器见图 1.6(b))。由于具有上述特性，有机玻璃还被用作所构建电解液腔室的盖子，以防止蒸发过程和室温下二氧化碳消耗

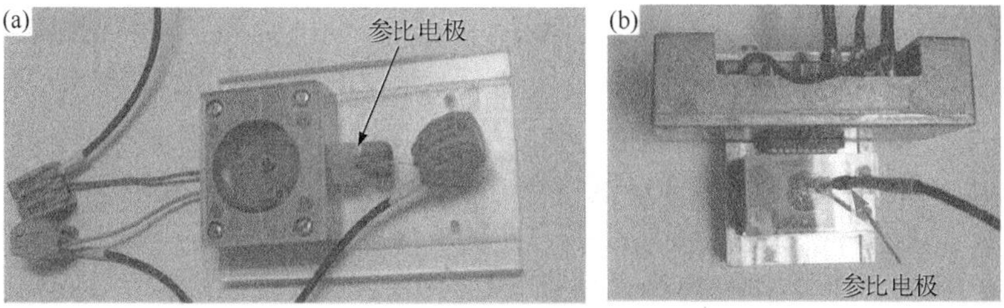

图 1.9　AlGaN/GaN 传感器表征和细胞研究的测量装置
(a) 在 PCB 上；(b)在 LTCC 上

所导致的细胞介质碱化。有机玻璃材料的缺点是电导率低，无法与地面接触，也无法屏蔽传感器芯片的电磁噪声。此外，在测量过程中触摸盖子时可能对传感器信号产生电荷影响。

LTCC 陶瓷封装传感器芯片的第二套测量装置(图 1.9(b)，传感器见图 1.6(a))比第一套装置的电气性能更稳定，因为它采用了铝支架进行电气屏蔽，并使用了机械性能稳定的触点。

这两种系统可使用三种参比电极。

● 双孔玻璃参比电极 InLab，梅特勒-托利多(Mettler-Toledo)公司，带有 ARGENTHAL™银离子捕集器，可确保电解液中完全不含银离子。

● 自制参比电极，在 Fermentas[90]的凝胶中加入 2 mm 的 Ag/AgCl 颗粒，并加入 120 mmol/L KCl 溶液。

● 来自华纳精密仪器有限公司的防漏 Amani 参比电极，具有独特的耐化学腐蚀性、高导电性(10 kΩ)和无孔结点。

在进行任何定量测量之前，必须使用标准缓冲溶液对传感器进行校准，通过记录晶体管特性，确定其工作点，并确定传感器在不同 pH 下的灵敏度。一个好的 pH 传感器对 H^+的灵敏度必须符合能斯特(Nernst)定律。在此基础上，对 AlGaN/GaN pH 传感器的信噪比和漂移行为等特性进行评估。对 pH 的敏感性是表征传感器的主要参数，其定义为

$$S_{pH} = \frac{U_{ref}}{pH} \tag{1.5}$$

其中，ΔU_{ref}为两种不同 pH 缓冲溶液的参考电势差。所使用传感器的灵敏度最高可达 $S_{pH} = 58.5$ mV/pH，这与 Nernst 方程理论近似的 59 mV/pH 一致。

1.4.3　噪声和漂移

在前面描述的测量设置中，会出现多个噪声源。外部噪声源(热噪声、电子噪声、光噪声)的讨论和量化见其他文献[60]。由异质结构及其与电解液的相互作用而

产生的噪声水平约为 100 nA。在细胞测量中，会出现由生化过程引起的额外噪声，这可能会降低或增加整体噪声水平：由于表面化学的稳定作用，噪声水平会降低；如果额外的噪声源较强，噪声水平则会升高。之所以会产生稳定效应，是因为细胞需要几天的时间才能在活性区域增殖。最后，噪声水平降低到 20～50 nA。无论如何，如果考虑到传感器对细胞外电势的响应在 1～15 μA，则这些噪声值是可以接受的。在这项工作中进行晶体管-细胞耦合实验时，使用了一个手套箱(图 1.10)，这也为测量提供了特殊的条件，如恒温、恒湿、恒压和大气成分。在这个手套箱中，还可以控制传感器的光灵敏度[78]。

图 1.10　用于记录传感器信号的测量装置

(左)用于监测信号的个人计算机(PC)；(右)从层流箱加载样品的手套箱

除了噪声之外，在测量过程中还会出现信号漂移，这是所有化学传感器都会遇到的问题，也会使定量测量变得复杂。不过，在研究细胞对不同抑制剂的反应时，预计信号变化较小，而细胞增殖所需的准备期较长，可确保传感器信号的稳定性。此外，由于细胞的快速反应，大部分漂移可以忽略不计。因此，即使不能确保定量的 pH 传感，也可以对细胞-晶体管耦合进行研究。

1.4.4　基于细胞的传感器——CPFET

Ⅲ族氮化物具有前文所述的机理和出色的稳定性，在生物传感应用中具有良好的潜力。要实现 HEMT 传感器设备的选择性，通常需要进一步的功能化。根据所提出的应用，选择性气体、pH、离子或生物传感器的几种基本原理已被证明可实现。参考文献[91]中概述了这些可能性。相反，采用 AlGaN/GaN 异质结构的 CPFET 中的细胞-晶体管耦合，则无需表面功能化，这是因为传感器表面具有出色的化学稳定性和良好的生物相容性，这将在 1.4.5 节中说明。

CPFET 作为生物识别元件，将整个细胞与传感器设备耦合在一起。它可以通过测量细胞外酸化或细胞内、外电势等，直接研究药物或环境对细胞新陈代谢的影响。虽然这些细胞-传感器混合物存在一些基本的限制，如寿命短(数天)或器件的制备困难且耗时，但由于可以在原位记录活体系统的直接反应，因此可以获取独特的信息。这种细胞生物传感器适用于多种应用，如药理学中的药物筛选、毒素检测和环境监测。

与硅基 ISFET 的报告[92]类似，使用 AlGaN/GaN ISFET 也能监测细胞代谢引起的酸化[93]。以附着在晶体管未修饰的开放栅极上的 P19 细胞(胚胎小鼠-癌干细胞)为例。在培养箱条件下培养一天后，细胞介质因细胞活性而呈酸性。通过分析晶体管转移特性的变化，测量了 pH 从 9.0 到 7.0 的相应变化(图 1.11(a))。

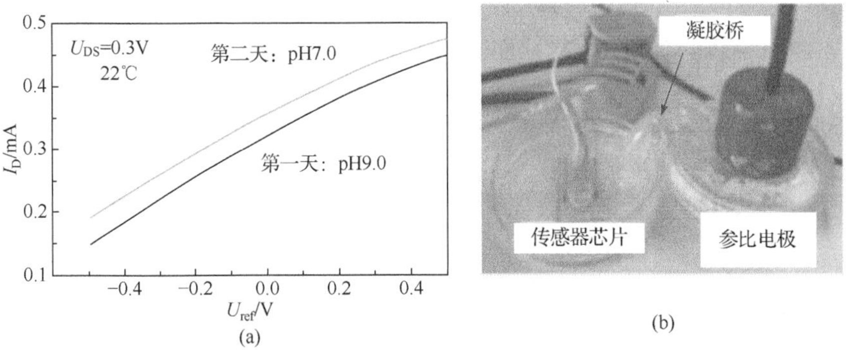

图 1.11　(a)P19 细胞酸化导致的 AlGaN/GaN ISFET 转移特性的变化以及(b)测量装置

ISFET 阵列上的胚胎 Wistar 大鼠心肌细胞证明了这一概念的进一步发展[19]。经过 5～6 天的培养，细胞在纤连蛋白修饰的 GaN 表面形成了一个融合的细胞单层，并形成了自发收缩的聚集体。在恒压模式下，通过测量漏极-源极电流记录细胞外电势，并利用跨导 g_m 计算相应的栅极电压 U_{ref}。晶体管信号持续时间为 100～150 ms，振幅为 70 μV，以稳定的频率发射数分钟。信号形状可认为是由 K^+交换决定的，但造成这种信号形状的确切原因仍有待考证。此外，作者还评估了栅极-源极电压噪声对频率的依赖性，并将其与硅基器件进行了比较，得出如下结论：在相同条件下硅基器件的噪声要高一个数量级。

最近[86]，一种使用贴片钳和 AlGaN/GaN ISFET 的组合测量装置用于检测 Saos-2 人骨母细胞对不同浓度的已知离子沟道抑制剂的反应。季铵盐离子(TEA)和河鲀毒素(TTX)分别阻断 K^+和 Na^+沟道，用于影响通过细胞膜的离子流。使用贴片移液管控制纤连蛋白改性晶体管开栅上附着细胞的胞内电势。在测量过程中，向细胞施加一个 90 mV 的矩形脉冲，然后使用 AlGaN/GaN ISFET 记录细胞外电压与时间的函数关系。随着抑制剂浓度的增加，细胞外电压振幅减小，加入

20 mmol/L TEA 和 50 nmol/L TTX 后，膜沟道完全阻断。

从实验细节可以得出结论，AlGaN/GaN ISFET 具有化学稳定性和低噪声等Ⅲ族氮化物的固有特性，非常适合构建 CPFET。1.4.5 节将通过添加不同的抑制剂，在 NG 108-15(小鼠神经母细胞瘤×大鼠胶质瘤杂交种)神经细胞上演示 AlGaN/GaN CPFET 的生物传感能力。

1.4.5　NG 108-15 神经细胞系

所使用的NG 108-15是由小鼠神经母细胞瘤克隆N18TG-2与大鼠胶质瘤克隆 C6BU-1 融合衍生的成纤维杂交细胞系。该细胞系已成为一种广泛使用的研究神经元功能的体外模型系统[94-106]。当在含血清的培养基中培养时，细胞增殖良好，并表现出明显的运动性。这些细胞很容易被分化[95-98]，据观察，分化后的细胞在以下方面的特性大大增强：分化细胞膜蛋白活性增强，NG 108-15 至少表达四大类电压敏感沟道(包括 Na^+、Ca^{2+}和 K^+)[99-110]。这些电压敏感沟道对多种离子沟道阻断剂有反应，包括河鲀毒素[103-110]、缓激肽[111]，以及可导致细胞凋亡(细胞死亡)的药物，如星状孢菌素[112]和盐酸丁丙诺啡[113]。

这些细胞具有电活性，可以通过注入电流诱导产生动作电位[114]。然而，自发的动作电位(如心肌细胞)不会发生。如果在无血清培养基中培养细胞，其电生理和形态学特性就会发生改变。细胞停止增殖，开始产生神经元和其他延伸部分，并能与其他组织和细胞形成突触[114,115]。与在含血清培养基中培养的细胞相比，这些细胞表现出神经元的特征，更有可能产生动作电位。在某些情况下，这种电活性甚至可以是自发的。然而，与大多数神经元一样，这种自发产生的细胞外信号强度很低，因为只有一小部分细胞处于活跃状态。因此，NG 108-15 细胞没有用于动作电位的研究。相反，它们被用于细胞阻抗的研究，即研究运动问题和沟道电导变化[94]。

最近有报道称，将 NG 108-15 细胞与鸡肌管共同培养，使其生长在一起并形成功能性神经肌肉突触。然后，神经细胞诱导肌肉乙酰胆碱酯酶(AChE)表达上调，当肌肉活性被 α-银环蛇毒素阻断时，这种上调仍持续存在[116]。考虑到这些研究，NG 108-15 的共培养对应物可以用传感器替代以监测细胞活性。AlGaN/GaN 传感器材料具有良好的生物相容性，因此可与该神经细胞系连接，记录细胞外电势对抑制剂的反应。为了使传感器表面的神经细胞正常增殖，则必须创造最佳的细胞培养条件，即良好的细胞培养基和稳定的环境条件。

1.4.6　神经递质——乙酰胆碱

神经细胞之间、神经细胞与肌肉和腺体之间都有一个称为“突触”的连接点。大多数突触都是化学性的。化学性突触依靠一种称为神经递质的特定化学物质来传递信号。神经递质与第二个细胞膜上的受主结合，从而使受主的离子传导性发生变化，或者将信号传递到第二个细胞的细胞质中，这称为第二信使系统。在两个细胞膜之间有一个 20～50 nm 的间隙，即突触间隙。由于这个距离不可能有电信号传输(与电突触相反)，在这种情况下，神经信号通过神经递质传递到突触后膜。乙酰胆碱(ACh)是在中枢神经系统外的神经元之间的突触以及神经肌肉连接处最常见的神经递质之一。

ACh 分子被限制在位于突触前轴突末端附近的许多突触囊泡中(图 1.12)。神经脉冲的存在会导致突触前膜对 Ca^{2+}通透性的大幅瞬时增加。因此，Ca^{2+}沿其电化学梯度进入轴质。在细胞内，Ca^{2+}使突触囊泡移动到突触前膜并与之融合。在这种模式下，ACh 在不到 1ms 的时间内被释放到突触间隙中。ACh 分子扩散到另一个细胞的突触后膜中，在那里与特定的受主蛋白结合。

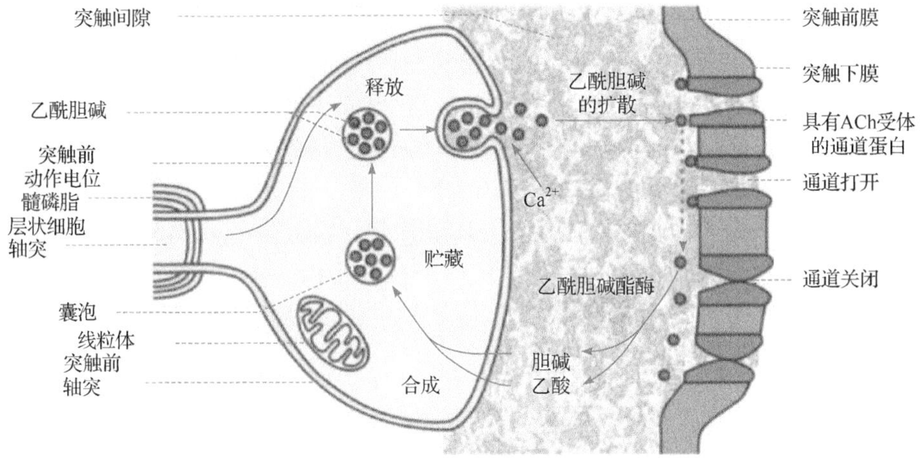

图 1.12　信号通过胆碱能化学突触的传递

当 ACh 与神经肌肉连接处的受主结合时，受主中的沟道会打开约 1ms，大约 3×10^4 个 Na^+进入细胞，同时 K^+向外移动。一种叫作 AChE 的酶立即开始将乙酰胆碱降解为乙酸和胆碱，从而迅速恢复突触后膜的静息电位[118-121]。ACh 的迅速降解是绝对必要的。如果没有 AChE 的作用，ACh 就会继续其刺激作用，直到 ACh 扩散出去，神经活性的控制将很快丧失。例如，控制 ACh/AChE 是治疗阿尔茨海默病和帕金森病等疾病的一项重要任务[121-123]。有几种有机化合物可以作为 AChE 的抑制剂，因此是潜在的神经毒素。这些化合物被合成用于药理学筛选[123]、农业杀虫剂[124]，以及化学战中的神经毒气。因此，将使用 AlGaN/GaN 场效应晶体管来研究这类神经毒素对神经细胞的影响。

1.4.7 神经抑制剂

一旦 ACh 释放到突触间隙，突触后膜会发生去极化，过量的 ACh 必须被迅速水解。如果没有这个过程，膜就不能恢复到极化状态，也就无法进一步传递。负责水解的酶是 AChE，任何抑制 AChE 活性的物质都有潜在毒性。

二异丙基氟磷酸(DFP)是一种不可逆的强效 AChE 抑制剂。它对大鼠的半数致死量(LD 50)为 4 mg/kg。DFP 是沙林的结构类似物，是一种油状、无色或淡黄色液体，化学式为 $C_6H_{14}FO_3P$。它可用于医药和有机磷杀虫剂。它很稳定，但遇潮后会发生水解，产生氢氟酸[125]。

苯甲基磺酰氟(PMSF)是一种丝氨酸蛋白酶抑制剂，分子式为 $C_7H_7FO_2S$(图 1.13)，作用弱于 DFP。PMSF 在水中会迅速降解，通常用无水乙醇、异丙醇、玉米油或二甲基亚砜(DMSO)配制储备溶液。当使用的 PMSF 浓度在 0.1～1 mmol/L 时，会产生蛋白水解抑制作用。在水溶液中的半衰期较短。半数致死量(LD 50)大约是 500 mg/kg。在本工作中，DFP 和 PMSF 均成功用于抑制 AChE(1.7 节)。

阿米洛利(amiloride，图 1.13)是一种合成的可逆沟道阻滞剂，分子式为 $C_6H_8ClN_7O$，也被用于本研究中。它的工作原理是直接阻断上皮钠沟道(ENaC)，从而抑制肾脏远曲小管和集合管对 Na^+的重吸收(这一机制与氨苯蝶啶相同)。这会促进 Na^+和水分从体内流失，而不消耗 K^+。该化合物可溶于热水(50 mg/mL)，形成透明的黄绿色溶液。阿米洛利可溶于 DMSO。阿米洛利与 PMSF 和 DFP 抑制剂一起用于研究神经细胞的联合反应，并识别对传感器信号有贡献的离子。

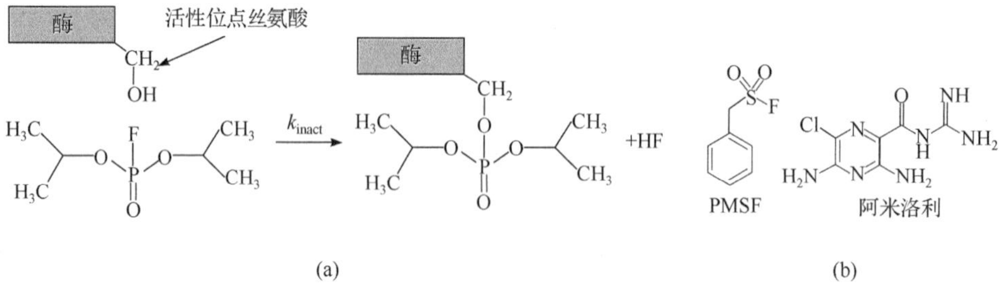

图 1.13 (a)不可逆抑制剂 DFP 与丝氨酸蛋白酶，以及(b)PMSF 与阿米洛利的化学反应式

因此，所有过程和细胞反应都会导致细胞膜上特定离子通量的变化。这项工作的目的是建立一种测量技术，在平面传感器上培养神经细胞，通过测量细胞外离子浓度的变化来衡量其对神经抑制剂的反应。

1.4.8 细胞培养基

体外细胞生长必须使用一种特殊的液体，即细胞培养基，这种培养基含有使细胞的生长和繁殖成为可能的明确物质。对于不同类型的细胞，需要使用性质完全不同的细胞培养基，以防止细胞功能和干细胞分化发生改变。

细胞培养基通常含有大量不同的物质，这些物质会对测试产生负面影响。然而，对于大多数细胞培养基而言，都需要添加缓冲溶液来调节和稳定 pH。从 pH 稳定性的角度来看，高缓冲的细胞培养基是有益的，而从细胞增殖的角度来看，浓度低于 25 mmol/L 的 HEPES 更为理想。作为折中方案，在 NG 108-15 神经细胞与 AlGaN/GaN 传感器的进一步耦合实验中，选择了浓度低至 25 mmol/L 的 HEPES。为了提高细胞培养基 pH 的稳定性，并避免细胞培养基中 Na^+浓度的增加，最终使用了 25 mmol/L 的 HEPES-Tris 缓冲溶液。

对于细胞培养技术来讲，稳定的 pH 是一个非常重要的前提条件[89,126]。细胞培养基的 pH 低于 7 或超过 8 时都会对细胞增殖及其对不同刺激的反应产生负面影响。细胞培养基的 pH 约为 7.5，是细胞生长的最佳环境。为了控制细胞环境的 pH，需要使用额外的化学物质来平衡细胞环境的 pH(类似于缓冲溶液；参见 1.5.3 节)。$NaHCO_3$ 就是这样一种物质，它可以添加到细胞培养基中，不仅可以作为缓冲液，还可以作为植物细胞培养的营养物质。环境中 CO_2 含量的增加会导致 pH 的降低。由于细胞增殖需要特殊条件(5% CO_2 和 37℃)，需要使用相对高浓度的 $NaHCO_3$ 来维持酸碱平衡。因此，细胞培养基中的缓冲系统由两部分组成：$NaHCO_3$ 和 CO_2。

$$NaHCO_3 + H_2O \Longleftrightarrow Na^+ + HCO_3^- + H_2O$$

$$CO_2 + 2H_2O \Longleftrightarrow H_3O^+ + HCO_3^-$$

这个反应取决于环境中的分压。因此，细胞被保存在具有明确规定的气压、温度和 CO_2 浓度的特殊培养箱中。如果 CO_2 浓度处于较低水平，培养基中的 OH^-浓度会较高，pH 会在碱性环境中保持平衡。这时必须增加培养箱中的 CO_2 浓度。在这种情况下，缓冲系统的反应如下：

$$\text{高浓度 } H^+\text{: } H_3O^+ + HCO_3^- \Longleftrightarrow H_2CO_3 + H_2O \Longleftrightarrow CO_2 + 2H_2O$$

$$\text{高浓度 } OH^-\text{: } OH^- + CO_2 \Longleftrightarrow HCO_3^-$$

由于高浓度的 CO_2 和环境中 $NaHCO_3$ 的存在，只要细胞培养物在培养箱中，pH 就会保持恒定。一旦移除装有细胞的容器并将其暴露在 CO_2 浓度仅为 0.3%的正常环境中，环境就会变为碱性(即 pH 约为 8.5)，颜色也会变成紫色，培养基中的酚红可证明这一点。因此，在正常情况下，必须在细胞培养基中添加额外的缓冲溶液，如 HEPES。含有缓冲溶液的细胞培养基也有市售(如 Leibowitz L15)，专门用于正常环境下的细胞培养。

在进行任何应用之前，都必须对缓冲液系统进行测试，以证明其与所用细胞系的生物相容性。下文将介绍这类测试。

1.5 与 AlGaN/GaN ISFET 的细胞耦合

下文将介绍在平面器件 AlGaN/GaN ISFET 上培养 NG 108-15 神经细胞的情况，以及应用这种耦合技术监测细胞对抑制剂(药物)的反应。该系统的一个重要特征是能够在不破坏增殖细胞层的情况下，对同一种生物材料进行长时间的重复测量。所有相关部分，如细胞、细胞介质、缓冲溶液和传感器接口，都是复杂的系统，可能发生各种不同的反应和过程。并不是所有的反应和过程都能通过直接技术进行单独分析。为了了解在如此复杂的系统中所记录的信号，我们按以下顺序在特定环境中进行了初步实验。通过研究对 Na^+和 K^+(1.5.3 节)以及与细胞耦合实验相关的抑制剂(1.5.4 节)的敏感性，扩展了传感器在标准缓冲溶液中的基本特性。然后，将用于细胞生长的细胞培养基(其行为是单独表征的，1.4.8 节)与传感器接触，并分析其在这些介质中的反应——神经抑制剂的缓冲和剂量。在这些培养基中，研究了 NG 108-15 细胞系的行为(1.5.1 节)及其在 AlGaN/GaN 传感器上的培养。最后，还监测了传感器对细胞活性的反应，包括呼吸等自发行为(1.5.2 节)以及对抑制剂的刺激反应。在低离子含量的缓冲溶液中(零离子替代细胞培养基(SCZ)，1.6.1 节)中进行的监测有助于确定与传感器响应相关的离子。研究中最复杂的相互作用方案是两种不同神经抑制剂的后续应用。

1.5.1 传感器预处理

用于记录细胞外信号的 AlGaN/GaN ISFET 是 PIMBE 生长的传感器芯片，具有 2400 μm×500 μm 的大活性面积。之所以选择这些芯片，是因为初步特性分析表明它们具有良好的传感器特性。传感器芯片封装在所述的 PCB 上(图 1.6(b))。相应的测量系统是首次设置的琼脂糖凝胶封装参比电极(图 1.9(a))，并记录了当前 I_D 与时间的关系。该系统用于离子溶液和细胞培养基中的传感器校准，也可用于记录细胞外电势的变化对不同神经抑制剂的响应。

要使用 AlGaN/GaN ISFET 记录神经细胞的细胞外电势，首先必须创建一个稳定的细胞-传感器混合体，这意味着传感器必须具有生物相容性、良好的清洁度和灭菌性。由于 AlGaN/GaN 材料具有高度生物相容性，因此可以直接将细胞铺在传感器表面，而无须使用有机薄膜来提高细胞附着力和生物相容性。在将细胞铺展到传感器上之前，必须对传感器表面进行清洗和消毒，以避免细胞感染细菌。具体做法是用丙酮、异丙醇和去离子水清洗传感器和测量装置，然后在 75%的乙醇溶液中消毒至少 20 min。最后，将传感器在氮气中干燥，再安装到测量装置中。

随后，可以将细胞在传感器表面铺展。细胞扩散是细胞的一项基本功能，即细胞附着于表面并先于细胞增殖功能，直至细胞完全覆盖传感器表面。细胞黏附的附着阶段发生迅速，涉及细胞与传感器表面之间的物理化学连接，包括离子力。如果首先研究细胞的初始黏附情况，则细胞附着力的减弱可作为毒性的衡量标准[29,89]。

根据 ATCC[127]制定的标准，NG 108-15 细胞在添加 10% FCS 和 1%青霉素/链霉素的 DMEM 中进行亚培养。当细胞表现出最佳特性时，无需酶处理即可将其拾取并涂抹在传感器表面，传感器封装在测量装置中。在附着的初始阶段，接种在传感器上的细胞显示出正常的形态。6 h 后，附着的细胞呈球形，质地粗糙，分布比初始时更广泛。1 天后，部分附着的细胞从中心向径向扩散，形成丝状伪足(图 1.14(a))。然而，并不是所有的细胞都附着在表面，球形细胞仍在培养基中游动。此外，细胞的分布并不均匀，它们在传感器表面成群增殖(图 1.14(a))。在 37℃的培养箱中培养 3 天后，观察到细胞增殖情况良好，传感器表面完全被细胞覆盖(图 1.14(b))。

(a) (b)

图 1.14 NG 108-15 细胞附着在传感器的活性区域(a)1 天后和(b)3 天后立即开始实验记录传感器信号

对于测试而言,有一层紧密的细胞覆盖传感器的整个有效区域是非常重要的。在细胞和传感器表面之间，会形成一个厚度为 30～70 nm 的离子积累沟道(裂隙)[128]。为了持续增殖，细胞需要与培养基交换营养物质，特别是离子。细胞介质中的离子浓度会随细胞内发生的过程而变化。在短时间内，沟道中的离子浓度会比培养基中的离子浓度大幅增加，然后通过扩散过程再次达到平衡，由于具有这种短暂的非平衡状态，因此可以通过使用不同的传感器(微电极阵列(MEA)、ISFET、电极)探测裂隙中的浓度或电势变化来监测细胞的活性。为了进行可靠的测量，该沟道应被限制在传感器活性区和连续细胞培养之间。因此，细胞完全覆盖传感器表面有利于获得高信噪比。按照上述步骤，在传感器表面接种了约 105 个 NG 108-15 细胞。2 天后，NG 108-15 神经细胞显示出良好的增殖和活力，传感器的活性区域被一层致密的细胞覆盖。考虑到平均细胞直径为 20 μm，则活性传感器表面大约生长了 3500 个细胞。如果一开始就播种较多的细胞，则可以将传感器完全覆盖的时间缩短几小时。不过，这里并不建议采用这种快速的增殖方法，因为并非所有细胞都能附着在传感器表面，并在附着表面上方形成一层强有力的振荡膜。

然而，即使培养物中的细胞看起来相似，它们也可能表现出不同的功能和特征，而且来自同一细胞类型的两个不同细胞培养物，即使使用相同的生长方案，也可能存在很大差异[89,126]。在本研究中使用 AlGaN/GaN ISFET 记录细胞外信号时也可能出现这种情况。在生化研究中，高度并行的筛选系统可以克服细胞培养的这一缺点。这种测量方法可以收集统计数据并确定误差极限，但不能在同一生物材料上进行长期重复实验。因此，对于生物学家来说，拥有一台能在数天内使用相同细胞培养物的仪器是非常重要的，这样才能确保细胞具有相同的特性。带有内置 AlGaN/GaN ISFET 的测量系统可进行此类测量。

1.5.2　传感器对有/无细胞的细胞培养基中 pH 变化的响应

为了确保传感器能够记录细胞外介质中离子浓度的变化，首先需要证明传感器对不同离子的敏感性，并确保测量期间培养基中的 pH 恒定不变。

首先，评估了含有和不含 NG 108-15 神经细胞的细胞培养基中 pH 的变化对 AlGaN/GaN 传感器灵敏度的影响。将缓冲和非缓冲 DMEM 细胞培养基置于封装的传感器表面。在图 1.15(a)中，黑色曲线表示在第一次运行中，测量装置未被细胞培养基覆盖。之后，有机玻璃盖子覆盖测量装置，重复测试(灰色曲线)。

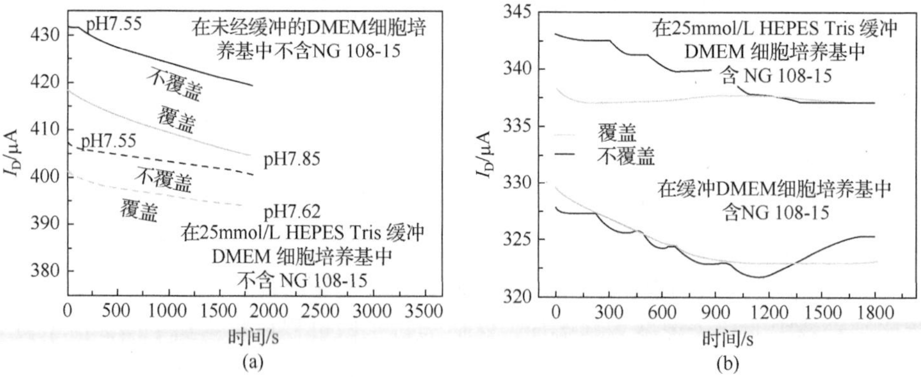

图 1.15　测量装置和缓冲溶液对(a)细胞介质和(b)记录的传感器信号的影响(给定的 pH 在实验开始和结束时由梅特勒-托利多(MT)玻璃电极测量)

传感器信号出现漂移(I_D 持续下降)，这与细胞培养基碱化而导致的 pH 升高有关。由于测量是在不间断的情况下进行的，因此无盖测量的最终信号等于有盖测量的起始值，这也是曲线偏移的原因。除此之外，细胞培养基中的信号行为不受有盖或无盖测量设置的影响。相反，在 DMEM 细胞培养基中加入 25 mmol/L

HEPES-Tris 缓冲溶液后，传感器漂移明显减少，这表明其具有稳定培养基 pH 的功能(图 1.15(a))。漂移并没有完全消失，原因可能是细胞培养基的持续碱化以及系统中可能出现的噪声(见 1.4.3 节)。

如果传感器表面有 NG 108-15 神经细胞，这会出现不同的现象(图 1.15(b))。比较在覆盖测量装置中记录的曲线(红色曲线)，有细胞(图 1.15(b))和没有细胞(图 1.15(a))的培养基在最初 1000 s 内传感器的漂移是相似的。相比之下，在缓冲细胞培养基和覆盖式装置中，传感器信号从一开始就非常稳定，这再次充分说明了 25 mmol/L HEPES-Tris 缓冲液对有附着细胞的细胞培养基 pH 恒定方面有稳定作用。

从信号形状可以看出，覆盖式和非覆盖式测量装置之间存在实质性的差异。对于覆盖式测量装置(图 1.15(b)，红色曲线)，记录的传感器信号在时间上相对恒定；而对于非覆盖式的测量装置(图 1.15(b)，黑色曲线)，信号在接近稳定值之前呈阶梯式下降。这一现象可解释为细胞环境中 CO_2 浓度变化导致细胞培养基的碱化[89,126]。需要注意的是，将准备好的带有 NG 108-15 附着的测量装置从培养箱中取出并更新细胞培养基之前，实验是在正常环境下进行的(室温，大气中 CO_2 浓度为 0.3%)。因此，所记录的信号振荡与传感器的漂移无关，而是对细胞自发活性(“呼吸”)的监测。在缓冲细胞介质中，传感器信号的稳定更快，这是由于添加到 DMEM 细胞环境中的 25 mmol/L HEPES-Tris 溶液具有均质功能。Costa Silveira[62]使用其他 AlGaN/GaN 传感器和基于 LTCC 的设置也观察到了类似的现象(图 1.9(b))。这些测量结果清楚地证明了 AlGaN/GaN 传感器监测细胞活性的能力。

实验结果表明，为了确保在正常条件下传感器表面培养的 NG 108-15 神经细胞处于稳定的环境条件，则必须使用缓冲细胞培养基和覆盖式测量装置，以防止与环境进行气体交换。

1.5.3　AlGaN/GaN ISFET 对离子的敏感性

1.4.7 节介绍了 PMSF、DFP 和阿米洛利的抑制模式，以及其对神经细胞和膜电势的影响。由于这些神经毒素会导致细胞外溶液中初始离子浓度的变化，因此本研究将它们用于细胞跨膜蛋白的抑制。就 PMSF、DFP 和阿米洛利而言，Na^+、K^+和 Ca^{2+}对传感器信号的影响最大。如后文所述，可以认为 Na^+在启动 AlGaN/GaN 传感器信号中起着最重要的作用。为了确保 AlGaN/GaN ISFET 至少对 Na^+和 K^+两种不同离子的浓度变化敏感，需要制备一种特殊的缓冲溶液，并记录新的校准曲线。这种缓冲溶液必须确保恒定的 pH 和最小的营养因子，以便在短时间内(即在细胞实验期间)培养 NG 108-15 神经细胞而不改变细胞特性。

在 SCZ 缓冲溶液中评估了 AlGaN/GaN 对 Na^+和 K^+的敏感性。胆碱用于保持溶液中恒定的离子强度。在装置中加入缓冲溶液，稳定 10 min 后开始测量。引入稳定时间是为了减少来自器件的噪声(见 1.5.2 节)。随后分别通过滴定 NaCl 和 KCl 来增加 Na^+和 K^+的浓度。

图 1.16 显示了传感器信号对离子浓度变化的响应。首先，漂移可以看作是传感器信号随时间的递减。这种漂移不是由溶液反应引起的，其中溶液的 pH 恒定在 7.5～7.6。漂移主要是由所使用的不稳定的琼脂糖参比电极引起的。以 Na^+为例(图 1.16(a))，传感器在浓度为 5 mmol/L 时开始反应，信号增加约 2.5 μA。每次滴定后，由于扩散过程使溶液中的离子浓度达到平衡并稳定 pH，传感器信号会以较低的速率再次下降。

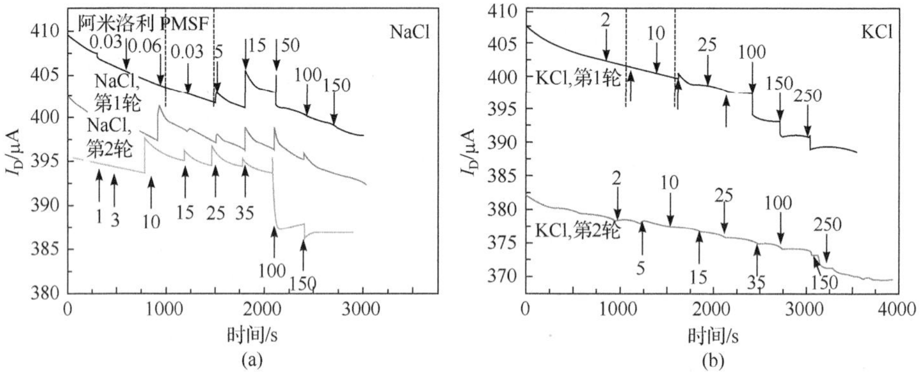

图 1.16　在 SCZ 溶液中添加(a)Na^+和(b)K^+时的传感器响应。此外，在 Na^+的情况下，阿米洛利和 PMSF 在 Na^+给药实验之前提供(通过滴定给药：数字对应于溶液中的末端浓度，以 mmol/L 为单位)

滴定后传感器信号的快速增加，需要传感器表面有正离子，这证明传感器对 Na^+很敏感。在 100 mmol/L 左右的高浓度下，传感器的正响应下降并转变为负响应，这需要负离子。其原因可能是溶液中的重组过程，例如涉及胆碱的过程。由于 Na^+浓度对于细胞-晶体管耦合实验来说已经过高，因此没有进一步研究这种效应。在 K^+的情况下也观察到了类似的现象(图 1.16(b))。不过，传感器的响应较弱，只有在浓度高于 Na^+的情况下才能记录到清晰的信号。因此，AlGaN/GaN 传感器同时对离子浓度以及传感器表面附近溶液中因化学反应引起的暂时变化很敏感。

1.5.4　AlGaN/GaN ISFET 对抑制剂的敏感性

如果是研究传感器对不同溶液中的抑制剂浓度变化产生响应，则 1.5.3 节中的结论非常重要。首先，在 SCZ 溶液中加入不同浓度的阿米洛利和 PMSF 抑制剂时，没有检测到传感器信号(图 1.16，黑色曲线)。在缓冲的(25 mmol/L HEPES-Tris 缓冲液)和非缓冲的 DMEM 细胞培养基中加入抑制剂时，也得到了相同的结果(图 1.17)。此外，在相同的碱性缓冲液中使用混合抑制剂也不会产生任何影响(见表 1.5)。如 1.5.3 节所述，记录曲线斜率的不同是未缓冲和缓冲细胞培养基碱化的结果。

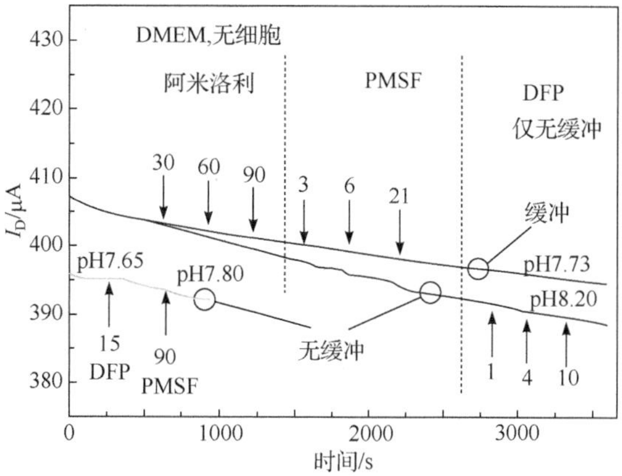

图 1.17　传感器对添加到细胞培养基 DMEM 中的不同抑制剂的反应，加入和不加入 25 mmol/L HEPES-Tris 缓冲液。DFP 仅给药于非缓冲介质(滴定给药：数字对应于溶液中的末端浓度，单位为 μmol/L，给定的 pH 在实验开始和结束时用 MT 玻璃电极测量)

表 1.5　在本工作中使用的四种不同溶液浓度

基本缓冲液	C/(mmol/L)	SCR 基本缓冲液+	C/(mmol/L)
$MgSO_4$	1		
HEPES-Tris	20	KCl	5
甘氨酸	5	NaCl	10
左旋谷氨酰胺	1	$NaCl_2$	0.15
葡萄糖	10		
SCZ 基本缓冲液+	**C/(mmol/L)**	**SCI 基本缓冲液+**	**C/(mmol/L)**
胆碱	135	乙酸钾	150
		NaCl	10
		$CaCl_2$	0.015

注：SCZ：零离子取代细胞介质；SCR：用较低离子浓度取代细胞介质；SCI：用与细胞相同浓度的离子取代细胞介质。所有溶液的 pH 均为 7.5。基本缓冲液是其他三种溶液的起始基础。

此外，还研究了传感器对添加到 SCZ、SCR、SCI 和细胞培养基中的 DFP 抑制剂的响应(图 1.18)。当在 SCZ 缓冲液中加入神经毒素时，没有记录到传感器信号。另外，将神经毒素添加到细胞培养基中也没有检测到传感器信号，其中细胞培养基中含有不同浓度的不同类型离子(图 1.17)。出现这种情况可能是由于化学反应过程中产生的离子数量不足以使传感器信号发生变化，也可能是由于细胞培养基的复杂性，在接近传感器表面处就中和了所产生的成分。值得注意的是，当加入抑制剂 DFP 时，缓冲溶液中浓度足够高的 Na^+和 K^+会产生传感器信号。因此，当细胞附着在传感器表面时，裂隙中可能不会发生同样的化学反应。传感器对 NG 108-15 细胞特定反应的响应将在 1.6 节中详细讨论。

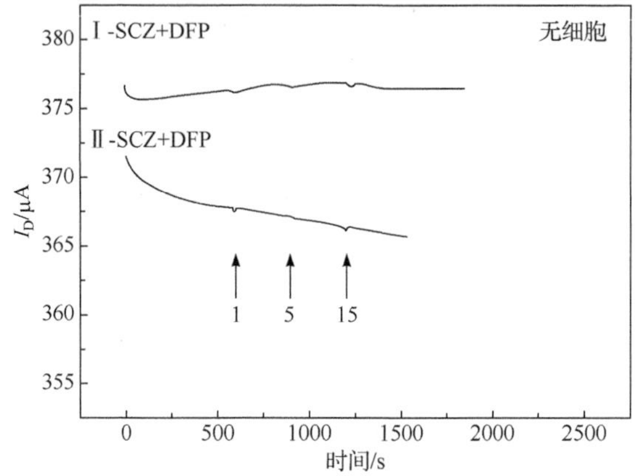

图 1.18 传感器对加入 SCZ 的 DFP 的响应(通过滴定给药，数字对应于溶液中加入的浓度，以 μmol 为单位)

1.6 细胞外信号的记录

如 1.4.7 节所述，DFP 是一种非常强的 AChE 抑制剂。与 ACh 结合后，配体门控沟道打开约 10 ms。如果细胞内外的 Na^+浓度不同，则 Na^+的流入会降低膜电势[20,119,129,130]。AChE 会迅速分解 ACh，从而关闭沟道。抑制 AChE 会延长 ACh 在受主上的滞留时间，并延长沟道的开放时间。反复使用 AChE 抑制剂可迫使沟道长时间保持开放状态，从而使细胞内外的离子浓度达到平衡。如果认为表面生长着一层均匀的细胞，那么细胞和表面之间就形成裂隙。由于细胞的交换过程和向缓冲培养基中主要部分的扩散减少(扩散路径长)，在短时间内，裂隙会呈现非平衡离子浓度。这种非平衡会产生一个临时电势，可以用 AlGaN/GaN ISFET 传感器来测量，这将在 1.6.1 节中说明。

在开始记录细胞外信号之前，将测量装置从培养箱移至正常环境中，安装参考电极，移除用过的细胞培养基，用新的细胞培养基轻轻清洗细胞。U_{DS} = 0.5 V 和 U_{ref} = −0.35 V 保持不变，并记录 I_D 随时间的变化。所有实验均在湿度为 45%，温度为 22℃的手套箱中进行。在记录传感器信号时，用盖子覆盖住装置。

1.6.1 对 SCZ 缓冲液中单一抑制剂的响应

细胞反应研究的首次实验是在 SCZ 中进行的，因为确定的成分可以确定哪些离子有助于传感器响应。用 5 mL SCZ 缓冲液取代细胞培养基，研究细胞对不同浓度的神经毒素 DFP 的反应。如前所述，SCZ 是一种不含 Na^+、K^+和 Ca^{2+}的缓冲溶液。因此，即使神经毒素阻断了 AChE 的裂解，Na^+沟道长时间保持开放，由于细胞中只含有 7 mmol/L 的 Na^+，离子浓度的变化也会非常小。Na^+外流造成的最大 7 mmol/L 的离子浓度变化太小，传感器无法检测到(图 1.19(a))。然而，当向 SCZ 缓冲溶液中加入 50 mmol/L NaCl 时，传感器信号快速增加(约 15 μA)。然后，Na^+仍然通过开放的沟道进入细胞。由于可以假设积累层仍然不含 Na^+，因此这种流入主要是通过细胞顶部的沟道进行的。为了建立膜平衡电势，K^+同时向外泵送。然而，这同时通过细胞的所有沟道进行，从而增加了细胞与传感器表面之间的积累层中的正离子(K^+)浓度。值得注意的是，使用传统玻璃 pH 电极测量，缓冲溶液的整体 pH 在测量过程中是恒定的，约为 7.6 个单位(图 1.19(a))。因此，产生传感器信号的主要是这些 K^+。

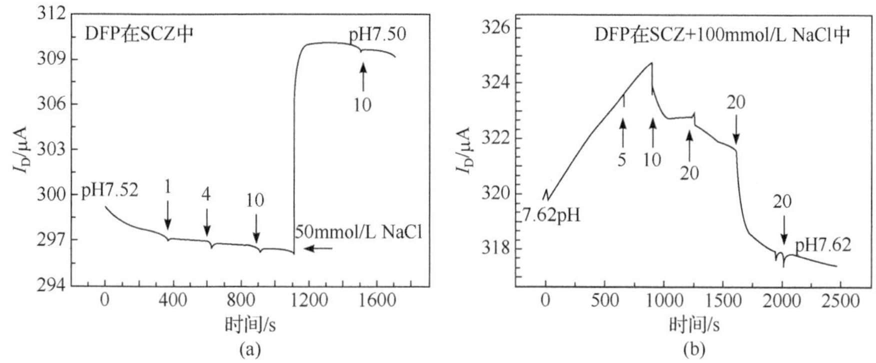

图 1.19　NG 108-15 神经元在神经毒素 DFP 作用下的细胞外信号，分别在(a) SCZ 缓冲溶液和(b)含 100 mmol/LNaCl 的 SCZ 缓冲溶液中测得(滴定给药：数字对应于溶液中添加的浓度，单位为 mmol/L。滴定时用 MT 玻璃电极在实验开始和结束时测量 pH)

Hille[128]利用膜片钳技术测得哺乳动物神经元外部的平衡浓度为 140 mmol/L Na^+。在本实验中，SCZ 缓冲液中只加入 50 mmol/L Na^+。因此，在 DFP 上第一次反应后就能达到完全平衡，随后加入的神经毒素不会产生新的细胞反应。事实上，AlGaN/GaN ISFET 无法记录到新加入抑制剂时的进一步细胞外反应(图 1.19(a)，最后一次加入 10 mmol/L)。

在第二次实验中，从一开始就加入了 Na^+(图 1.19(b))。使用了相同的传感器和测量装置，只是在传感器上培养了新的神经细胞。光学显微镜显示，细胞床的良好增殖和活力特性与之前的实验相同。SCZ 缓冲液中只存在 Na^+会造成细胞膜电势不平衡。在这种情况下，根据伯恩斯坦理论[118]，K^+通过选择性渗透细胞膜从细胞中流出，以抵消电势差。这一机制可以解释在测量时间的前 900 s 内信号逐渐增加的现象。在 SCZ 100 mmol/L NaCl 中加入 DFP 会引起相反的传感器响应。在含有 100 mmol/L NaCl 的 SCZ 缓冲液中首次添加 5 μmol/L DFP，对传感器信号没有实质性的影响，因此在本实验中，DFP 剂量太小，不足以引起可测量的离子通量。进一步增加剂量后，由于 Na^+进入细胞，传感器信号迅速减弱，这基本上是在添加 10 μmol/L 和第二次添加 20 μmol/L DFP 后出现的。然而，这种效应在实验过程中并不能完全重现。

从曲线的阶梯状下降可以看出 DFP 的作用，但与图 1.20(a)中的曲线相比，将正常细胞培养基改为 SCZ 缓冲液后，曲线出现了更加不规则的现象。

传感器对首次添加 20 μmol/L DFP 的反应较小，这可能是由于培养基中的复杂反应，以及 SCZ 并非细胞的最佳环境(与细胞培养基中的实验相反，在细胞培养基中观察到的是阶梯状响应，见图 1.20)。这里没有进一步研究这种效应。无论如何，考虑到在测量过程中 SCZ 缓冲溶液的 pH 始终保持在 7.62，传感器信号只能是由靠近传感器表面积累沟道中离子流穿过细胞膜引起的。进一步增大剂量(第 3 个 20 μmol/L DFP 及更高剂量)不会再引起传感器反应。因此，一旦 NG 108-15 神经细胞与培养基之间的 Na^+浓度由于对 DFP 神经抑制剂发生反应而达到平衡，就不会再记录到传感器信号。

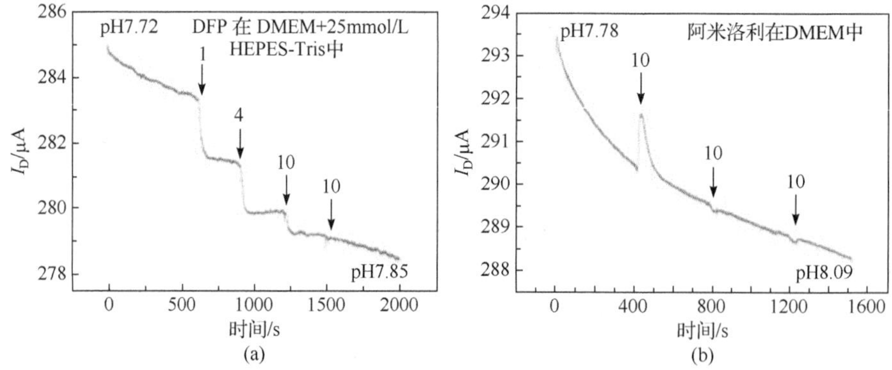

图 1.20 记录的 NG 108-15 细胞与不同浓度神经抑制剂的反应

(a)DFP，以 DMEM 和 25 mmol/L HEPES-Tris 缓冲液为细胞介质；(b)阿米洛利，滴定给药：数字对应于溶液中添加的浓度，单位为 μmol/L，在实验开始和结束时，通过 MT 玻璃电极测量给定的 pH

先前对离子敏感性的研究(1.5.1 节)表明，传感器对 K^+和 Na^+通量都有响应。这里已经证明，在 SCZ 缓冲溶液中监测细胞对 DFP 神经抑制剂的反应时，Na^+通量对于传感器信号的产生至关重要。然而，由于 SCZ 溶液中的离子含量较小，细胞对神经抑制剂的反应可能会变性。因此，在更“自然”的细胞培养基中进行了进一步的实验，具体将在 1.6.2 节中介绍。

1.6.2　对 DMEM 中单一抑制剂的响应

在接下来的实验中，不再使用 SCZ 缓冲溶液，而是使用复合经典细胞培养基(DMEM 添加 10% FCS 和 I-谷氨酰胺)，并加入 25 mmol/L HEPES-Tris 作为缓冲溶液(图 1.20(a))。此外，在这种情况下，传感器和测量装置没有替换，只是更新了细胞层。由于细胞介质的复杂性，很难在正常环境中保持其 pH 恒定，因此在测量过程中观察到 pH 上升了约 0.13。

首先，记录了 NG 108-15 神经细胞对添加的神经抑制剂 DFP 的反应(图 1.20(a))。与之前实验不同的是，在覆盖增殖神经细胞的 5 mL 细胞培养基中加入浓度低至 1 μmol/L 的抑制剂 DFP 时，就已经出现了传感器反应，即记录的电流下降。如果再添加 4 μmol/L 和 10 μmol/L 的抑制剂 DFP，所记录的传感器信号也会下降。当 DFP 的浓度达到约 15 μmol/L 时，就会出现饱和状态，即使再添加新剂量的神经抑制剂，也无法再记录到细胞反应(图 1.20(a))。此外，在这种情况下，积累沟道中的不同离子也有助于传感器信号的产生。然而，由于细胞介质的复杂性，很难确定具体是哪种离子以及它们在这些效应中所占的比例。可以假设 Na^+和 K^+对传感器信号有主要影响。为了评估这一假设，我们对传感器信号进行了分析，见 1.7.2 节。

为了了解 AlGaN/GaN ISFET 对 NG 108-15 细胞及对其他抑制剂的反应，使用新的缓冲细胞培养基在传感器上制备了新的附着神经细胞。这次使用了上皮 Na^+沟道可逆阻断剂阿米洛利(见 1.4.7 节)作为神经抑制剂(图 1.20(b))。在这种情况下，缓冲细胞培养基出现了明显的不稳定性，随着时间的推移而呈碱性(pH 上升了 0.31)。

首先，在 5 mL 细胞培养基中加入浓度为 10 μmol/L 的阿米洛利。传感器信号迅速增加，随后较慢减小，直到传感器信号接近平衡的信号水平(考虑碱化)。再添加更多剂量的阿米洛利时，传感器不再产生响应。考虑到神经抑制剂阿米洛利关闭了 Na^+沟道，即没有 Na^+可以流入细胞，其剂量应该导致积聚沟道中的正离子浓度增加(尤其是 K^+和 Na^+)，最终导致传感器信号增加，如图 1.20(b)所示。因此，可通过两个扩散过程达到平衡：①从裂缝横向流出而进入缓冲溶液，或②K^+通过离子沟道进入细胞。这样，膜电势的平衡状态就建立起来了，传感器信号也接近平衡值。由于碱化作用，pH 的升高导致平衡信号小于初始值。显然，10 μmol/L 阿米洛利的剂量已经足以阻断所有沟道，因为进一步加大剂量对神经细胞和传感器信号没有影响(图 1.20(b))。

进一步的实验涉及第二个实验装置和 Amani 参比电极(图 1.21)[62]，其结果类似。传感器的制备和 NG 108-15 神经细胞的增殖如 1.5.1 节所述。此外，还研究了使用抑制剂 PMSF 时传感器的响应。如 1.4.7 节所述，PMSF 是 AChE 的弱抑制剂[130]，即添加 PMSF 后离子沟道打开的时间更长，从而使细胞内外的离子浓度达到平衡。图 1.22 总结了在 5 mL 细胞介质中使用来自同一晶片但活性区域不同的两个传感器进行 PMSF 滴定实验的结果。

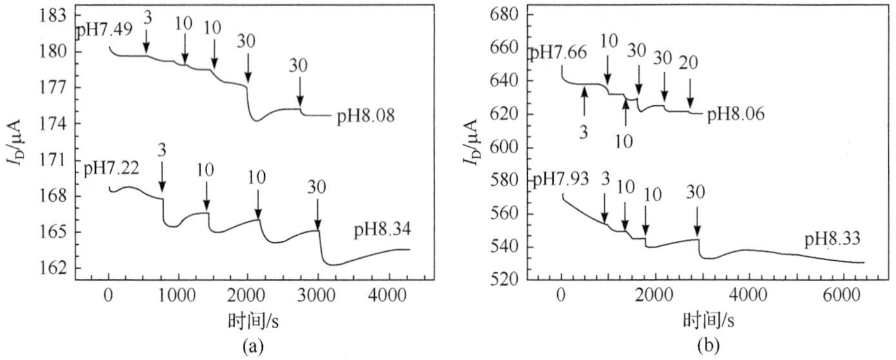

图 1.21　记录的 NG 108-15 细胞对 DMEM 中不同浓度的 PMSF 神经抑制剂的反应，使用(a)400 μm×100 μm 和(b)2400 μm×100 μm 两种不同的 PIMBE 生长传感器(滴定给药：数字对应于溶液中添加的浓度，单位为 μmol/L。)给定的 pH 由 MT 玻璃电极在实验开始和结束时测量

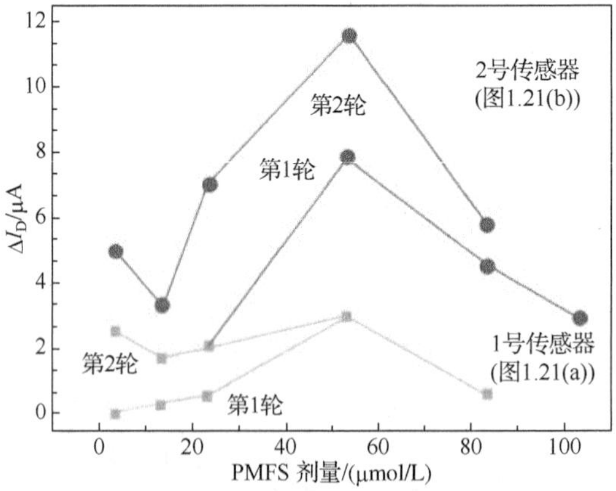

图 1.22　传感器信号对滴定 PMSF 浓度的依赖性的记录变化汇总

与前面描述的实验相似，碱化导致 pH 升高，传感器信号持续下降。显然，在加入 PMSF 后，作为神经细胞的即时反应，传感器信号会暂时下降。由于离子沟道的开放，裂隙受到穿过细胞膜的强局部离子流的影响，导致离子浓度与剩余细胞介质中的离子浓度不同，从而产生可测量的传感器信号。与细胞介质达到平衡是传感器信号恢复较慢的原因。通过分析传感器信号变化与 PMSF 浓度的关系可以发现，在 PMSF 浓度为 50 μmol/L 左右时响应最大(图 1.22)，之后信号因饱和而降低。

这些实验清楚地表明，AlGaN/GaN 传感器对细胞活性很敏感，例如，“正常”

活性(呼吸)以及神经毒素的外部刺激。表 1.6 总结了传感器响应和相应的细胞反应。在 1.6.3 节中，我们将证明这些传感器甚至可以分析不同刺激下的复杂反应。

表 1.6　传感器响应以及相应的细胞反应总结

实验	细胞反应	传感器响应	潜在影响
碱化	H_3O^+消耗和 CO_2 扩散到大气中	I_D降低	OH^- 增加
呼吸作用	降低细胞培养基中的 CO_2 浓度，造成膜电势的不平衡	I_D振荡	在细胞培养基中替代 HCO_3^-的浓度
DFP 定量	抑制乙酰胆碱酯酶，从而保持 Na^+ 沟道的开放	I_D降低	浓度梯度的平衡导致裂缝中正离子(Na^+)的耗尽
阿米洛利定量	Na^+沟道阻塞	I_D增高	裂缝中正离子的积累(Na^+，K^+)
PMSF 定量	抑制乙酰胆碱酯酶，从而保持 Na^+ 沟道的开放	I_D降低	浓度梯度的平衡导致裂缝中正离子(Na^+)的耗尽

1.6.3　传感器对不同神经毒素的响应

最后，研究了 NG 108-15 神经细胞对在细胞培养基中添加一种以上抑制剂的反应。这项研究使用的神经抑制剂是 PMSF 和阿米洛利，也就是说，首先使用一种能打开离子沟道的神经毒素，然后再加入专门阻断 Na^+(和 Ca^{2+})沟道的阿米洛利(见 1.4.7 节)。

在没有移除传感器上的细胞的情况下，进行了连续数天的电学测量。传感器信号以周期式记录，每个周期持续约 1 h。周期循环测量结束后，将细胞放置入培养箱中，更换新鲜培养基，使其恢复正常。图 1.23 显示了在四个测量周期(Ⅰ～Ⅳ)

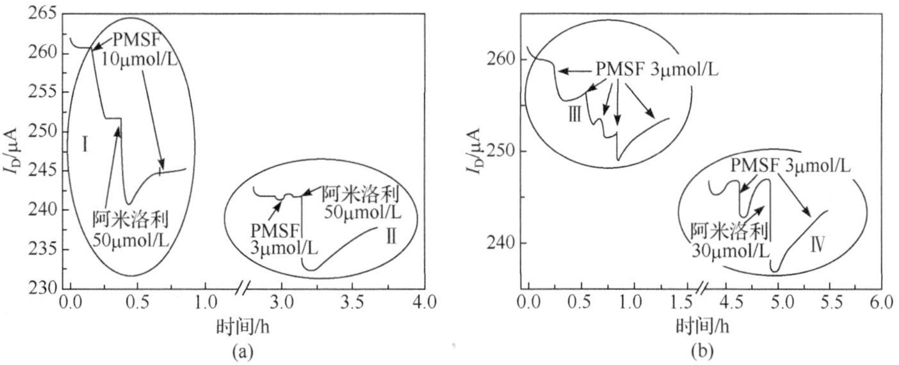

图 1.23　细胞在不含缓冲液的 DMEM(Ⅰ～Ⅳ)培养基中对不同抑制剂反应的 I_D随时间变化的情况：(a)第一天，中间休息 2h；(b)第二天，中间休息 3h

中记录到的 I_D 对不同的神经抑制剂剂量的响应，而图 1.15 显示了没有培养细胞的纯 ISFET 的响应。显然，在监测细胞对添加的神经抑制剂的反应时 I_D 出现下降，而未培养的传感器对添加在 DMEM 细胞培养基中的神经抑制剂则没有明显反应(图 1.15)。信号中的噪声约为 100 nA，比评估的信号低一个数量级以上。

在加入 10 μmol/L PMSF(Ⅰ)后，传感器出现了强烈的响应，而约 30min 后再次施加 PMSF 以及额外施加阿米洛利传感器信号没有剧烈反应。中断 2 h 也没有改变情况：传感器信号保持在同一水平上，也没有观察到对添加 PMSF 的反应。相反，对另一种神经抑制剂阿米洛利的响应在两个周期(Ⅰ和Ⅱ)中都很明显。因此，10 μmol/L PMSF 的用量足以完全抑制 AChE 的分裂并打开所有参与的离子沟道，或者阿米洛利的作用(阻断 Na^+沟道)限制了神经细胞对 PMSF 抑制剂的反应。更新细胞培养基，并将测量装置置于培养箱中。18 h 后，细胞完全恢复(Ⅲ)。传感器信号处于初始水平，显然细胞对新剂量的 PMSF 产生反应。在周期Ⅲ中，注入少量的 3 μmol/L PMSF，导致漏极电流逐渐下降。与第一个测量周期(Ⅰ)相似，第四次滴定后，即加入 12 μmol/L PMSF 后，传感器仍有响应(Ⅲ)。在培养箱中休息 3 h 后，细胞部分恢复(Ⅳ)：传感器信号没有达到初始值。但是，细胞在单次滴定 PMSF 时再次出现反应，而在第二次滴定时没有反应。在这两种情况下，细胞对另一种使用的神经抑制剂阿米洛利仍然有反应。

传感器响应的时间行为符合指数规律：

$$I_D = I_{D,e} + (I_{D,0} - I_{D,e}) \times \exp - \frac{t}{\tau} \tag{1.6}$$

其中，$I_{D,0}$、$I_{D,e}$ 分别为 $t = 0$(滴定事件)和 $t \to \infty$(平衡值)时的漏极电流；τ 为时间常数。同样，还考察了恢复情况(传感器信号增加)。PMSF 滴定实验的拟合参数信号变化$\Delta I_D = I_{D,0} - I_{D,e}$ 和 τ 如图 1.24 所示。每次加入 3 μmol/L PMSF 时，传感器的响应近似恒定在 2.5 μA 左右，饱和后降至零(图 1.24 中的每步信号)。因此，响应信号的总和会增加。在周期Ⅰ中单次加入 10 μmol/L PMSF 后，传感器的响应与随后在周期Ⅲ中进行滴定实验后的信号总和非常吻合，这显示了传感器的可重复性。

为了解释该结果，假设滴定后的传感器信号下降是由正离子浓度降低引起的。通常，电解液中的 Na^+浓度较高，而细胞内的 K^+浓度较高。因此，可能的机制是在加入 PMSF 后，离子沟道被打开，Na^+被运输到细胞内。随着 PMSF 浓度 c 的增加，每次滴定后传感器响应和恢复(AChE 的再现)的时间常数都会下降。在图 1.24(b)中，曲线表示 τ 与 PMSF 剂量之间的反比关系：$\tau \sim 1/V$。因此，进出传感器表面的离子传输并非纯粹由扩散控制。由于假定 PMSF 通过抑制 AChE 的裂变而对离子沟道产生直接反应，因此剂量越大，打开的离子沟道越多，传感器的响应速度也就越快。记录的数据表明，PMSF 浓度与打开的离子沟道数量之间确实存在线性关系，当所有沟道都打开时，饱和状态就会出现。周期Ⅰ中加入 10 μmol/L

PMSF 的时间常数与周期Ⅲ的拟合结果非常吻合，这也支持了这一假设。

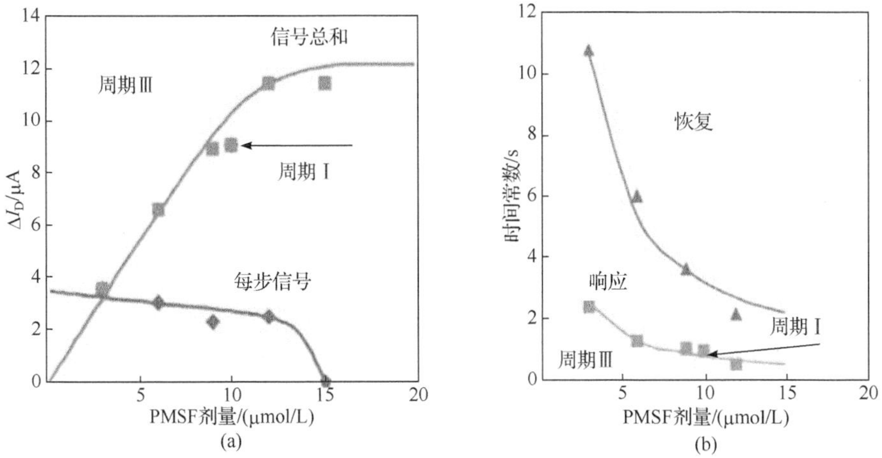

图 1.24　(a)测量周期Ⅰ和Ⅲ中 I_D 在 PMSF 滴定反应中的变化；(b)PMSF 给药后传感器响应和恢复的时间常数

值得注意的是，如 1.6.2 节所述，在加入 PMSF 后再加入阿米洛利时，传感器信号与只加入阿米洛利时相反。对阿米洛利的反应以及离子流的方向很可能取决于裂隙中的离子浓度，这也是之前处理的结果。众所周知，药物相互作用时会产生与单独使用单一药物时截然不同的效果。显然，PMSF 和阿米洛利的用药效果与两种药物的联合用药效果相似。传感器可以清楚地区分这些不同情况。但是，目前还没有一个结论性的模型来解释所观察到的行为。

1.7　传感器信号模拟

1.7.1　利用位点结合模型对异质结构进行自洽模拟

在模拟水溶液中离子敏感 AlGaN/GaN 基传感器时，使用了一个理论模型，该模型分别给出了泊松方程和泊松-玻尔兹曼方程的半导体和电解液区自洽解。有关该模型更详细的描述，请参见其他文献[55,131]。这两个方程的解提供了半导体区自由载流子和电解液中不同离子的深度分布。在半导体区，载流子量子化效应起着至关重要的作用，自由载流子可以通过与薛定谔方程的自洽耦合进行量子力学处理。图 1.25 所示的位点结合模型描述了不同离子在电解液-半导体界面上/中的吸附/解吸。后者需要了解电解液-半导体界面附近的离子浓度，因此，位点结合模型是与泊松方程和泊松-玻尔兹曼方程自洽耦合。

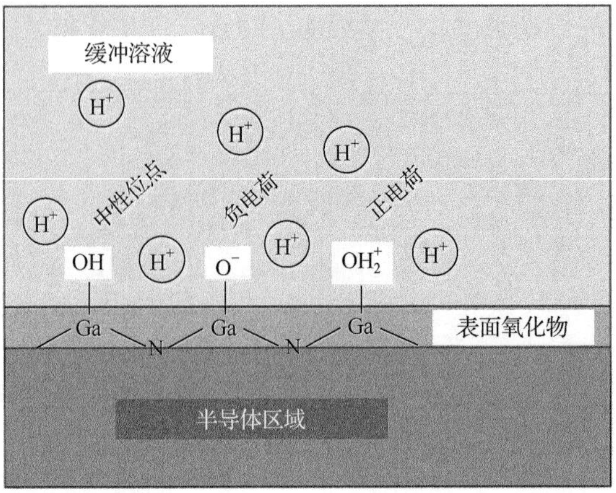

图 1.25 AlGaN/GaN 晶体管与电解质相互作用的位点结合模型。假设在 AlGaN 势垒的顶部存在一个薄薄的氧化层 GaO_x(约 2 nm)(根据拜耳等的研究，2005，J.Appl，物理学，97，33703)

AlGaN/GaN 异质结构作为传感器，会根据电解液的特定离子成分和电解质-半导体界面上不同离子种类的特定化学键，提供电信号读数。例如，图 1.26 显示了基于 AlGaN/GaN 的 pH 传感器在 pH = 4 的电解液中的载流子浓度和电势计算结果。

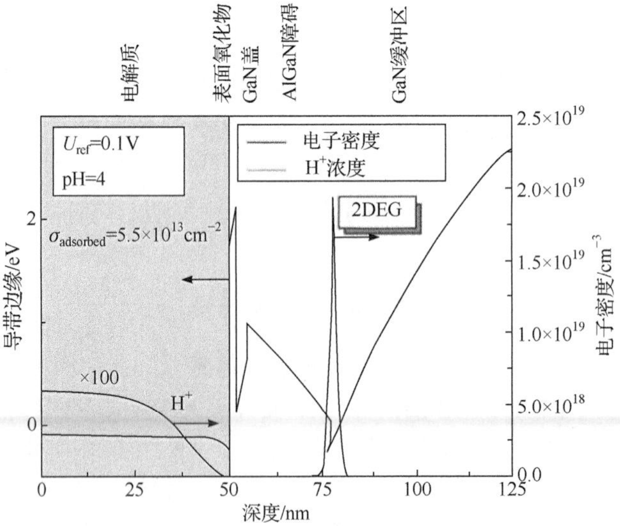

图 1.26 电子密度(黑线)和质子 H^+浓度(灰线)与深度的自洽计算。H^+吸附在电解质-半导体界面上的位点结合模型预测，总正电荷为 5.5×10^{13} cm^{-2}；电解质区域(代表裂缝)用灰色表示；半导体区域的导带边缘和电解液中的静电势用灰色区黑线表示

这些计算只考虑了一种离子，而在裂隙中，不同离子的浓度都会发生变化。

它们对传感器信号的贡献各不相同。裂缝中的离子浓度以及传感器相应的电信号会受到神经细胞活性及其对不同刺激的反应的强烈影响。不过，上述实验显示，最大电流变化约为 5%(见表 1.7 中的摘要)。根据模拟结果(见下文)，这个最大值可以归因于细胞介质中离子浓度的变化。

表 1.7　前面所述不同实验中监测到的漏极电流变化 $\Delta I_{D,sum}$ 小结

细胞培养基	实验	$I_{D,0}$/μA	$\Delta I_{D,sum}$/μA	$\Delta I_{D,rel}$/%	引用
DMEM	稳定/呼吸	330	4	1.2	图 1.15(b)
SCZ	DFP 定量	296	15	5.1	图 1.19(a)
SCZ+100mmol/L NaCl	DFP 定量	325	8	2.5	图 1.19(b)
DMEM	DFP 定量	285	6	2.1	图 1.20(a)
DMEM	阿米洛利定量	290	1.5	0.5	图 1.20(b)
DMEM	PMSF 定量	168	9	5.4	图 1.21(a)
DMEM	PMSF 定量	640	10	1.6	图 1.21(b)
DMEM	PMSF 定量	260	9	3.5	图 1.23(a) Ⅰ
DMEM	阿米洛利定量	242	13	5.4	图 1.23(a) Ⅱ
DMEM	PMSF 定量	260	12	4.6	图 1.23(b) Ⅲ
DMEM	阿米洛利定量	245	12	4.9	图 1.23(b) Ⅳ

注：$I_{D,0}$ 为实验开始时的起始值，$\Delta I_{D,sum}$ 和 $\Delta I_{D,rel}$ 分别为 I_D 的绝对变化和相对变化。在随后的定量实验中，$\Delta I_{D,sum}$ 对应于所有定量的变化之和。

作者编写的程序模拟了电子层密度与离子浓度的关系。图 1.27 显示了在不同的 pH 和细胞-传感器表面距离不变，以及不变的 pH 但细胞-传感器表面距离不同的情况下，电子层密度随裂隙中正离子浓度的微小变化。10^{20} 个正离子的最高模拟浓度相当于裂隙或细胞内 Na^+、K^+和 Ca^{2+}的最大浓度 170 mmol/L[126]。

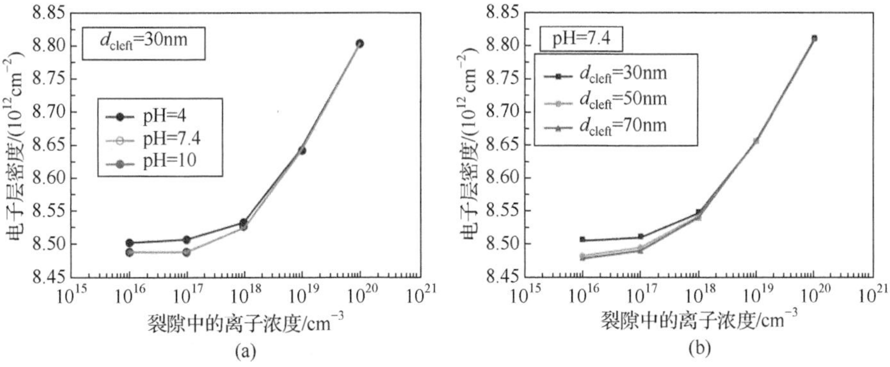

图 1.27　(a)不同 pH 和固定细胞-传感器表面距离以及(b)不同细胞-传感器表面距离和恒定 pH 的正离子浓度下的电子层密度

在这种最高离子浓度下，电子层密度的变化约为 4%。忽略 2DEG 迁移率的微小变化，这种密度变化可以转化为约 4%的最大电流变化，这与实验获得的饱和值相当。这种一致性支持了这样的假设，即传感器信号确实是由正离子通量所引起的电势变化产生的，而不是纯粹的 pH 响应。

1.7.2　裂隙中离子通量的估计

为了了解所产生的传感器信号，特别是离子对所记录信号的贡献，需要计算裂隙中的离子浓度。根据现有数据计算出总离子通量。根据荧光干涉对比显微镜测定的 35～70 nm 的报告值，细胞-传感器表面距离 d_{cleft} 可假设为 50 nm[128]。单个细胞与晶体管的接触面积以平均细胞直径为 20 μm 的圆近似表示，而传感器的整个有效面积为 2500 μm×500 μm，并假设覆盖率为 100%。计算出的裂隙中的离子总数见表 1.8。

表 1.8　裂隙尺寸及裂隙内钠离子(Na^+)与钾离子(K^+)的总数量(用于细胞-晶体管耦合实验)

名称	公式	单个细胞的接触区域		传感器区域
面积	$A=\frac{\pi d^2}{4}$	314 μm²	$A = W\cdot L$	1.25 mm²
裂缝体积(d_{cleft} = 50 nm)	$V_{cleft} = A\cdot d_{cleft}$	0.016 pL		125 pL
细胞培养基中的 K^+浓度	c_{K^+} = 5 mmol/L			
K^+在裂缝中的离子总数		4.8×10^7		3.8×10^{11}
细胞培养基中 Na^+的浓度	c_{Na^+} = 160 mmol/L			
Na^+在裂缝中的离子总数		1.5×10^9		1.2×10^{13}

为了估计产生信号的通量，使用了图 1.23 中后续滴定实验的数据。根据图 1.27 的模拟结果，细胞培养基中高离子浓度导致传感器电流响应与电荷浓度变化呈近似线性关系，即$\Delta I_D \sim dQ/dt$。饱和电流为ΔI_D = 12 μA，此时再加入 PMSF 就测不到传感器响应了。由于 I_D 会随时间变化，因此需要考虑其短时行为，可以采用线性方法($I_D(t) = I_{D,0} \pm \Delta I_D\times t$，因此 $Q = \frac{1}{2}\Delta I_D\times t$)，或对式(1.6)进行积分。表 1.9 汇总了这两种方式计算出的电荷。考虑到这些计算的不确定性，可用的 Na^+储量(表 1.8)和来自裂隙的离子的饱和值(表 1.9)(整个传感器约有 10^{13} 个离子)之间有很好的一致性。这里必须考虑的是，Na^+从周围细胞培养基向裂隙的额外供应是通过扩散过程在几秒内完成的，图 1.24 中低于 10 s 的恢复时间就证明了这一点。相比之下，K^+的浓度显然要小得多，不足以对记录的传感器信号产生重大影响。

表 1.9　电池-晶体管耦合实验的测量条件

		线性方法	方程(1.6)的积分
时间周期	300 s		
电流变化	12 μA		
在裂缝中流动的电荷		1.8×10^{-3} C	1.2×10^{-4} C
平均离子通量		3.7×10^{13} ions/s	2.5×10^{12} ions/s
被动离子沟道的最大离子通量	10^{8} ions/s		
每个传感器的离子沟道		3.7×10^{5}	2.5×10^{4}
每个细胞的离子沟道		94	6.2
每个区域的离子沟道/(沟道/μm²)		0.3	0.02
被动离子通道的最小离子通量	10^{6} ions/s		
每个传感器的离子沟道		3.7×10^{7}	2.5×10^{6}
每个单元的离子沟道		9400	620
每个区域的离子沟道/(沟道/μm²)		30	2
活性离子沟道的沟量	100 ions/s		
每个传感器的离子沟道		3.7×10^{11}	2.5×10^{10}
每个单元的离子沟道		9.4×10^{7}	6.2×10^{6}
每个区域的离子沟道/(沟道/μm²)		3×10^{6}	2×10^{5}

参考文献[130]中给出了离子沟道可能的离子通量值。对于这三种可能的情况，即通过无源离子沟道的最大和最小通量，以及通过有源离子沟道的平均通量，计算出了产生预计离子通量所需的相应的离子沟道数量(表 1.9)。显然，传感器信号并不是由有源离子通道间的沟量产生的，因为有源离子沟道需要的离子沟道数量太高，不切实际。将计算得到的 2～30 个沟道/μm² 的无源沟道密度与文献中报道的数值(表 1.10)相比，得到的密度似乎被低估了。然而，需要指出的是，$\Delta I_D \sim \Delta Q$ 的假设必然会将流动电荷数 Q 高估 3～5 倍，这反过来又会低估离子沟道的数量。预估每 1 μm²大约有 100 个离子沟道，虽然不是经过精确的分析得出的，但与表 1.10 中轴突的测量值相当吻合。

表 1.10　神经和肌肉的 Na^+沟道门控电荷密度

组织	门控电荷/(电荷/μm²)	Na^+沟道密度/(沟道/μm²)
液体巨轴突	1500～1900	300
黏液囊巨大轴突	630	105
龙虾巨轴突	2200	367

续表

组织	门控电荷/(电荷/μm²)	Na^+沟道密度/(沟道/μm²)
蛙郎飞结	17600	3000
大鼠郎飞结	12700	2100
青蛙抽动肌	3900	650
大鼠心室	260	43
犬浦肯野纤维	1200	200

资料来源：After Corry，B.，2006，Mol.BioSyst.，2，527。

这些计算的结果是，在监测神经毒素剂量下的细胞活性时，Na^+通量在信号产生中起着主要作用。实验观测结果与模型之间具有极好的一致性。然而，所采用的方法的不确定性仍然太大，无法对传感器行为进行可靠的定量分析。不过，本章已经证明，如果测量条件和所使用的模拟模型能够进一步改进，则这种建模似乎是可行的。

1.8 总　　结

在这项工作中，对已被证明是可靠的 pH 传感器的 AlGaN/GaN 异质结构进行了表征，并进一步开发用于体外监测细胞反应。我们成功地测试了 NG108-15 神经细胞对不同神经抑制剂的反应。特别是，根据预处理情况观察到的传感器对阿米洛利的反应差异表明，生物过程是可以明确区分的，尽管这些过程相当复杂，而且还不完全清楚。

生物相容性和稳定性是 AlGaN/GaN 异质结构作为生物传感器的两个主要先决条件。一般来说，在 AlGaN 和 GaN 表面可以观察到不同细胞系的良好增殖。重要的是，它在不使用任何类型的有机材料薄膜(如成纤维细胞)的情况下实现了对细胞附着性和生物相容性的提高。此外，还研究了几种与技术和传感相关的处理对 AlGaN/GaN 传感器表面性能的影响及其污染效应。通过这些研究，建立了技术清洁程序，以保持 GaN 表面与活细胞的良好生物相容性，并通过测量细胞外酸化或细胞内外电势，直接研究药物或环境对细胞代谢的影响。

首先，AlGaN/GaN 异质结构是一种 pH 敏感器件。然而，它会通过形成临时电势(细胞中为动作电位)对电解液中离子浓度的变化做出反应。我们在 SCZ、SCR、SCI 和细胞介质等离子种类差异较大的电解质中研究了这些效应。

对于神经细胞-晶体管耦合，已建立了可靠的播种程序，可用于数天的迭代测量。通过校准实验，验证了 Na^+通量在当前细胞-晶体管耦合信号产生中的重要性。

用 AlGaN/GaN 传感器监测以下细胞培养基反应和细胞活性：

(1) 由 CO_2 向环境的扩散和 H_3O^+的消耗而导致的碱化(I_D 降低)；

(2) 细胞呼吸导致细胞培养基中 CO_2 浓度降低(I_D 波动)；

(3) 细胞对 DFP 的反应，使 Na^+沟道处于开放状态，并耗尽裂隙中的正离子(I_D 降低)；

(4) 细胞对 PMSF 的反应，结果相似；

(5) 阿米洛利阻断 Na^+的细胞反应，这里的反应取决于预处理，使用阿米洛利只会导致正离子在裂隙中积聚(I_D 增加)，而在使用 PMSF 后再使用阿米洛利则会导致相反的结果(I_D 降低)。

这些实验清楚地证明，AlGaN/GaN-ISFET 能够定量分析细胞对不同神经抑制剂的反应。然而，根据所描述的结构，无法确定参与离子的种类。利用异质结构模拟的计算以及离子通量的简化表达式强烈表明，细胞-晶体管耦合实验中的信号主要是由 Na^+通量产生的。然而，要进行可靠的定量分析，则还要进一步开发模型，找出并消除各种误差源。不过，AlGaN/GaN-ISFET 在生理条件下工作稳定，信号分辨率高，适合于长期测量。这些传感器使测量过程变得简单，可用于所有使用少量生物材料的实验室，如药物筛选、药物检测或肿瘤分析。这些传感器甚至可以通过高压灭菌或在热碱溶液中刻蚀等危险程序进行清洁和灭菌，并且无需进一步的调节程序即可重复用于体内测量。

致　谢

本研究得到了图林根州文化部皮科弗利迪克、德国联邦教育与研究部(BMBF，微纳创新能力中心:MacroNano FKZ 03/ZIK062)，以及弗劳恩霍夫研究基金 Attract 的资助。作者们要感谢 M. Klett、L. Silvera、K. Tonisch、F. Niebelschütz、T. Stauden 和 K. Friedel 的鼎力相助。

参 考 文 献

[1] Rogers, K. R., 1995, *Biosens. Bioelectron.*, 10, 533.

[2] Paddle, B. M., 1996, *Biosens. Bioelectron.*, 11, 1079.

[3] Ohlstein, E. H., Ruffolo, R. R. et al., 2000, *Toxicology*, 40, 177.

[4] Heck, D. E., Roy, A. et al., 2001, *Biolog. React. Intermed.*, 500, 709.

[5] Croston, G. E., 2002, *Trends Biotechnol.*, 20, 110.

[6] Fattinger, Ch., 2002, *Carl Zeiss, Innovation,* 12.

[7] Jorkasky, D. K., 1998, *Toxicol. Lett.*, 102-103, 539.

[8] Kinter, L. B. and Valentin, J. P., 2002, *Fundam. Clin. Pharmacol.*, 16, 175.

[9] Bousse, L., 1996, *Sens. Actuat. B: Chem.*, 34, 270.

[10] Bentleya, A., Atkinsona, A. et al., 2001, *Toxicol. In Vitro*, 15, 469.
[11] Baeumner, A. J., 2003, *Anal. Bioanal. Chem.*, 377, 434.
[12] Fromherz, P., Offenhäusser, A., Vetter, T., and Weiss, J., 1991, *Science*, 252, 1290.
[13] Gross, G. W., Harsch, A. et al., 1997, *Biosens. Bioelectron.*, 12, 373.
[14] Denyer, M. C. T., Riehle, M. et al., 1998, *Med. Biol. Eng. Comput.*, 36, 638.
[15] Jung, D. R., Cuttino, D. S. et al., 1998. *J. Vac. Sci. Technol. A*, 16, 1183.
[16] Offenhäusser, A. and Knoll, W., 2001, *Trends Biotechnol.*, 19, 62.
[17] Krause, M., Ingebrandt, S. et al., 2000, *Sens. Actuat. B: Chem.*, 70, 101.
[18] Stett, A., Egert, U. et al., 2003, *Anal. Bioanal. Chem.*, 377, 486.
[19] Steinhoff, G., Baur, B., Wrobel, G., Ingebrandt, S., Offenhäusser, A., Dadgar, A., Krost, A., Stutzmann, M., and Eickhoff, M., 2005, *Appl. Phys. Lett.*, 86, 33901.
[20] Hodgkin, A. L. and Huxley, A. F., 1952, *J. Physiol.*, 117, 500.
[21] Neher, E. and Sakmann, B., 1976, *Nature*, 260, 799.
[22] Hamill, O. P., Marty, A., Neher, E., Sackman, B., and Sigworth, F. J., 1981, *Pflügers Archiv.-Eur. J. Physiol.*, 391, 2, 85.
[23] Thomas, C. A., Springer, P. A., Loeb, G. E., Berwald-Netter, Y., and Okun, L. M., 1972, *Exp. Cell Res.*, 74, 61.
[24] Gross, G. W., Rieske, E., Kreutzberg, G. W., and Meyer, A., 1977, *Neurosci. Lett.*, 6, 101-105.
[25] Pine, J., 1980. *J. Neurosci. Meth.*, 2, 19.
[26] Novak, J. L. and Wheeler, B. C., 1986, *IEEE Trans. Biomed. Eng., BME*, 33, 196.
[27] Drodge, M. H., Gross, G. W., Hightower, M. H., and Czisny, L. E., 1986, *J. Neurosci. Meth.*, 6, 1583.
[28] Eggers, M. D., Astolfi, D. K., Liu, S., Zeuli, H. E., Doeleman, S. S., McKay, R., Khuon, T. S., and Ehrlich, D. J., 1990, *J. Vac. Sci. Technol. B*, 8, 1392.
[29] Martinoia, S., Bove, M., Carlini, G., Ciccarelli, C., Grattarola, M., Storment, C., and Kovacs, G., 1993,*J. Neurosci. Meth.*, 48, 115.
[30] Maeda, E., Robinson, H. P. C., and Kawana, A., 1995, *J. Neurosci.*, 15, 6834.
[31] Fromherz, P., Müller, C. O., and Weis, R., 1993, *Phys. Rev. Lett.*, 71, 4079.
[32] Fromherz, P. and Stett, A., 1995, *Phys. Rev. Lett.*, 75, 1670.
[33] Bergveld, P., 1970, *IEEE Trans. Biomed. Eng.*, 17, 70.
[34] Bergveld, P., 2003, *Sens. Actuat. B*, 88, 1.
[35] Schöning, M. J. and Poghossian, A., 2002, *Analyst*, 127, 1137.
[36] Schöning, M. J. and Poghossian, A., 2006, *Electroanalysis*, 18, 1893.
[37] Madou, M. J., 1989, *Biomedical Sensors,* Academic Press, Boston.
[38] Neuberger, R., Müller, G., Ambacher, O., and Stutzmann, M., 2001, *Phys. Stat. Sol.* (a), 183, R10.
[39] Eickhoff, M., Schalwig, J., Steinhoff, G., Weidemann, O., Görgens, L., Neuberger, R., Hermann, M., Baur, B., Müller, G., Ambacher, O., and Stutzmann, M., 2003, *Phys. Stat. Sol.* (c), 0, 1908.
[40] Pearton, S. J., Kang, B. S., Kim, S., Ren, F., Gila, B. P., Abernathy, C. R., Lin, J., and Chu, S. N. G., 2004,*J. Phys.: Cond. Matter*, 16, R961.
[41] Steinhoff, G., Hermann, M., Schaff, W. J., Eastman, L. F., Stutzmann, M., and Eickhoff, M., 2003,

Appl. Phys. Lett., 83, 177.

[42] Bindra, A., and Valentine, M., 2007, *RFDESIGN*, 18.

[43] Pearton, S. J., Zolper, J. C., Shul, R. J., and Ren, F., 1999, *J. Appl. Phys.*, 86, 1.

[44] Cimalla, I., Foerster, Ch., Cimalla, V., Lebedev, V., Cengher, D., and Ambacher, O., 2003, *Phys. Stat. Sol.*(c) 0, 3767.

[45] Young, T.-H. and Chen, C.-R., 2006, *Biomaterials*, 27, 3361.

[46] Cimalla, I., Will, F., Tonisch, K., Niebelschütz, M., Cimalla, V., Lebedev, V., Kittler, G., Himmerlich, M., Krischok, S., Schaefer, J. A., Gebinoga, M., Schober, A., and Ambacher, O., 2007, *Sens. Actuat. B*, 123, 740.

[47] Steinhoff, G., Purrucker, O., Tanaka, M., Stutzmann, M., and Eickhoff, M., 2003, *Adv. Funct. Mater.*, 13, 841.

[48] Wong, K.-Y., Tang, W., Lau, K. M., and Chen, K. J., 2007, *Appl. Phys. Lett.*, 90, 213506.

[49] Ambacher, O., Majewski, J., Miskys, C., Link, A., Hermann, M., Eickhoff, M., Stutzmann, M., Bernardini, F., Fiorentini, V., Tilak, V., Schaff, B., and Eastman, L. F., 2002, *J. Phys.: Condens. Mat.*, 14, 3399.

[50] Ambacher, O., Smart, J., Shealy, J. R., Weimann, N. G., Chu, K., Murphy, M., Schaff, W. J., Eastman, L. F., Dimitrov, R., Wittmer, L., Stutzmann, M., Riegwer, W., and Hilsenbeck, J., 1999, *J. Appl. Phys.*, 85, 3222.

[51] Neuberger, R., Müller, G., Ambacher, O., and Stutzmann, M., 2001, *Phys. Stat. Sol.* (a), 185, 85.

[52] Bergveld, P., 2003, *IEEE Sens. Conf.*, Toronto.

[53] Bousse, L., Rooij, N. F. de, and Bergveld, P., 1983, *IEEE Trans. Electron. Dev.*, 30, 1263.

[54] Yates, D. E., Levine, S., and Healy, T. W., 1974, *J. Chem. Soc., Faraday Trans.* 1, 70, 1807.

[55] Bayer, M., Uhl, C., and Vogl, P., 2005, *J. Appl. Phys.*, 97, 33703.

[56] Kocan, M., Rizzi, A., Lüth, H., Keller, S., and Mishra, U. K., 2002, *Phys. Stat. Sol.* (b), 234, 733.

[57] Siu, W. M., and Cobbold, R. S. C., 1979, *IEEE Trans. Electron. Dev.*, 26, 1805.

[58] Fung, C. D., Cheung, P. W., and Ko, W. H., 1986, *IEEE Trans. Electron. Dev.*, 33, 8.

[59] Ambacher, O., and Cimalla, V., in *Polarization Effects in Semiconductors: From Ab Initio to Device Application* (eds. C. Wood and D. Jena), Springer, New York, 2008, p. 27.

[60] Spitznas, A., 2005, *Novel Sensors from Semiconductors,* Diploma thesis, Technical University Ilmenau.

[61] Linkohr, S., 2008, *Fabrication of GaN Sensors,* Diploma thesis, Technical University Ilmenau.

[62] Costa Silveira, L., 2008, *Cell Kinetics Using Direct Detection*, Diploma thesis, Technical University Ilmenau.

[63] Ambacher, O., 1998, *J. Phys. D: Appl. Phys.*, 31, 2653.

[64] Jain, S., Willander, M., Narayan, J., and van Overstraeten, R., 2000, *J. Appl. Phys.*, 87, 965.

[65] Mehandru, R., Luo, B., Kang, B. S., Kim, J., Ren, F., Pearton, S. J., Pan, C.-C., Chen, G.-T., and Chyi, J.-I., 2004, *Sol. State Electron.*, 48, 351.

[66] Alifragis, Y., Georgakilas, A., Konstantinidis, G., Iliopoulos, E., Kostopoulos, A., and Chaniotakis, N.A., 2005, *Appl. Phys. Lett.*, 87, 253507.

[67] Kang, B. S., Ren, F., Wang, L., Lofton, C., Tan, W. W., Pearton, S. J., Dabiran, A., Osinsky, A., and

Chow, P. P., 2005, *Appl. Phys. Lett.*, 87, 23508.

[68] Kang, B. S., Pearton, S. J., Chen, J. J., Ren, F., Johnson, J. W., Therrien, R. J., Rajagopal, P., Roberts, J. C., Piner, E. L., and Linthicum, K. J. et al., 2006, *Appl. Phys. Lett.*, 89, 122102.

[69] Baur, B., Howgate, J., Ribbeck, H.-G. von, Gawlina, Y., Bandalo, V., Steinhoff, G., Stutzmann, M., and Eickhoff, M., 2006, *Appl. Phys. Lett.*, 89, 183901.

[70] Lebedev, V., Cherkashinin, G., Ecke, G., Cimalla, I., and Ambacher, O., 2007, *J. Appl. Phys.*, 101, 1.

[71] Tonisch, K., 2005, *New Sensing Mechanisms for Cells,* Diploma thesis, Technical University Ilmenau.

[72] Morkoç, H., 1999, *GaN Electronics,* Springer-Verlag, Berlin, Heidelberg, New York.

[73] Lebedev, V., Tonisch, K., Niebelschütz, F., Cimalla, V., Cengher, D., Cimalla, I., Mauder, Ch., Hauguth, S., Morales, F. M., Lozano, J. G., González, D., and Ambacher, O., 2007, *J. Appl. Phys.*, 101, 054906.

[74] Motayed, A., Bathe, R., Wood, M. C., Diouf, O. S., Vispute, R. D., and Mohammad, S. N., 2003, *J. Appl. Phys.*, 93, 1087.

[75] Lee Kee-Keun, He, J., Singh, A., Massia, St., Ehteshami, Gh., Kim, B., and Raupp, Gr., 2004, *J. Micromech. Microeng.*, 14, 32.

[76] Pyralin LX-Series, 1996-2005, Produktinformation DuPont United Kingdom, Ltd.

[77] Hintz, M., 2007, Ph.D. thesis, Technical University Ilmenau.

[78] Kittler, G., 2008, Ph.D. thesis, Technical University Ilmenau.

[79] Geitz, C., 2007, *Processing of Nerve Cell Sensors,* Diploma thesis, Technical University Ilmenau.

[80] Stocker, D. A., Schubert, E. F., and Redwing, J. M., 1998, *Appl. Phys. Lett.*, 73, 2654.

[81] Zhuang, D. and Edgar, J. H., 2005, *Mater. Sci. Eng.* R48, 1-46.

[82] Zhu, K., Kuryatkov, V., Borisov, B., and Kipshidze, G., 2002, *Appl. Phys. Lett.*, 81, 4688.

[83] Cho, H., Hahn, Y.-B., Hays, D. C., and Abernathy, C. R., 1999, *J. Vac. Sci. Technol.*, A 17, 2202.

[84] Ozasa, K., Nemoto, S., Hara, M., and Maeda, M., 2006, *Phys. Stat. Sol.* (a), 203, 2287.

[85] Kim, H., Colavita, P. E., Metz, K. M., Nichols, B. M., Bin Sun, Uhlrich, J., Wang, X., Kuech, Th. F., and Hamers, R. J., 2006, *Langmuir*, 22, 8121.

[86] Wang, Yu-Lin., Chu, B. H., Chen, K. H., Chang, C. Y., Lele, T. P., Tseng, Y., Pearton, S. J., Ramage, J., Hooten, D., Dabiran, A., Chow, P. P., and Ren, F., 2008, *Appl. Phys. Lett.*, 93, 262101.

[87] Nic, M., Jirat, J., and Kosata, B., IUPAC Compendium of Chemical Terminology, http://goldbook.iupac. org/index.html.

[88] Olmsted, J. III, and Williams, G. M., 1997, Wm. C. Brown Publishers, USA.

[89] Minuth, W. W., Strehl, R., Schumacher, K., 2002, *Nerve Cell Response,* Pabst Science Publishers.

[90] http://www.fermentas.com/catalog/electrophoresis/topvisionagarle.htm.

[91] Cimalla, V., Lebedev, V., Linkohr, S., Cimalla, I., Lübbers, B., Tonisch, K., Brückner, K., Niebelschütz, F., and Ambacher, O., 2008, *17th European Workshop on Heterostructure Technology*, Venice, Italy, November 3-5, 2008, p. 33.

[92] Lehmann, M., Baumann, W., Brischwein, M., Gahle, H.-J., Freund, I., Ehret, R., Drechsler, S.,

Palzer, H., Kleintges, M., and Sieben, U. et al., 2001, *Biosens. Bioelectron.*, 16, 195.
[93] Schober, A., Kittler, G., Lübbers, B., Buchheim, C., Ali, M., Cimalla, V., Fischer, M., Spitznas, A., Gebinoga, M., and Yanev, V. et al., 2005, *Proc. 7. Dresdener Sensor-Symposium*, TUD Press, Dresden, 143.
[94] Borkholder, D. A., 1998, Ph.D. thesis, Stanford University, USA.
[95] Imanishi, T., Matsushima, K., Kawaguchi, A., Wada, T., Masuko, T., Yoshida, S., and Ichida, S., 2006, *Biol. Pharm. Bull.*, 29, 701.
[96] Krystosek, A., 1985, *J. Cell. Physiol.*, 125, 319.
[97] Ma, Wu, Joseph, J. Pancrazio, J. J., Margaret, Coulombe, M., Judith, Dumm, J., RamaSri Sathanoori, R., Jeffery, L. Barker, J. L., Vijay, C. Kowtha, V. C., David, A. Stenger, D. A., James, J., and Hickman, J. J., 1998, *Dev. Brain Res.*, 106, 155.
[98] Seidman, K. J. N., Barsuk, J. H., Johnson, R. F., and Weyhenmeyer, J. A., 1996, *J. Neurochem.*, 66, 1011.
[99] Goshima, Y., Ohsako, S., and Yamauchi, T., 1993, *J. Neurosci.*, 13, 559.
[100] Rouzaire-Dubois, B. and Dubois, J. M., 2004, *Gen. Physiol. Biophys.*, 23, 231.
[101] Chen, X.-L., Zhong, Z.-G., Yokoyama, S., Bark, Ch., Meister, B., Berggren, P.-O., Roder, J., Higashida, H., and Jeromin, A., 2001, *J. Physiol.*, 532.3, 649.
[102] Schmitt, H. and Meves, H., 1995, *J. Physiol.*, 89, 181.
[103] Schmitt, H. and Meves, H., 1995, *J. Membrane Biol.*, 145, 233.
[104] Schäfer, S., Béhé, Ph., and Meves, H., 1991, *Pflügers Arch.*, 418, 581.
[105] Chin, T.-Y., Hwang, H. M., and Chueh, Sh.-H., 2002, *Mol. Pharmacol.*, 61, 486.
[106] Chau, L.-Y., Lin, T. A., Chang, W.-T., Chen, C.-H., Shue, M.-J., Hsu, Y.-S., Hu, C.-Y., Tsai, W.-H., and Sun, G. Y., 1993, *J. Neurochem*, 60, 454.
[107] Hsu, L.-S., Chou, W. -Y., and Chueh, Sh.-H., 1995, *J. Biochem.*, 309, 445.
[108] Mima, K., Donai, H., and Yamauchi, T., 2002, *Biol. Proced. Online*, 3, 79.
[109] Spilker, C., Gundelfinger, E. D., and Braunewell, K.-H., 2002, *Biochim. Biophys. Acta,* 1600, 118.
[110] Mohan, D. K., Molnar, P., and Hickman, J. J., 2006, *Biosens. Bioelectron.*, 21, 1804.
[111] Yano, K., Higashida, H., Inoue, R., and Nozawa, Y., 1984, *J. Biol. Chem.*, 259, 10201.
[112] Zhang, B.-F., Peng, F.-F., Zhang, J.-Z., and Wu, D.-C., 2003, *Acta Pharmacol. Sin.*, 24, 663.
[113] Kugawa, F., Arae, K., Ueno, A., and Aoki, M., 1998, *Eur. J. Pharmacol.*, 347, 105.
[114] Nelson, Ph., Christian, C., and Nirenberg, M., 1976, *Proc. Natl. Acad. Sci. USA*, 73, 123.
[115] Shimohira-Yamasaki, M., Toda, S., Narisawa, Y., and Sugihara, H., 2006, *Cell Structure Function*, 31, 39.
[116] Choi, R. C., Pun, S., Dong, T. T., Wan, D. C., and Tsim, K. W. 1997, *Neurosci. Lett.*, 236, 167.
[117] Vogel, G. and Angermann, H., 2002, *Nerve Cell Responses to Inhibitors,* Munich: Dt. Taschenbuch- Verl.
[118] Becker, W., Deamer, D., 1991, *The World of the Cell*, The Benjamin/Cummings Publishing Company, Menlo Park, CA.
[119] Kandel, E. R., Schwartz, J. H., and Jessel, T. M., 2000, *Principles of Neural Science*,

McGraw-Hill, New York.

[120] Brown, A. G., 2001, *Nerve Cells and Nervous Systems: An Introduction to Neuroscience*, Springer- Verlag, London.

[121] Webster, R. A., 2001, *Neurotransmitters, Drugs and Brain Function*, John Wiley & Sons, Baffins Lane, Chichester, West Sussex PO19 1UD, U.K.

[122] Han, B. S., Hong, H.-S., Choi Won-Seok, Markelonis, G. J., Oh Tae, H., and Oh Young, J., 2003, *J. Neurosci.*, 23, 5069.

[123] Olivera-Bravo, S., Ivorra, I., and Morales, A., 2005, *Brit. J. Pharmacol.*, 144, 88.

[124] Du, D., Huang, X., Cai, J., and Zhang, A., 2007, *Biosens. Bioelectron.*, 23, 285.

[125] Brenner, G. M., 2000, *Pharmacology*, Philadelphia, PA: W.B. Saunders Company.

[126] Freshney, R. I., 2005, *Culture of Animal Cells: A Manual of Basic Technique*, John Wiley & Sons, NY.

[127] Braun, D. and Fromherz, P., 1998, *Phys. Rev. Lett.*, 81, 5241.

[128] Hille, B., 1991, *Ionic Channels of Excitable Membranes*, Sinauer Associates, Sunderland, MA.

[129] Corry, B., 2006, *Mol. BioSyst.*, 2, 527.

[130] Polyakov, V. M. and Schwierz, F., 2007, *J. Appl. Phys.*, 101, 033703.

[131] Polyakov, V. M., Schwierz, F., Cimalla, I., Kittler, M., Lübbers, B., and Schober, A., 2009, *J. Appl. Phys.*, 106, 023715.

第 2 章　宽禁带半导体生物和气体传感器的最新进展

Byung Hwan Chu
化学工程系、材料科学与工程系，佛罗里达大学，盖恩斯维尔，美国佛罗里达州 32611

C.Y. Chang
材料科学与工程系，佛罗里达大学，盖恩斯维尔，美国佛罗里达州 32611

Stephen J. Pearton
电气与计算机工程系、化学工程系、材料科学与工程系，佛罗里达大学，盖恩斯维尔，美国佛罗里达州 32611

Jenshan Lin
材料科学与工程系、电气与计算机工程系，佛罗里达大学，盖恩斯维尔，美国佛罗里达州 32611

Fan Ren
化学工程系，佛罗里达大学，盖恩斯维尔，美国佛罗里达州 32611

2.1　引　　言

在过去的十年中，化学传感器在国土安全、医疗和环境监测以及食品安全等领域的应用日益重要。化学传感器理想的目标是能够同时分析现场各种环境、生物气体和液体，并能以高特异性和高灵敏度有选择性地检测目标分析物。在医学生物标志物的检测领域，已经采用了许多不同的方法，包括酶联免疫吸附分析(ELISA)、基于粒子的流式细胞检测法、基于阻抗和电容的电化学检测法、微悬臂共振频率变化的电学测量法、半导体纳米结构的电导测量、气相色谱法(GC)、离子色谱法、高密度肽阵列、激光扫描定量分析、化学发光、选择离子流管(SIFT)、纳米机械悬臂、珠基悬浮微阵列、磁性生物传感器和质谱法(MS)[1-9]。根据样品条件的不同，这些方法在某些应用中可能会出现灵敏度不一的结果，而且可能无法满足手持式生物传感器的要求。

对于国土安全应用而言，现场实时可靠地检测生物制剂具有挑战性。在 2002 年世界银行遭受炭疽袭击期间，现场检测有 1200 名工作人员呈阳性，所有员工都被送回家。向 100 名工人提供了抗生素后，确诊检测显示阳性结果却为零。这是由于可用于检测的样本量非常少并且设备灵敏度低，可能会出现假阳性和假阴性。蓖麻毒素、肉毒杆菌毒素或肠毒素 B 等毒素可以对环境起到稳定的作用，并且可以大规模生产，不需要先进的生产和扩散技术。需要关注的特定毒素包括肠毒素 B(B 类，国家情报和工业研究局)、肉毒杆菌毒素(A 类，国家情报和工业研究局)和蓖麻毒素(B 类，国家情报和工业研究局)。

虽然前面提到的技术在实验室条件下表现出优异的性能，但仍需要能够快速响应的小型无线手持式传感器。化学传感器市场是传感器销售的最大细分市场，包括气体和液体中的化学检测、烟道气体和火灾检测、液体质量传感器、生物传感器和医疗传感器。家庭中的一些主要应用包括室内空气质量和天然气检测。随着应用场景对化学特异性与选择性等指标的要求日益提高，相关技术研究持续深化。生物医学传感领域已建立成熟的疾病诊断方法——通过检测血液、尿液、唾液或组织样本中的特定生物标志物（如功能/结构异常酶类、低分子量蛋白或抗原）实现精准诊断。前面提到的大多数技术(如 ELISA)都有很大的局限性，即一次只能测量一种分析物。基于粒子的检测方法可通过使用多个微珠进行多重检测，但整个检测过程通常超过 2 h，这对于诊室或床边检测来说并不实用。电化学设备因其成本低、操作简单而备受关注，但在用于临床样本时，其灵敏度仍需大幅提高。微悬臂梁能够检测低至 10 pg/mL 的浓度，但由于介质的黏度和悬臂在溶液环境中的阻尼作用，会出现不理想的共振频率变化。纳米材料设备为临床前和临床应用提供了快速、无标记、敏感、选择性和多种检测的绝佳选项。利用半导体器件的电学测量检测生物标记物的例子包括：用于检测红斑狼疮抗原的碳纳米管[4]，用于检测前列腺特异性抗原(PSA)的复合半导体纳米线和 In_2O_3 纳米线[5]，以及用于检测前列腺特异性抗原的硅纳米线阵列[9]。在临床环境中，特定疾病状态的生物标记物可用于确定疾病的存在及其进展情况。

半导体传感器可以使用成熟的硅芯片工业技术和/或新型纳米技术方法制造。硅基传感器由于其低成本、可重复性和可控的电子响应，仍然是半导体领域的主要组成部分。然而，这些传感器不适合在高温、高压，或腐蚀性环境等恶劣环境中工作。Si 会被生物传感中遇到的一些酸性或碱性水溶液腐蚀。与之形成鲜明对比的是，GaN 在低于几百摄氏度的温度下不会被任何酸或碱刻蚀。因此，宽带隙Ⅲ族氮化物化合物半导体(AlGaInN 材料系统)因其耐化学腐蚀性、高温/高功率能力、高电子饱和速度，以及与现有基于 GaN 的紫外发光二极管、紫外探测器和无线通信芯片的简单集成，成为替代硅在特定应用中的优选材料。

AlGaN/GaN HEMT 是一种前沿传感技术。由于其高 2DEG 的迁移率和饱和速度，HEMT 结构已被开发用于微波功率放大器。AlGaN/GaN HEMT 的导电 2DEG

沟道非常接近表面，对分析物的吸附极为敏感。HEMT 传感器可用于检测气体、离子、pH、蛋白质和 DNA。

GaN 材料系统在绿色、蓝色和紫外发光二极管(LED)，激光二极管以及高速和高频功率器件中的商业应用备受关注。由于该材料具有宽带隙特性，因此热稳定性非常高，电子设备可在高达 500℃的温度下运行。GaN 基材料也具有化学稳定性，目前已知的湿法化学刻蚀剂都无法刻蚀这些材料。因此非常适合在化学环境苛刻的条件下工作。由于电子迁移率高，基于 GaN 材料的 HEMT 可以在非常高的频率下工作，与 Si 或 GaAs 设备相比，具有更高的击穿电压、更高的热导率和更宽的传输带宽[14-16]。

基于 GaN HEMT 结构的传感器作为一个潜在应用，常常被忽视。在 AlGaN/GaN HEMT 的异质结结构中，应变 AlGaN 层产生的压电极化引发了高电子表层载流子浓度，而在纤锌矿Ⅲ族氮化物中，自发极化非常大。这相对于在 GaN 层上制造的简单肖特基二极管或在 AlGaN/GaN HEMT 结构上制造的场效应晶体管提供了更高的灵敏度。HEMT 的栅极区域可以用来调节场效应晶体管模式下的漏电流，或用作肖特基二极管的电极。基于 HEMT 技术的各种气体、化学和健康相关的传感器已经在 HEMT 的栅极区域进行适当的表面功能化后得到验证，包括检测氢气、汞离子、PSA、DNA 和葡萄糖[17-58]。

本章将讨论这些半导体传感器在气体检测、pH 测量、生物毒素和其他重要生物化学物质方面功能化应用的最新进展，以及将这些传感器集成到无线装置中以实现遥感功能的技术。

2.2　气 体 传 感

2.2.1　氧气传感

目前的氧气测量仪器称为血氧仪，小巧便捷。然而，这种技术并不能全面评估呼吸充分性。通气不足(肺部气体交换不良)的患者在吸入 100%氧气的情况下，血氧水平可能很高，但仍会因 CO_2 过多而导致呼吸性酸中毒。氧气的测量也不能完全衡量循环的充分性。如果血流不足或血液中血红蛋白不足(贫血)，则尽管血液中的氧饱和度很高，但组织仍会因缺氧而受损。目前基于氧化物的氧气传感器可以在非常高的温度下工作，如商业化固体电解质 ZrO_2(700℃)或半导体金属氧化物，如 TiO_2、Nb_2O_5、$SrTiO_3$ 和 CeO_2(大于 400℃)。然而，开发一种低操作温度和高灵敏度的氧气传感器仍然至关重要，以便为生物医学应用构建小型、便携式且低成本的氧气传感器系统。

氧化物基材料因其成本低和良好的可靠性，被广泛应用于氧气传感和研究。商业化固体电解质 ZrO_2[59]已广泛应用于汽车燃烧过程中的氧气传感。电解质金属氧化物氧气传感器通常使用参比气体，并在高温(700℃)下工作[60]。半导体金属氧化物(如 TiO_2、Ga_2O_3、Nb_2O_5、$SrTiO_3$ 和 CeO_2)不需要参比气体，但仍然需要在相当高的温度(大于 400℃)下工作才能达到高灵敏度，这意味着加热传感器的功耗很高[61-66]。对于生物医学应用，例如监测肺移植患者呼吸中的氧气，需要一种便携式、低功耗的氧气传感器系统。因此，开发一种工作温度低和灵敏度高的氧气传感器至关重要。

大多数基于金属氧化物基半导体的导电机制源自氧化物薄膜中内在缺陷的电子跃迁，这些缺陷与氧化物生长过程中产生的氧空位有关。通常情况下，氧化薄膜中氧空位的浓度越高，薄膜的导电性就越强。InZnO(IZO)薄膜已被用于制造薄膜晶体管，IZO 的导电性也与氧化物生长过程中的氧分压有关[67-69]。IZO 是氧气传感应用的理想候选材料。

图 2.1(a)为基于 AlGaN/GaN HEMT 的氧气传感器示意图。图 2.1(b)显示在 $V_{DS} = 3V$、117℃的条件下，当设备在纯氮和含 5%氧气环境中交替测试时，器件有强烈的响应。当设备暴露于含 5%氧气中时，源极-漏极电流减小，而当设备暴露于氮气中时，源极-漏极电流增加。IZO 薄膜具有很高的氧空位浓度，这使得薄膜能轻易感知氧气，并在 AlGaN/GaN HEMT 的栅极区域上产生电势差。漏极-源极电流的急剧变化证明了 HEMT 的高电子迁移率与 IZO 薄膜的高氧空位浓度相结合的优势。与许多工作温度在 400～700℃的氧化物基氧气传感器相比，这种氧气传感器具有上述优势，因此可以在相对较低的温度下工作并获得高灵敏度。

总之，通过将 IZO 薄膜和 AlGaN/GaN HEMT 结构相结合，可以实现低工作温度和低功耗的氧气传感器。该传感器可以在稳态或退火模式下使用，从而具有更灵活的应用场景。该设备显示了其在便携式、快速响应和高灵敏度氧探测器中的应用前景。

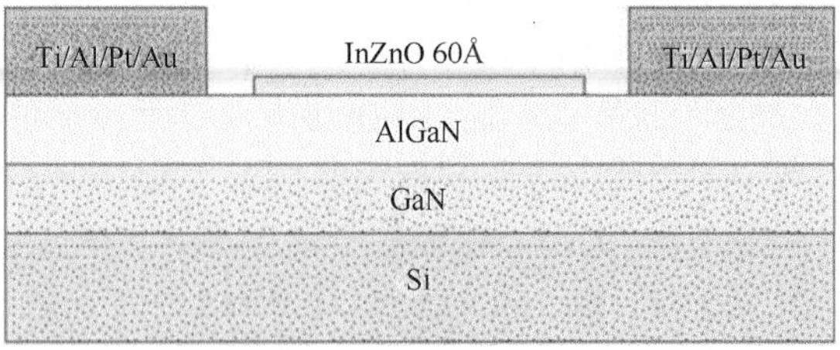

(a)

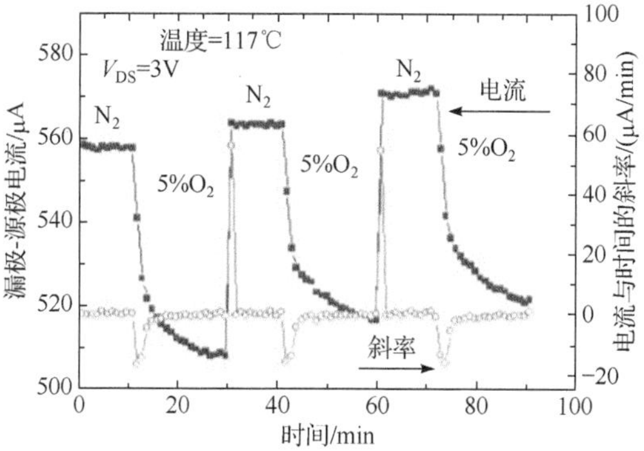

(b)

图 2.1　(a)基于 AlGaN/GaN HEMT 的氧气传感器示意图；(b)IZO 功能化 HEMT 传感器暴露于含 5%氧气环境下在固定源极-漏极测量的源极-漏极电流，源极-漏极偏置电压为 3 V，测量电压在 117℃下进行

2.2.2　CO_2 传感

二氧化碳(CO_2)气体的检测在全球变暖、生物和健康相关的应用中引起了广泛关注，如室内空气质量控制、发酵过程控制，以及肺部和胃部疾病患者呼气中的 CO_2 浓度测量[70-73]。在医疗应用中，监测医院肺部疾病患者循环系统中的 CO_2 和氧气浓度至关重要。目前的 CO_2 测量技术通常使用红外仪器，这种仪器非常昂贵并且笨重。

最常见的 CO_2 检测方法是基于非色散红外(NDIR)传感器，这是最简单的光谱传感器[74-77]。NDIR 传感器的最佳检测极限在 20～10 000 ppm(10^{-6})的范围内。NDIR 方法的关键组成部分是红外光源、光管、干扰滤波器和红外(IR)探测器。在检测过程中，气体进入光管。红外光源的辐射穿过光管中的气体，照射到红外探测器上。干扰滤波器位于红外探测器前方的光路中，这样红外探测器就能接收到需要被测定浓度的气体强波长的辐射，同时过滤掉不需要的波长。红外探测器会产生一个电信号，该信号代表了照射到探测器上的辐射强度。一般认为，NDIR 技术受功耗和体积的限制。

近年来，四羟乙基乙二胺、四乙烯戊胺和聚乙烯亚胺(PEI)等含有氨基的单体或聚合物已被用于 CO_2 传感器，以克服在 NDIR 技术中存在的功耗和体积问题[78-82]。大多数单体或聚合物被用作表面声波传感器的涂层。聚合物能够吸附 CO_2 并促进氨基甲酸酯反应。PEI 还被用作碳纳米管的涂层，通过测量纳米管暴露于 CO_2 气体时的电导率来进行 CO_2 的传感检测。例如，被纳米管场效应晶体管(NTFET)传感器中的 PEI 涂层纳米管部分吸附的 CO_2 会降低聚合物层的总 pH，并改变了向半导体纳米管沟道的电荷转移，从而改变了 NTFET 的电子特性[83-86]。

图 2.2(a)是基于 AlGaN/GaN HEMT 的 CO_2 传感器示意图。在水分子的影响下，CO_2 和含氨基化合物之间会受水分子的影响而产生基于酸碱反应的相互作用。在本实验中，在 PEI 中添加淀粉的目的是增强水分子对 PEI/淀粉薄膜的吸收。已经提出了几种可能的反应机制。关键反应是 PEI 主链上的—NH_2 与 CO_2 和水形成—NH_3^+离子反应，CO_2 分子变成 $OCOOH^-$。因此，PEI 主链上的电荷或极性发生了变化。AlGaN/GaN HEMT 的 2DEG 沟道中的电子是由压电效应和自发极化效应引起的。这个 2DEG 位于 GaN 层和 AlGaN 层之间的界面上。在 2DEG 的诱导下，AlGaN 表层存在正反电荷。AlGaN/GaN HEMT 环境的任何微小变化都会影响 AlGaN/GaN HEMT 的表面电荷。PEI/淀粉被涂覆在 HEMT 的栅极区。PEI 的电荷通过氨基和二氧化碳以及水分子之间的反应而发生变化。然后这些被转化为 AlGaN/GaN HEMT 中 2DEG 浓度的变化。

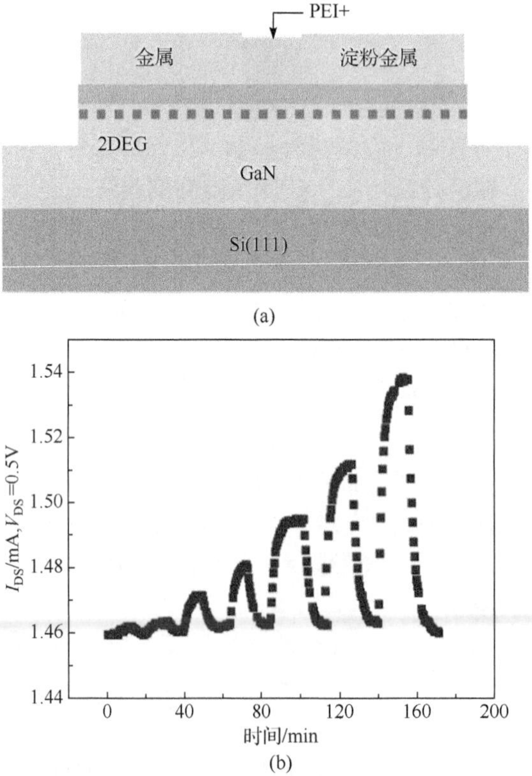

图 2.2　(a)基于 AlGaN/GaN HEMT 的 CO_2 传感器示意图；(b)在不同 CO_2 浓度环境下测量的 PEI/淀粉薄膜功能化 HEMT 传感器的源极-漏极电流，源极-漏极偏置电压为 0.5 V，测量电压在 108℃下进行

图 2.2(b)显示了暴露在不同 CO_2 浓度环境下测量的 PEI/淀粉薄膜功能化 HEMT 传感器的源极-漏极电流。测量是在 108℃和固定的源极-漏极偏置电压下进行的。电流随着 CO_2 气体的引入而增加，这是由于栅极区域的净正电荷增加，从而在 2DEG 沟道中诱导电子。对 CO_2 气体的响应动态范围广泛，从 0.9%到 40%，如图 2.3 所示。没有测试较高的 CO_2 浓度，因为人们对这些医疗相关应用不感兴趣。响应时间大约是 100 s。信号衰减时间比上升时间慢，这是由于从实验室中清除 CO_2 所需的时间较长。

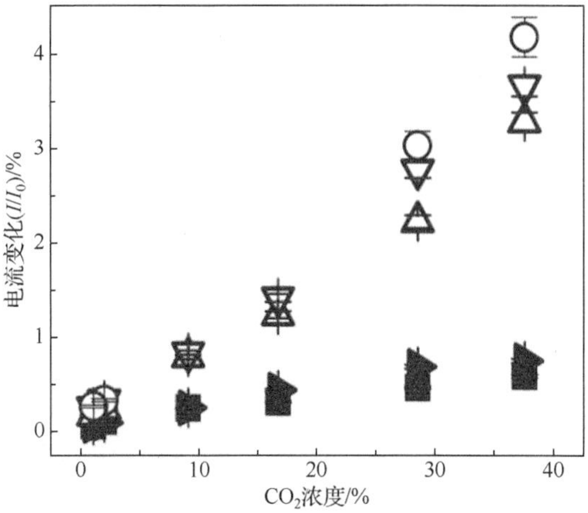

图 2.3　HEMT 传感器的源极-漏极电流随 CO_2 浓度的变化而变化

该工作研究了环境温度对 CO_2 检测灵敏度的影响。在所有测试温度下，源极-漏极电流的变化与 CO_2 浓度呈线性正比。然而，HEMT 传感器对较高的测试温度具有较高的灵敏度。从 61℃测试的传感器到 108℃测试的传感器，灵敏度有明显的变化。这种差异可能是由于较高的环境温度增加了胺基和 CO_2 之间的反应速率，以及 CO_2 分子在 PEI 薄膜中的扩散。这些传感器表现出可逆的和可重复性的特性。

综上所述，PEI/淀粉薄膜功能化 HEMT 传感器用于 CO_2 检测，其动态范围为 0.9%～40%。这些传感器在低偏置电压(0.5 V)下工作，可用于低功耗的应用。在测试温度高于 100℃时，传感器显示出更高的灵敏度。该传感器具有良好的可重复性。这种对 CO_2 气体的电子检测是迈向紧凑型传感器芯片的重要一步，该芯片可以与商用手持式无线发射器集成，以实现便携式、快速、高灵敏度的 CO_2 传感器。

2.2.3　C_2H_4 传感

在开发宽带隙传感器的过程中，检测乙烯(C_2H_4)的方法尤其值得关注，乙烯检测的问题在于其双键较强，很难在较低温度下将其解离[87-89]。理想的传感器应具有区分不同气体的能力，在同一芯片上集成不同金属氧化物(如 SnO_2、ZnO、CuO、WO_3)的阵列可实现这一结果。另一个关注重点是传感器的热稳定性，因为它们需要在高温下长期工作[90-97]。基于金属-氧化物-半导体(MOS)二极管传感器的热稳定性明显优于金属栅极结构，灵敏度也优于 GaN 肖特基二极管。在这项研究中，AlGaN/GaN MOS 二极管和 Pt/ZnO 肖特基二极管都能在 50～300℃(ZnO)或 25～400℃(GaN)温度范围内检测到低浓度(10%)的乙烯。

图 2.4(a)显示了完整的 AlGaN/GaN MOS-HEMT 示意图，图 2.4(b)是 Pt/Sc_2O_3/AlGaN/GaN MOS-HEMT 二极管在不同温度、固定偏置电压下的电流变化。在给定的正向偏压下，引入 C_2H_4 后电流增加。与同类 SiC 和 Si 肖特基二极管中的氢气检测类似，电流增加的机制可能是原子氢在气相中是由 C_2H_4 分解产生的，或化学吸附在 Pt 肖特基触点上然后催化分解产生的。然后，氢会通过 Pt 金属化和底层氧化物迅速扩散到界面，并形成偶极层，降低有效势垒高度。我们强调还可能存在其他机制。不过，电流恢复的活化能约为 1 eV，与 GaN 中原子氢扩散的值类似[98]，表明这至少是一种合理的机制。随着检测温度的升高，MOS-HEMT

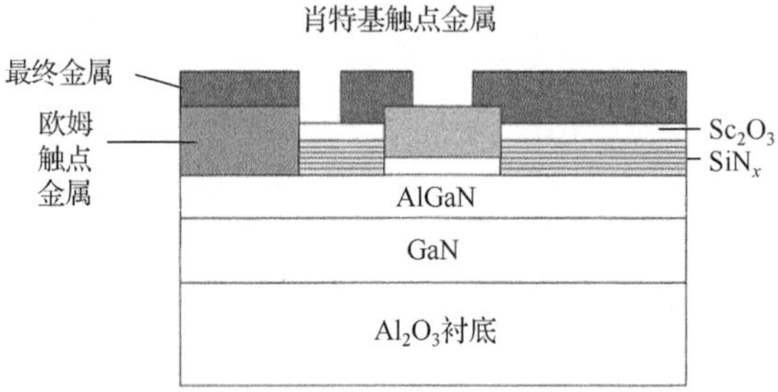

(a)

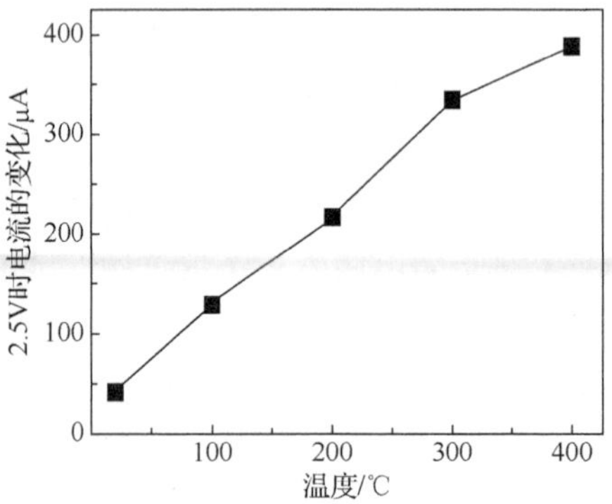

(b)

图 2.4　(a)AlGaN/GaN MOS-HEMT 示意图和(b)Pt/Sc_2O_3/AlGaN/GaN MOS-HEMT 二极管在不同温度、固定偏置电压下的电流变化

二极管的响应也会增加，这是因为氢在金属接触点上的裂解效率更高。请注意，电流和电压的变化都非常大，而且很容易被检测到。与其他材料系统中的 MOS 气体传感器的检测结果类似，将原子氢引入氧化物的效果是在氧化物-半导体界面上形成一个偶极层，它将屏蔽 HEMT 沟道中的部分压电感应电荷。二极管响应的时间常数由气体进入测试腔体积的质量传输特性决定，而不受 MOS 二极管本身响应的限制。

2.3　传感器功能化

要实现化学和生物检测的特异性，就必须对半导体表面进行特异性和选择性分子功能化。场效应晶体管等器件可以很容易地根据沟道电导的变化(增加或减少)来区分吸附的是氧化性气体分子还是还原性气体分子。然而，要精确识别特定类型的分子，就需要用特定分子或催化剂对表面进行功能化处理。有效的生物传感需要将蛋白质、核酸(DNA、RNA)和其他生物分子的独特功能特性与固态“芯片”平台相结合。这些设备利用了生物分子之间特定的互补性相互作用机制，这也是生物功能的基本方面。特定、互补的相互作用使得抗体在免疫反应中可以识别抗原，酶能够识别目标基质，肌肉的运动蛋白能够在肌肉收缩时缩短。蛋白质等生物分子能以高度特异的方式与其他分子结合，这是“传感器”检测目标分子存在(或不存在)的基本原理，就像生物的嗅觉和味觉一样。

制造混合性生物传感器的关键技术挑战之一是生物大分子与芯片无机支架材料(金属和半导体)之间的连接。在实际器件应用中，往往需要在微米甚至纳米尺度上对表面进行选择性修饰，有时还需要在不同位置使用不同的表面化学成分。为了提高检测速度，特别是在分析物浓度很低的情况下，应将分析物直接输送到传感器的活性传感区域。生物/化学传感器的一个共同特点是，其工作过程中经常会有流动的流体。例如，传感器必须对气流或水流进行采样，以便与设计用于检测的特定分子相互作用。

使用半导体传感器检测生物物种的一般方法是在表面(如非栅极场效应晶体管结构的栅极区域)添加一层或一种物质，使其选择性地与相关分子结合。在对特异性检测要求不高的应用中，活性分子的吸附将直接影响表面电荷并影响近表面电导率。最简单的传感器是由表面电极图案化的半导体薄膜组成的，通常加热到几百摄氏度，以提高暴露表面上分子的解离度。电极间电阻的变化标志着活性分子的吸附。手持式检测仪器最好能够使用尽可能低的工作温度，以最大限度地延长电池寿命。ZnO 等电子氧化物作为传感材料，对目标分子与吸附的氧或晶格中的氧的反应特别敏感。

生物修饰场效应晶体管(BioFET)具有直接检测水溶液中生化相互作用的

潜力。为提高其实用性，该器件必须对其表面的生化相互作用敏感，具有探测特异性生化相互作用的功能，并且必须在一定的 pH 和盐浓度范围内的水溶液中保持稳定。通常，设备的栅极区域覆盖有生物探针，用作相关的分子的受主位点。当这些探针与溶液中目标物质之间发生反应时，器件的电导率会发生变化。

由于 GaN 材料的化学性质稳定，所以能最大限度地减少吸附细胞的降解。Ga 和 N 之间的化学键是离子键，蛋白质很容易吸附在 GaN 表面，这是制造灵敏度高、使用寿命长的生物传感器的关键因素之一。HEMT 传感器已被用于检测气体、离子、pH、蛋白质和 DNA 温度，通过对 HEMT 栅极区的表面进行改性，可获得良好的选择性。2DEG 沟道与欧姆型源极和漏极触点相连。源极-漏极电流由 2DEG 沟道顶部的第三个触点(肖特基型栅极)调制。在传感应用中，第三个触点会受到传感环境的影响，即传感目标会改变栅极区域的电荷，并起到栅极的作用。当带电分析物在栅极上积聚时，这些电荷会形成偏置电压并改变 2DEG 的电阻。这种电学检测技术简单、快速、方便。来自栅极的检测信号通过漏极-源极电流被放大，使该传感器在应用中非常灵敏。电信号也很容易量化、记录和传输，而不像荧光检测方法那样需要人工检测，难以精确量化和传输数据。

由于 HEMT 表面的化学惰性，HEMT 传感器对不同的分析物缺乏选择性。这可以通过检测受主对表面进行改性来解决。此处公开的传感器设备可用于各种源于环境和身体的液体，包括唾液、尿液、血液和呼气。对于呼出的气体，该设备可包括一个黏合在热电冷却装置上的 HEMT，该装置有助于收集呼出的气体样本。

在我们的 HEMT 设备中，表面通常被抗体或酶层功能化。功能化的成功与否可通过多种方法进行监测。示例如图 2.5 和图 2.6 所示。第一种检测方法是当功能层到位时表面张力的变化，在某些情况下可以通过 X 射线光电子能谱看到表面键合的变化。通常，在 HEMT 的栅区沉积一层 Au，作为附着硫代乙醇酸等化学物质的平台，硫代乙醇酸的 S 键很容易附着在 Au 上。然后，抗体层可以附着在硫代乙醇酸上。如图 2.6 所示，当表面完全被这些功能层覆盖时，HEMT 将对不含目标抗原的缓冲溶液或水不敏感。在检测氢气时，栅极区域会被 Pt 或 Pd 等催化剂金属功能化。在其他情况下，我们会固定一种酶来催化反应，例如用于检测葡萄糖。在葡萄糖氧化酶的作用下，葡萄糖会与氧气反应，生成葡萄糖酸和过氧化氢。表 2.1 概述了迄今为止我们用于 HEMT 传感器的表面功能层。使用不同的蛋白质或抗体层检测生物毒素和相关生物分子，还有很多其他方式。生物膜方法的优点是，可以在单个芯片上生产大量的 HEMT 阵列，并使用不同的功能层来实现对各种化学物质或气体的检测。

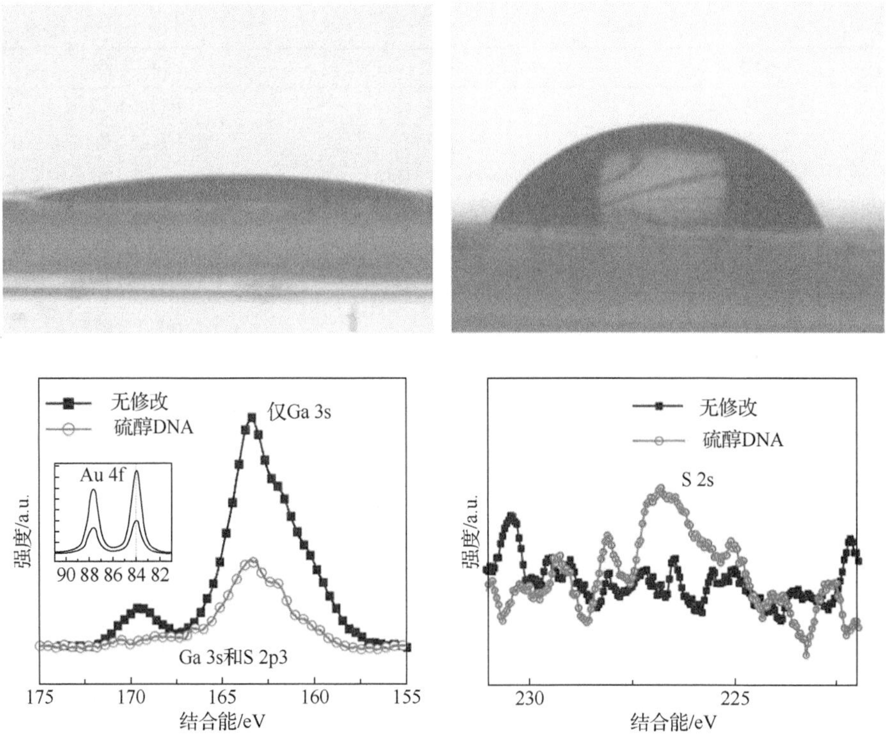

图 2.5　HEMT 表面功能化的表面张力变化的例子，以及硫代乙醇酸附着在 HEMT 栅极的 Au 层后 Au—S 键形成的 X 射线光电子能谱图

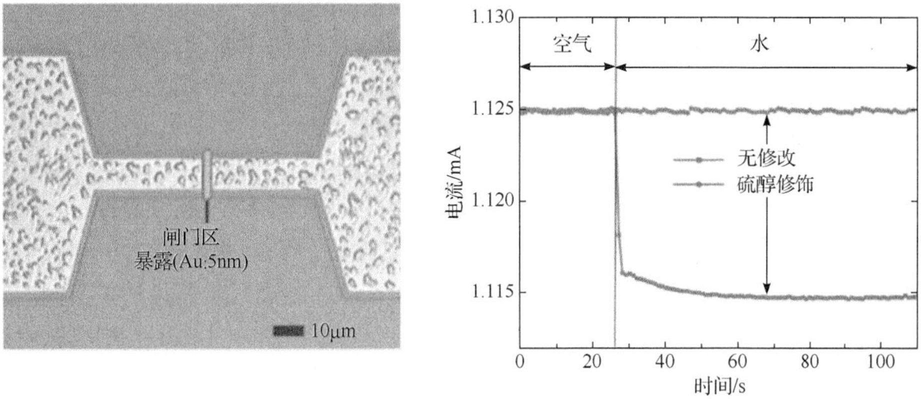

图 2.6　HEMT 表面成功功能化的例子，当表面完全被功能层覆盖时，该装置对水不再敏感

表 2.1　与 HEMT 传感器一起使用的表面功能层的总结

探测	机制	表面功能化
H_2	催化解离	Pd，Pt
气压变化	极化	聚偏二氟乙烯

续表

探测	机制	表面功能化
肉毒杆菌毒素	抗体	巯基乙酸/抗体
蛋白质	结合/杂交	氨丙基硅烷/生物素
pH	极化分子的吸收	Sc_2O_3，ZnO
Hg^{2+}	螯合作用	巯基乙酸/金
KIM-1	抗体	KIM-1 抗体
葡萄糖	GOx 固定化	ZnO 纳米棒
前列腺特异性抗原	PSA 抗体	羧酸琥珀酰亚胺酯/PSA 抗体
乳酸	LOx 固定化	ZnO 纳米棒
氯离子	阳极氧化	Ag/AgCl 电极；InN
癌症乳腺	抗体	硫乙酸/*c*-erbB 抗体
CO_2	水/电荷吸收	聚乙烯亚胺/淀粉
DNA	杂交	3′-硫醇修饰的寡核苷酸
O_2	氧化	InGaZnO

2.4　pH 测量

许多不同的应用领域都需要测量 pH，包括医学、生物学、化学、食品科学、环境科学和海洋学。pH 小于 7 的溶液呈酸性，pH 大于 7 的溶液呈碱性。我们发现，ZnO-纳米棒表面会通过集成微沟道引入的电解质溶液中的 pH 变化而产生电响应[99]。离子诱导的表面电势变化很容易通过单个 ZnO 纳米棒的电导率变化来测量，这表明这些结构在各种传感器应用中非常有前景。由 SYLGARD@184 聚合物制成的集成微沟道，用小打孔器(直径小于 1 mm)在沟道两端制造进出孔，然后立即将薄膜贴到纳米棒传感器上，使用自动注射器(2～20 μL)注入 pH 溶液。

在测量 pH 之前，我们使用 pH 为 4、7、10 的缓冲溶液对电极进行校准，并使用 Agilent 4156C 参数分析仪在 25℃下的黑暗中或 365 nm 紫外线(UV)照射下进行测量，以避免寄生效应。pH 溶液由 HNO_3、NaOH 和蒸馏水通过滴定法制成。电极为传统的 Acumet 标准 Ag/AgCl 电极。纳米棒显示出非常强的光响应。由于光照，电导率大大提高，电流增大就是证明。用带隙以下的光照射则不会产生任何影响。光传导似乎主要源于体传导过程，只有少量的表面捕获成分。极性分子在 ZnO 表面的吸附会影响表面电势和器件特性。将纳米棒暴露在一系列 pH 从 2 到 12 不等的溶液中 60 s 后，其在 0.5 V 偏置下的电流随时间变化的函数是：随着 pH 的增加，电流减小。实验从 pH = 7 开始进行，逐渐变化至 pH = 2 或 12。空气中的电流-电压(*I-V*)测量值略高于 pH = 7 时的测量值(10%～20%)。数据表明，传感器对极性液体的浓度很敏感，因此可以用来区分有少量另一种物质渗漏的液体。在紫外线照射下，纳米棒的电导率较高，但在照射和不照射的情况下，电导率的百分比变化相似。纳米棒的电导率在 pH 为 2～12 时呈线性变化，在黑暗中为 8.5 nS/pH，在紫外线(365 nm)照射下为 20 nS/pH。纳米棒在整个 pH 范围内都表现出稳定的工作状态，分辨率为 0.1 pH，这表明纳米棒对相对较小的液体浓度变化非常敏感。

将栅极区暴露在极性液体中时，无栅极 AlGaN/GaN HEMT 的电流也会发生很大变化。引入的电解质的极性导致了表面电荷的变化，在半导体-液体界面上产生了表面电势的变化。在栅极区域使用 Sc_2O_3 栅极电介质的效果优于原生氧化物或紫外线臭氧诱导氧化物。在栅极区域使用 Sc_2O_3 的非栅极 HEMT 在 pH 为 3～10 时的电流线性变化为 37 μA/pH。HEMT pH 传感器在整个 pH 范围内都能稳定工作，分辨率小于 0.1 pH。通过 SiN_x 层的接触窗口沉积了 100 Å Sc_2O_3 作为栅极电介质。在氧化物沉积之前，晶片暴露在臭氧中 25 min。然后在生长室内以 300℃的清洁温度原位加热 10 min。Sc_2O_3 是在 100℃温度下通过射频等离子体激活的分子束外延(MBE)沉积的，使用的 Sc 元素是在 1130℃下从标准流出液中蒸发的而 O_2 则是在牛津射频(Oxford RF)等离子体源中产生的。为了进行比较，我们还制作了仅存在于栅区的原生氧化物和紫外线臭氧诱导氧化物的器件。图 2.7 显示了已完成器件的扫描电子显微镜(SEM)图像(a)和横截面示意图(b)。该器件的栅极尺寸为 2 μm×50 μm。使用自动注射器(2～20 μL)注入 pH 溶液。

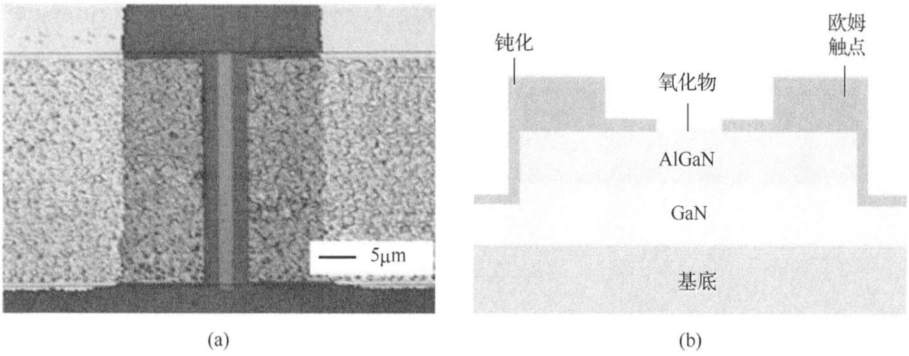

图 2.7　无栅 HEMT 的(a)扫描电子显微镜图像和(b)横截面示意图

在测量 pH 之前，我们使用 Thermo Fisher Scientific 公司提供的 pH 为 4、7、10 的缓冲溶液对电极进行校准，并使用 Agilent 4156C 参数分析仪在 25℃的黑暗环境中进行测量，以避免寄生效应。pH 溶液采用 HCl、NaOH 和蒸馏水滴定法制成。该电极为常规的 Acumet 标准 Ag/AgCl 电极。

极性分子在 HEMT 表面的吸附影响了表面电势和器件特性。图 2.8 显示了栅

极区含有 Sc_2O_3 的 HEMT 在 0.25 V 偏置下的电流随时间的变化情况，该 HEMT 在 pH 从 3 到 10 的一系列溶液中各暴露 150 s。暴露在这些极性液体中时，随着 pH 的降低，电流显著增加。电流变化值为 37 μA/pH。

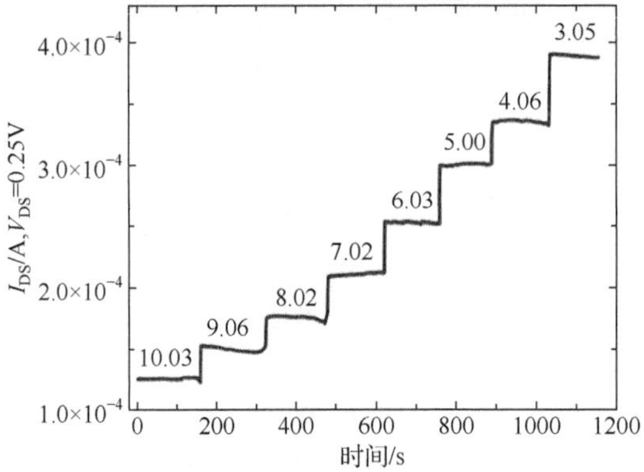

图 2.8　在 pH 为 3～10 时，无栅极 HEMT 在 0.25 V 的固定源极-漏极偏置下的电流变化

HEMT 在整个 pH 范围内都能稳定工作，分辨率达到约 0.1 pH，这表明 HEMT 对相对较小的液体浓度变化非常敏感。相比之下，在栅极区域使用原生氧化物的器件灵敏度更高，达到约 70 μA/pA，但分辨率却低得多，只有约 0.4 pH，并且伴随着 10～15 s 的响应延迟。后者可能是由半导体和原生氧化物之间界面的深陷阱造成的，其密度远高于 Sc_2O_3-氮化物界面。在栅极区域使用紫外臭氧氧化物的器件在检测 pH 变化时没有出现上述延迟时间，其栅极源电流灵敏度与 Sc_2O_3 栅极器件相似(约 40 μA/pH)，但分辨率较低(约 0.25 pH)。图 2.9 显示，带有 Sc_2O_3 栅极介质的 HEMT 传感器对极性液体的浓度很敏感，因此可以用来区分另一种有少量物质渗漏的液体。如前所述，人类血液的 pH 范围为 7～8。图 2.9 显示了在 0.25 V

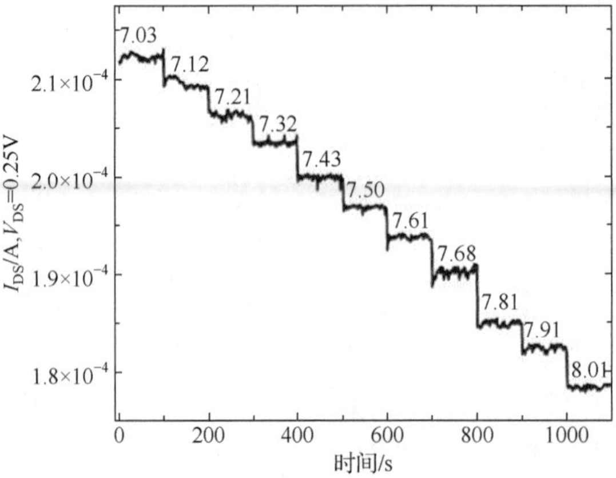

图 2.9　当 pH 从 7 变到 8 时，固定源极-漏极偏置为 0.25 V 时，无栅极 HEMT 中的电流变化

的偏压下，带有 Sc_2O_3 的 HEMT 在此范围内不同 pH 下的电流变化(测量的分辨率为<0.1 pH)。关于 HEMT 表面极性液体分子吸附导致电流降低的机理，还需更多的了解。这些分子通过范德瓦耳斯型相互作用结合在一起，从而屏蔽了由 HEMT 中极化引起的表面变化。

2.5　呼出气体冷凝物

人们对开发用于确定人类医学问题早期迹象的快速诊断方法和改进传感器非常感兴趣。呼气作为一种独特的体液，可在这方面使用[100-112]。呼出气体冷凝物 pH 是气道酸度的一种可靠且可重复的检测方法。例如，与人体相关的血液 pH 范围为 7～8。即使人体病入膏肓，血液(或组织中细胞间隙)的 pH 也不会低于 7。如果血液 pH 低于这个值，则必然会导致死亡。

虽然大多数应用都是以气体或气溶胶的形式检测呼气中的物质或疾病，但也可以以呼气冷凝物(EBC)的液相形式对呼气进行分析。源自肺深处的呼出气体(肺泡气体)中所含的分析物会与血液达到平衡，因此呼出气体中的分子浓度与任何特定时间血液中的分子浓度密切相关。EBC 含有数十种不同的生物标记物，如腺苷、氨、过氧化氢、异前列腺素、白三烯、肽、细胞因子和氮氧化物[109,111,112]。对 EBC 中的分子进行分析是无创的，可以提供人体代谢状态的窗口，包括癌症、呼吸系统疾病和肝肾功能的某些迹象。

呼气诊断作为一种诊断方法具有多种优势，因为可以在测试点收集和检测样本并实时提供检测结果。另一个优点是，只需让患者向手持检测设备进行一次性部分吹气，就能无创收集样本。因此，这种样本采集方法对患者和实验室人员都是卫生的。呼气可用于检测各种药物、其代谢物和标记物，这对于测量药物依从性以及确定这些药物和血药浓度都很有价值。目前一些基于血液和尿液的检测可能会被简单的呼气检测所取代。在消费者医疗保健方面，糖尿病患者将能够检测自己的血糖水平，从而取代痛苦和不便的手指刺穿设备。在路边驾驶障碍筛查方面，与手持呼气酒精分析仪功能类似的即时护理(POC)设备能检测到某些滥用药物。在工作场所药物检测中，类似的台式设备可以消除工作场所尿检的成本、尴尬和不便。在长期口服药物治疗的情况下(例如使用非典型抗精神病药物治疗精神分裂症)，通过开发记录药物口服和进入血液情况的呼吸系统，死亡率/发病率和医疗成本将显著降低。

葡萄糖氧化酶(GOx)通常用于生物传感器，以检测糖尿病患者体内的葡萄糖水平。通过跟踪通过该酶的电子数，可以测量出葡萄糖的浓度。由于葡萄糖固定的重要性和难度，许多研究都集中在用碳纳米管、ZnO 纳米材料和 Au 颗粒固定葡萄糖的技术上[113,114]。ZnO 基纳米材料因其无毒性、低成本，以及 ZnO 和葡萄糖之间良好的静电相互作用而特别引人关注。然而，GOx 的活性高度依赖于溶液的 pH[115]。正常人的 pH 在 7～8。这根据每个人的健康状况可能会有显著差异，例如，急性哮喘患者的 pH 低至 5.23±0.21(n = 22)，而对照组的 pH 为 7.65±0.20(n = 19)[116]。要利用固定化 GOx 实现精确的葡萄糖浓度测量，就必须利用集成的 pH 和葡萄糖传感器来测定 pH 和葡萄糖浓度。

2.6　重金属检测

对地下水中的重金属污染物进行检测，以及重金属对环境和水生野生动物影响的检测，可以大大改善环境监测和管理。虽然检测有害环境化学物质的技术很容易获得，但这些技术需要将样本运送到实验室进行分析。数据分析和收集需要熟练的专业知识，费用昂贵，而且耗时很长。因此，目前的检测技术无法对环境有毒物质进行实时监测。

传统的检测方法包括使用高效液相色谱法(HPLC)、质谱法(mass spectrometry，MS)和比色法酶联免疫吸附分析(colori-metric ELISA)法，但这些方法都不实用，因为这些试验只能在集中地点进行，而且速度太慢，在现场没有实用价值。为了开发更实用的“可实地部署”传感器，目前正在开发多种传感器包括基于荧光的探测器、表面等离子体共振(SPR)技术、基于半导体的传感器以及基于测量质量的传感器(如微悬臂梁或蓝宝石晶体装置)。这些检测方法大多无法满足在现场检测环境毒素的要求。在现场，需要一种具有实时传感能力、无线操作模式和坚固耐用的手持式传感器。SPR 和荧光传感器等技术容易受到浑浊度、微粒和折射率差异等因素的影响。

电化学装置因其成本低、操作简单而备受目标材料测量的关注。虽然基于阻抗和电容的电化学测量可用作精确的传感器平台，但要用于环境样品时，其灵敏度仍需大幅提高。由于电化学测量需要参比电极，因此无法最大限度地减少样品量。基于质量检测的方法(如微悬臂梁)会因介质的黏度和悬臂在溶液环境中的阻尼而产生不理想的共振频率变化。涂有抗体的纳米线场效应传感器已被用于实时、高灵敏度的生化物质检测。然而，用于控制纳米线阵列精确位置的电子束写入速度较低，这降低了其成本低和规模化潜力的优势。用 1,6-己二硫醇单层功能化的微悬臂梁和用二硫苏糖醇功能化的 SPR 传感器对砷显示出低于 10 ppb(10^{-9})的检测下限。然而，这些类型的传感器需要激光和探测器，价格昂贵，不适合手持或便携式应用。

质量敏感的光学设备在用于重复分析样品时，往往会因结垢而失去可重复性。此外，大多数基于光的技术需要笨重的辅助设备，因此不可能有小巧的手持设备。基于 SPR 的手持传感器已经问世，但其响应时间在几分钟左右。

砷和汞是美国最严重的两种污染物。通过不同的人类活动，这些污染物排放到土壤和水资源中，损害了这些资源的生态和经济价值。地下水砷污染是指地下水深层中自然形成的高浓度砷，近年来已成为一个备受关注的问题，导致全球大量人口严重砷中毒。2007 年的一项研究发现，70 多个国家超过 1.37 亿人可能受到饮用水砷中毒的影响[117-119]。美国的一些地区，如法伦和内华达州，长期以来一直被认为地下水中的砷浓度相对较高(超过 0.08 mg/L)[120]。即使是一些地表水，如亚利桑那州的弗德河，砷浓度有时也超过 0.01 mg/L，尤其是在河流流量以地下水排放为主的枯水时期[121]。2006 年 1 月制定了饮用水标准为 0.01 mg/L (10 ppb)。

除了天然砷外，铬化砷酸铜(CCA)木材也对环境造成了潜在的严重危害[122,123]。尽管美国环保署于 2003 年 12 月 31 日禁止在住宅、木板路、围栏或游乐场设备中使用 CCA 处理过的木材，但仍允许在工业中使用，从而使木匠、线路工人和环境面临危险[124,125]。尽管美国消费品安全委员会(CPSC)发现儿童在经过 CCA 处理的游乐场设备上玩耍会显著增加患癌风险，但尚未采取任何行动来解决现有的问题。

CCA 木材的处理是另一个严重问题。虽然砷永远不会分解成安全的形式，但我们有能力改变处理形式。尽管经过 CCA 处理的木材不应该被烧毁，但每年仍有数以百万计英尺(ft，$1ft=3.048\times10^{-1}m$)的板材进入垃圾填埋场，并经常在废物处理场被焚烧，从而向空气中释放出毒性极强的三价砷和六价铬。砷化氢气体会重新变成固体形式，就像我们家外面的情况一样，我们家就暴露在经过处理的木材燃烧产生的烟雾中。旧的 CCA 木材与旧的天然木材难以区分，通常在家庭和露营地作为废柴焚烧，或制成木片覆盖在花园中。研究表明，金属在燃烧时会分解成很小的颗粒，很容易被人体吸入。砷还会被植物吸收，浸入土壤和水中，并在垃圾填埋场的木材分解堆肥过程中释放出来。

在美国，汞是另一种严重的污染物，截至 1998 年，针对所有物质，共有 2506 项鱼类和野生动物消费建议，其中 1931 项(超过 75%)是针对汞的[126,127]。有 40 个州发布了汞排放标准，有 10 个州针对全州范围内所有淡水湖和(或)河流发布了汞的排放标准。大多数(65%)汞通过固定燃烧进入环境，其中燃煤发电厂是最大的汞排放源(1999 年占美国汞排放量的 40%)。汞污染还有其他工业来源，如黄金生产、有色金属生产等。汞也通过某些产品的处置(例如，填埋、焚烧)进入环境。含汞产品包括汽车零部件、电池、荧光灯、医疗产品、温度计和恒温器。汞是毒性极强的金属之一，其化合物会对人类健康造成不可逆转的神经损害。由于其毒性作用，饮用水中汞的标准限值为 0.001 mg/g，与地表水混合的工业废水的标准限值为 0.01 mg/g。因此，必须开发出检测受污染废水中汞含量的方法，使其达到无害水平。低浓度汞(Ⅱ)(Hg^{2+})离子的灵敏度检测至关重要，因为其毒性早已被认为是慢性环境问题。传统上，有几种方法可用于检测低浓度 Hg^{2+}，包括光谱法(原子吸收光谱(AAS)、原子发射光谱(AES)或电感耦合等离子体质谱法(ICP-MS))或电化学法(ISE 或极谱法)，然而，这些方法在实际应用中都存在缺陷，要么价格昂贵，要么体积太大，无法用于现场检测，因此手持便携式设备在低浓度金属检测方面具有重要价值。

图 2.10 显示了 Hg^{2+}与金栅极区上功能化的硫代乙醇酸结合后的装置横截面示意图。在某些情况下，我们使用了具有硫代乙醇酸($HSCH_2COOH$)功能化的传感器，硫代乙醇酸是一种同时包含硫醇(巯基)和羧酸官能团的有机化合物。由于金与硫醇基团之间存在强烈的相互作用，硫代乙酸分子的自组装单层分子被吸附在金栅极上。多余的硫代乙醇酸分子用去离子水冲洗掉。接触角测量结果表明，表面处理后接触角从 58.4°变为 16.2°，这证实了硫代乙醇酸功能醛化处理表面亲水性的增加。如图 2.11 所示，在暴露于不同浓度的 Hg^{2+}溶液后，两种传感器(即只有金栅极的传感器和在金层上进行了巯代乙醇酸功能化的传感器)的漏极电流都进一步降低。硫代乙醇酸功能化的 AlGaN/GaN HEMT 传感器的漏极电流降低了约 60%，而裸 Au 栅极传感器的漏极电流变化不到 3%。裸 Au 栅与硫代乙醇酸功能化的 AlGaN/GaN HEMT 传感器漏极电流降低的机理截然不同。对于裸 Au 栅极器件，当 Au 栅极电极暴露在 Hg^{2+}溶液中时，在裸 Au 栅极的表面形成了金-汞合金。金-汞合金的生成速率取决于溶液温度和 Hg^{2+}溶液的浓度。

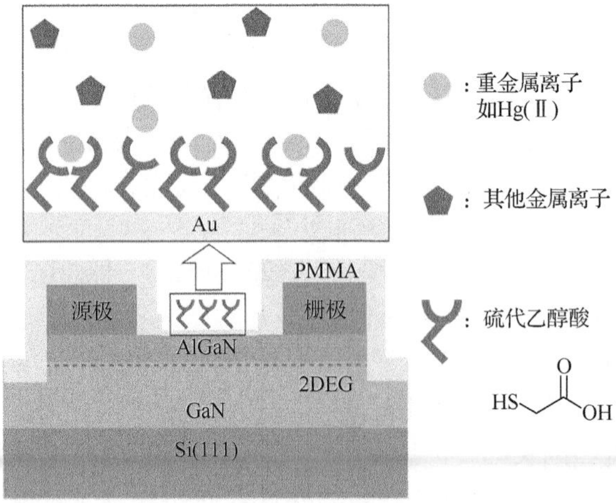

图 2.10　AlGaN/GaN HEMT 的示意图。Au 涂覆的栅区用硫代乙醇酸功能化

图 2.11 还显示了两种传感器的漏极电流与时间的相关性。对于 Hg^{2+}浓度较高的溶液(10^{-5} mol/L)，裸 Au 栅极传感器的漏极电流在 15 s 内达到稳定状态。然而，当传感器暴露在浓度较低的 Hg^{2+}溶液中时，漏极电流需要 30～55 s 才能达到稳定状态。当传感器暴露于 10^{-5} mol/L 的 Hg^{2+}溶液中时，硫代乙醇酸功能化的 AlGaN/GaN HEMT 传感器的响应时间小于 5 s。这是迄今为止报道的 Hg^{2+}检测中

最短的响应时间。

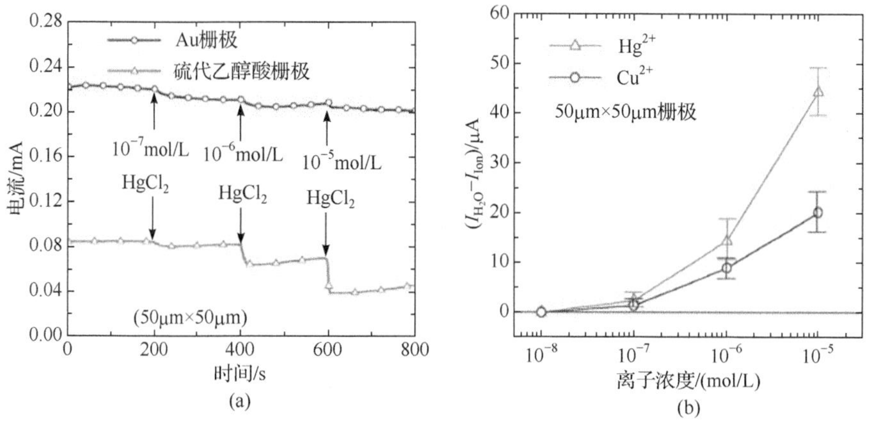

图 2.11 (a)裸 Au 栅 AlGaN/GaN HEMT 传感器和硫代乙醇酸功能化 Au 栅极 HEMT 传感器的漏极电流随时间变化的响应；(b)硫代乙醇酸功能化的 Au 栅极 HEMT 传感器的漏极电流随 Hg^{2+} 浓度变化的函数

对于硫代乙醇酸功能化的 AlGaN/GaN HEMT，Au 表面的硫代乙醇酸分子垂直排列，其羧酸官能团朝向溶液。当传感器暴露于 Hg^{2+}溶液中时，相邻硫代乙醇酸分子的羧酸官能团与 Hg^{2+}形成 R—COO—(Hg^{2+})—OOC—R 的螯合物。在 R—COO—(Hg^{2+})—OOC—R 螯合物中捕获的 Hg^{2+}的电荷改变了通过—S—Au 键与 Au 栅极结合的硫代乙醇酸分子的极性。这就是漏极电流在汞离子作用下发生变化的原因。Huang 和 Chang[128]也采用了类似的表面功能化技术，并采用荧光法进行检测。

图 2.12 显示了暴露于不同 Hg^{2+}浓度和去离子水中时器件的漏极电流差异。硫代乙醇酸功能化传感器的 Hg^{2+}浓度检测限为 10^{-6} mol/L，相当于 20 ppb(十亿分之一)。

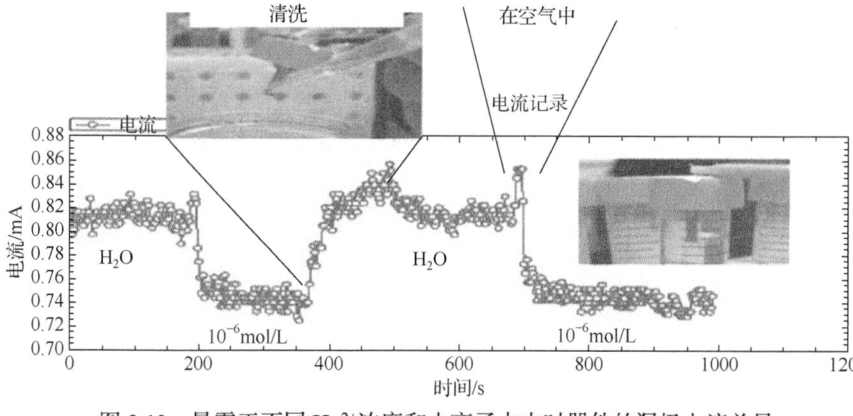

图 2.12 暴露于不同 Hg^{2+}浓度和去离子水中时器件的漏极电流差异

传感器还可以在检测后用去离子水冲洗并重复使用，如图 2.13 所示。这在确保假阳性不会影响最终判断测试样品中是否含有汞时非常方便。由于传感器芯片非常紧凑(1 mm × 5 mm)，操作功率极低(8 μW，基于 0.3 V 漏极电压和 80 μA 漏极电流，工作频率为 11 Hz)，因此可以与商用手持无线发射器集成，实现便携式、快速响应和高灵敏度 Hg^{2+}探测器。

硫代乙醇酸功能化传感器对 Na^{+}和 Mg^{2+}也表现出良好的传感选择性(选择性超过 100 倍)。图 2.14 显示了硫代乙醇酸功能化的 Au 栅极 HEMT 传感器在水中清洗前后检测 Na^{+}、Mg^{2+}或 Hg^{2+}的漏极电流随时间变化的响应。

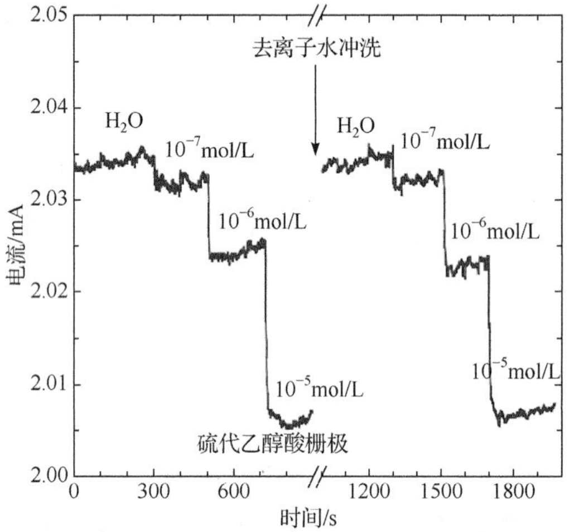

图 2.13 用去离子水洗涤传感器后，漏极电流随 Hg^{2+}浓度的时间变化响应

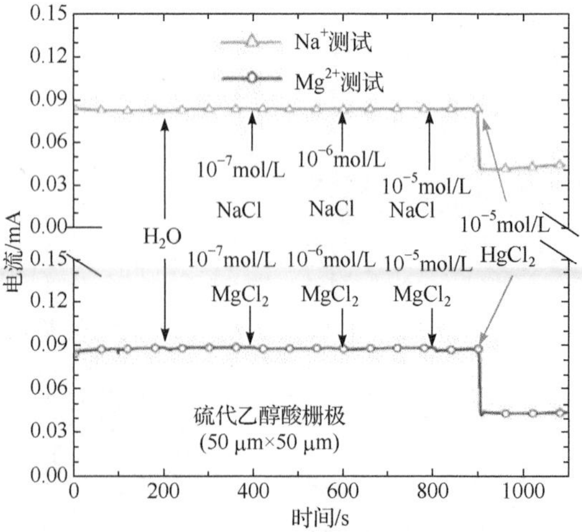

图 2.14 用硫代乙醇酸功能化的 Au 栅极 HEMT 传感器检测 Na^{+}、Mg^{2+}或 Hg^{2+}的漏极电流的时间依赖性响应

2.7　生物毒素传感器

在现场实时可靠地检测生物制剂具有一定挑战性。鉴于缺乏可靠的生物制剂传感会对国家安全造成不利影响，因此亟须开发新型、更灵敏、更可靠的实地生物检测技术[129-144]。本应用的目的是开发和测试一种检测毒素的无线传感技术。为实现这一目标，我们开发了 HEMT，该晶体管已被证明对生物制剂具有最高的灵敏度。针对肠毒素 B(B 类，NIAID)、肉毒杆菌毒素(A 类，NIAID)和蓖麻毒素(B 类，NIAID)的特异性抗体，或用于检测毒素酶活性的肽底物，都已偶联到 HEMT 表面。虽然仍需在生物相关样本存在交叉污染的情况下进行检测，但初步结果非常乐观。此外，一个重要的问题是缺乏明确的诊断方法，难以与其他病原体进行鉴别诊断，这将延缓在恐怖袭击发生时的反应速度。我们的目标是开发可靠、廉价、高灵敏度的手持式传感器，其响应时间仅为几秒钟，可用于现场检测生物毒素，这将大大提高我们应对恐怖袭击的效率。

目前在现场进行毒素检测的方法通常不适合现场部署，因此需要新的技术。现有的方法包括高效液相色谱法、质谱法和比色酶联免疫吸附分析法，但这些方法并不实用，因为这些测试只能在集中地点进行，而且速度太慢，在实际现场使用中不具有实用价值。例如，肉毒杆菌毒素检测的标准试验是“小鼠试验”，它依靠小鼠的死亡作为毒素存在的指标[144]。显然，这种方法在现场使用时既缓慢又不实用。

抗体功能化 Au 栅极 AlGaN/GaN HEMT 在检测肉毒杆菌毒素方面表现出极高的灵敏度。如图 2.15 所示，锚定在栅极区域的肉毒杆菌抗体可特异性识别肉毒杆菌毒素。

我们研究了从 0.1～100 ng/mL 的浓度范围。如图 2.16(a)所示，在 500 mV 的恒定漏极偏置电压下，测量了传感器暴露于 100 ng/mL 肉毒杆菌毒素前后 HEMT 的源极-漏极电流。HEMT 环境的任何微小变化都会影响 AlGaN/GaN 的表面电荷。表面电荷的这些变化被转化为 AlGaN/GaN HEMT 中 2DEG 浓度的变化，从而导致器件在暴露于肉毒杆菌毒素后电导率下降。图 2.16(b)显示了在磷酸盐缓冲液(PBS)中利用源极-漏极电流变化对肉毒杆菌毒素的实时检测，偏压恒定为 500 mV。在 100 s 左右加入缓冲溶液时，电流没有变化，表明该装置具有特异性和稳定性。与之形成鲜明对比的是，当将目标 1 ng/mL 肉毒杆菌毒素添加到表面时，在不到 5 s 内电流变化就表现出快速的反应。在缓冲溶液中暴露肉毒杆菌毒素导致的电流骤变，在肉毒杆菌毒素完全扩散到缓冲溶液中后趋于稳定。在缓冲液中检测不同浓度(0.1～100 ng/mL)的目标肉毒杆菌毒素。当毒素浓度超过 10 ng/mL

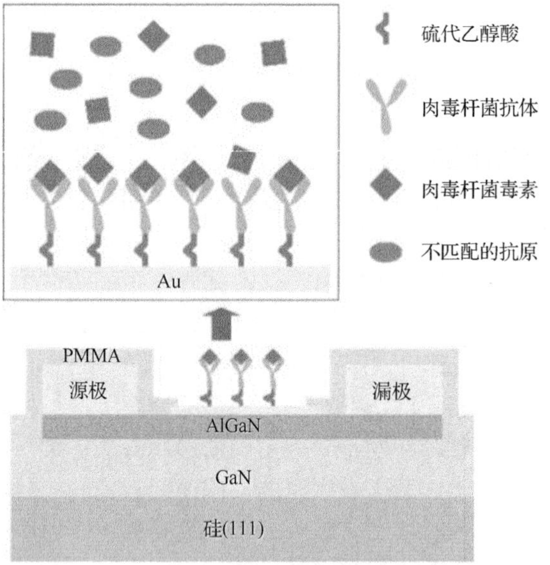

图 2.15　用于肉毒杆菌检测的功能化 HEMT 示意图

时，传感器就会达到饱和。每个浓度下的实验重复 4 次，计算源极-漏极电流响应的标准偏差。该装置在 PBS 中肉毒杆菌毒素的检测限低于 1 ng/mL。如图 2.16 所示，源极-漏极电流变化与肉毒杆菌毒素浓度呈非线性比例关系。

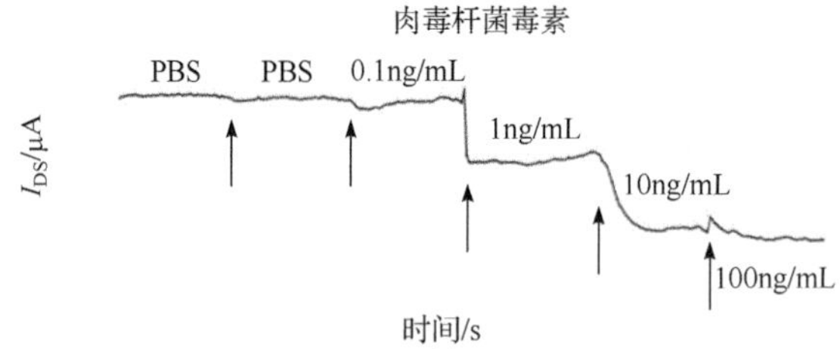

(a)

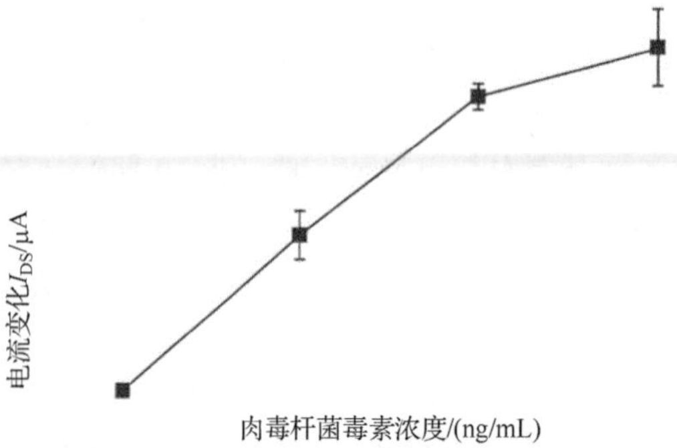

(b)

图 2.16　(a)肉毒杆菌毒素浓度从 0.1～100 ng/mL 时，AlGaN/GaN HEMT 的源极-漏极电流与时间的变化关系，以及(b)源极-漏极电流随肉毒杆菌毒素浓度从 0.1～100 ng/mL 的变化关系

图 2.17 显示了在不同毒素浓度下对肉毒杆菌毒进行毒素的实时测试，测试过程中进行了间隔洗涤，以破坏抗体与抗原之间的结合。这一结果证明了该芯片的实时性和可回收性。对于肉毒杆菌毒素传感器的长期稳定性，也通过封装传感器进行了研究。图 2.18 是封装好的传感器放入培养皿中长期保存的照片。将 PBS 滴在传感器的活性区和培养皿上。然后盖上培养皿并密封，以保持传感器上的抗体处于 PBS 环境中。每 3 个月对传感器进行一次肉毒杆菌检测复测。在这些测试中，毒素检测和传感器表面再活化的程序重复了 5 次。实验结果表明，传感器在存放 9 个月后仍能检测到毒素，并能在检测后立即用 PBS 冲洗而重新激活。这表明毒素可以被抗体完全洗去。然而，在存放 9 个月后，检测灵敏度明显下降，这并不是因为毒素与抗体的结合牢不可破，而是因为抗体活性下降。另一个重要发现是，当目标毒素暴露在传感器中时，储存 9 个月后，传感器的响应时间从初始的 5 s 延长至约 10 s(目标毒素暴露条件下)。响应时间延长可能是由于在长期储存后抗体上高活性位点的数量减少。这与传感器灵敏度降低相对应。具体的作用机制还有待进一步研究。

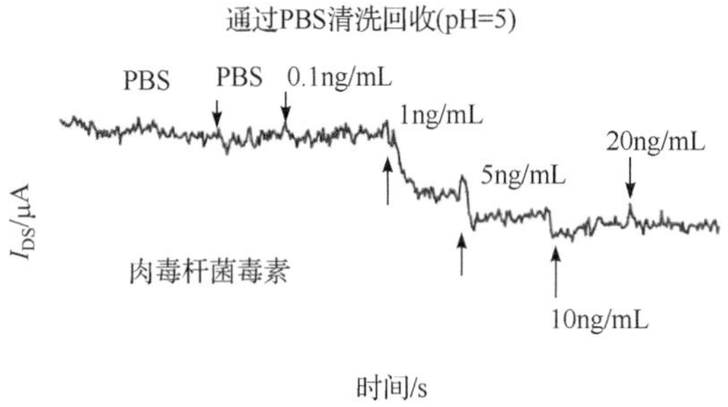

图 2.17　对使用过的肉毒杆菌毒素传感器的实时测试，用 pH 为 5 的 PBS 清洗以刷新传感器

图 2.18　将封装好的传感器放入培养皿中长期保存的照片

图 2.19 显示了在毒素浓度为 10 ng/mL 的固定条件下，经过不同存储时间测试的传感器的电流变化与传感器首次源极-漏极电流测量值的对比。在存放 3 个月、6 个月和 9 个月后，电流变化分别下降了 2%、12%和 28%。存放 3 个月后，该传感器的灵敏度几乎与新制备好的传感器相同。虽然，在存放 6 个月和 9 个月后，传感器需要重新校准才能用于毒素浓度的测定，但作为毒素检测是否存在的传感器，则无需重新校准。

综上所述，我们已经证明，通过化学修饰方法，AlGaN/GaN HEMT 结构的 Au 栅极区可以功能化，用于检测肉毒杆菌毒素，检测限小于 1 ng/mL。这种生物大分子电子检测技术是向现场部署传感器芯片迈出的重要一步，该芯片可以与商用的无线发射器集成，以实现实时、快速响应和高灵敏度的肉毒杆菌毒素检测。

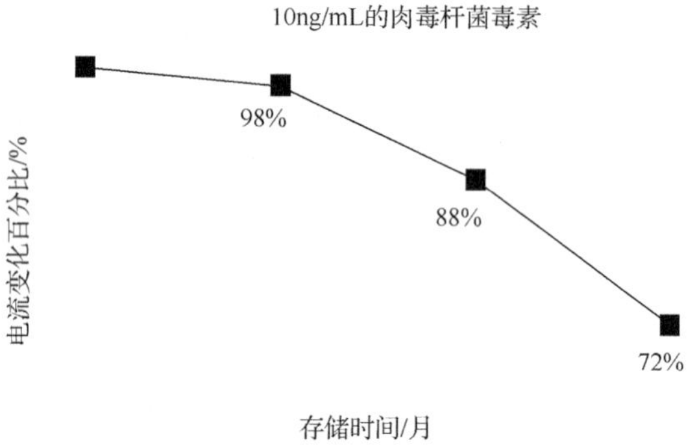

图 2.19 初始存放的 3 个月、6 个月和 9 个月传感器的源极-漏极电流变化百分比。初始测试中的当前变化被定义为 100%，随后阶段的测试是相对于初始测试来定义的

2.8 生物医学应用

2.8.1 呼出气体冷凝物中的 pH 传感器

AlGaN/GaN HEMT 可用于测量 EBC 和葡萄糖中的 pH，通过将 pH 传感器和葡萄糖传感器集成到单个芯片上，并将传感器集成到便携式无线封装中，可用于远程监控应用。图 2.20 显示了一个集成 pH 传感器和葡萄糖传感器芯片的扫描电子显微镜图像以及已完成的装置横截面示意图。pH 传感器装置和葡萄糖传感器的栅极尺寸为 20 μm× 50 μm。

为了进行葡萄糖检测，在 20 μm× 50 μm 的栅极区域上生长了直径为 20～30 nm 和高 2 μm 的高密度 ZnO 纳米棒阵列。图 2.20 中右下角的插图显示了栅极区域上生长的 ZnO 纳米棒阵列的高倍镜下的观察图。随着 ZnO 纳米棒的增加，ZnO 的总面积显著增加。ZnO 纳米棒基质为固定带负电荷的 GOx 提供了一个微环境，同时保留了其生物活性，并将 GOx 和葡萄糖相互作用时产生的电荷传递给 AlGaN/GaN HEMT。GOx 溶液是在 10 mmol/L PBS(pH=7.4，Sigma Aldrich)中制备的，浓度为 10 mg/mL。器件制作完成后，使用皮升绘图仪将 5 μL GOx 溶液(约 100 U/mg，Sigma Aldrich)精确地引入 HEMT 表面。将传感器芯片在 4℃溶液中静置 48 h，使 GOx 固定在 ZnO 纳米棒阵列上，然后进行大面积清洗以去除未固定的 GOx。

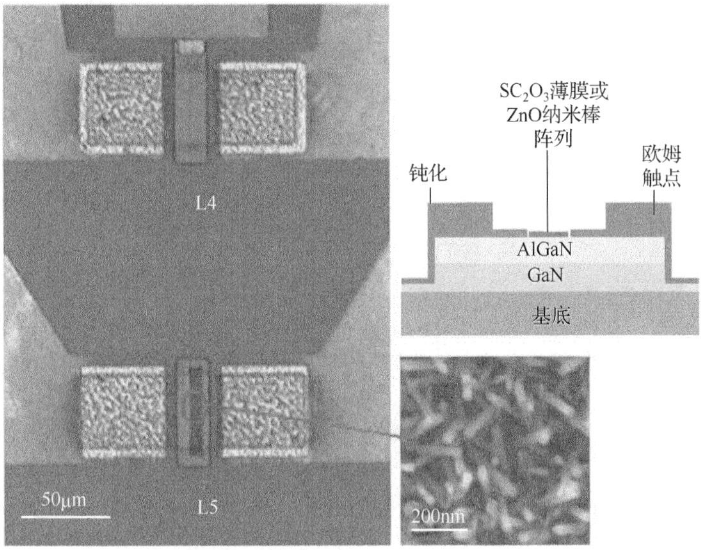

图 2.20　集成 pH 传感器和葡萄糖传感器芯片的扫描电子显微镜图像。插图显示了 pH 传感器的横截面示意图，以及生长在葡萄糖传感器栅极区域上的 ZnO 纳米棒的扫描电子显微镜图像

为了利用 HEMT 传感器快速响应的优势(小于 1 s)，需要一个实时 EBC 收集器[145-147]。覆盖 HEMT 传感区域所需的 EBC 量非常小。每个潮汐呼吸包含大约 3 μL 的 EBC。据测量，EBC 在 Sc_2O_3 上的接触角小于 45°，因此可以合理假定形成一个完美的 EBC 液滴半球，以覆盖 4 μm× 50 μm 栅极面积的传感区域。直径为 50 μm 的半球的体积约为 3×10^{-11} L。因此，每次潮汐呼吸可形成 100000 个直径为 50 μm 的 EBC 液滴。如图 2.21 所示，要冷凝全部 3 μL 的水蒸气，每次潮汐呼吸只需要去除约 7 J 的能量，这可以通过热电模块(佩尔捷(Peltier)装置)轻松实现。EBC 的采集系统示意图如图 2.22 所示。AlGaN/GaN HEMT 传感器直接安装在佩尔捷装置(TB-8-0.45-1.3 HT232，Kryotherm)的顶部，如图 2.22 所示，可以通过施加已知的电压和电流，将其冷却到精确的温度。在测量过程中，佩尔捷装置的热板保持在 21℃，冷板通过在 0.2 A 的电流下施加 0.7 V 偏置电压从而保持在 7℃。传感器在不到 2 s 内就能达到与佩尔捷装置的热平衡。这使得呼出的水蒸气立即凝结在 HEMT 传感器的栅极区域。

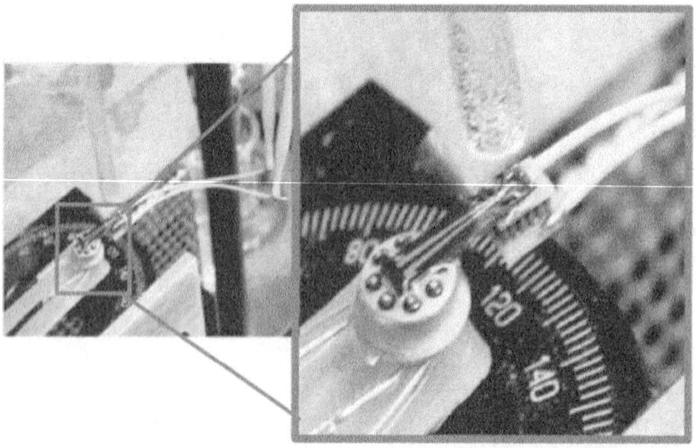

图 2.21　安装在佩尔捷冷却器上的传感器的光学图像

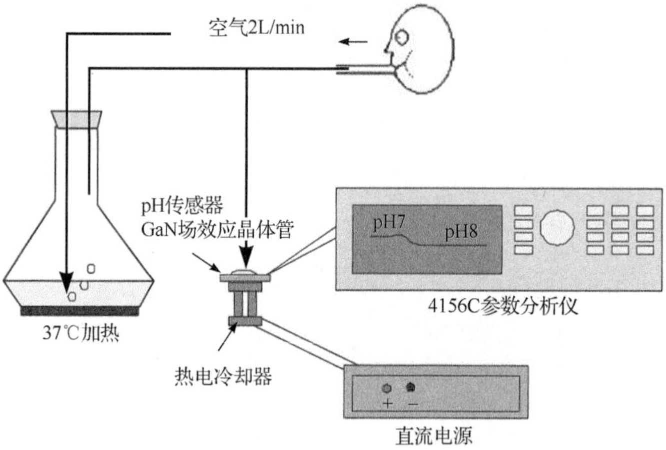

图 2.22　EBC 采集系统示意图

在测量 EBC 的 pH 之前，使用惠普皂膜流量计和质量流量控制器校准呼出气体的流速。此外，还对 HEMT 传感器进行校准，其电流在 pH 为 3～10 范围内的线性变化率为 37 μA/pH。由于难以收集不同葡萄糖浓度的 EBC，葡萄糖浓度检测的样品是用 PBS 或去离子水稀释的葡萄糖制备的。

如图 2.23(a)所示，HEMT 传感器对氮气气体的切换不敏感，但对人体测试对象呼出气体脉冲输入的应用有反应，该图显示了偏压为 0.25 V 的 Sc_2O_3 封顶 HEMT 传感器在不同呼出气体流速(0.5～3.0 L/min)下的电流。流速与呼气强度成正比，深呼吸的流速更高。为了消除流速对传感器灵敏度的影响，我们使用纯净的氮气进行了类似的研究。氮气不会导致漏极电流发生任何变化，但呼气流速的增加会使漏极电流从 0.5 L/min 成比例地下降到 1 L/min 的饱和值。每次潮汐呼吸，呼气的初始部分来自生理死腔，死腔中的气体不参与肺部中二氧化碳和氧气的交换。因此，潮汐呼吸中的内容物会被来自死腔中的气体稀释。对于较高流速的呼气，这种稀释作用的效果较弱。一旦呼气流速超过 1 L/min，传感器的电流变化就会达到极限。因此，测试对象会出现过度换气，稀释作用变得不明显。图 2.23(b)显示了传感器对更长呼气时间的响应。响应曲线的特征形状相似，是由 HEMT 传感器栅极区的冷凝 EBC 蒸发决定的。传感器的工作频率为 50 Hz，占空比为 10%，因此在工作过程中会产生热量。只需几秒钟，EBC 就会从传感区域蒸发，从而产生尖峰响应。EBC 的主要成分是水蒸气，几乎占 EBC 收集液体的全部体积(大于 99%)。EBC 的电流变化表明，pH 在 7～8 的范围内。这个范围是人类血液中典型的 pH 范围。

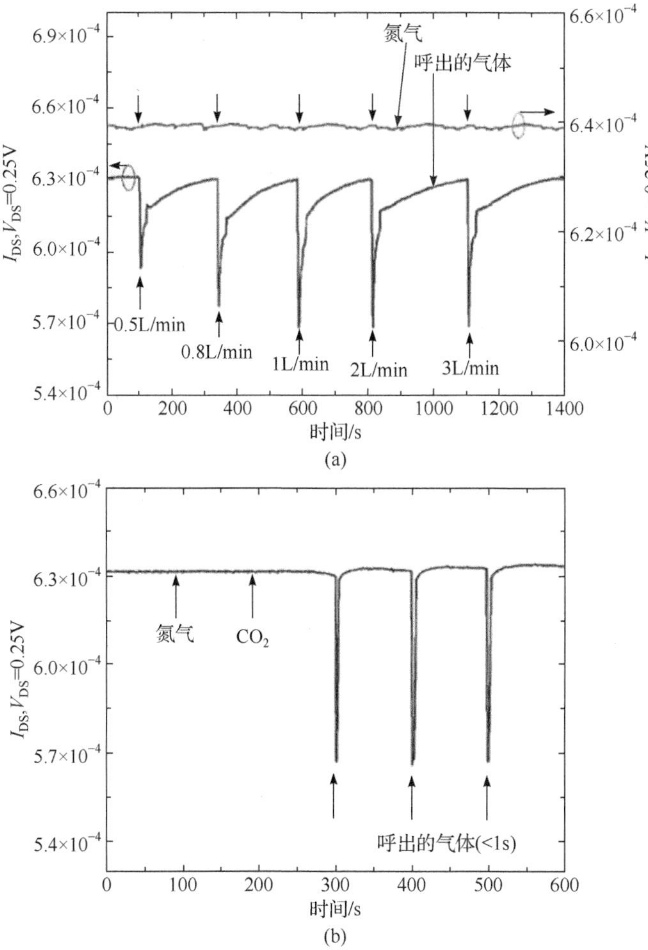

图 2.23　在源极-漏极偏置为 0.25 V 的固定条件下，(a)HEMT 传感器的源极-漏极电流在不同流速或呼吸持续时间(从潮汐呼吸到过度换气)下的变化；(b)呼气持续时间为 5s

2.8.2 葡萄糖传感

如图 2.24 所示，利用 ZnO 纳米棒功能化(葡萄糖氧化酶定位在纳米棒上)HEMT 传感器对葡萄糖进行感应。该酶催化葡萄糖和氧气反应生成葡萄糖酸和过氧化氢。图 2.25 显示了在 PBS 中，利用 HEMT 传感器的源极-漏极电流变化(250 mV 的恒定偏压)进行的实时葡萄糖检测。在 200 s 左右加入缓冲液时，电流

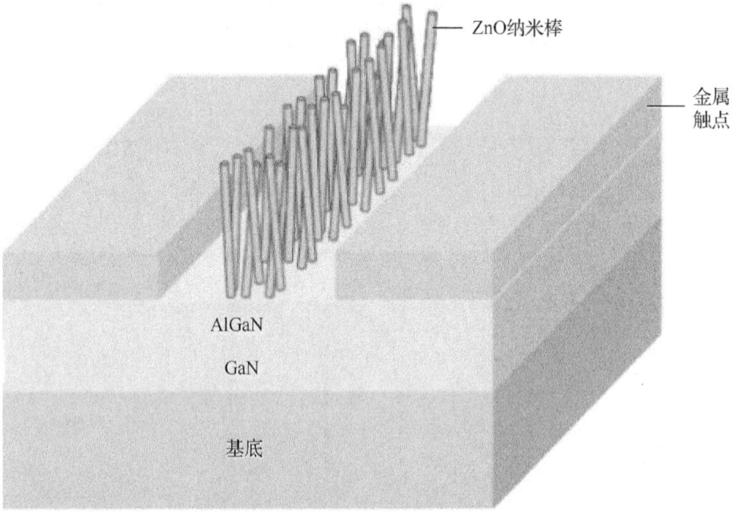

(a)

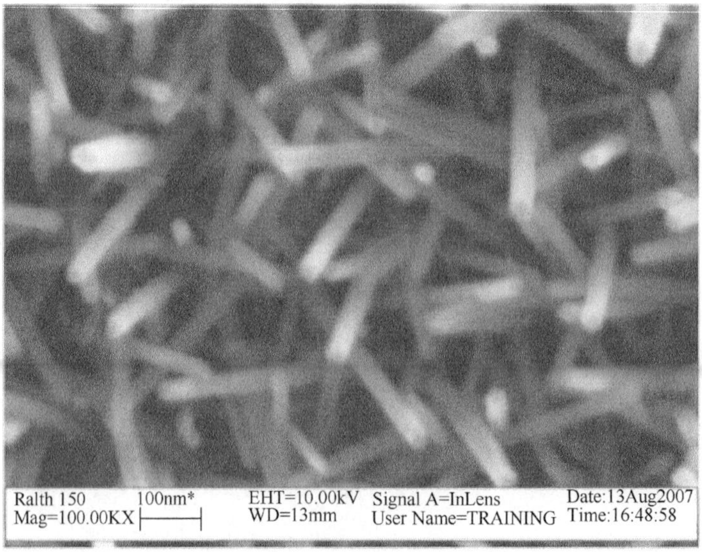

(b)

图 2.24　(a)ZnO 纳米棒功能化 HEMT 的示意图和(b)纳米棒在栅极区的扫描电子显微镜图像

没有变化，这表明了该器件的特异性和稳定性。与此形成鲜明对比的是，当目标葡萄糖被添加到表面时，电流变化显示小于 5 s 的快速响应。迄今为止，使用 Au 纳米颗粒、ZnO 纳米棒和纳米梳状体，或碳纳米管材料与 GOx 免疫增强法进行的葡萄糖检测都是基于电化学测量[147-151]。由于溶液中需要有一个参比电极，因此不容易将样品体积减至最小。在纳米材料和参比电极之间施加固定电势时，测量电流密度。

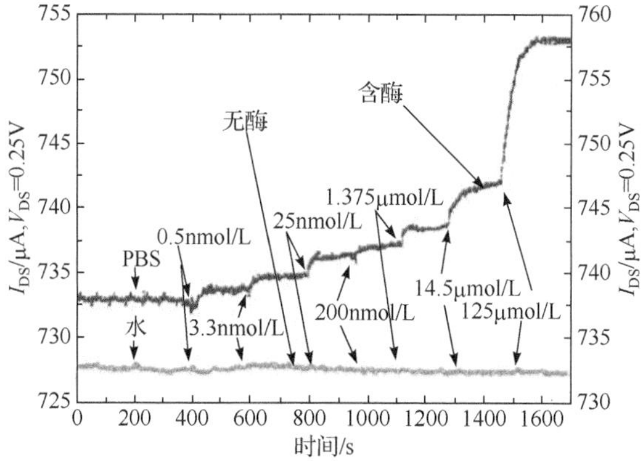

图 2.25　在 pH 为 7.4 的 10 mmol/L PBS 中连续接触 500 pmol/L～125 μmol/L 的葡萄糖，在有和没有位于纳米棒上的酶的情况下，源极-漏极电流与时间的关系图

这是一种一阶检测，这些传感器的检测极限范围是 0.5～70 μmol/L。尽管基于 AlGaN/GaN HEMT 的传感器使用了相同的 GOx 固定方法，但 ZnO 纳米棒被用作 HEMT 的栅极。葡萄糖传感是通过 HEMT 的漏极电流测量 ZnO 纳米棒上电荷的变化，并通过 HEMT 放大检测信号。虽然基于 HEMT 的传感器的响应与基于电化学的传感器相似，但由于这种放大效应，基于 HEMT 的传感器的检测极限低得多，仅为 0.5 nmol/L。由于基于 HEMT 的传感器不需要参比电极，样品量只取决于栅极尺寸的面积，因此可以将样品量降到最低。如图 2.26 所示，除非酶存在，否则传感器对葡萄糖没有反应。

虽然测量 EBC 中的葡萄糖对糖尿病患者来说是一种无创的、便捷的方法，但固定 GOx 的活性在很大程度上取决于溶液的 pH。在 pH 为 5～6 时，GOx 的活性可降低到 80%。如果葡萄糖的 pH 大于 8，活性会迅速下降[14]。图 2.27 显示了在 500 mV 的恒定漏极偏压下，在去离子水和 PBS 中检测葡萄糖随时间变化的源极-漏极电流信号。在葡萄糖传感器上加入 50 μL PBS 后，在 20 min 和 30 min 内加入缓冲溶液后电流没有变化。这种稳定性对于排除缓冲溶液机械变化可能产生的噪声十分重要。与此形成鲜明对比的是，当使用去离子水作为溶剂将传感器浸入 100 mL 10 mmol/L 葡萄糖溶液中时，电流在不到 20 s 的时间内显示出快速响应。源极-漏极电流的突然增加表明，GOx 立即与葡萄糖发生了反应，并在反应中产

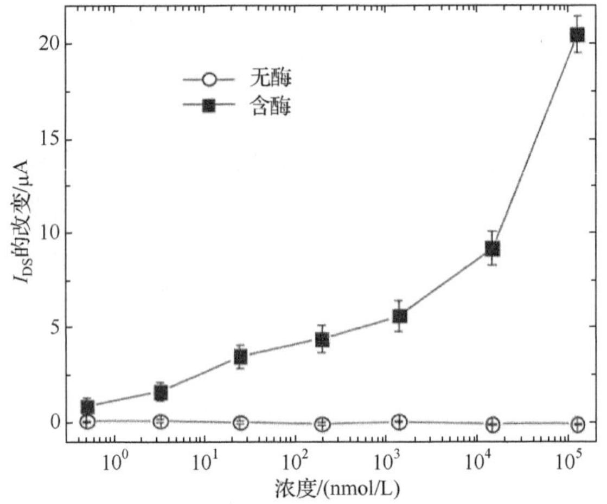

图 2.26　漏极-源极电流在 HEMT 葡萄糖传感器中的变化，包括局部有无酶的变化

生了副产物氧气。然而，之后源极-漏极电流逐渐减小。这是由于在 GOx 与葡萄糖的反应过程中产生的氧气与水发生反应，改变了栅极区域附近的 pH。由于葡萄糖溶液没有搅拌，栅极区周围的溶液碱性增强，在 60～85 min 后的高 pH 环境中，GOx 的活性降低。

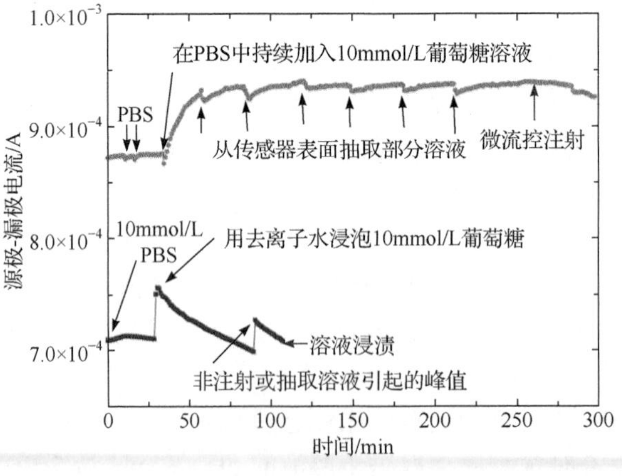

图 2.27　将葡萄糖传感器浸入溶于去离子水的 10 mmol/L 葡萄糖中，并将传感器暴露在 pH 为 7.4 的加入 PBS 的连续流动的 10 mmol/L 葡萄糖中，其源极-漏极电流与时间的关系图

由于在高 pH 条件下 GOx 的活性较低，在 60～85 min 期间内，GOx 和葡萄糖产生的氧气量也随之减少。氧气和水反应产生的 OH^-扩散到栅极区域后，pH 随之降低。因此，在 85 min 左右，栅极区周围葡萄糖溶液的 pH 下降到足以使 GOx 恢复活性的程度，葡萄糖传感器的源极-漏极电流再次突然增大。然后，同样的过程再次发生，葡萄糖电流的源极-漏极电流第二次逐渐减小。

相反，当葡萄糖传感器在 pH 可控的环境中使用时，源极-漏极电流保持恒定，如图 2.27 所示。在本实验中，与之前的实验一样，在葡萄糖传感器上引入 50 μL 的 PBS 溶液，以建立传感器的基线。然后，通过微量注射器将在 PBS 中制备的 10 nmol/L 浓度的葡萄糖注入葡萄糖传感器的栅极区域。50 μL 的 PBS 中没有葡萄糖，分别在 20 min 和 30 min 时加入 PBS。葡萄糖溶液通过空白 PBS 扩散到传感器的栅极区域需要一定时间，源极-漏极电流随着葡萄糖扩散过程而逐渐增大。由于向传感器表面持续提供新鲜葡萄糖并且控制 pH，一旦葡萄糖浓度在葡萄糖传感器栅极处达到平衡，葡萄糖的源极-漏极电流就会保持恒定，除非有葡萄糖溶液存在，用微量移液管不时取出葡萄糖溶液，观察到源极-漏极电流有小幅振荡，使用微流控装置可以消除这种现象。

人体的 pH 会因健康状况的不同而有很大差异。由于我们无法控制 EBC 样品的 pH，因此需要在测定 EBC 中葡萄糖浓度的同时测量 pH。基于 HEMT 的传感器对 EBC 的响应时间短和体积小，可以实现手持式实时葡萄糖传感技术。

2.8.3　前列腺癌检测

前列腺癌是美国男性癌症死亡的第二大原因[152]。诊断前列腺癌最常用的血清标志物是前列腺特异性抗原(PSA)[153,154]。前列腺癌检测的市场规模巨大，根据美国癌症协会的数据，除皮肤癌外，前列腺癌是男性中最常见的癌症。据估计，2007 年，仅在美国就有 218890 个新增前列腺癌病例被诊断出来，每 6 名男性中就有 1 个在有生之年被诊断出患有前列腺癌[155]。

美国癌症协会建议医护人员每年为 50 岁以上的男性提供 PSA 血液检测和数字直肠检查(DRE)。风险较高的男性，如有直系亲属被诊断出患有前列腺癌的男性，应在 45 岁时开始接受检测。有多个直系亲属被诊断为前列腺癌的男性应在 40 岁开始检测。自 1990 年以来，由于人们对癌症的认识以及早期检测的益处，增加了对前列腺癌的早期检测项目，这些项目已经变得相当普遍。通常可以通过检测患者血液中的 PSA 含量来提早发现前列腺癌，也可以通过数字直肠检查检测出来。如果男性每年进行常规检查，而其中任何一项检查结果出现异常，那么癌症都可能在更容易治疗的早期阶段被发现。

随着人们对癌症和早期检测认识的提高，对检测的需求也会增加。鉴于对前列腺癌检测的高需求，人们会认为有许多早期检测的选择。然而，对前列腺癌的初步检测只有两种主要方法：PSA 血检和数字直肠检查。PSA 是由前列腺细胞制造的，虽然 PSA 主要存在于精液中，但在血液中也会有一定量的存在。大多数男性的血液中的 PSA 水平低于 4 ng/mL。当前列腺癌发生时，PSA 水平通常会升高到 4 ng/mL 以上。然而，约有 15%的 PSA 水平低于 4 的男性在活检时会发现前列腺癌。如果患者的 PSA 水平在 4～10，则他们患前列腺癌的概率约为 25%。如果患者的 PSA 水平高于 10，则他们患前列腺癌的概率超过 50%，随着 PSA 水平的上升，患前列腺癌的概率也会增加。如果患者的 PSA 水平较高，那么医生可能会建议其进行前列腺活检，以确定是否患有癌症。

一般来说，PSA 检测方法成本高、耗时长，而且需要样本转运。许多不同的电学测量方法已被用于 PSA 的快速检测[156-161]。例如，基于阻抗和电容的电化学测量简单且廉价，但需要提高灵敏度才能用于临床样本[156,157]。抗-PSA 抗体涂层微悬臂的共振频率变化可使检测灵敏度达到约 10 pg/mL，但是这种微天平方法存在溶液对共振频率和悬臂阻尼的影响问题[157,158]。涂有抗体的抗体功能化纳米线场效应晶体管可以实现较低的 PSA 检测水平[160,161]，但由于昂贵的电子束光刻技术要求，其应用潜力受到限制。如图 2.28 所示，抗体功能化的 Au 栅极 AlGaN/GaN HEMT 可有效检测低浓度 PSA。

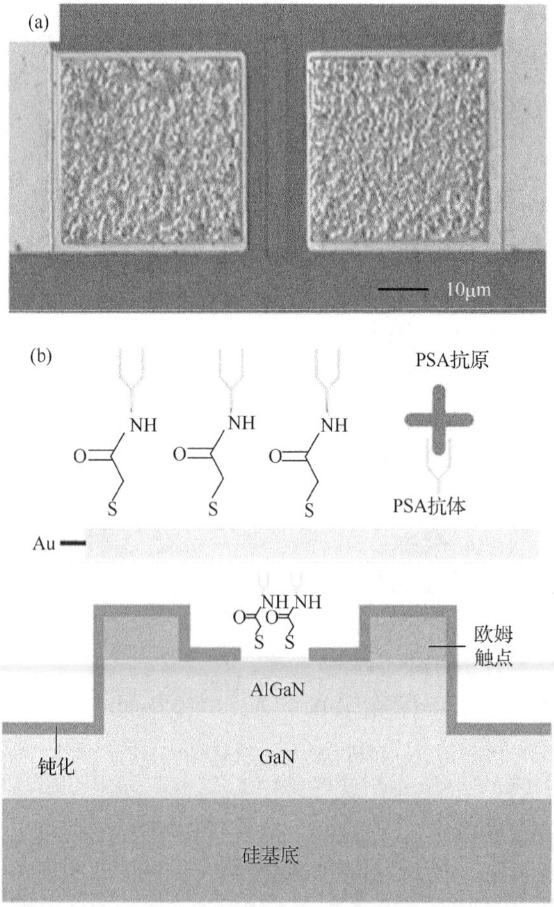

图 2.28 HEMT 传感器功能化的 PSA 检测示意图。(a) HEMT 传感器的放大图；(b) 抗体功能化的 Au 栅极对 PSA 的检测示意图

PSA 抗体通过与固定化的硫代乙醇酸形成羧基荧光素琥珀酰亚胺酯键而固定在栅极区域。当将临床浓度的缓冲液中目标 PSA 加入抗体固定化的表面时，HEMT 的漏极-源极电流的响应时间小于 5 s。该设备可检测的浓度范围为 1 μg/mL～10 pg/mL。最低检测浓度比临床检测前列腺癌的 PSA 临界值低两个数量级。图 2.29 显示了在 PBS 中利用 0.5 V 恒定偏压下的源极-漏极电流变化进行 PSA 实时检测的情况[41]。在加入缓冲溶液或非特异性牛血清白蛋白(BSA)时，看不到电流变化，但在表面加入 10 ng/mL PSA 时，电流迅速变化。当 PSA 扩散到缓冲溶液中后，由暴露在缓冲溶液中而导致的电流骤变就会稳定下来。最终的检测极限近乎是每毫升几皮克[41]。

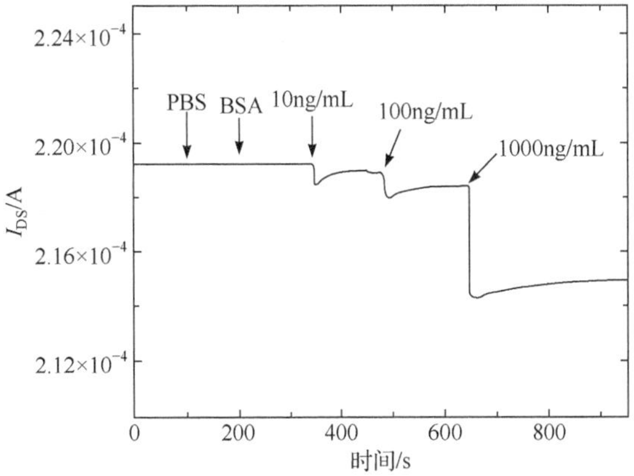

图 2.29　按顺序暴露在 PBS、BSA 和 PSA 中时，PSA 检测的源极-漏极电流与时间的关系

2.8.4　肾损伤分子检测

不幸的是，急性肾损伤(AKI)或急性肾衰竭(ARF)等问题仍然与高死亡率相关[162-164]。早期检测 AKI 的一个重要的生物标志物是称为肾脏损伤分子-1(或 KIM-1)的尿抗原[165]，通常采用前面讨论的 ELISA 技术进行检测[166-168]。该生物标志物也可通过基于颗粒的流式细胞检测法进行检测，但周期为数小时[169]。基于碳纳米管[170]、In_2O_3[171]或硅纳米线[172-176]，硅或 GaN 场效应晶体管的电测量方法，在快速、灵敏地检测抗体以及 KIM-1 等分子方面很有前景[162-176]。

栅极区的功能化方案首先是硫代乙醇酸，然后是 KIM-1 抗体涂层[177]。栅极区沉积了 5 nm 厚的 Au 膜。然后用硫代乙醇酸自组装单层将 Au 与特定的 KIM-1 抗体共轭。如图 2.30 所示，HEMT 源极-漏极电流与 PBS 中 KIM-1 浓度有明显的相关性，图中绘制了在 PBS 中检测 KIM-1 时，偏压为 0.5 V 时的源极-漏极电流随时间变化的曲线。使用 20 μm×50 μm 的栅极传感区域，检测极限(LOD)为 1 ng/mL[177]。

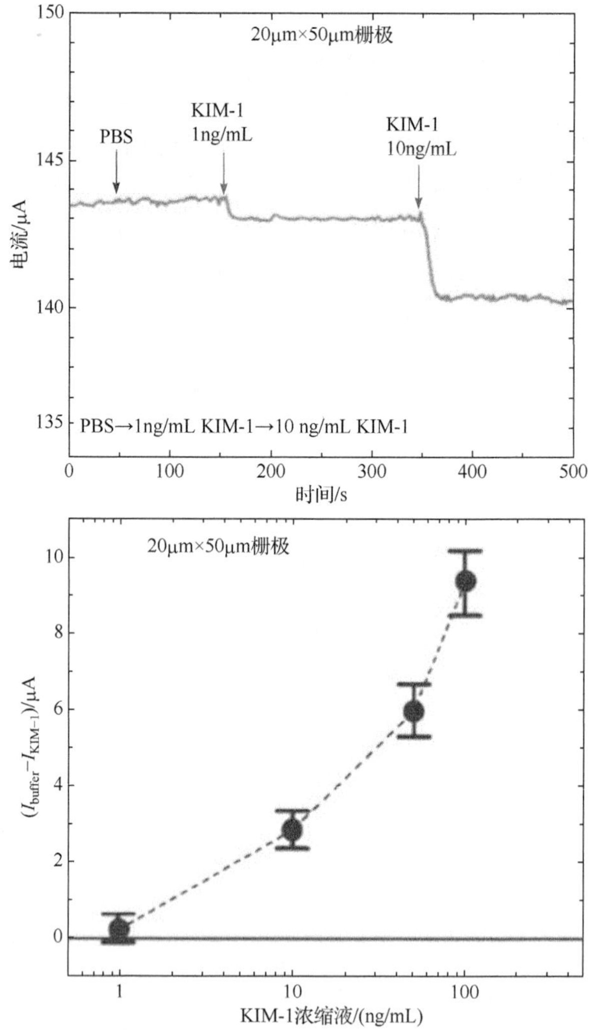

图 2.30 在 PBS 中，将 HEMT 暴露于 1 ng/mL 和 10 ng/mL KIM-1 时，电流信号随时间的变化

2.8.5 乳腺癌

乳腺癌检测市场规模巨大，仅 2006 年就有近 20 万名女性和 1700 名男性被确诊为乳腺癌。虽然利润丰厚，但该行业的竞争也很激烈。然而，由于最有效和最广泛使用的乳腺癌诊断检查(乳房 X 光检查)会因辐射而对人体造成潜在的危害，因此该行业仍有增长潜力。其他应用较少的、不涉及辐射的检查往往既有创又昂贵。目前，绝大多数患者都是通过乳房 X 光检查来筛查乳腺癌的[178]。这种检查对患者来说费用高昂，而且具有侵害性(辐射)，因此限制了筛查的频率。乳腺癌是最常见的女性恶性肿瘤，在全球 760 多万与癌症相关的死亡中，乳腺癌占 7%。

在 20～49 岁和 50～69 岁的妇女中，乳腺癌占所有新诊断病例的 30%以上，在老年妇女中占 20%。因此，每年要进行 100 多万次的乳房 X 光检查。

如果能在早期发现乳腺癌，则治疗成功的机会要大得多。从 20～39 岁应每 3 年进行一次临床乳腺检查，50 岁以上的女性应每年进行一次乳房 X 光检查。Michaelson 等[180]的研究表明，如果患者能够每 3 个月接受一次筛查，其存活率可达 96%。因此，通过增加筛查频率可以降低乳腺癌患者的死亡率。然而，由于缺乏廉价可靠的无创乳腺癌筛查技术，目前这种做法并不可行。

最近有证据表明，乳腺癌唾液检测可与乳房 X 光检查结合使用[180-189]。基于唾液的 *c*-erbB-2 蛋白诊断法具有巨大的预后潜力[187,190]。研究发现，患乳腺癌的妇女唾液中，*c*-erbB-2 肿瘤蛋白和癌症抗原 15-3 的可溶性片段含量明显高于良性肿瘤患者[188]。其他研究表明，表皮生长因子(EGF)是唾液中检测乳腺癌的一种有前景的标志物[190,191]。这些初步研究表明，唾液检测既灵敏又可靠，可用于乳腺癌的初步检测和后续筛查。然而，想要充分发挥唾液生物标志物的潜力，还需要新型技术来实现乳腺癌的简易、敏感和特异性检测。

抗体功能化的 Au 栅极 AlGaN/GaN HEMT 在检测 *c*-erbB-2 抗原方面显示出很大前景。锚定在栅极区域的 *c*-erbB 抗体可特异性识别 *c*-erbB-2 抗原。我们研究了从 16.7～0.25 μg/mL 的一系列临床相关浓度。

Au 表面被一种特殊的双功能分子硫代乙醇酸功能化。我们通过 Au 与硫代乙醇酸的巯基之间的强烈相互作用，在栅极区域的 Au 表面锚定了硫代乙醇酸($HSCH_2COOH$，一种有机化合物，同时含有硫醇和羧酸官能团)的自组装单层。首先将器件放置在臭氧/紫外光室中，然后在室温下浸入 1 mmol/L 的硫代乙醇酸水溶液中。这样，硫代乙醇酸就会与栅极区的 Au 表面结合，而—COOH 基团则可用于进一步化学连接其他功能团。在实时测量 *c*-erbB-2 抗原之前，该装置在 500 μg/mL *c*-erbB-2 单克隆抗体的 PBS 中孵育了 18 h。

用含有浓度为 1 μg/mL 的 *c*-erbB-2 抗体的 PBS 进行孵育后，用去离子水彻底冲洗器件表面，并用氮气吹风机吹干。在 500 mV 的恒定漏极偏置电压下，将传感器暴露于 0.25 μg/mL 的 *c*-erbB-2 抗原之前和之后，测量 HEMT 的漏极-源极电流。HEMT 环境的任何微小变化都会影响 AlGaN/GaN 的表面电荷。这些表面电荷的变化会转化为 AlGaN/GaN HEMT 中 2DEG 浓度的变化，从而导致暴露于 *c*-erbB-2 抗原后器件的电导率略有下降。

图 2.31 显示了 PBS 中 *c*-erbB-2 抗原的实时检测情况，使用的是 500 mV 恒定偏压下的漏极-源极电流的变化。在加入缓冲溶液 50 s 左右时，电流没有变化，表明该器件具有特异性和稳定性。与此形成鲜明对比的是，当目标 0.25 μg/mL *c*-erbB-2 抗原被添加到表面时，在不到 5 s 内，电流就显示出快速响应。当 *c*-erbB-2 抗原完全扩散到缓冲溶液中后，由 *c*-erbB-2 抗原暴露在缓冲溶液中而导致的突变

电流就会稳定下来。检测了缓冲溶液中暴露的目标 *c*-erbB-2 抗原的三种不同浓度(从 0.25～16.7 μg/mL)。每种浓度的实验重复五次，以计算源极-漏极电流响应的标准偏差。

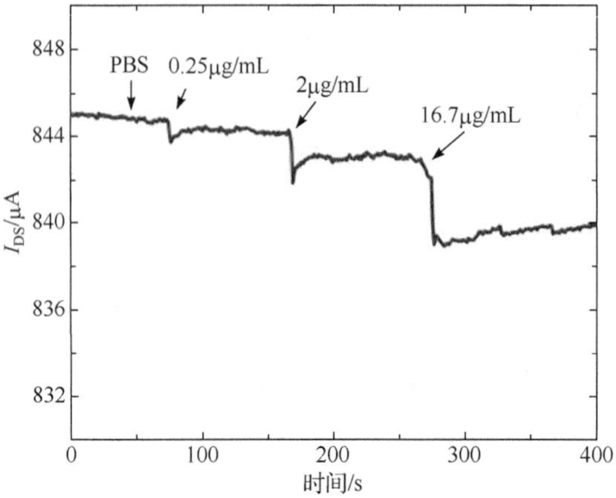

图 2.31　AlGaN/GaN HEMT 对 *c*-erbB-2 抗原从 0.25～16.7 μg/mL 的源极-漏极电流随时间的变化

该装置的检测极限是 PBS 中 0.25 μg/mL *c*-erbB-2 抗原。如图 2.32 所示，源极-漏极电流变化与 *c*-erbB-2 抗原浓度呈非线性比例。在每次测试之间，用含有 10 mmol/L KCl 的 10 mmol/L pH = 6.0 的 PBS 冲洗设备，使抗体与抗原分离。

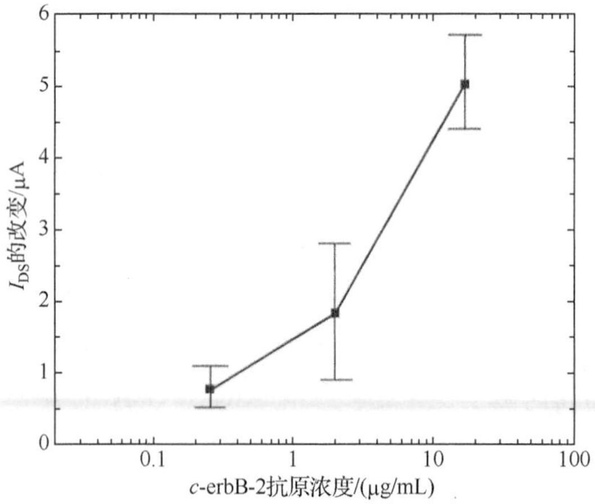

图 2.32　源极-漏极电流与 0.25～16.7 μg/mL 的 *c*-erbB-2 抗原浓度的关系

正常人唾液和血清中 *c*-erbB-2 抗原的临床相关浓度分别为 4～6 μg/mL 和 60～90 μg/mL。乳腺癌患者唾液和血清中的 *c*-erbB-2 抗原浓度分别为 9～13 μg/mL 和 140～210 μg/mL。我们的检测极限表明，HEMT 可轻松用于检测临床相关生物标志物的浓度。类似的方法也可用于检测其他重要的疾病生物标志物，并可实现用于多重疾病分析的紧凑型疾病诊断阵列。

2.8.6　乳酸

ZnO 纳米棒栅化 AlGaN/GaN HEMT 也可用于乳酸检测。由于乳酸在临床诊断、运动医学和食品分析等领域的重要性，人们对开发改进型乳酸检测方法的兴趣与日俱增。准确测量血液中的乳酸浓度对重症监护或接受外科手术的患者至关重要，因为异常乳酸浓度可能导致休克、代谢紊乱、呼吸功能不全和心衰。乳酸浓度还可用于监测运动员，或糖尿病、慢性肾衰竭等慢性病患者的身体状况。在食品工业中，乳酸水平可作为新鲜度、稳定性和储存质量的指标。鉴于上述原因，开发一种测量简单直接、反应迅速、特异性强和成本低廉的传感器是非常重要的。最近关于乳酸检测的研究主要集中在安培传感器上，该传感器是将乳酸特异性酶连接到带有介质的电极上[192-200]。用作介质的材料包括碳浆、导电共聚物、纳米结构的 Si_3N_4 和硅材料。其他检测乳酸的方法包括利用半导体[201]和电化学发光材料[202]。

如图 2.33 所示，利用低温水热分解法在栅极区域选择性地生长了用于固定乳酸氧化酶(LOx)的 ZnO 纳米棒阵列。一维 ZnO 纳米棒阵列提供了较大的有效表面积和较高的表面体积比，为固定 LOx 提供了有利的环境。

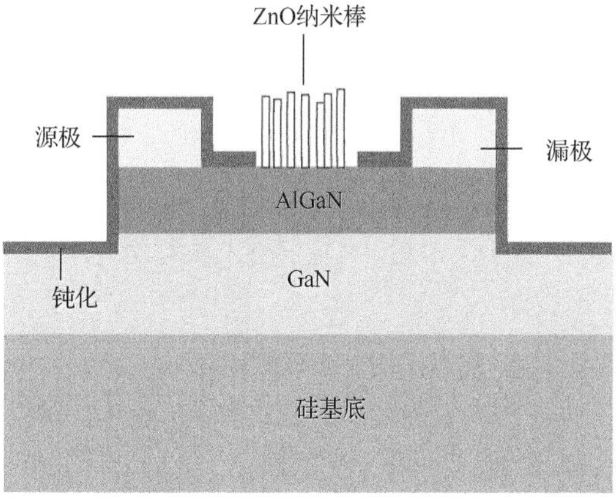

图 2.33　用于乳酸检测的 ZnO 纳米棒栅极 HEMT 的横截面示意图

当在 HEMT 传感器的栅极区域引入不同浓度的乳酸溶液时，AlGaN/GaN HEMT 的漏极-源极电流显示出快速响应。HEMT 可以检测 167 nmol/L～139 mmol/L 的乳酸浓度。图 2.34 显示了 HEMT 传感器暴露于不同浓度乳酸溶液中时，在 500 mV 的恒定漏极-源极偏置电压下，通过测量 HEMT 源极-漏极电流进行乳酸的实时检测。传感器首先暴露于 20 μL 的 10 mmol/L PBS 中，在大约 40 s

内加入 10 μL 的 PBS 后，没有检测到电流的变化，这表明该器件具有特异性和稳定性。相比之下，当目标乳酸被引入设备表面时，源极-漏极电流迅速增加。传感器持续暴露在浓度为 167 nmol/L～139 mmol/L 的乳酸中。

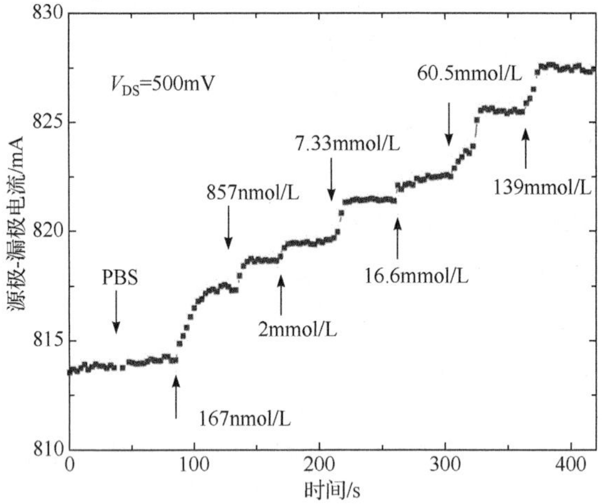

图 2.34　源极-漏极电流与时间的关系，连续暴露于浓度为 167 nmol/L～139 mmol/L 的乳酸中

与基于安培测量的乳酸传感器相比，我们的 HEMT 传感器无须在溶液中固定参比电极，即可测量纳米材料与参比电极之间的电势。HEMT 传感器的乳酸传感是通过 HEMT 的源极-漏极电流与 ZnO 纳米棒上的电荷变化进行测量的，检测信号是通过 HEMT 放大的。虽然 HEMT 传感器的时间响应与基于电化学的传感器相似，但由于这种放大效应，将 HEMT 暴露于 167 nmol/L 的低浓度乳酸中时，源极-漏极电流发生了明显变化。此外，由于不需要参比电极，HEMT 传感器可以将与栅极尺寸面积有关的样品量降到最低。因此，测量 EBC 中的乳酸可作为一种无创方法来实现。

2.8.7　氯离子检测

氯被直接或间接地广泛应用于许多产品和物品的生产中，如纸制品生产、防腐剂、染料、食品、杀虫剂、油漆、石油产品、塑料、药品、纺织品、溶剂和许多其他消费品。在饮用水供应和废水处理中，它被用来杀死细菌和其他微生物。过量的氯也会与有机物发生反应，形成消毒副产品，如致癌的氯仿，这对人体健康有害。因此，为了确保公众健康安全，在饮用水处理和运输过程中准确有效地监测氯残留量(通常以氯离子浓度的形式存在)是非常重要的[203-211]。此外，氯离子是人体必需的矿物质，在血清、血液、尿液、EBC 等体液中由肾脏维持体内总氯离子的平衡。血清中氯离子浓度的变化可作为肾脏疾病、肾上腺疾病和肺炎的指标，因此，该参数的测量具有重要的临床意义[212-216]。

1. Ag/AgCl 功能化的 HEMT

将栅极区域暴露在不同浓度的氯离子溶液中时，具有 Ag/AgCl 栅极的 HEMT 沟道电导率会发生显著变化，如图 2.35 所示。通过阳极氧化电势法制备的 Ag/AgCl 栅极在遇到氯碱离子时会改变电势。这种栅极电势的变化会导致 HEMT 栅极区域的表面电荷发生变化，从而在 AlGaN 表面产生更高的正电荷，并增加 HEMT 沟道中压电所引起的电荷密度。这些阴离子在 Ag 栅极金属上形成正电荷，以达到所需的中性，从而增加 HEMT 的源极-漏极电流。HEMT 的源极-漏极电流与氯离子浓度有明显的相关性[212]。

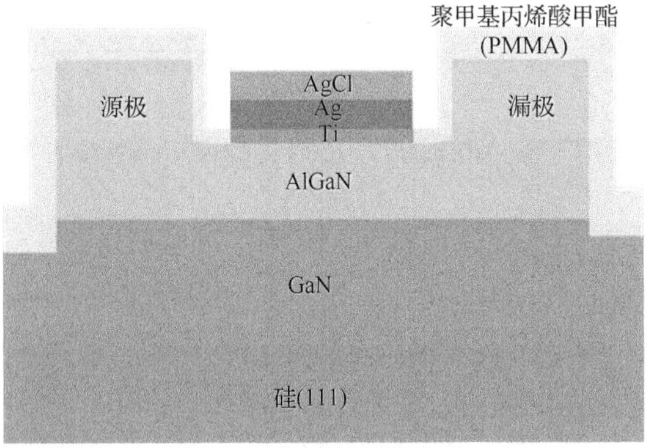

图 2.35　Ag/AgCl 栅极 HEMT 的示意性横截面图

图 2.36 显示了在 500 mV 的恒定漏极偏置电压下，Ag/AgCl HEMT 源极-漏极电流暴露于不同氯离子浓度的溶液时的时间依赖性。HEMT 传感器首先暴露在去离子水中，在加入去离子水的 100 s 内，没有检测到源极-漏极电流的变化。这种稳定性对于排除 NaCl 溶液机械变化可能产生的噪声是很重要的。与此形成鲜明对比的是，当目标溶液在 175s 内，从 10^{-8} mol/L 氯化钠溶液切换到表面时，观察到 HEMT 漏极电流的快速响应小于 30 s。当 Ag/AgCl 栅极金属遇到氯离子时，栅极的电势发生了变化，从而在 AlGaN 表面诱发了更高的正电荷，并增加了 HEMT 沟道中压电诱导电荷密度。然后在 382 s 时加入 10^{-7} mol/L 的 NaCl 溶液，对应于更高的氯浓度，产生了更大的信号。我们还进行了进一步的实时测试，以探索如何检测更高浓度的氯离子。传感器连续暴露在 10^{-8} mol/L、10^{-7} mol/L、10^{-6} mol/L、10^{-5} mol/L 和 10^{-4} mol/L 的溶液中，重复五次，以获得每种浓度下源极-漏极电流响应的标准偏差。该器件的检测极限是去离子水中 1×10^{-8} mol/L 的氯。每次测试之间，都用去离子水冲洗该器件。这些结果表明，我们的 HEMT 传感器只需用去离子水冲洗即可循环使用。Ag/AgCl 栅极的存在导致电流对 NaCl 浓度呈对数依

赖关系。

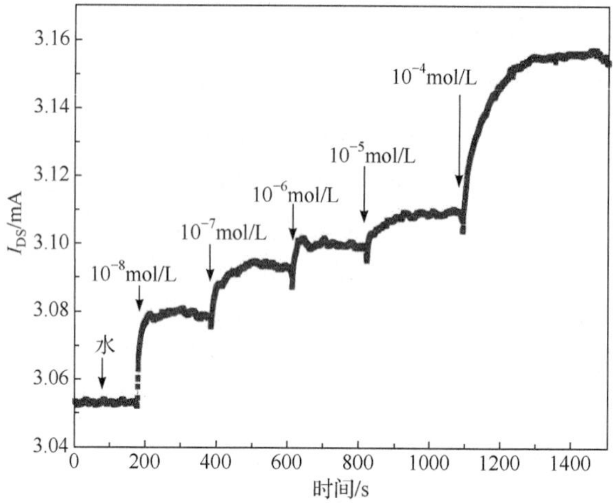

图 2.36　暴露在不同浓度的 NaCl 溶液中的 Ag/AgCl-栅极 AlGaN/GaN HEMT 随时间变化的源极-漏极电流

2. InN 功能化的 HEMT

在 AlGaN/GaN HEMT 的栅极区域添加 InN 薄膜，实现了对氯离子的实时检测。该传感器的示意图如图 2.37 所示，在暴露于不同浓度的 NaCl 溶液时，沟道电导率会发生显著变化。通过分子束外延沉积的 InN 薄膜为可逆阴离子配位提供了固定的表面位点。栅极区域的电势变化引起了 HEMT 电子沟道中压电电荷密度的变化。该传感器在 100 nmol/L～100 μmol/L 的 NaCl 溶液范围内进行了测试。

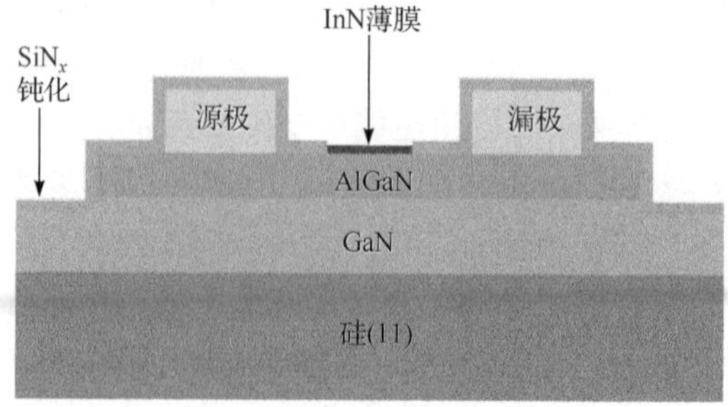

图 2.37　InN 门控 HEMT 的横截面示意图

图 2.38 还显示了在 50 mV 恒定源极-漏极偏置电压下测量 HEMT 源极-漏极电流以实时检测氯离子的结果。HEMT 传感器首先暴露在去离子水中，在 100 s 内加入去离子水后没有检测到源极-漏极电流的变化。电流的小尖峰是由于加入水时 HEMT 表面的机械干扰造成的。与此形成鲜明对比的是，当 100 nmol/L NaCl

溶液在 200 s 内暴露在 HEMT 表面时，HEMT 源极-漏极电流在不到 20 s 的时间内就出现了快速响应。在 NaCl 溶液彻底扩散到水中并达到稳定状态后，突然的电流变化趋于稳定。当 InN 栅极金属遇到氯离子时，栅极的电势发生变化，导致 HEMT 沟道中压电诱导电荷密度的增加。在 300 s 内添加 1 μmol/L 的 NaCl 溶液时，观察到了更大的信号变化。该传感器依次暴露在 10 μmol/L 和 100 μmol/L 的更高氯离子浓度下，进行进一步的实时测试。同一个传感器重复测试五次，以获得每种浓度下源极-漏极电流响应的标准偏差。该传感器可以重复使用，只需用去离子水清洗并用氮气烘干即可。该装置的检测极限是去离子水中 100 nmol/L 的氯离子。InN 栅极的存在导致电流与 NaCl 浓度呈对数依赖关系。

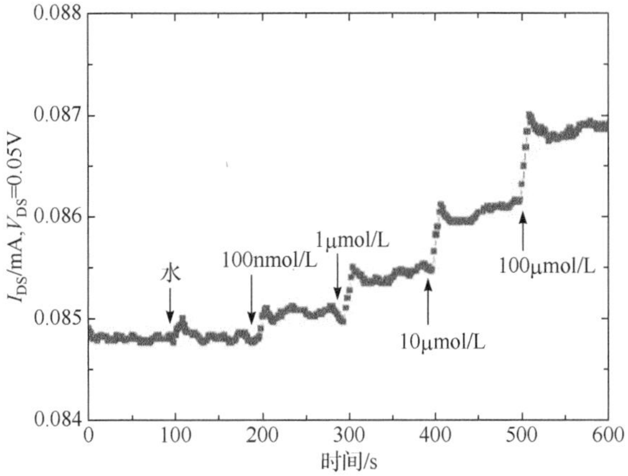

图 2.38　当加入不同浓度的氯离子时，在 50 mV 的恒定偏压下的实时源极-漏极电流

2.8.8 压力传感器

压电材料被广泛用于灵敏的压力传感器，压电计通常用锆钛酸铅(PZT)、铌酸锂和蓝宝石等材料制成[217-221]。极化的 PVDF 因其柔韧性、低密度、低机械阻抗以及作为铁电体易于制造而成为一种重要的压电材料。由于其多功能性，PVDF 在低成本和一次性压力传感器方面有着广泛的应用[222]。在栅极区域涂有极化 PVDF 薄膜的 HEMT 在承受不同的环境压力时，沟道电导率会发生显著变化。PVDF 薄膜是用喷墨绘图仪沉积在栅极区域的。随后，在 10 kV 和 70℃的偏置电压下，用位于 PVDF 薄膜上方 2 mm 的电极对 PDVF 薄膜进行了极化。图 2.39 为 HEMT 的示意图。环境压力的变化引起极化 PVDF 中电荷的变化，从而导致 HEMT 栅极区域表面电荷的变化。栅极电荷的变化通过调制 HEMT 的漏极电流而被放大。通过反转极化 PVDF 薄膜的极性，漏极电流对压力的依赖性可以反转。结果表明，HEMT 具有用作压力传感器使用的潜力。为了进行压力感应测量，HEMT 传感器被安装在载体上，并被置于压力腔室中。使用氮气对压力室进行加压，并

在传感器的漏极触点上施加 500 mV 的恒定漏极偏置电压。

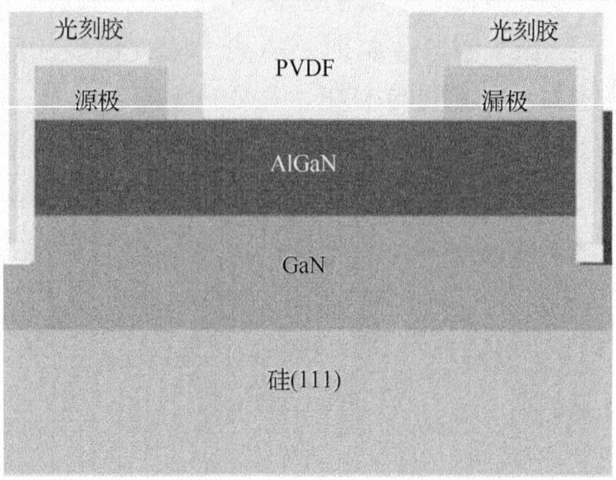

图 2.39　涂有极化 PVDF 的 HEMT 传感器示意图

图 2.40 还显示了使用极化 PVDF 栅极 HEMT 进行的实时压力检测。当环境压力变为 20 psig 时，HEMT 传感器的漏极电流在不到 5 s 内迅速下降[223-228]。当环境压力增加到 40 psig 时，HEMT 传感器的漏极电流进一步下降。这些漏极电流的突然下降是由于 PVDF 膜中的电荷在环境压力变化时发生了变化。无 PVDF 涂层的 HEMT 传感器被置于压力腔室中，漏极电流没有发生变化。

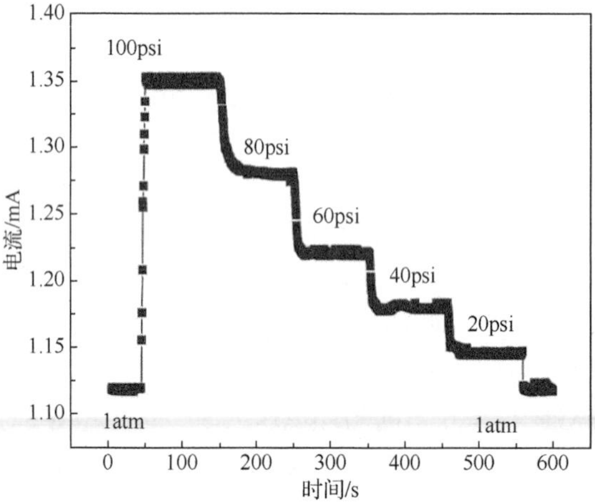

图 2.40　PVDF 栅极 AlGaN/GaN HEMT 的漏极电流与压力的关系。通过将容纳样品的铜夹头接地，对 PVDF 进行极化，并对铜线电极施加 10 kV 的电压

1 atm=1.01325×10⁵Pa

2.8.9　创伤性脑损伤

创伤性脑损伤(TBI)是现代战场上最常见的发病和死亡原因之一。与以往的战

争相比，美军在伊拉克的伤亡人员中脑损伤的比例更高。原因之一是针对美军作战人员的简易爆炸装置(IED)使用的激增[229,230]。包括脑震荡在内的 TBI 在平民中也是一个日益严重的医疗问题，美国每年有近 200 万例[231]。开发快速响应的便携式 TBI 传感器对 TBI 的早期诊断和及时治疗有巨大的影响。在急性环境中对士兵健康进行准确的早期诊断，可以大大简化有关情况管理的决策。例如，需要决定是否收治受伤士兵或出院，或将他们转移到其他拥有先进对角线系统(计算机断层扫描(CT)和磁共振成像(MRI)扫描)设施的机构。实时检测士兵体液中标记物的能力，可以使患者得到更好的治疗，特别是在战场上或偏远地区，因为那里没有复杂昂贵的 CT 和 MRI 扫描。例如，TBI 是现代战场上最常见的发病和死亡原因之一[229,230]。美国在伊拉克的伤亡人员中，脑部受伤的比例高于战争。开发快速响应和便携式 TBI 传感器，可以对 TBI 的早期诊断和及时治疗产生巨大的影响。

初步结果显示，TBI 抗体可在 HEMT 表面进行功能化，并实现对 TBI 抗原的快速响应。检测极限在 10 μg/mL 量级范围内，但这对于实际使用来说还不够低。TBI 患者血清中 TBI 抗原浓度通常在 ng/mL 范围内。研究组曾用 HEMT 传感器检测肾脏损伤分子和前列腺特异性抗原，其检测极限值在 1～10 pg/mL 范围内。肾损伤抗原检测的检测极限值较高的原因是肾损伤抗原的尺寸要小得多。较小的抗原携带的电荷较少，因此对 HEMT 传感器漏极电流的影响较小。基于有前景的生物标志物和器件数据，研究组利用 HEMT 检测了创伤性损伤分子中的生物标志物 UCH-L1(BA0127)抗原。栅极区域用 TBI 抗原的特异性抗体进行了功能化。在 PBS 中，HEMT 电流随 TBI 抗原浓度的变化而下降(图 2.41)。图 2.41 显示了抗体修饰的 HEMT 在 PBS 中，暴露于 2 μg/mL、16.9 μg/mL、80 μg/mL 和 188 μg/mL 的 BA0127(UCH-L1)后随时间变化的电流。响应时间为 6 s。初步发现检测极限为 20 μg/mL，这表明该方法具有准确、快速、无创和高通量检测 TBI 的潜力。

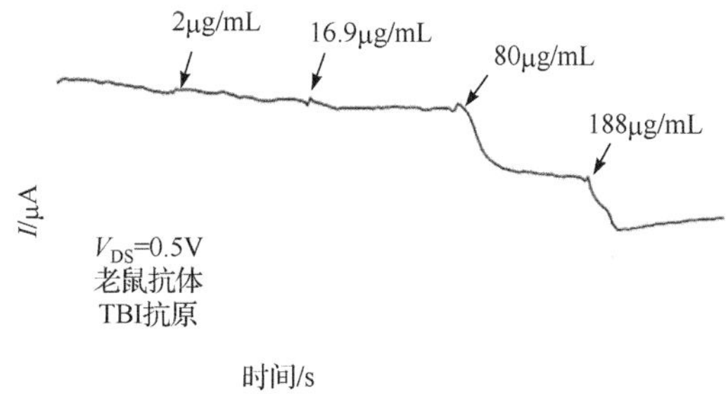

图 2.41　将 HEMT 暴露于 2～188 μg/mL BA0127 TBI 抗原时，电流信号随时间的变化

2.9 内分泌干扰素暴露水平测量

有许多报告评估了内分泌干扰素(ED)对野生动物(尤其是水生环境中的野生动物)繁殖的不利影响[232-238]。被认为是内分泌干扰素的化学品种类繁多，包括天然存在的或处置不当的雌性激素和过去大量使用的人类源性化学品。这些化学品促进了野生动物的雌性化，同时也对公众健康构成威胁。一些报告表明，ED 会影响胎儿的发育[239]或成为致癌物质[240-242]。因此，开发能够准确监测 ED 暴露水平的工具是有益的。

卵黄原蛋白(Vg)是一种主要的卵黄前体蛋白，可作为生物标志物来指示生物体是否暴露于 ED[243]。该蛋白的基因在雌激素的控制下在卵生动物的肝脏中表达[234,243-250]。在自然条件下，雄鱼的 Vg 剂量应该很低，因为它们不会产卵。然而，如果雄鱼暴露于雌激素或雌激素模拟物的环境中，Vg 基因就会开启。这种蛋白在正常雄鱼血浆中的动态范围是 10～50 ng/mL，而在产卵的雌鱼体内的动态范围约是 20 mg/mL[248]。有报告称，在一些使用雌激素诱导的鱼类中发现高达 100 mg/mL 的蛋白含量[249]。虽然动态范围超过 6 个数量级，但在暴露的雄鱼血浆中通常能发现 1～100 μg/mL[248]。虽然一个物种的 Vg 作为另一个物种的探针时应用受限，但 Vg 的一些片段在物种间高度保守，这表明有可能开发具有广泛交叉反应性的抗体[248]。酶联免疫吸附分析法[243,246-249]、蓝宝石晶体微天平法[244]和基于酵母细胞的检测法[245]通常被用作 Vg 检测方法，但这些方法不适合现场实时测量。

图 2.42 显示了在 25℃下用 Agilent 4156C 参数分析仪测量 500 mV 恒定源极-漏极偏置电压下 HEMT Vg 的实时检测结果。纯化的 Vg 溶液在 10 mmol/L PBS 中制备，并通过注射器自动吸管(0.5～2 μL)导入传感器表面。源极-漏极电流的测量开始时，在 HEMT 表面放置 10 μL PBS。在引入 Vg 溶液之前，传感器上又滴加了 1 μL 的 PBS。除了 50 s 的微小干扰外，源极-漏极电流没有发生任何变化。电流的扰动是由 HEMT 表面的机械扰动造成的，之后又恢复到原来的状态。相比之下，当传感器在 100 s 内暴露于 5 μg/mL 的 Vg 时，HEMT 源极-漏极电流在不到 10 s 内就出现快速响应。当抗原遇到抗体时，栅极的电势发生了变化，导致 HEMT 沟道中压电诱导电荷密度的增加。在 200 s 时加入 10 μg/mL 的 Vg，可以观察到更大的信号变化。为了使传感器上的 Vg 达到 10 μg/mL，需要在传感器上添加比 10 μg/mL 更高浓度的 Vg。传感区域暴露在较高浓度的 Vg 溶液中，源极-漏极电流会突然发生尖峰变化，当 Vg 完全扩散到传感区域顶部的溶液中后，源极-漏极电流会趋于稳定。该传感器依次暴露在 50 μg/mL 和 100 μg/mL 的高浓度 Vg 溶液中，进行进一步的实时测试。同一传感器重复测试三次，在 pH = 6 时用 10 mmol/L PBS 冲洗传感器，因为抗体在 pH = 7.4 时有最佳反应性，在较低的 pH

时会释放抗原。

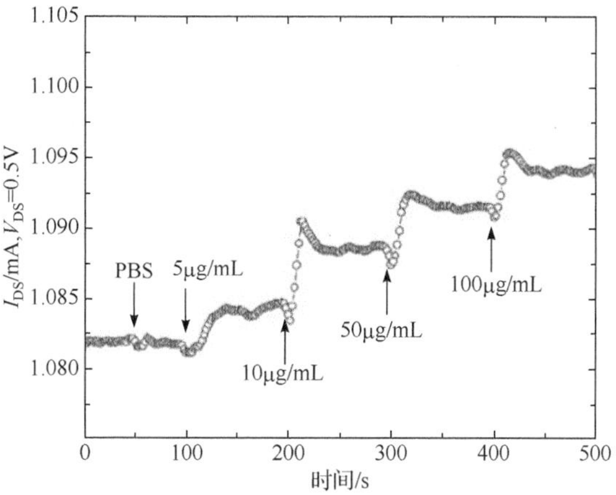

图 2.42　当引入 5 μg/mL、10 μg/mL、50 μg/mL、100 μg/mL 的 Vg 时，传感器的实时源极-漏极电流

图 2.43(a)显示了实际雄性和雌性大嘴鲈血清样品的 Vg 检测结果。雄性血清中不含 Vg，而雌性血清含有 8 mg/mL 的 Vg。与 PBS 不同，血清中有许多蛋白质会干扰传感器的正确读数。因此，有必要阻断传感器上未反应的羧基。将 1 mg/mL 的牛血清白蛋白溶液涂在传感器上 3 h，然后用 PBS 彻底清洗，以去除多余的牛血清白蛋白。影响传感器性能的一个重要因素是溶液的德拜长度[251]。溶液中存在的电解质可以屏蔽抗原-抗体相互作用产生的场效应。在血清等溶液中，德拜长度会大大降低，导致设备灵敏度的降低。因此，需要稀释大嘴鲈的血清来检测溶液中的 Vg。血清在 10 mmol/L PBS 中被稀释至 1%。测量从传感器上不含 Vg 的 1%

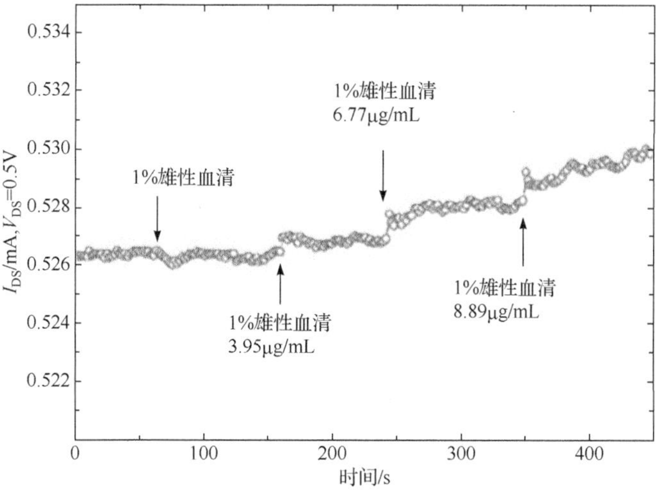

(a)

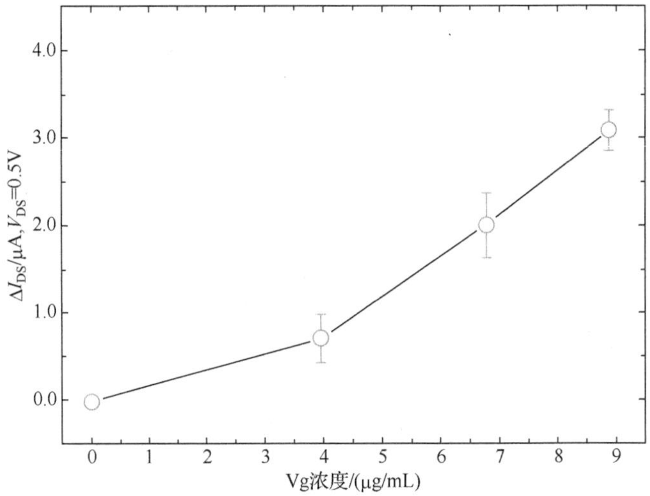

(b)

图 2.43 (a)实时检测大嘴鲈鱼血清中的 Vg；(b)HEMT 中漏电流变化与 Vg 浓度的关系

雄性血清开始。100 s 后，再加入稀释的雄性血清以确认血清背景不会导致电流变化。相比之下，每隔 100 s 滴入含有 Vg 的 1%雌性血清，电流就会增加。图 2.43(b)显示了源极-漏极电流的变化与 Vg 浓度的函数关系。每个浓度重复五次，以获得每个浓度的源极-漏极电流响应的标准偏差。源极-漏极电流变化与 Vg 浓度呈非线性比例。在每次检测之间，用 pH 为 6，且含有 10 μmol/L KCl 的 10 μmol/L PBS 冲洗装置，以剥离抗体上的抗原。在血清样本中的成功检测表明，HEMT 具有在实际应用中作为生物传感器的潜力。

2.10 无线传感器

在许多传感器的应用中，最好能将检测到的信号以无线方式传输到一个中心位置。这可以是用于生物毒素检测的无人值守系统的一部分，也可以是个人医疗监测系统的一部分，在该系统里，患者可以对着手持设备呼吸，然后将加密的信号传输到医生办公室。这样就可以减少去医生办公室的次数，减少假阳性检测的问题，因为数据可以长期积累，因此能够建立一个更可靠的基线。

自 2006 年 8 月起，在奥兰多的一家福特汽车经销店(Greenway Ford)安装了远程氢气传感系统的原型，该经销商是佛罗里达州政府支持的氢气燃料汽车项目的测试点之一。氢燃料公共汽车和轿车被存放在福特经销商的一个大型工作区内，并在此进行维护。我们的氢气传感系统包括四个实地传感器、电源管理子系统、无线发射器和连接到计算机的接收器。我们团队开发的智能监测软件用于控制每个传感器的数据记录和跟踪，以及定义和执行氢气传感器网络的监测状态、转换和操作。当检测到预设的氢气阈值水平时，它可以触发警报并向计算机、手机或掌上电脑发送消息。此外，该软件还能够通过手机网络和互联网向用户发出潜在传感器故障、断电和网络故障的警告。目前，包括无线收发器和检测电路在内的电子部件在小批量生产中成本低于 20 美元。如果大批量生产，成本可以低于 10 美元。如果设计完整的无线收发器和检测电路，并将其集成在定制的集成电路上进行批量生产，成本应该在 5～8 美元，类似于蓝牙无线芯片。据 Nitronex 公司称，传感器本身的批量生产成本为每个 5～10 美分。图 2.44 为传感器模块和无线网络服务器的原理框图。

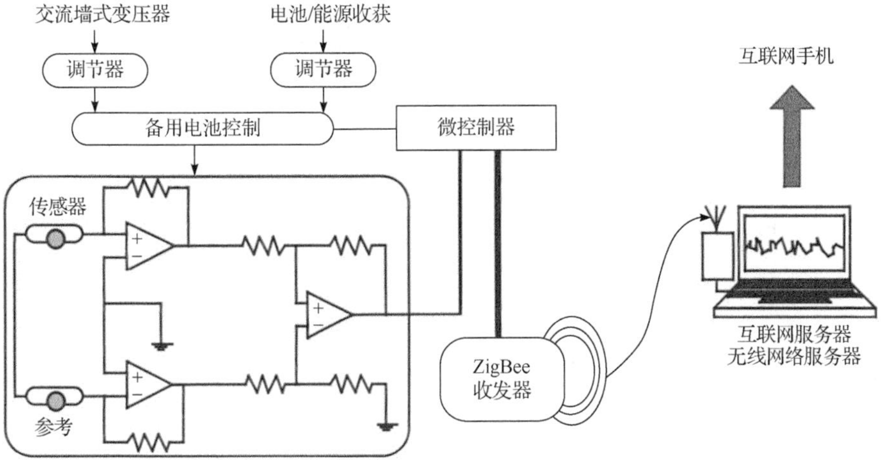

图 2.44　传感器的远程数据传输系统示意图

如图 2.45 所示，我们还设计并制造了一个笔尖大小的便携式可重构无线收发器，并与 pH 传感器集成在一起。这一对无线发射器和接收器用于获取 EBC 数据并进行无线传输。该系统能够连接多个不同的传感器，由一对发射器和接收器组成。发射器被设计成与记号笔一样大小，这可用作超便携的轻型手持设备。发射器被设计为超低功耗模式。该发射器还配备了板载充电电路，可使用标准微型 USB 数据线供电。发射器平均功耗为 80 μA。这一对发射器和接收器的工作频率为 2.4 GHz，视距可达 20ft(1ft=0.3048m)。接收器具有 USB 2.0 连接功能，在为接收器供电的同时将 EBC 数据从发射器传输到个人计算机。发射器可通过连接器与各种不同的传感器集成。发射器可根据所需的输入信号范围进行复位，以通过双向无线通信触发警报，从而实现不同的传感应用。因此，该系统可以在空中重新配置。无线电路的功耗仅为 1 μW 左右。如果传感器消耗类似的功率，则安装在发射器封装上的电池可以持续使用 1 个月以上。每对 EBC 传感装置的批量生产成本远低于 100 美元。传感器位于图 2.45 中笔形布局的顶端，由 75 mA 锂离子聚合物充电电池供电。图 2.44 展示了安装在电路板上的封装传感器，电路板上包含检测电路、微控制器和用于数据收集的无线发射器。传感器模块完全集成在一块 FR4 PC 板上，并与电池一起封装。传感器模块封装的尺寸为 4.5″ × 2.9″ × 2″(1in=2.54cm)。传感器模块和基站之间的最大视线距离为 150 m。无线传感器网络服务器的基站也集成在一个模块中(3.0″ × 2.7″ × 1.1″)，可通过 USB 数据线与笔记本电脑连接。基站从笔记本电脑的 USB 接口获取电源，因此不需要任何电池或壁式交流变压器，从而减少了其外形尺寸。个人计算机用于记录传感数据，将数据发送到互联网，并在检测到氢气时采取措施。

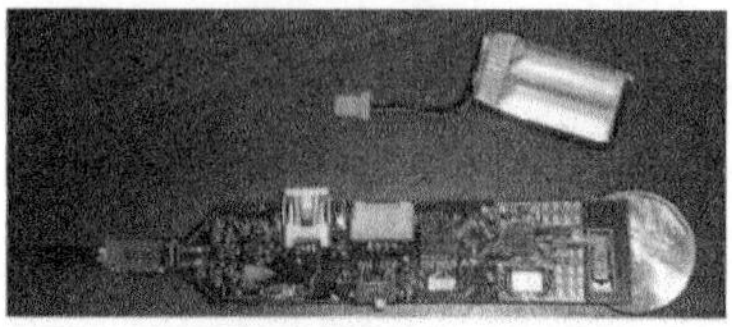

(a)

(b)

图 2.45　(a)集成的 pH 传感器；(b)接收器(左)/发射器(右)对比的照片

此外，还开发了一个客户端程序来远程接收传感器数据。远程客户端可以通过客户端程序获得 10 min 的系统实时日志。此外，由于服务器程序具有完整的数据记录功能，使用 ftp 客户端访问服务器也可以获得完整的数据记录。当任何一个传感器的电流超过预设值时，服务器程序将自动执行电话拨号程序，向相关人员报告紧急情况。使用 MATLAB®(MathWorks,Inc.)开发的网络服务器，可通过互联网共享收集到的传感器数据。数据显示的时间范围，可以选择显示实时数据，或 85 min、15 h 和 6 天的数据。

2.11　总结和结论

我们总结了 AlGaN/GaN HEMT 传感器的最新进展。这些器件可以利用微电子技术的优势，包括高灵敏度、高密度集成的可能性和大规模可制造性。目标是实现实时、便携和廉价的化学和生物传感器，并将其用作具有无线功能的手持式呼气、唾液、尿液或血液监测器。经常进行筛查，可以及早发现疾病，减少患者因诊断不及时而遭受的痛苦，并降低医疗费用。例如，据预测，如果每 3 个月进行一次筛查，则乳腺癌患者的存活率将达到 96%。而目前的乳房 X 光照相术由于对患者具有高成本性和侵入性(辐射)，所以无法达到这一频率。

目前有许多有需求的应用，如下所述。

● 糖尿病/血糖检测：糖尿病患者人数众多且不断增加。虽然医疗专业人员大力鼓励经常监测血糖水平，但目前市场上的大多数血糖检测产品都让用户感到不舒服，不满意度很高。侵入性较低的产品效果也较差，无法获得市场份额。现在的条件有利于推出有效的非侵入性产品。

● 氢气传感器：由于氢气传感器的市场高度依赖于氢气燃料的市场，所以氢气传感器的市场规模并不大。然而，由于准确检测氢气泄漏极为重要，一些规模较小的利基市场已经形成，而且竞争依然激烈。在不久的将来，“氢经济”的进一步发展会增加对氢气传感器的需求。

● 乳腺癌检测：乳腺癌检测的市场规模巨大，仅在 2006 年就有近 20 万名妇女和 1700 名男子被诊断为乳腺癌。虽然利润丰厚，但该行业的竞争激烈。然而，由于乳房 X 光照相术是最有效、最广泛使用的乳腺癌诊断检查方法，但它可能因辐射而对人体造成伤害，因此该行业仍有增长潜力。其他不那么流行的、不涉及辐射的检查往往既具侵入性又昂贵。

● 哮喘测试：哮喘检测产品的需求日益增长。每 20 个美国人中就有一人患有哮喘病，而且这一数字在不久的将来还会增加。尽管如此，发病前测试材料的市场仍未饱和。其他潜在的竞争者可能更准确，但尚未进入市场。

● 前列腺测试：由于每六名男性就有一人在有生之年被诊断出患有前列腺癌，因此检测产品的市场也相当大。虽然目前有两种检测方法占据了大部分的市场，但它们要么不准确，要么具有侵入性，要么两者兼而有之。由于市场竞争相对较弱，所以新进入市场的可能性很大。

● 麻醉品检测：毒理学筛查是市场上最常见的麻醉品检测方式。执法机构、医疗机构和公司企业经常使用这种检测产品，其成本低廉、效果显著。此外，还开发了更先进的技术，可以监测个人体内的离散药物水平。

HEMT 传感器在检测蛋白质、DNA、前列腺癌、肾脏损伤分子、溶液 pH、汞离子以及 EBC 中的葡萄糖等方面显示出有良好的效果。这种方法依靠的是放大源自抗体结构与抗原结合产生的微小变化。这些传感器的特点包括：响应速度快(液相：5～10 s，气相：几毫秒)、数字输出信号、装置尺寸小(小于 100 μm× 100 μm)，以及化学和热稳定性好。

鉴于美国和国外的糖尿病发病率的不断上升，糖尿病检测和用品的市场规模庞大且不断增长。此外，由于不适、不准确和成本等原因，市场上普遍存在着对当前测试方法的不满，这使我们相信，糖尿病检测市场是迄今为止最有前途的市场。尽管可能存在政府认证程序困难和保险覆盖范围等问题，但对可能存在的竞争进行的调查显示，类似的产品要么不存在，要么处于发展的萌芽阶段，这意味着可以谨慎而有策略地进入市场。

另外，气体传感器市场的吸引力明显不足。尽管与现有技术相比，该产品具有显著优势，但这些特点仅限于氢气和燃料市场中的一个小的利基市场，而这个市场本身的增长前景暗淡，竞争激烈。由于该市场之外的一般气体检测要简单得多，竞争也更激烈，所以该产品并不能为消费者带来显著优势，但可以引入可能的优势，以实现生产规模经济，并进入市场。无论是哪种情况，任何进入大众市场的尝试都应迅速进行，因为有更多的竞争已经在逐步开发中。

与糖尿病检测市场类似，乳腺癌检测市场也大有可为。虽然有许多检测方法可供选择，但其市场规模巨大，而且还在不断增长(2005 年，仅美国的检测市场价值就远超 10 亿美元)，最常见的诊断方法涉及某种程度的不适或暴露于辐射中，这与糖尿病患者的不满情绪如出一辙。然而，由于检测的频率较低，其较大的市场可能不太有利可图，而且市场进入在很大程度上取决于政府法规和保险范围。如果没有这些困难，市场进入(如果谨慎进行)应该相对容易。

目前仍存在一些关键问题。第一，需要进一步提高对某些抗原(如前列腺癌或乳腺癌)的灵敏度，以便在血液以外的体液(尿液、唾液)中进行检测。第二，需要对允许使用两种不同的抗体(类似于 ELISA)检测相同抗原的夹层检测法进行测试。第三，需要在单个芯片上集成多个传感器，并采用自动流体处理和算法来分析多个检测信号。第四，需要一种能带来廉价最终产品的封装。第五，在某些情况下，表面功能层的稳定性不利于长期储存，这将限制这些传感器在诊所以外的应用。当然需要同时检测多种分析物。然而，此类方法有很多，由于监管等多种原因，临床界对其接受度普遍较低。

致　　谢

本工作得到了美国海军研究室(Office of Naval Research，ONR)资助的传感器材料与技术中心、佛罗里达州资助的纳米生物传感器中心、美国国家科学基金会(NSF)和美国陆军研究室(ARO)的支持。对于 T. Lele、Y. Tseng、K. Wang、D. Dennis、W. Tan、B.P. Gila、W. Johnson 和 A. Dabiran 的合作表示衷心感谢。

参 考 文 献

[1] A. L. Burlingame, R. K. Boyd, and S. J. Gaskell, *Mass Spectrometry*, *Anal. Chem.*, 68 (1996),pp. 599-611.

[2] K. W. Jackson and G. Chen, *Anal. Chem.*, 68 (1996), pp. 231-242.

[3] J. L. Anderson, E. F. Bowden, and P. G. Pickup, *Anal. Chem.*, 68 (1996), pp. 379-401.

[4] R. J. Chen, S. Bangsaruntip, K. A. Drouvalakis, N. W. S. Kam, M. Shim, Y. Li, W. Kim, P. J. Utz, and H. Dai, *Proc. Natl. Acad. Sci. USA*, 100 (2003), pp. 4984-4990.

[5] C. Li, M. Curreli, H. Lin, B. Lei, F. N. Ishikawa, R. Datar, R. J. Cote, M. E. Thompson, and C. Zhou, *J. Am. Chem. Soc.*,127 (2005), pp. 12484-12498.

[6] J. Zhang, H. P. Lang, F. Huber, A. Bietsch, W. Grange, U. Certa, R. Mckendry, H.-J. Güntherodt, M. Hegner, and Ch. Gerber, *Nature Nanotechnol.*, 1 (2006), pp. 214-220.

[7] F. Huber, H. P. Lang, and C. Gerber, *Nature Nanotechnol.*, 3 (2008), pp. 645-646.

[8] A. Sandu, *Nature Nanotechnol.*, 2 (2007), pp. 746-748.

[9] G. Zheng, F. Patolsky, Y. Cui, W. U. Wang, and C. M. Lieber, *Nature Biotechnol.*, 23 (2005), pp.1294-1296.

[10] R. A. Greenfield, B. R. Brown, J. B. Hutchins, J. J. Iandolo, R. Jackson, L. Slater, and M. S. Bronze, *Amer. J. Med. Sci.*, 323, 326 (2002), pp. 326-332.

[11] A. H. Cordesman, *Weapons of Mass Destruction in the Gulf and Greater Middle East: Force Trends, Strategy, Tactics and Damage Effects*, Washington, DC: Center for Strategic and International Studies; 9 (1998), pp. 18-31.

[12] J. S. Bermudez, *The Armed Forces of North Korea*, London, England: IB Tauris (2001).

[13] S. S. Arnon, R. Schechter, and T. V. Inglesby, *JAMA*, 285 (2001), pp. 8-18.

[14] T. Makimoto, Y. Yamauchi, and K. Kumakura, *Appl. Phys. Lett.*, 84 (2004), pp. 1964-1966.

[15] A. P. Zhang, L. B. Rowland, E. B. Kaminsky, J. W. Kretchmer, R. A. Beaupre, J. L. Garrett, J. B. Tucker,B. J. Edward, J. Foppes, and A. F. Allen, *Solid-State Electron.* 47 (2003), pp. 821-825.

[16] W. Saito, T. Domon, I.Omura, M. Kuraguchi, Y.Takada, K. Tsuda, and M. Yamaguchi, *IEEE Electron. Dev. Lett.*, 27 (2006), pp. 326-328.

[17] J. Jun, B. Chou, J. Lin, A. Phipps, S. Xu, K. Ngo, D. Johnson, A. Kasyap, T. Nishida, H. T. Wang, B. S. Kang, T. Anderson, F. Ren, L. C. Tien, P. W. Sadik, D. P. Norton, L. F. Voss, and S. J. Pearton, *Solid State Electron.*, 51 (2007), pp. 1018-1022.

[18] X. Yu, C. Li, Z. N. Low, J. Lin, T. J. Anderson, H. T. Wang, F. Ren, Y. L. Wang, C. Y. Chang, S. J. Pearton, C. H. Hsu, A. Osinsky, A. Dabiran, P. Chow, C. Balaban, and J. Painter, *Sens. Actuat. B*, 135 (2008), pp. 188-194.

[19] H. T. Wang, T. J. Anderson, F. Ren, C. Li, Z. N. Low, J. Lin, B. P. Gila, S. J. Pearton, A. Osinsky, and A. Dabiran, *Appl. Phys. Lett.*, 89 (2006), pp. 242111-242114.

[20] H. T. Wang, T. J. Anderson, B. S. Kang, F. Ren, C. Li, Z. N. Low, J. Lin, B. P. Gila, S. J. Pearton, A. Osinsky, and A. Dabiran, *Appl. Phys. Lett.*, 90 (2007), pp. 252109-252111.

[21] T. J. Anderson, H. T. Wang, B. S. Kang, F. Ren, S. J. Pearton, A. Osinsky, Amir Dabiran, and P. P. Chow, *Appl. Surf. Sci.*, 255 (2008), pp. 2524-2526.

[22] J. Kim, B. P. Gila, G. Y. Chung, C. R. Abernathy, S. J. Pearton, and F. Ren, *Solid-State Electron.*, 47 (2003), pp. 1487-1490.

[23] H. T. Wang, T. J. Anderson, F. Ren, C. Li, Z. N. Low, J. Lin, B. P. Gila, S. J. Pearton, A. Osinsky, and A. Dabiran, *Appl. Phys. Lett.*, 89 (2006), pp. 242111-242113.

[24] H. T. Wang, B. S. Kang, F. Ren, R. C. Fitch, J. K. Gillespie, N. Moser, G. Jessen, T. Jenkins, R. Dettmer, D.

Via, A. Crespo, B. P. Gila, C. R. Abernathy, and S. J. Pearton, *Appl. Phys. Lett.*, 87 (2005), pp. 172105-172107.

[25] J. Schalwig, G. Muller, U. Karrer, M. Eickhoff, O. Ambacher, M. Stutzmann, L. Gogens, and G. Dollinger, *Appl. Phys. Lett.*, 80 (2002), pp. 1222-1224.

[26] B. P. Luther, S. D. Wolter, and S. E. Mohney, *Sens. Actuat. B,* 56, (1999), pp. 164-168.

[27] B. S. Kang, R. Mehandru, S. Kim, F. Ren, R. C. Fitch, J. K. Gillespie, N. Moser, G. Jessen, T. Jenkins, R. Dettmer, D. Via, A. Crespo, K. H. Baik, B. P. Gila, C. R. Abernathy, and S. J. Pearton, *Phys. Status Solidi (c)*, 2 (2005), pp. 2672-2674.

[28] H. T. Wang, B. S. Kang, F. Ren, L. C. Tien, P. W. Sadik, D. P. Norton, S. J. Pearton, and J. Lin, *Appl. Phys. A: Mater. Sci. Proc.*, 81 (2005), pp. 1117-1120.

[29] J. S. Wright, W. Lim, B. P. Gila, S. J. Pearton, F. Ren, W. Lai, L. C. Chen, M. Hu, and K. H. Chen, *J. Vac. Sci. Technol. B*, 27 (2009), L8-L10.

[30] J. L. Johnson, Y. Choi, A. Ural, W. Lim, J. S. Wright, B. P. Gila, F. Ren, and S. J. Pearton, *J. Electron. Mater.*, 38 (2009), pp. 490-494.

[31] W. Lim, J. S. Wright, B. P. Gila, J. L. Johnson, A. Ural, T. Anderson, F. Ren, and S. J. Pearton, *Appl. Phys. Lett.*, 93 (2008), pp. 072110-072112.

[32] L. Tien, P. Sadik, D. P. Norton, L. Voss, S. J. Pearton, H. T. Wang, B. S. Kang, F. Ren, J. Jun, and J. Lin, *Appl. Phys. Lett.*, 87 (2005), pp. 222106-222108.

[33] O. Kryliouk, H. J. Park, H. T. Wang, B. S. Kang, T. J. Anderson, F. Ren, and S. J. Pearton, *J. Vac. Sci. Technol. B*, 23, 1891 (2005), pp.1891-1894.

[34] L. Tien, H. T. Wang, B. S. Kang, F. Ren, P. W. Sadik, D. P. Norton, S. J. Pearton, and J. Lin, *Electrochem. Solid-State Lett.*, 8 (2005), pp. G239-G241.

[35] H. T. Wang, B. S. Kang, F. Ren, L. C. Tien, P. W. Sadik, D. P. Norton, S. J. Pearton, and J. Lin, *Appl. Phys. Lett.*, 86 (2005), pp. 243503-243505.

[36] M. Eickhoff, J. Schalwig, G. Steinhoff, O. Weidemann, L. Görgens, R. Neuberger, M. Hermann, B. Baur, G. Müller, O. Ambacher, and M. Stutzmann, *Phys. Stat. Sol. (c)* 0, No. 6 (2003), pp. 1908-1918.

[37] R. Mehandru, B. Luo, B. S. Kang, J. Kim, F. Ren, S. J. Pearton, C.-C. Pan, G.-T. Chen, and J.-I. Chyi, *Solid-State Electron.*, 48 (2004), pp. 351-353.

[38] R. Neuberger, G. Muller, O. Ambacher, and M. Stutzmann, *Phys. Stat. Sol. (A)*, 183, 2 (2001), pp. R10-R12.

[39] P. Gangwani, S. Pandey, S. Haldar, M. Gupta, and R. S. Gupta, *Solid-State Electron.*, 51 (2007), pp. 130-135.

[40] L. Shen, R. Coffie, D. Buttari, S. Heikman, A. Chakraborty, A. Chini, S. Keller, S. P. DenBaars, and U. K. Mishra, *IEEE Electron. Dev. Lett.*, 25 (2004), pp. 7-9.

[41] B. S. Kang, H. T. Wang, T. P. Lele, F. Ren, S. J. Pearton, J. W. Johnson, P. Rajagopal, J. C. Roberts, E. L. Piner, and K. J. Linthicum, *Appl. Phys. Lett.*, 91 (2007), pp. 112106-112108.

[42] A. El. Kouche, J. Lin, M. E. Law, S. Kim, B. S. Kim, F. Ren, and S. J. Pearton, *Sens. Actuat. B: Chem.*, 105 (2005), pp. 329-333.

[43] H. T. Wang, B. S. Kang, F. Ren, S. J. Pearton, J. W. Johnson, P. Rajagopal, J. C. Roberts, E. L.

Piner, and K. J. Linthicum, *Appl. Phys. Lett.*, 91 (2007), pp. 222101-222103.

[44] B. S. Kang, S. Kim, F. Ren, B. P. Gila, C. R. Abernathy, and S. J. Pearton, *Sens. Actuat. B: Chem.*, 104 (2005), 232-236.

[45] H. T. Wang, B. S. Kang, T. F. Chancellor, Jr., T. P. Lele, Y. Tseng, F. Ren, S. J. Pearton, A. Dabiran, A. Osinsky, and P.P. Chow, *Electrochem. Solid-State Lett.*, 10 (2007), pp. J150-152.

[46] K. H. Chen, H. W. Wang, B. S. Kang, C. Y. Chang, Y. L. Wang, T. P. Lele, F. Ren, S. J. Pearton, A. Dabiran, A. Osinsky, and P. P. Chow, *Sens. Actuat. B: Chem.*, 134 (2008), pp. 386-389.

[47] S. J. Pearton, T. Lele, Y. Tseng, and F. Ren, *Trends Biotechnol.*, 25 (2007), pp. 481-482.

[48] H. T. Wang, B. S. Kang, T. F. Chancellor, Jr., T. P. Lele, Y. Tseng, F. Ren, S. J. Pearton, J. W. Johnson, P. Rajagopal, J. C. Roberts, E. L. Piner, and K. J. Linthicum, *Appl. Phys. Lett.*, 91, (2007), pp. 042114-042116.

[49] B. S. Kang, H. T. Wang, F. Ren, B. P. Gila, C. R. Abernathy, S. J. Pearton, D. M. Dennis, J. W. Johnson, P. Rajagopal, J. C. Roberts, E. L. Piner, and K. J. Linthicum, *Electrochem. Solid-State Lett.*, 11, (2008), pp. J19-J21.

[50] B. S. Kang, H. T. Wang, F. Ren, B. P. Gila, C. R. Abernathy, S. J. Pearton, J. W. Johnson, P. Rajagopal, J. C. Roberts, E. L. Pine, and K. J. Linthicum, *Appl. Phys. Lett.*, 91 (2007), pp. 012110-012112.

[51] B. S. Kang, G. Louche, R. S. Duran, Y. Gnanou, S. J. Pearton, and F. Ren, *Solid-State Electron.*, 48 (2004), pp. 851-854.

[52] J. R. Lothian, J. M. Kuo, F. Ren, and S. J. Pearton, *J. Electron. Mater.*, 21 (1992), pp. 441-445.

[53] J. W. Johnson, B. Luo, F. Ren, B. P. Gila, W. Krishnamoorthy, C. R. Abernathy, S. J. Pearton, J. I. Chyi, T. E. Nee, C. M. Lee, and C. C. Chuo, *Appl. Phys. Lett.*, 77, 3230 (2000).

[54] B. S. Kang, S. J. Pearton, J. J. Chen, F. Ren, J. W. Johnson, R. J. Therrien, P. Rajagopal, J. C. Roberts, E. L. Piner, and K. J. Linthicum, *Appl. Phys. Lett.*, 89 (2006), pp. 122102-122104.

[55] B. S. Kang, F. Ren, L. Wang, C. Lofton, W. Tan, S. J. Pearton, A. Dabiran, A. Osinsky, and P. P. Chow, *Appl. Phys. Lett.*, 87 (2005), pp. 023508-023510.

[56] B. S. Kang, H. Wang, F. Ren, S. J. Pearton, T. Morey, D. Dennis, J. Johnson, P. Rajagopal, J. C. Roberts, E. L. Piner, and K.J. Linthicum, *Appl. Phys. Lett.*, 91 (2007), pp. 252103-252105.

[57] B. S. Kang, S. Kim, F. Ren, J. W. Johnson, R. Therrien, P. Rajagopal, J. Roberts, E. Piner, K. J. Linthicum, S. N. G. Chu, K. Baik, B. P. Gila, C. R. Abernathy, and S. J. Pearton, *Appl. Phys. Lett.*, 85 (2004), pp. 2962-2964.

[58] S. J. Pearton, B. S. Kang, S. Kim, F. Ren, B. P. Gila, C. R. Abernathy, J. Lin, and S. N. G. Chu, *J. Phys: Condensed Matter*, 16 (2004), R961-985.

[59] E. M. Logothetis, Automotive oxygen sensors, in N. Yamazoe (Ed.), *Chemical Sensor Technology*, vol. 3, Elsevier, Amsterdam, 1991.

[60] Y. Xu, X. Zhou, and O. T. Sorensen, *Sens. Actuat. B*, 65 (2000), pp. 2-9.

[61] L. Castañeda, *Mater. Sci. Eng. B*, 139 (2007), pp. 149-157.

[62] J. Gerblinger, W. Lohwasser, U. Lampe, and H. Meixner, *Sens. Actuat. B*, 26, 93 (1995), pp. 93-98.

[63] R. Yakimova, G. Steinhoff, R. M. Petoral Jr., C. Vahlberg, V. Khranovskyy, G. R. Yazdi, K. Uvdal,

and A. Lloyd Spetz, *Biosens. Bioelectron.*, 22 (2007), pp. 2780-2785.

[64] A. Trinchi, Y. X. Li, W. Wlodarski, S. Kaciulis, L. Pandolfi, S. P. Russo, J. Duplessis, and S. Viticoli, *Sens. Actuat. A*, 108 (2003), pp. 263-270.

[65] M. R. Mohammadi and D. J. Fray, *Acta Mater.*, 55 (2007), pp. 4455-4461.

[66] E. Sotter, X. Vilanova, E. Llobet, A. Vasiliev, and X. Correig, *Sens. Actuat. B*, 127 (2007), pp. 567-572.

[67] Y.-L. Wang, L. N. Covert, T. J. Anderson, W. Lim, J. Lin, S. J. Pearton, D. P. Norton, J. M. Zavada, and F. Ren, *Electrochem. Solid-State Lett.* 11 (3) (2007), pp. H60-H62.

[68] Y.-L. Wang, F. Ren, W. Lim, D. P. Norton, S. J. Pearton, I. I. Kravchenko, and J. M. Zavada, *Appl. Phys. Lett.* 90 (2007), pp. 232103-232105.

[69] W. Lim, Y.-L. Wang, F. Ren, D. P. Norton, I. I. Kravchenko, J. M. Zavada, and S. J. Pearton, *Electrochem. Solid-State Lett.* 10 (9) (2007), pp. H267-H269.

[70] M. J. Thorpe, K. D. Moll, R. J. Jones, B. Safdi, and J. Ye, *Science* 311 (2006), pp. 1595-1598.

[71] M. J. Thorpe, D. Balslev-Clausen, M. S. Kirchner, and J. Ye, *Opt. Express* 16 (2008), pp. 2387-2393.

[72] K. Namjou, C. B. Roller, and P. J. McCann, *IEEE Circuits Dev. Mag.*, September/October (2006), pp. 22-27.

[73] R. F. Machado, D. Laskowski, O. Deffenderfer, T. Burch, S. Zheng, P. J. Mazzone, T. Mekhail, C. Jennings, J. K. Stoller, and J. Pyle., *Am. J. Respir. Crit. Care. Med.* 171 (2005), pp. 1286-1292.

[74] Wormhoudt, J., Ed., *Infrared Methods for Gaseous Measurements*, Marcel Dekker, New York (1985).

[75] T. J. Manuccia and J. G. Eden, Infrared Optical Measurement of Blood Gas Concentrations and Fiber Optical Catheter, U.S. Patent 4,509,522 (1985).

[76] C. S. Chu and Y. L. Lo, *Sens. Actuat. B: Chem.* 129 (2008), pp. 120-126.

[77] L. Kimmig, P. Krause, M. Ludwig, and K. Schmidt, Non-Dispersive Infrared Gas Analyzer, U.S. Patent 6,166,383 (2000).

[78] R. Zhou, A. Hierlemann, U. Weimar, D. Schmeiber, and W. Gopel, The 8th International Conference on Solid-State Sensors and Actuators, and Eurosensors IX. Stockholm, Sweden, June 25-29, 225-PD6 (1995).

[79] M. Shim, A. Javey, N. Wong, S. Kam, and H. Dai, *J. Am. Chem. Soc.*, 123 (2001), pp. 11512-11515.

[80] J. Kong and H. Dai, *J. Phys. Chem. B*, 105 (2001), pp. 2890-2895.

[81] S. Satyapal, T. Filburn, J. Trela, and J. Strange, *Energy Fuel.*, 15, 250 (2001), pp. 250-254.

[82] D. B. Dell'Amico, F. Calderazzo, L. Labella, F. Marchetti, and G. Pampaloni, *Chem. Rev.*, 103 (2003), pp. 3857-3897.

[83] K. G. Ong and C. A. Grimes, *Sensors* 1 (2001), pp. 193-200.

[84] O. K. Varghese, P. D. Kichambre, D. Gong, K. G. Ong, E. C. Dickey, and C. A. Grimes, *Sens. Actuat. B: Chem.*, 81 (2001), pp. 32-38.

[85] A. Star, T. R. Han, V. Joshi, J. P. Gabriel, and G. Gruner, *Adv. Mater.*, 16 (2004), pp. 2049-2056.

[86] O. Kuzmych, B. L. Allen, and A. Star, *Nanotechnology*, 18 (2007), pp. 375502.

[87] A. Vasiliev, W. Moritz, V. Fillipov, L. Bartholomäus, A. Terentjev, and T. Gabusjan, *Sens. Actuat. B*, 49 (1998), pp. 133-138.

[88] S. M. Savage, A. Konstantinov, A. M. Saroukan, and C. Harris, *Proc. ICSCRM '99* (2000), pp. 511-515.

[89] K. D. Mitzner, J. Sternhagen, and D. W. Galipeau, *Sens. Actuat. B*, 9 (2003), pp. 92-97.

[90] J. Wollenstein, J. A. Plaza, C. Cane, Y. Min, H. Botttner, and H. L. Tuller, *Sens. Actuat. B*, 93 (2003), pp. 350-356.

[91] Y. Hu, X. Zhou, Q. Han, Q. Cao, and Y. Huang, *Mat. Sci. Eng. B*, 99 (2003), pp. 41-46.

[92] Z. Ling, C. Leach, and R. Freer, *J. Eur. Ceramic Soc.*, 21 (2001), pp. 1977-1981.

[93] B. B. Rao, *Mater. Chem. Phys.*, 64 (2000), pp. 62-67.

[94] P. Mitra, A. P. Chatterjee, and H. S. Maiti, *Mater. Lett.*, 35 (1998), pp. 33-38.

[95] J. F. Chang, H. H. Kuo, I. C. Leu, and M. H. Hon, *Sens. Actuat. B*, 84 (2003), pp. 258-264.

[96] B. P. Gila, J. W. Johnson, R. Mehandru, B. Luo, A. H. Onstine, V. Krishnamoorthy, S. Bates, C. R. Abernathy, F. Ren, and S. J. Pearton, *Phys. Stat. Solid A*, 188 (2001), pp. 239-243.

[97] J. Kim, R. Mehandru, B. Luo, F. Ren, B. P. Gila, A. H. Onstine, C. R. Abernathy, S. J. Pearton, and Y. Irokawa, *Appl. Phys. Lett.*, 80 (2000), pp. 4555-4557.

[98] N. H. Nickel and K. Fleischer, *Phys. Rev. Lett.*, 90 (2003), pp. 197402-1-197402-4.

[99] B. S. Kang, F. Ren, Y. W. Heo, L. C. Tien, D. P. Norton, and S. J. Pearton, *Appl. Phys. Lett.*, 86 (2005), pp. 112105-112107.

[100] I. Horvath, J. Hunt, and P. J. Barnes, *Eur. Respir.*, 26 (2005), pp. 523-529.

[101] K. Namjou, C. B. Roller, and P. J. McCann, *IEEE Circuits Dev. Mag.*, September-October 22 (2006), pp. 22-28.

[102] R. F. Machado, D. Laskowski, O. Deffenderfer, T. Burch, S. Zheng, P. J. Mazzone, T. Mekhail, C. Jennings, J. K. Stoller, J. Pyle, J. Duncan, R. A. Dweik, and S. C. Erzurum, *Am. J. Respir. Crit. Care Med.*, 171 (2005), pp. 1286-1295.

[103] T. Kullmann, I. Barta, Z. Lazar, B. Szili, E. Barat, M. Valyon, M. Kollai, and I. Horvath, *Eur. Respir.*, 29 (2007), pp. 496-502.

[104] J. Vaughan, L. Ngamtrakulparit, T. N. Pajewski, R. Turner, T. A. Nguyen, A. Smith, P. Urban, S. Hom, B. Gaston, and J. Hunt., *Eur. Respir. J.*, 22 (2003), pp. 889-895.

[105] J. F. Hunt, K. Fang, R. Malik et al., *Am. J. Respir. Crit. Care Med.*, 171 (2005), pp. 1286-1292.

[106] K. Kostikas, G. Papatheodorou, K. Ganas, K. Psathakis, P. Panagou, and S. Loukides, *Am. J. Respir. Crit. Care Med.*, 165 (2002), pp. 1364-1369.

[107] G. E. Carpagnano, M. P. Foschino Barbaro, and O. Resta, *Eur. J. Pharmacol.*, 519 (2005), pp. 175-181.

[108] C. Gessner, S. Hammerschmidt, H. Kuhn et al., *Resp. Med.*, 97 (2003), pp. 1188-1194.

[109] T. Kullmann, I. Barta, B. Antus, M. Valyon, and I. Horvath, *Eur. Respir. J.*, 31 (2), Feb. (2008), pp. 474-475.

[110] I. Horvath, J. Hunt, and P. J. Barnes, *Eur. Respir. J.*, 26(9), Sept. 2005, pp. 523-548.

[111] R. Accordino, A. Visentin, A. Bordin, S. Ferrazzoni, E. Marian, F. Rizzato, C. Canova, R. Venturini, and P. Maestrelli, *Resp. Med.*, 102 (March 3, 2008), pp. 377-381.

[112] K. Czebe, I. Barta, B. Antus, M. Valyon, I. Horváth, and T. Kullmann, *Resp. Med.*, 102 (5), May 2008, pp. 720-725.

[113] K. Bloemen, G. Lissens, K. Desager, and G. Schoeters, *Resp. Med.*, 101 (6), June 2007, pp. 1331-1337.

[114] S. Park, H. Boo, and T. D. Chung, *Anal. Chi. Act.*, Vol. 46, June 2006, pp. 556-560.

[115] P. Pandey, S. P. Singh, S. K. Arya, V. Gupta, M. Datta, S. Singh, and B. D. Malhotra, *Langmuir*, 23, April 2007, pp. 3333-3339.

[116] G. K. Kouassi, J. Irudayaraj, and G. McCarty, *BioMag. Res. Tech.*, May 3, 2005, pp. 1-8.

[117] A. L. Burlingame, R. K. Boyd, and S. J. Gaskell, *Anal. Chem.*, 68 (1996), pp. 599-604.

[118] K. W. Jackson and G. Chen, *Anal. Chem.*, 68 (1996), pp. 231-235.

[119] J. L. Anderson, E. F. Bowden, and P. G. Pickup, *Anal. Chem.*, 68 (1996), pp. 379-384.

[120] Z. X. Cai, H. Yang, Y. Zhang, and X. P. Yan, *Anal. Chim. Acta*, 559 (2006), pp. 234-243.

[121] J. L. Chen, Y. C. Gao, Z. B. Xu, G. H. Wu, Y. C. Chen, C. Q. Zhu, *Anal. Chim. Acta*, 577 (2006), pp. 77-83.

[122] T. Balaji, M. Sasidharan, and H. Matsunaga, *Analyst*, 130 (2005), pp. 1162-1167.

[123] G. Q. Shi and G. Jiang, *Anal. Sci.*, November 18 (2002), pp. 1215-1219.

[124] A. Caballero, R. Martínez, V. Lloveras, I. Ratera, J. Vidal-Gancedo, K. Wurst, A. Tárraga, P. Molina, and J. Veciana, *J. Am. Chem. Soc.*, 127 (2005), pp. 15666-15672.

[125] E. Coronado, J. R. Galán-Mascarós, C. Martí-Gastaldo, E. Palomares, J. R. Durrant, R. Vilar, M. Gratzel, and Md. K. Nazeeruddin, *J. Am. Chem. Soc.*, 127 (2005), pp. 12351-12356.

[126] Y. K. Yang, K. J. Yook, and J. Tae, *J. Am. Chem. Soc.*, 127 (2005), pp. 16760-16765.

[127] M. Matsushita, M. M. Meijler, P. Wirsching, R. A. Lerner, and K. D. Janda, *Org. Lett.*, 7 (2005), pp. 4943-4948.

[128] C. C. Huang and H. T. Chang, *Anal. Chem.*, 78 (2006), pp. 8332-8843.

[129] S. S. Arnon, R. Schechter, and T. V. Inglesby, *JAMA*, 285 (8), (2001), pp. 256-265.

[130] R. A. Greenfield, B. R. Brown, J. B. Hutchins, J. J. Iandolo, R. Jackson, L. N. Slater, and M. S. Bronze, *Amer. J. Med. Sci.*, 323 (2002), pp. 326-334.

[131] J. S. Michaelson, E. Halpern, and D. B. Kopans, *Radiology*, 212 (2), (1999), pp. 551-558.

[132] T. Harrison, L. Bigler, M. Tucci, L. Pratt, F. Malamud, J. T. Thigpen, C. Streckfus, and H. Younger, *Spec. Care Dentist*, 18 (3), (1998), pp. 109-115.

[133] R. McIntyre, L. Bigler, T. Dellinger, M. Pfeifer, T. Mannery, and C. Streckfus, *Oral Surg. Oral Med. Oral Pathol. Oral Radiol. Endod.*, 88 (6), (1999), pp. 687-693.

[134] C. Streckfus, L. Bigelr, T. Dellinger, M. Pfeifer, A. Rose, and J. T. Thigpen, *Clin. Oral Investig.*, 3 (3), (1999), pp. 138-144.

[135] C. Streckfus, L. Bigler, T. Dellinger, X. Dai, A. Kingman, and J.T. Thigpen, *Clin. Cancer. Res.*, 6 (6), (2000), pp. 2363-2365.

[136] C. Streckfus, L. Bigler, M. Tucci, and J. T. Thigpen, *Cancer Invest.*, 18 (2), (2000), pp. 101-108.

[137] C. Streckfus, L. Bigler, T. Dellinger, X. Dai, W. J. Cox, A. McArthur, A. Kingman and J. T. Thigpen, *Oral Surg Oral Med Oral Pathol. Oral Radiol. Endod.*, 91 (2), (2001), pp. 174-178.

[138] L. R. Bigler, C. F. Streckfus, L. Copeland, R. Burns, X. Dai, M. Kuhn, P. Martin, and S. Bigler,

J. Oral Pathol. Med., 31 (7), (2002), pp. 421-434.

[139] C. Streckfus and L. Bigler, *Adv. Dent. Res.*, 18 (1), (2005), pp. 17-22.

[140] C. F. Streckfus, L. R. Bigler, and M. Zwick, *J. Oral Pathol. Med.*, 35 (5), (2006), pp. 292-299.

[141] W. R. Chase, *J. Mich. Dent. Assoc.*, 82 (2), (2000), pp. 12-18.

[142] S.Z. Paige and C.F. Streckfus, *Gen Dent*, 55 (2), (2007), pp. 156-166.

[143] M. A. Navarro, R. Mesia, O. Diez-Giber, A. Rueda, B. Ojeda, and M. C. Alonso, *Breast Cancer Res. Treat.* 42(1), (1997), pp. 83-88.

[144] K. Bagramyan, J. R. Barash, S. S. Arnon, and M. Kalkum, and M. Matrices, *PLoS ONE*, 3 (2008), pp. 2041-2045.

[145] P. Montuschi and P. J. Barnes, *Trends Pharmacol. Sci.*, vol. 23 (May 5, 2002), pp. 232-237.

[146] T. Dam, V. Anh, W. Olthuis, and P. Bergveld, *Sens. Actuat. B*, Vol.111/112(11), Nov. (2005), pp. 494-499.

[147] G. M. Multu, *Am. J. Res. Crit. Care Med.* 164(11), Nov. (2001), pp. 731-737.

[148] J. X. Wang, X. W. Sun, A. Wei, Y. Lei, X. P. Cai, C. M. Li, and Z. L. Dong, *Appl. Phys. Lett.*, 88 (2006), pp. 233106-233108.

[149] A. Wei, X. W. Sun, J. X. Wang, Y. Lei, X. P. Cai, C. M. Li, Z. L. Dong, and W. Huang, *Appl. Phys. Lett.*, 89 (2006), pp. 123902-123904.

[150] Y. H. Yang, H. F. Yang, M. H. Yang, Y. L. Liu, G. L. Shen, and R. Q. Yu, *Anal. Chim. Acta*, 525 (2004), pp. 213-220.

[151] S. Hrapovic, Y. L. Liu, K. B. Male, and J. H. T. Luong, *Anal. Chem.*, 76 (2004), pp. 1083-1088.

[152] G. J. Kelloff, D. S. Coffey, B. A. Chabner, A. P. Dicker, K. Z. Guyton, P. D. Nisen, H. R. Soule, and A. V. D'Amico, *Clin. Cancer Res.*, 10 (2007), pp. 3927-3934.

[153] I. M. Thomson and D. P. Ankerst, *CMAJ*, 176 (2007), pp. 1853-1857.

[154] D. C. Healy, C. J. Hayes, P. Leonard, L. McKenna, and R. O'Kennedy, *Trends Biotechnol.*, 25 (3), (2007), pp. 125-132.

[155] Detailed Guide: Prostate Cancer. What Are the Key Statistics about Prostate Cancer, American Cancer Society. 2007. 08 NOV 2007 <http://www.cancer.org/docroot/CRI/content/CRI_2_4_1X_What_are_the_key_-statistics_for_prostate_cancer_36.asp?rnav=cri>.

[156] J. Wang, *Biosens. Bioelectron.* 21 (2006), pp. 1887-1994.

[157] C. F. Sanchez, C. J. McNeil, K. Rawson, and O. Nilsson, *Anal. Chem.*, 76 (2004), pp. 5649-5654.

[158] K. S. Hwang, J. H. Lee, J. Park, D. S. Yoon, J. H. Park, and T. S. Kim, *Lab Chip.* 4 (2004), pp. 547-554.

[159] K. W. Wee, G. Y. Kang, J. Park, J. Y. Kang, D. S. Yoon, J. H. Park, and T. S. Kim, *Biosens. Bioelectron.*, 20 (2005), pp. 1932-1936.

[160] Y.-L. Wang, B. H. Chu, K. H. Chen, C. Y. Chang, T. P. Lele, G. Papadi, J. K. Coleman, B. J. Sheppard, C. F. Dungen, S. J. Pearton, J. W. Johnson, P. Rajagopal, J. C. Roberts, E. L. Piner, and K. J. Linthicum, *Appl. Phys. Lett.*, 94 (2009), pp. 243901-243903.

[161] T. Anderson, F. Ren, S. J.Pearton, B.S. Kang, H.-T.Wang, C.-Y. Chang, and J. Lin, *Sensors*, 9(6), (2009), pp. 4669-4702.

[162] R. Thadhani, M. Pascual, and J. V. Bonventre, *N. Engl. J. Med.*, 334 (1996), pp. 1448-1452.

[163] G. M. Chertow, E. M. Levy, K. E. Hammermeister, F. Grover, and J. Daley, *Amer. J. Med.*, 104 (1998), pp. 343-347.

[164] J. V. Bonventre and J. M. Weinberg, *J. Am. Soc. Nephrol.*, 14 (2003), pp. 2199-2203.

[165] T. Ichimura, J. V. Bonventre, V. Bailly, H. Wei, C. A. Hession, R. L. Cate, and M. Sanicola, *J. Biol. Chem.*, 273 (1998), pp. 4135-4140.

[166] V. S. Vaidya, V. Ramirez, T. Ichimura, N. A. Bobadilla, and J. V. Bonventre, *Am. J. Physiol. Renal. Physiol.*, 290 (2006), pp. F517-F522.

[167] V. S. Vaidya and J. V. Bonventre, *Expert Opin. Drug Metab. Toxicol.*, 2 (2006), pp. 697-704.

[168] R. Lequin, *Clin. Chem.*, 51 (2005), pp. 2415-2420.

[169] Dario A.A. Vignali, *J. Immunol. Methods* 243 (2000), pp. 243-248.

[170] R. J. Chen, S. Bangsaruntip, K. A. Drouvalakis, N. W. S. Kam, M. Shim, Y. Li, W. Kim, P. J. Utz, and H. Dai, *Proc. Natl. Acad. Sci. USA*, 100 (2003), pp. 4984-4989.

[171] C. Li, M. Curreli, H. Lin, B. Lei, F. N. Ishikawa, R. Datar, R. J. Cote, M. E. Thompson, and C. Zhou, *J. Am. Chem. Soc.*, 127 (2005), pp. 12484-12489.

[172] G. Zheng, F. Patolsky, Y. Cui, W. U. Wang, and C. M. Lieber, *Nature Biotechnol.*, 23 (2005), pp. 1294-1296.

[173] F. Patolsky, G. Zheng, and C. M. Lieber, *Nanomedicine*, 1 (2006), pp. 51-56.

[174] F. Patolsky, G. Zheng, and C. M. Lieber, *Nature Protocols*, 1 (2006), pp. 1711-1715.

[175] F. Patolsky, B. P. Timko, G. Zheng, and C. M. Lieber, *MRS Bull.*, 32 (2007), pp. 142-148.

[176] D. I. Han, D. S. Kim, J. E. Park, J. K. Shin, S. H. Kong, P. Choi, J. H. Lee, and G. Lim, *Jpn. J. Appl. Phys.*, 44 (2005), pp. 5496-5499.

[177] G. Shekhawat, S. H. Tark, and V. P. Dravid, *Science*, 311 (2006), pp. 1592-1597.

[178] H. T. Wang, B. S. Kang, F. Ren, S. J. Pearton, J. W. Johnson, P. Rajagopal, J. C. Roberts, E. L. Piner, and K. J. Linthicum, *Appl. Phys. Lett.*, 91 (2007), pp. 222101-222103.

[179] What is Breast Cancer? United States Department of Health and Human Services, Nov. 3, 2007. <http:// www.hhs.gov/breastcancer/whatis.html.>.

[180] J. S. Michaelson, E. Halpern, and D. B. Kopans, *Radiology*, 212 (2), (1999), pp. 551-558.

[181] T. Harrison, L. Bigler, M. Tucci, L. Pratt, F. Malamud, J. T. Thigpen, C. Streckfus, and H. Younger, *Spec. Care Dentist*, 18 (3), (1998), pp. 109-115.

[182] R. Mclntyre, L. Bigler, T. Dellinger, M. Pfeifer, T. Mannery, and C. Streckfus, *Oral Surg. Oral Med. Oral Pathol. Oral Radiol. Endod.*, 88 (6), (1999), pp. 687-695.

[183] C. Streckfus, L. Bigler, T. Dellinger, M. Pfeifer, A. Rose, and J. T. Thigpen, *Clin. Oral Investig.*, 3 (3), (1999), pp. 138-144.

[184] C. Streckfus, L. Bigler, T. Dellinger, X.Dai, A. Kingman, and J.T. Thigpen, *Clin. Cancer Res.*, 6 (6), (2000), pp. 2363-2368.

[185] C. Streckfus, L. Bigler, M. Tucci, and J. T. Thigpen, *Cancer Invest.*, 18 (2), (2000), pp. 101-109.

[186] C. Streckfus, L. Bigler, T. Dellinger, X. Dai, W. J. Cox, A. McArthur, A. Kingman, and J. T. Thigpen, *Oral Surg. Oral Med. Oral Pathol. Oral Radiol. Endod.*, 91 (2), (2001), pp. 174-178.

[187] L. R. Bigler, C.F. Streckfus, L. Copeland, R. Burns, X. Dai, M. Kuhn, P. Martin, and S. Bigler,

J Oral Pathol. Med., 31 (7), (2002), pp. 421-426.
[188] C. Streckfus and L. Bigler, *Adv. Dent. Res.*, 18 (1), (2005), pp. 17-23.
[189] C. F. Streckfus, L. R. Bigler and M. Zwick, *J Oral Pathol. Med.*, 35 (5), (2006), pp. 292-297.
[190] W.R. Chase, *J Mich. Dent. Assoc.*, 82 (2), 12 (2000), pp. 12-18.
[191] S.Z. Paige, C.F. Streckfus, *Gen Dent.*, 55 (2), (2007), pp. 156-162.
[192] M.A. Navarro, R. Mesia, O. Diez-Giber, A. Rueda, B. Ojeda, and M.C. Alonso, *Breast Cancer Res. Trea.*, 42(1), (1997), pp. 83-88.
[193] Parra, E. Casero, L. Vazquez, F. Pariente, and E. Lorenzo, *Anal. Chim. Acta*, 555 (2006), pp. 308-312.
[194] B. Phypers and T. Pierce, *Crit. Care Pain*, 6 (3), (2006), pp. 128-134.
[195] C. Lin, C. Shih, and L. Chau, *Anal. Chem.*, 79 (2007), pp. 3757-3767.
[196] U. Spohn, D. Narasaiah, L. Gorton, and D. Pfeiffer, *Anal. Chim. Acta*, 319 (1996), pp. 79-88.
[197] J. Tong, J. Hu, Z. Huang, M. Pan, and Y. Chen, *Proceedings of the 2005 IEEE Engineering in Medicine and Biology 27th Annual Conference (Shanghai, China)* (2005), pp. 252-255.
[198] M. Pohanka and P. Zbořil, *Food Technol. Biotechnol.*, 46 (1), (2008), pp. 107-114.
[199] S. Suman, R. Singhal, A. Sharma, B.D. Malthotra, and C.S. Pundir, *Sens. Actuat. B*, 107 (2005), pp. 768-778.
[200] J. Haccoun, B. Piro, V. Noël, and M.C. Pham, *Bioelectrochemistry*, 68 (2006), pp. 218-223.
[201] J. Di, J. Cheng, Q. Xu, H. Zheng, J. Zhuang, Y. Sun, K. Wang, X. Mo, and S. Bi, *Biosens. Bioelectron.* 23, (2007), pp. 682-689.
[202] A. Lupu, A. Valsesia, F. Bretagnol, P. Colpo, and F. Rossi, *Sens. Actuat. B*, 127 (2007), pp. 606-611.
[203] C. A. Marquette, A. Degiuli, and L. Blum, *Biosens. Bioelectron.*, 19 (2003), pp. 433-438.
[204] J. Taylor and S. Hong, *J. Lab. Med.*, 31-10 (2000), pp. 563-567.
[205] H. Shekhar, V. Chathapuram, S. H. Hyun, S. Hong, and H. J. Cho, *IEEE Sensor J.*, 1 (2003), pp. 67-73.
[206] H. K. Walker, W. D. Hall and J. W. Hurst, *Clinical Methods; The History, Physical, and Laboratory Examinations*, 3rd ed., Butterworth, London, 1990, pp. 189-197.
[207] J. M. Cook and D. L. Miles, *Inst. Geol. Sci. Rep.*, 80 (1980), pp. 5-11.
[208] H. N. Elsheimer, *Geostand Newsl.*, 11 (1987), pp. 115-122.
[209] R. Verma and R. Parthasarthy, *J. Radioanal. Nucl. Chem. Lett.*, 214 (1996), pp. 391-398.
[210] T. Graule, A. von Bohlen, J. A. C. Broekaert, E. Grallath, R. Klockenkamper, P. Tschopel, and G. Telg, *Fresenius Z. Anal. Chem.*, 335 (1989), pp. 637-645.
[211] S. D. Kumar, K. Venkatesh, and B. Maiti, *Chromatograpia*, 59 (2004), pp. 243-249.
[212] P. A. Blackwell, M. R. Cave, A. E. Davis, and S. A. Malik, *J. Chromatogr. A*, 770 (1997), pp. 93-99.
[213] H. K. Walker, W. D. Hall, and J. W. Hurst, *Clinical Methods; The History, Physical, and Laboratory Examinations*, 3rd ed., Butterworth, London, 1990, pp. 34-38.
[214] A. Davidsson, M. Söderström, K. Naidu Sjöswärd, and B. Schmekel, *Respiration*, 74 (2007), pp. 184-191.

[215] O. Niimi, L. T. Nguyen, O. Usmani, B. Mann, and K. F. Chung, *Thorax*, 59 (2004), pp. 608-612.

[216] R. M. Effros, K. W. Hoagland, M. Bosbous, D. Castillo, B. Foss, M. Dunning, M. Gare, W. Lin, and F. Sun, *Amer. J. Resp. Crit. Care Med.*, 165 (2002), pp. 663-669.

[217] B. Davidsson, K. Naidu Sjöswärd, L. Lundman, and B. Schmekel, *Respiration*, 72 (2005), pp. 529-536.

[218] V. Mortet, R. Petersen, K. Haenen, and M. D'Olieslaeger, *IEEE Ultrasonics Symp.*, (2005), pp. 1456-1460.

[219] S. C. Ko, Y. C. Kim, S. S. Lee, S. H. Choi, and S. R. Kim, *Sens. Actuat. B*, 103 (2003), pp. 130-134.

[220] R. Greaves and G. Sawyer, *Phys. Technol.*, 14 (1983), pp. 15-21.

[221] E. S. Kim and R. S. Muller, *IEEE, IEDM 86*, (1986), pp. 8-10.

[222] A. Odon, *Measurement Sci. Rev.*, 3 (2003), pp. 111-116.

[223] A. V. Shirinov and W. K. Schomburg, *Sens. Actuat. A*, 142 (2008), pp. 48-53.

[224] S. C. Hung, B. H. Chou, C. Y. Chang, K. H. Chen, Y. L. Wang, S. J. Pearton, A. Dabiran, P. P. Chow, G. C. Chi, and F. Ren, *Appl. Phys. Lett.*, 94 (2009), pp. 043903-043905.

[225] Y. L. Wang, B. H. Chu, K. H. Chen, C. Y. Chang, T. P. Lele, Y. Tseng, S. J. Pearton, J. Ramage, D. Hooten, A. Dabiran, P. P. Chow, and F. Ren, *Appl. Phys. Lett.*, 93 (2008), pp. 262101-262103.

[226] B. H. Chu, B. S. Kang, F. Ren, C. Y. Chang, Y. L. Wang, S. J. Pearton, A. V. Glushakov, D. M. Dennis, J. W. Johnson, P. Rajagopal, J. C. Roberts, E. L. Piner, and K. J. Linthicum, *Appl. Phys. Lett.*, 93 (2008), pp. 042114-042116.

[227] S. C. Hung, Y. L. Wang, B. Hicks, S. J. Pearton, F. Ren, J. W. Johnson, P. Rajagopal, J. C. Roberts, E. Piner, K. Linthicum, and G. C. Chi, *Electrochem. Solid. State Lett.*, 11 (2008), pp. H241-H243.

[228] C. Y. Chang, B. S. Kang, H. T. Wang, F. Ren, Y. L. Wang, S. J. Pearton, D. M. Dennis, J. W. Johnson, P. Rajagopal, J. C. Roberts, E. L. Piner, and K. J. Linthicum, *Appl. Phys. Lett.*, 92 (2008), pp. 232102-232104.

[229] S. Okie, *N. Engl. J. Med.*, 352 (2005), pp. 2043-2047.

[230] D. Warden, Defense and Veterans Brain Injury center—Blast Injury. http://www.dvbic.org/blastinjury. htm (Accessed April 7, 2007).

[231] J. A. Langlois, D. A. Rutland-Brown, K. E. Thomas, (2004). Traumatic brain injury in the United States: Emergency department visits, hospitalizations, and deaths. Atlanta (GA): Centers for Disease Control and Prevention, National Center for Injury Prevention and Control.

[232] C. Porte, G. Janer, L. C. Lorusso, M. Ortiz-Zarragoitia, M. P. Cajaraville, M. C. Fossi, and L. Canesi, *Comp. Biochem. Physiol.*, Part C, 143, 303 (2006).

[233] G. Mosconi, O. Carnevali, M. F. Franzoni, E. Cottone, I. Lutz, W. Kloas, K. Yamamoto, S. Kikuyama, and A. M. Polzonetti-Magni, *Gen. Comp. Endocrinol.* 126, 125 (2002).

[234] J. P. Sumpter and S. Jobling, *Environ. Health Perspect.*, Vol. 103, Supplement 7: Estrogens in the Environment (Oct. 1995), pp. 173-178.

[235] V. Matozzo, F. Gagné, M. Gabriella Marin, F. Ricciardi, and C. Blaise, *Environ. Int.*, 34, 531

(2008).

[236] C. S. Watson, N. N. Bulayeva, A. L. Wozniak, and R. A. Alyea, *Steroids,* 72, 124 (2007).

[237] N. Garcia-Reyero, D. S. Barber, T. S. Gross, K. G. Johnson, M. S. Sep′ulveda, N. J. Szabo, and N. D. Denslow, *Aquatic Toxicol.*, 78, 358 (2006).

[238] J. E. Hinck, V. S. Blazer, N. D. Denslow, K. R. Echols, R. W. Gale, C. Wieser, T. W. May, M. Ellersieck,J. J. Coyle, and D. E. Tillitt, *Sci. Total Environ.*, 390, 538 (2008).

[239] H.A. Bern, *J. Clean Tech. Environ. Toxicol. Occup. Med.*, 7, 25 (1998).

[240] J. G. Liehr, *Hum. Reprod.* Update 7, 273 (2001).

[241] J. D. Yager and J. G. Liehr, *Annu. Rev. Pharmacol. Toxicol.*, 36, 203 (1996).

[242] D. L. Davis, H. L. Bradlow, M. Wolff, T. Woodruff, D. G. Hoel, and H. Anton-Culver, *Environ. Health Perspect.*, 101, 372 (1993).

[243] S. A. Heppell, N. D. Denslow, L. C. Folmar, and C. V. Sullivan, *Environ. Health Perspect.*, 103, 9 (1995).

[244] K. S. Carmon, R. E. Baltus, and L. A. Luck, *Anal. Biochem.*, 345, 277 (2005).

[245] T. Hahn, K. Tag, Klaus Riedel, S. Uhlig, K. Baronian, G. Gellissen, and G. Kunze, *Biosens. Bioelectron.*, 21, 2078 (2006).

[246] J. K. Eidem, H. Kleivdal, K. Kroll, N. Denslow, R. van Aerle, C. Tyler, G. Panter, T. Hutchinson, and A. Goksøyr, *Aquatic Toxicol.*, 78, 202 (2006).

[247] T. Sabo-Attwood, J. L. Blum, K. J. Kroll, V. Patel, D. Birkholz, N. J. Szabo, S. Z. Fisher, R. McKenna, M. Campbell-Thompson, and N. D. Denslow, *J. Mol. Endo.*, 39, 22 (2007).

[248] N. D. Denslow, *Ecotoxicology*, 8, 385 (1999).

[249] N. Garcia-Reyero, K. J. Kroll, L. Liu, E. F. Orlando, K. H. Watanabe, M. S. Sepúlveda, D. L. Villeneuve, E. J. Perkins, G. T. Ankley, and N. D. Denslow, *BMC Genomics*, 10, 308 (2009).

[250] G. M. Chertow, E. M. Levy, K. E. Hammermeister, F. Grover, and J. Daley, *Amer. J. Med.*, 104, 343 (1998).

[251] M. Curreli, R. Zhang, F. N. Ishikawa, H. K . Chang, R. J. Cote, C. Zhou, and M. E. Thompson, *IEEE Trans. Nanotechnol.*, 7, 651 (2008).

第 3 章　氢气传感器技术的进展及其在无线传感器网络中的应用

Travis J. Anderson

海军研究实验室，华盛顿哥伦比亚特区 20375

Byung Hwan Chu

化学工程系、材料科学与工程系，佛罗里达大学，盖恩斯维尔，佛罗里达州 32611

Yu Lin Wang

台湾清华大学，新竹，中国台湾 30013

Stephen J. Pearton

电子与计算机工程系、化学工程系、材料科学与工程系，佛罗里达大学，盖恩斯维尔，佛罗里达州 32611

Jenshan Lin

材料科学与工程系、电气与计算机工程系，佛罗里达大学，盖恩斯维尔，佛罗里达州 32611

Fan Ren

化学工程系，佛罗里达大学，盖恩斯维尔，佛罗里达州 32611

3.1　引　　言

氢气(H_2)是一种无色、无味的可燃气体。它有许多工业用途，主要用于化石燃料加工、金属提炼，以及盐酸、甲醇和氨的生产。氢气曾被用作航天飞机固体火箭助推器的燃烧材料，直到兴登堡灾难发生之前，氢气一直被用作提升气体。氢气会带来一些安全问题。氢气在空气中的可燃性上限和下限分别为体积的 4%和 75%。此外，纯氢气火焰会发出紫外线，因此肉眼几乎看不到。最后，当氢以液体形式储存时，它是一种制冷剂。因此，在使用氢气的工业流程中，必须使用坚固耐用的传感器。

氢的一个新兴应用是燃料电池电动汽车，这种车辆的工作原理是通过氢气和氧气反应生成 H_2O 来发电，这些电能直接驱动每个车轮上的电机，唯一的排放物是水蒸气。这种新兴技术已被提出用于下一代零碳排放汽车技术。不过，这项技术的一个问题是氢气的大范围使用。所有加气站都必须储存和分配氢气，如果发生车祸，氢气罐一旦破裂，车辆就会泄漏氢气羽流。因此，传感器必须非常坚固耐用，具有较大的检测范围和检测低浓度氢气的能力，并且能部署在城市规模的网络中。

氢气传感器技术传统上是基于分子在催化金属(如 Pt 或 Pd)存在下的裂解。通过将这些金属集成到 HEMT 的栅极上，传感材料的电导率变化可以通过肖特基二极管或场效应晶体管的工作来放大。一般认为，氢气在室温下吸附在 Pt 和 Pd 上时，会被解离。反应过程如下：

$$H_{2(ads)} \longrightarrow 2H^{+} + e^{-}$$

解离的氢气会导致沟道和电导率的变化，从而产生可测量的信号。这使得基于集成半导体器件的传感器对宽动态范围的氢气浓度极为敏感。

与传统的硅基器件相比，GaN 和碳化硅(SiC)基宽带隙半导体传感器的工作电流更低。由于其内在载流子浓度较低，因此能够在高温下进行检测。使用这些材料制造的电子器件，能够在高温、高功率和高通量/高能量辐射条件下工作，从而提高了各种航天器、卫星、国土防御、采矿、汽车、核电和雷达等各种应用的性能。本章将讨论使用宽带隙半导体器件的氢气传感器技术的进展以及传感器在无线网络中的应用。

3.2　基于肖特基二极管的 AlGaN/GaN HEMT 氢气传感器

从雷达和无人驾驶车辆到有线电视放大器和无线基站，GaN 材料系统在商业和军事领域的应用正引起人们的极大关注。由于这种材料具有宽带隙特性，因此热稳定性非常高，电子设备的工作温度可高达 500℃。这种材料的化学性质也很稳定，唯一已知的湿刻蚀剂是熔融的 NaOH 或 KOH，因此非常适用于在化学性质苛刻的环境或辐射通量中使用。与硅或砷化镓器件相比，氮化物基 HEMT 具有较高的电子迁移率，因此可以工作在从甚高频(VHF)到 X 波段的频率范围内，具有更高的击穿电压、更好的导热性和更宽的传输带宽。与目前使用的砷化镓器件相比，GaN 基 HEMT 还可以在更高的功率密度和阻抗下工作[1-16]。

3.2.1　基于肖特基二极管的氢气传感器

AlGaN/GaN HEMT 由于具有高电子片载流子浓度、2DEG 沟道中的电子迁移率和高饱和速度，因此在基站应用的宽带功率放大器中表现出良好的性能。氮化物 HEMT 的高电子片状载流子浓度是由应变 AlGaN 层的压电极化引起的，而纤锌矿Ⅲ-氮化物中的自发极化非常大。AlGaN/GaN HEMT 结构被忽视的一个潜在应用领域是传感器。相对于在 GaN 层上制造的简单肖特基二极管，这提供了更高的灵敏度[17-35]。栅极区进行功能化处理，以便检测各种气体、液体和生物分子的电流变化。氢气传感器对新兴的燃料电池汽车市场尤为重要。此外，燃烧气体检测还可用于航天器、汽车、飞机、火灾探测器、尾气诊断，以及工业生产过程中的燃料泄漏检测[36-45]。基于 HEMT 技术的各种气体、化学和健康相关传感器，已在 HEMT 栅极区域进行适当的表面功能化处理后得到证实，包括对氢气、汞离子、PSA、DNA 和葡萄糖的检测[46-49]。

在 GaN HEMT 中，感应机制被归结为分子氢在催化金属栅极接触点上解离，然后原子氢扩散，从而改变了肖特基二极管结构的有效势垒高度。这种效应已被用于基于 Si-、SiC-、ZnO-和 GaN-的肖特基二极管燃烧气体的传感器中[50-59]。此外，在正向偏压条件下，带正电荷的氢原子会被施加的偏压屏蔽，而在反向偏压条件下，正电荷将被吸引到表面。因此，反向偏压条件有望提高灵敏度。

1. 器件结构和制造

简单的双端肖特基二极管是有效的氢气传感器。使用 AlGaN/GaN HEMT 衬底可以提高灵敏度，因为 2DEG 将放大氢气吸收的效果，这将在下文中讨论。HEMT 结构是通过 MOCVD 或分子束外延技术生长的，由蓝宝石(Al_2O_3)衬底上的 AlN 缓冲层、GaN 缓冲层(0.5～2 μm)和 $Al_{0.3}GaN$ 屏障层(25～35 nm)组成。基本的器件制造首先是在 Cl_2/Ar 电感耦合等离子体刻蚀系统中进行介孔刻蚀以实现隔离。下一步是通过电子束蒸发和升华沉积欧姆金属。金属方案通常是 Ti/Al/Pt/Au，但事实证明 Ti/Al/TiB_2/Ti/Au 可以提高可靠性。金属叠层在快速热退火(RTA)系统中以 850℃的温度在流动的 N_2 中退火 30 s，以形成接触点。下一步是沉积传感金属，这也是肖特基接触点。在场效应晶体管配置中，这将是栅极金属步骤，包括形成触点的薄 Ni 层或 Pt 层，然后是用于稳定性和探测的厚 Au 层。然而，在这种配置中 Ni 或 Pt 的薄层是可取的，因为它将作为催化表面。最后，沉积一层覆层金属，通常是通过电子束蒸发和升华沉积的 Ti/Au 层，以便进行探测。这种金属以环状沉积在催化金属周围，并带有大面积的金属痕迹，用于接线和探测。图 3.1 显示了封装器件的横截面示意图和光学图像。

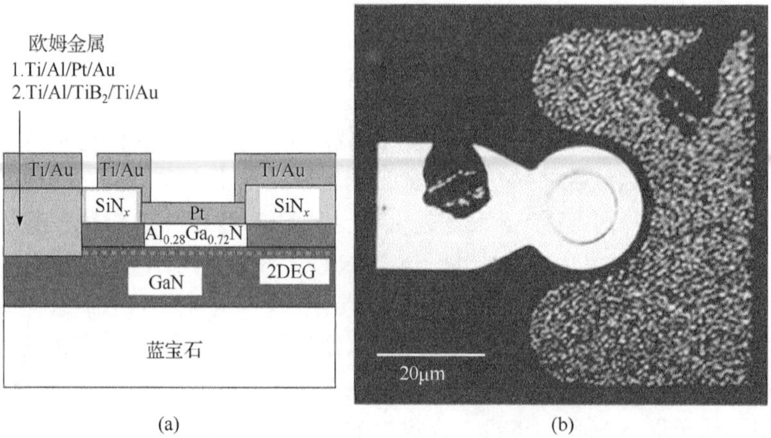

图 3.1　AlGaN/GaN HEMT 层结构上完成的肖特基二极管的(a)横截面示意图和(b)光学图像

2. 测试程序

为气体传感器测试而建立的系统包括一个腔室，该腔室有一个与半导体参数分析仪相连的电馈通装置，用于监测设备的电流-电压(*I-V*)特性。设备原理图如图 3.2 所示。质量流量控制器用于将测试气体和氮气引入腔室并改变浓度，腔室通过熔炉进行高温测试。氢气浓度可以控制在 1 ppm 以下，或达到百分比水平，温度范围为 25～500℃。

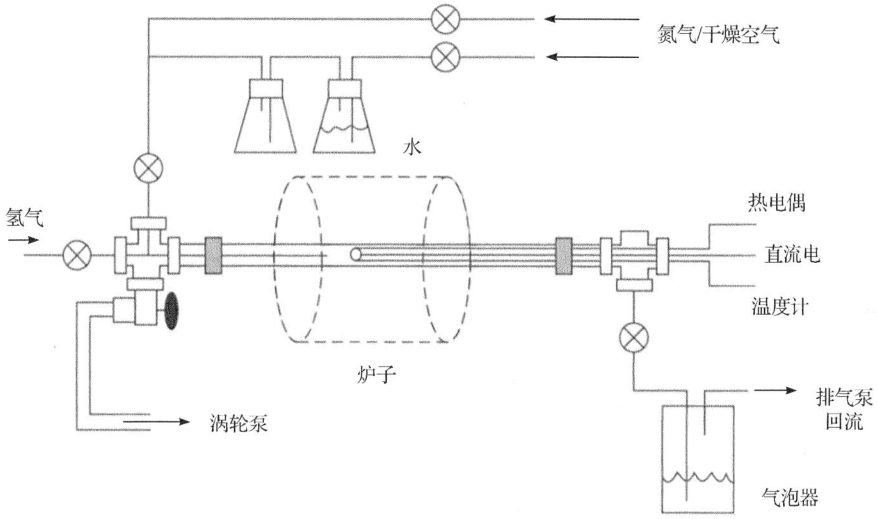

图 3.2　氢气感应系统示意图

3. 实验结果

AlGaN/GaN 肖特基二极管对氢气敏感性的基本演示见下文。图 3.3 显示了 HEMT 二极管在 25℃时的线性(图(a))和对数比例(图(b))正向 *I-V* 特性，包括在空气中和在空气中含 1%氢气的环境中。对于这些二极管，在引入氢气后，电流明显增加，这是由于通过前面讨论的机制降低了有效势垒高度。氢气在 Pt 金属化层上催化分解，并迅速扩散到形成偶极层的界面。关于势垒高度降低的更详细计算将在下文中讨论。环境中引入氢气后，正向电流的差异变化约为 1 mA。

为了测试传感器的时间响应，通过质量流量控制器将 10%氢气-90%氮气环境切换到腔室中，时间分别为 10 s、20 s 或 30 s，然后切换回纯氮气环境。图 3.4 显示了在这些条件下，固定偏压为 2 V 时正向电流的时间依赖性。传感器的响应快速(小于 1 s)，接近 30 s 就达到饱和。该时间常数由测试室的传输特性决定，不受二极管本身响应的限制。

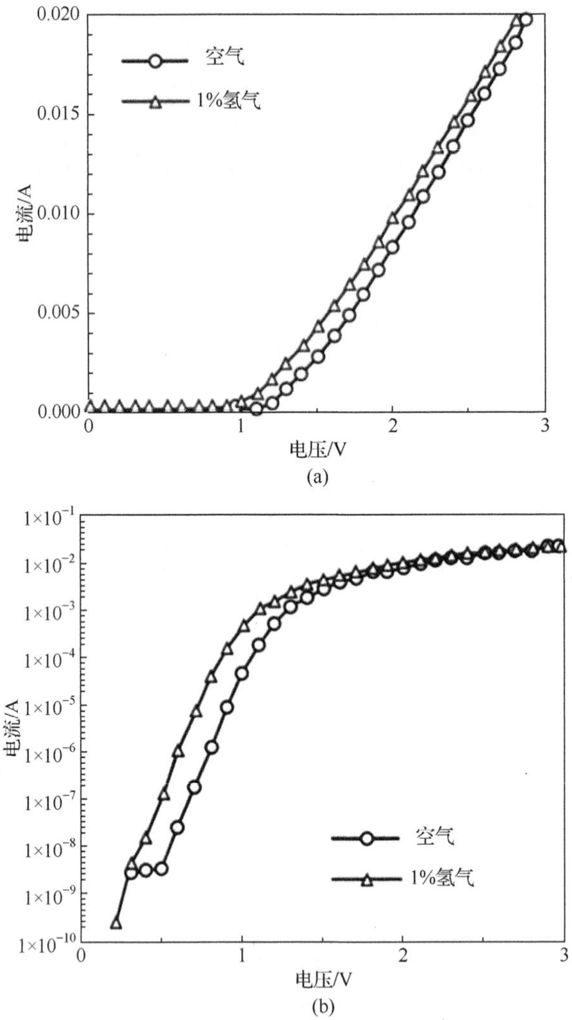

图 3.3　在 25℃的空气或 1%的氢气环境中测量的 Pt 门控二极管的(a)线性和(b)对数比例正向 *I-V* 特性

为了进一步研究，在室温(25℃)和氮气环境下，在氢气浓度为 0～500 ppm 的条件下对器件进行了正向和反向偏压测试，通过使用质量流量控制器稀释混合气体来控制。如图 3.5 所示，在正向和反向偏置条件下，暴露在氢气中的电流都会增加。这一结果符合之前讨论的机制[60,61]。氢原子形成了偶极层，降低了肖特基势垒高度，增加了 AlGaN 表面的净正电荷以及 2DEG 沟道中的负电荷。计算出的 500 ppm 和 50 ppm 氢气的势垒高度降幅分别为 5 MeV 和 1 MeV。根据计算，500 ppm 和 50 ppm 氢气的理想因子分别为 1.25 和 1.23，而 100%氮气的理想因子为 1.26。

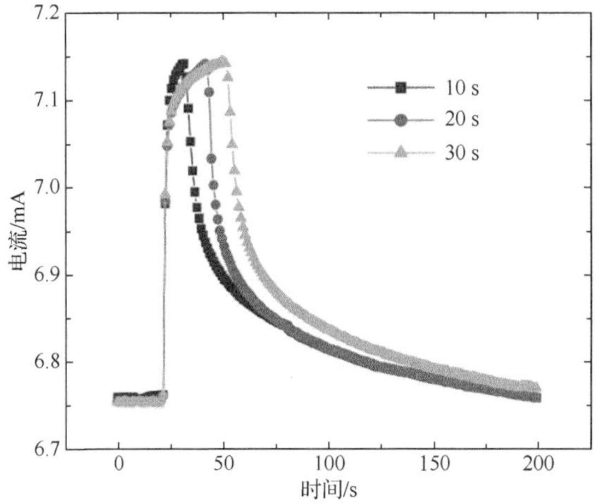

图 3.4 当环境从纯氮气切换到 10%氢气-90%氮气，持续 10 s、20 s 和 30 s，然后回到纯氮气时，基于 MOS-HEMT 的二极管正向电流在 25℃的固定偏压下的时间响应

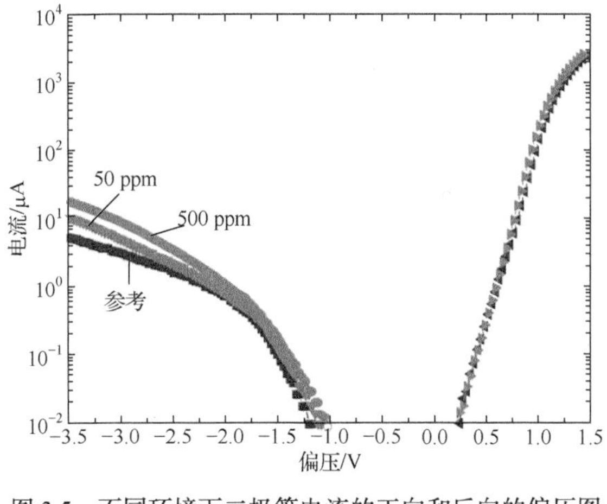

图 3.5 不同环境下二极管电流的正向和反向的偏压图

然而，如图 3.6 所示，氢灵敏度(定义为漏极电流相对于初始漏极电流的变化)与偏置电压的关系图显示了在 500 ppm 氢气的正向和反向偏置极性条件下的不同特性。在正向偏压条件下，灵敏度在 1 V 左右获得最高值，进一步增加偏压则会降低灵敏度。

反向偏压条件下的灵敏度则截然不同，其灵敏度与偏压成正比。我们提出了正向和反向偏压条件下灵敏度变化的以下机制。①灵敏度的最初增加是由于肖特基势垒高度降低。②正向偏压的进一步增加使电子流过肖特基势垒。这些多余的电子与 H^+结合形成原子氢，并逐渐破坏界面上的偶极层，从而失去氢检测的灵敏度。③在反向偏压条件下，氢原子释放出的电子可能会扫过耗尽区。在较高的反

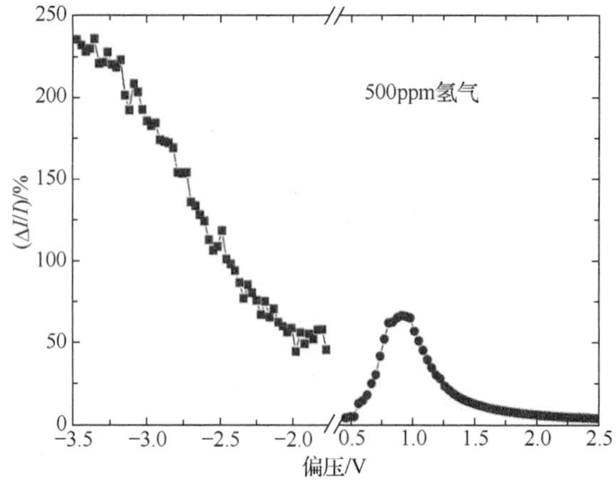

图 3.6　在 500 ppm 氢气下，电流的百分比变化与偏压的关系

向偏置电压下，电子会受到较大的驱动力而穿过耗尽区。因此，在较高的反向偏压下，Pt/AlGaN 界面上的偶极子层会被放大。由于偶极层的放大作用，在较高的反向偏置电压下，检测灵敏度会得到提高。

图 3.7 量化了检测灵敏度与氢气浓度的关系。很明显，与所提出的机理预测的一样，二极管在反向偏压条件下的灵敏度要高得多。正向偏压下的检测极限为 100 ppm，而反向偏压的检测极限则低一个数量级，为 10 ppm。在反向偏压条件下，10 ppm 时的电流变化为 14%，500 ppm 的电流变化超过 200%，而在 100～500 ppm 的范围内，正向偏压操作导致的电流变化为 25%～75%。这与已发表的研究结果一致，表明在反向偏压下灵敏度有所提高[62]。在两种偏置电压极性下，氢气传感器的可靠性可能大不相同，因为高压耗尽区(反向偏压)或电流注入(正向偏压)会加速 GaN 器件的不同降解机制[63]。

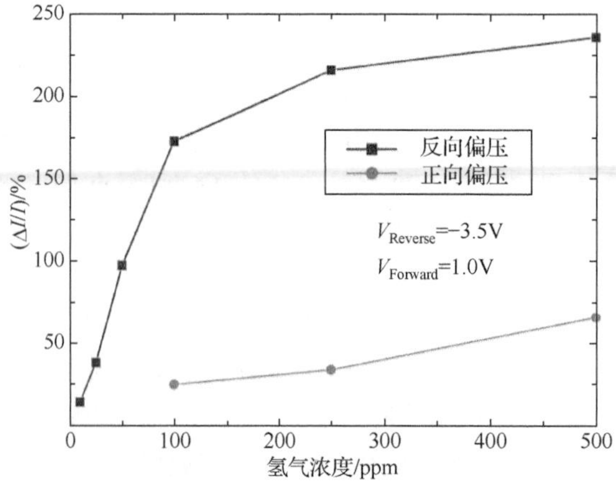

图 3.7　在正向偏压和反向偏压下，电流的百分比变化与氢气浓度的函数关系

3.2.2　TiB_2 欧姆接触

HEMT 上基于硼化物的欧姆触点在 350℃下长时间老化后，接触电阻低于 Ti/Al/Pt/Au[64]。基于 TiB_2 的欧姆接触显示出更优秀的长期工作稳定性[65]。欧姆接触点的结构是 Ti(200 Å)/Al(1000 Å)/TiB_2(400 Å)/Ti(200 Å)/Au(800 Å)。所有的金属都是在 15～40 mTorr 的压力和 200～250 W 的射频(13.56 MHz)功率下通过氩等离子体辅助射频溅射沉积的。图 3.8 显示了两种欧姆接触点器件在 1.5 V 栅极偏压下正向电流的时间相关性。这些测试是在现场进行的，温度和湿度不受控制。有几个特点值得注意。首先，由于接触电阻较低($1.6\times10^{-6}\ \Omega\cdot cm^2$，而传统的 Ti/Al/Pt/Au 的接触电阻为 $7.5\times10^{-6}\ \Omega\cdot cm^2$)，因此带有 TiB_2 的二极管的电流要大得多。其次，使用 TiB_2 的器件稳定性更好。硼化物触点的接触电阻对温度的依赖性要小得多，这就意味着温度从白天到黑夜的循环过程中，栅极电流变化较小。

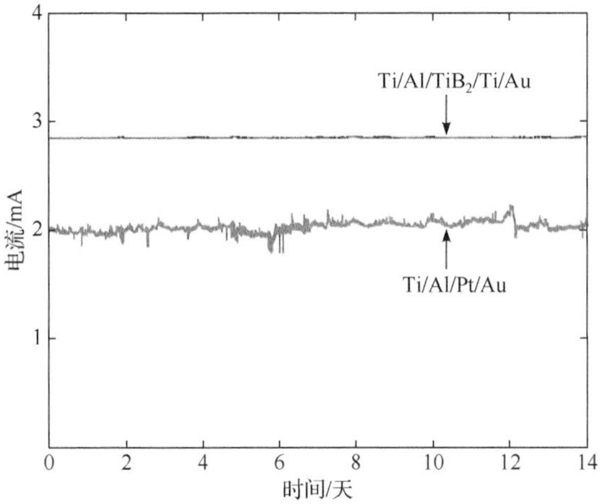

图 3.8　在白天温度升高、晚上温度降低的现场条件下，带有硼化物欧姆触点(上)或传统欧姆触点(下)的二极管在固定偏压下的正向电流与时间的关系

3.2.3　湿度对氢气传感器的影响

迄今为止，大多数氢气传感研究都是在氢气与干燥氮气平衡的情况下进行的，少数实验是在干燥的空气条件下进行的。然而，在检测氢气泄漏的实际应用中，湿度可能会对氢气传感起到重要影响，而美国主要城市的湿度很高，通常大于 50%[66]。因此，研究湿度对基于 AlGaN/GaN HEMT 的氢气传感器的影响非常重要。

图 3.9 显示了反向偏压为−1.5 V 的 HEMT 传感器的二极管电流随时间变化的情况，该传感器交替暴露在 1%的氢气和不同相对湿度(RH)的空气中。1% 的氢气混合物通过一个质量流量控制器进入腔室保持 180 s，然后切换回潮湿空气。该传感器的传感响应和恢复时间均小于 1 min，而且该传感器还表现出良好的重复性。

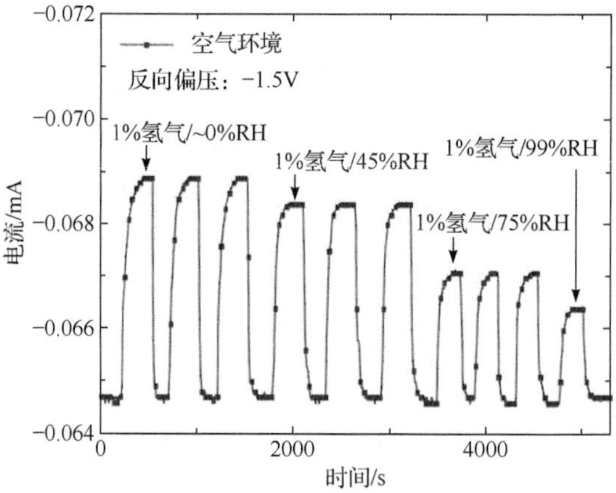

图 3.9　当气体环境在 1%的氢气平衡和不同湿度的空气之间来回切换时，反向偏压为−1.5V 的 AlGaN/GaN HEMT 二极管电流绝对值的时间依赖性

然而，如图 3.10 所示，随着相对湿度的增加，对 1%氢气的灵敏度呈线性下降。据报道，相对湿度和氧分压都会降低 Pt 的电催化活性[67-71]。吸收的水蒸气和氧气阻断了 Pt 表面对氢气的吸附位点，降低了金属-半导体界面上的氢气浓度。

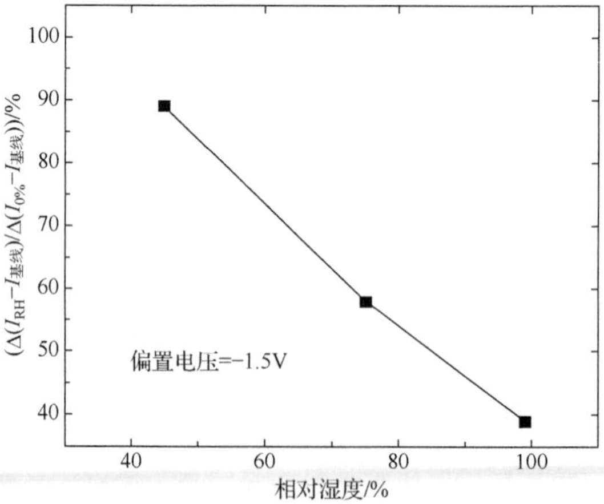

图 3.10　氢气传感器灵敏度与相对湿度的关系

如图 3.11 所示，当气体环境从含氢的潮湿空气切换到不含氢的潮湿空气时，传感器表现出快速响应；当气体环境从含氢的潮湿空气切换到不含氢的干燥空气时，则会出现缓慢的恢复特性。这种缓慢的恢复行为与我们之前使用干燥的氮气为背景环境进行的研究结果相似，后者显示了较长且缓慢的恢复时间[65,72]。我们现在认为，该研究中的缓慢恢复时间是由于将残余氢气排出气室所需的时间较长。

在这项工作中，我们注意到环境中水分子的存在缩短了恢复时间。据报道，Pd 或 Pt 会吸附 H_2O，并在表面化学吸附的氧原子的帮助下，催化解离吸附的 H_2O，形成 OH 分子[73,74]。氢原子很容易与 OH 反应生成 H_2O，因此湿度的存在消耗了氢原子，缩短了传感器的恢复时间。

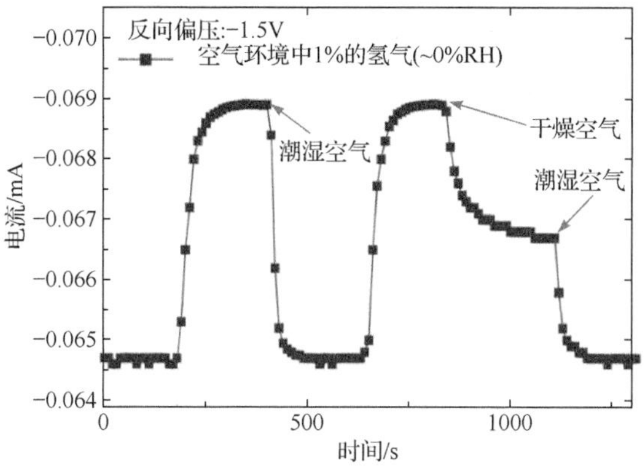

图 3.11　当气体环境在 1%的氢气平衡和湿度为 100%的空气以及干燥空气之间来回切换时，反向偏压为−1.5V 的 AlGaN/GaN HEMT 二极管电流的恢复时间随时间变化的特性

3.2.4　差分传感器

一对差分 AlGaN/GaN HEMT 二极管可用于接近室温的氢气传感。这种配置提供了一个内置控制二极管，以减少由温度波动、湿度变化或电压瞬变造成的误报。图 3.12 显示了已完成器件的光学显微镜图像。有源器件有 10 nm 的 Pt 暴露在大气中，而参比二极管的 Pt 层上覆盖有 Ti/Au。

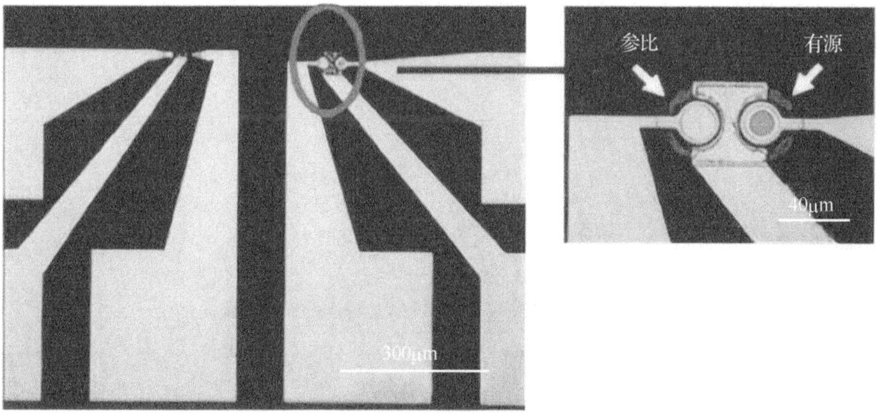

图 3.12　差分传感二极管的光学显微镜图像。有源二极管的开口处沉积了 10 nm 的 Pt，而参比二极管则沉积了 Ti/Au

图 3.13 显示了 HEMT 有源二极管和参比二极管在 25℃时的绝对和差分正向 *I-V* 特性，既有在空气中的，也有在空气中含 1% 氢气环境中的。对于有源二极管，引入氢气后，电流会通过降低有效势垒高度而增加。氢气在 Pt 金属化层上催化分解，并迅速扩散到形成偶极层的界面。在检测的电压范围内，将氢气引入环境时，正向电流的差值变化为 1～4 mA，在低偏压时达到峰值。这大约是在相同条件下测试的同类 GaN 肖特基气体传感器检测灵敏度的 2 倍，证实了基于 HEMT 的二极管对于需要在室温下也能检测氢的应用具有优势。

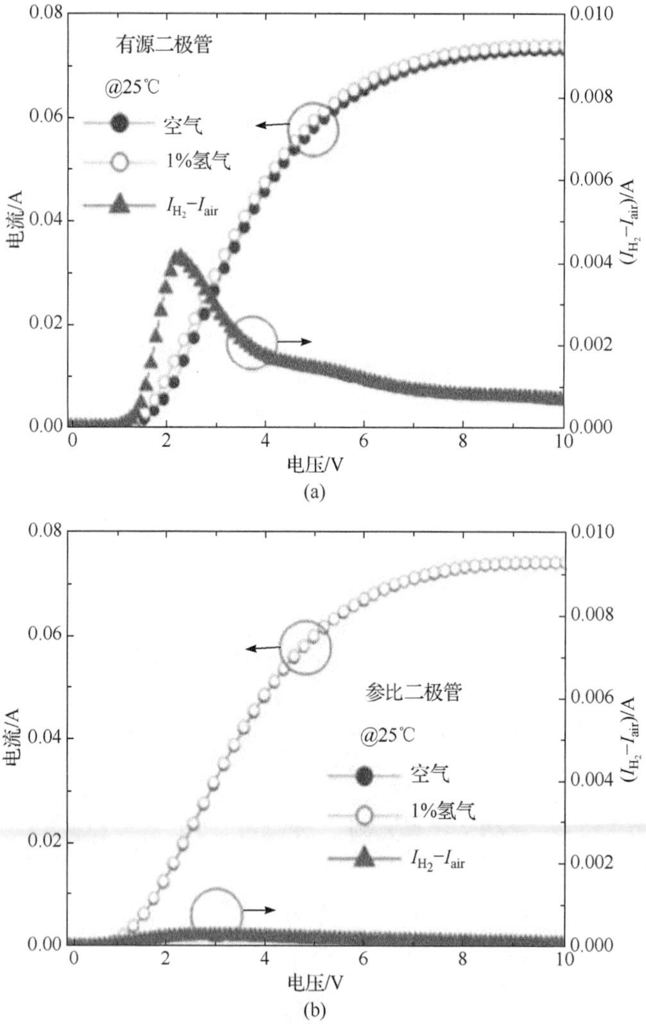

图 3.13　在 25℃下测量的 HEMT 二极管的绝对电流和差分电流。(a) 有源二极管；(b) 参比二极管

当检测温度升高到 50℃时，HEMT 二极管的差分电流响应在很宽的电压范围内几乎保持不变，这是因为氢在金属触点上的裂解效率更高，如图 3.14 所示。最大的差分电流与 25℃时相似，但在 50℃时，为实现对氢气的最大检测灵敏度而进行的电压控制就不那么重要了。

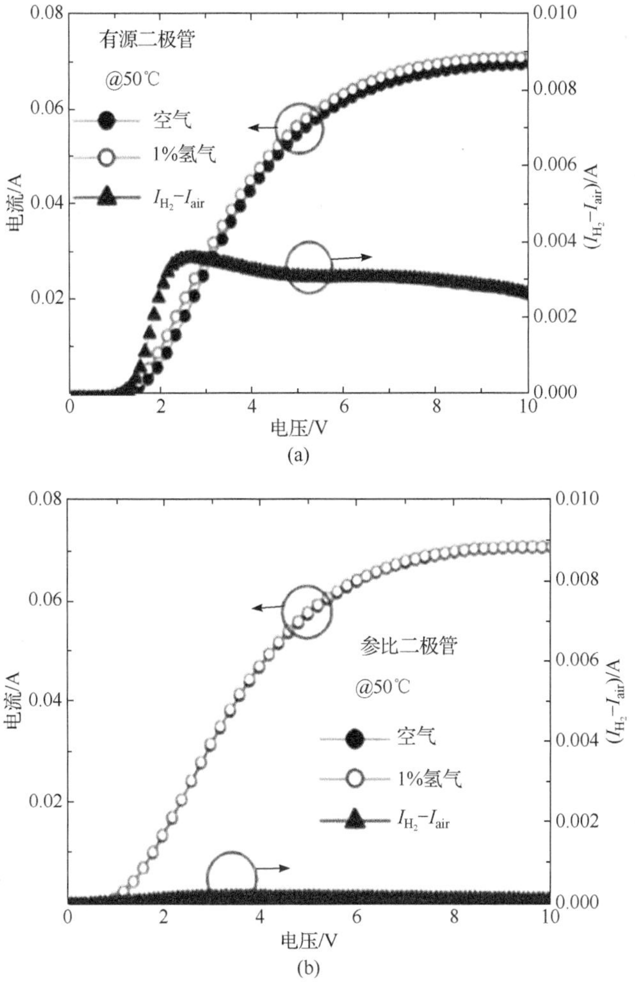

图 3.14　在 50℃下测量的 HEMT 二极管的绝对电流和差分电流。(a) 有源二极管；(b) 参比二极管

为了测试 HEMT 二极管传感器的响应时间，通过质量流量控制器将 1%的氢气环境切换到测试腔内 300 s，然后再切换回空气。图 3.15 显示了在 2.5 V 固定偏压下有源和基准二极管的正向电流随时间变化的情况。传感器的响应速度很快(根据一系列的开关测试，小于 1 s)。从含氢环境中切换出来后，正向电流以指数形式衰减到初始值。该时间常数由测试腔的体积和输入气体的流速决定，而不受

HEMT 二极管本身的响应的限制。请注意，差分二极管的几何形状可以消除因环境温度变化或电压漂移而导致的误报。

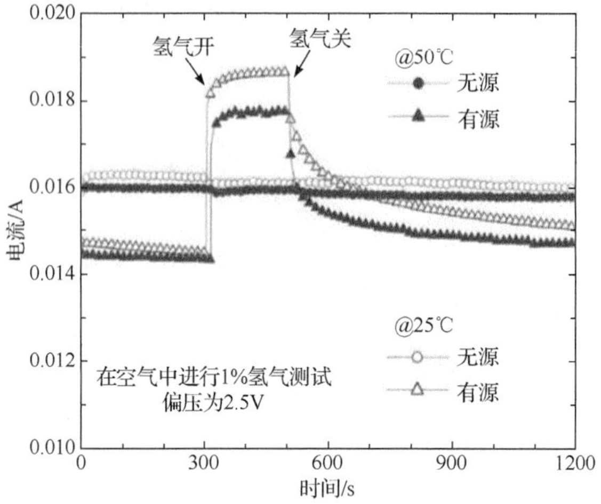

图 3.15　在室温和 50℃下使用 1% 氢气进行的差分二极管的测试结果

3.3　GaN 肖特基二极管传感器

3.3.1　N 极和 Ga 极的比较

纤锌矿型 GaN 是一种极性材料。因此，沿着 *c* 轴，GaN 表面有 N 极性(N-polar)或 Ga 极性(Ga-polar)取向。由于 N 极性和 Ga 极性有不同的反应活性[75-77]，因此这些不同的表面如何与不同的化学物质发生反应是很有趣的。GaN 表面决定的极性已经被用来改善 AlGaN/GaN HEMT 的性能[78]。Ga 极性表面是有意生长出来的，目的是使自发极化与压电极化兼容，以增强 AlGaN/GaN HEMT 中的 2DEG[78]。然而，密度泛函理论表明，氢气对氮极(N-face)表面的亲和力远高于镓极(Ga-face)表面。高分辨率电子能量损失谱(HREELS)显示，氢气或原子氢更倾向于吸附在氮相关位点上[75]。研究还表明，在 820℃以下，N 极 GaN 的反应速率比 Ga 极 GaN 表面的反应速度快得多[77]。因此，人们可能认为表面的极性在氢气感应特性中发挥着重要作用。最近的研究结果表明，在 N 极 GaN 上制造的肖特基二极管提供了比 Ga 极 GaN 和 Ga 极 AlGaN/GaN HEMT 更高的灵敏度[79,80]。

在 N 极 GaN 肖特基二极管中，由于氢诱导的高极性具有更高的表面活性，肖特基势垒高度比 Ga 极肖特基二极管降低得更多。因此，N 极 GaN 肖特基二极管的灵敏度比 Ga 极 GaN 高得多。

1. 器件结构和制造

如前所述[81,82]，GaN 层结构通过 MOCVD 技术生长在 C 平面 Al_2O_3 衬底上，并带有低温 GaN 缓冲器。N 极生长的一个关键方面是通过使用两种不同的条件来控制异向外延的演化，一种条件是用于增强垂直的孤岛形成，另一种是促进横向凝聚过程。从低反射率区域可以看出，通过孤岛成核可以控制表面粗化程度，随后设计的快速横向生长(凝聚)可以使表面更平滑。凝聚结束时的所有外延层在光学上都是光滑的，没有凹坑[81,82]。蓝宝石衬底上生长的 Ga 极层和 N 极层的厚度均为 1.3 μm 左右。未掺杂的 N 极样品的 n 型载流子密度为 1.5×10^{18} cm^{-3}(迁移率为 245 $cm^2/(V \cdot s)$)，而掺杂硅的面样品的 n 型载流子密度为 1×10^{18} cm^{-3}(迁移率为 410 $cm^2/(V \cdot s)$)。为了进行比较，我们还使用了载流子密度为 9×10^{12} cm^{-2} 的标准 Ga 极 AlGaN/GaN 异质结构样品作为传感器，因为我们发现这些样品比 GaN 二极管具有更高的氢灵敏度[25,44]。

所有样品的欧姆触点都是通过电子束沉积 Ti(200 Å)/Al(1000 Å)/Ni(400 Å)/Au(1200 Å)形成的，然后在流动的氮气环境下于 850℃下退火 45 s。在 300℃下，表面封装了 2000 Å 的等离子体增强化学气相沉积的 SiN_x。通过干法刻蚀在 SiN_x 上开窗，并通过电子束蒸发沉积 100 Å 的 Pt 作为肖特基接触点。最后的金属是电子束沉积的 Ti/Au(200 Å/1200 Å)互连触点。器件结构示意图和俯视图见图 3.16。

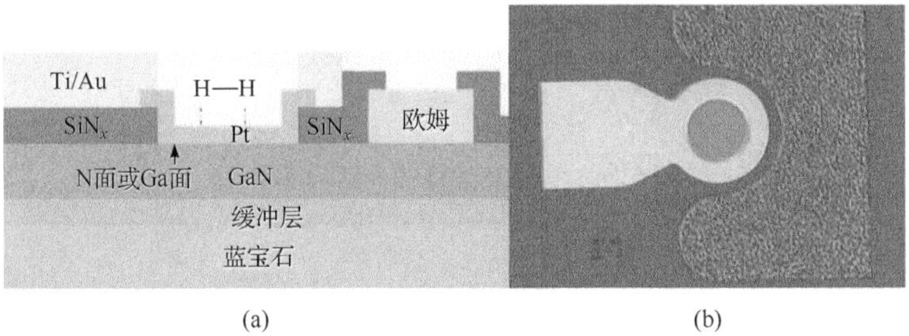

图 3.16　由 Ga 极或 N 极制成的肖特基二极管的(a)横截面示意图和(b)器件的平面照片

2 .实验结果

由 N 极 GaN、Ga 极 GaN 和 Ga 极 HEMT 制成的肖特基二极管在暴露于含 4%氢气的氮气前后的 *I-V* 特性见图 3.17(a)。图 3.17(b)显示了氢暴露后电流随电压变化的绝对值和百分比。请注意，氢气暴露对 N 极二极管的影响明显更大。在暴露于含 4%氢气的氮气中后，该二极管实际上从整流状态恢复到接近欧姆状态。最大电流变化百分比也相应地比 Ga 极 GaN 二极管或 HEMT 二极管大得多，即 10^6，而 Ga 极二极管为 10，HEMT 二极管为 170。

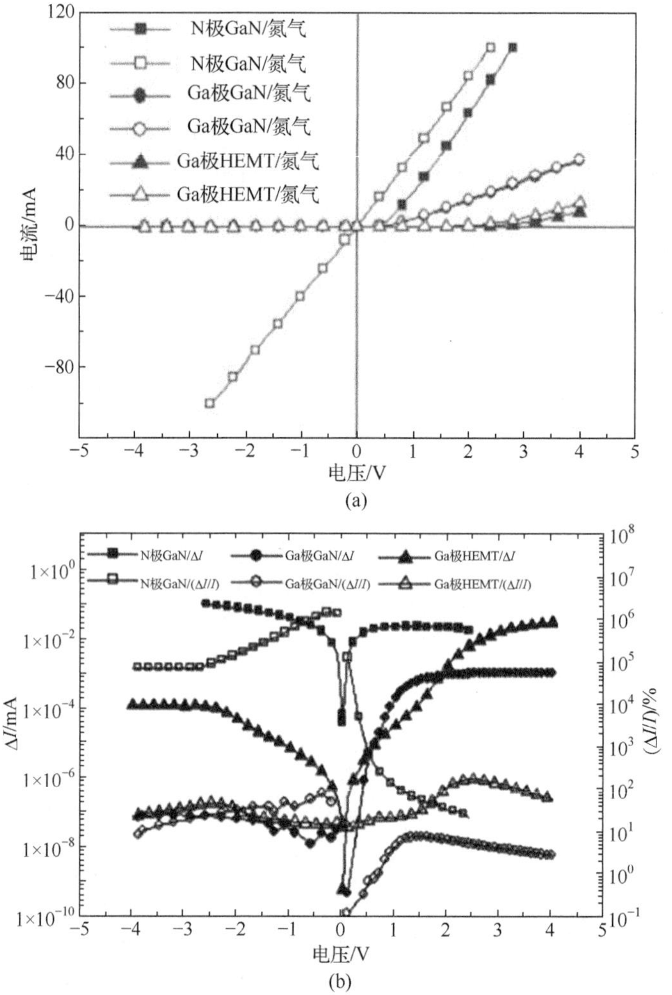

图 3.17　(a)三种类型的二极管(由 N 极 GaN、Ga 极 GaN 和 Ga 极 HEMT 制成的肖特基二极管)在氮气中暴露于 4%氢气之前和之后的 *I-V* 特性；(b)氢气暴露后，电流的绝对值和百分比随电压的变化而变化

图 3.18 显示了三种类型的传感器的电流变化随时间变化的情况，即环境温度从氢气到含 4%氢气的氮气中再回到氮气的循环过程。这些器件在略有不同的偏压下工作，以最大限度地提高响应。N 极二极管显示出更大的相对响应，但在测量时间范围内无法恢复其原始电流，这与 Ga 极二极管和 HEMT 二极管形成鲜明对比。这可能是因为一些氢气与氮气紧密结合，而室温下的热能不足以破坏这种结合。

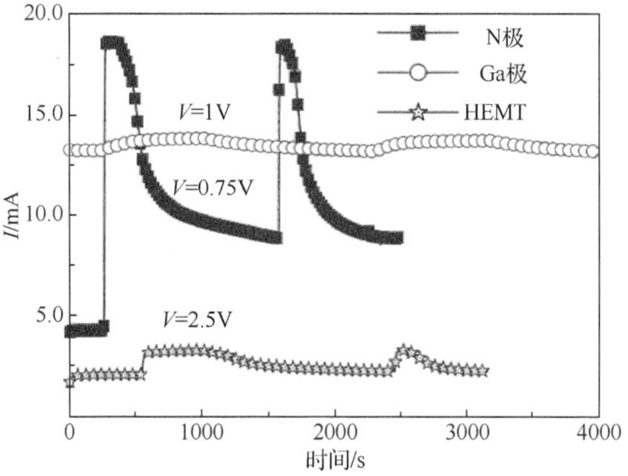

图 3.18　在室温下，三种类型的传感器的电流变化与环境从氮气到含 4%氢气的氮气中循环的时间有关

如图 3.19(a)所示，一开始暴露在含氢气环境中，就观察到电流从整流状态转变为接近欧姆状态。反向偏压区的电流突变证明了使用 N 极 GaN 肖特基二极管作为氢传感器的有效性。然而，如前所述，与 GaN 极肖特基二极管相比，N 极 GaN 肖特基二极管的恢复时间明显更长。图 3.19(b)显示了 N 极肖特基二极管在室温下切换回氮气环境后，*I-V* 特性在 5 min 内的恢复情况。即使在氢气感应后将二极管在氮气中循环到 150℃也不足以恢复最初的电流，这与其他类型二极管在室温下约 5 min 后电流完全恢复形成鲜明对比。这与预测的 H 覆盖的 N 极 GaN 表面的稳定性一致[76,77]。

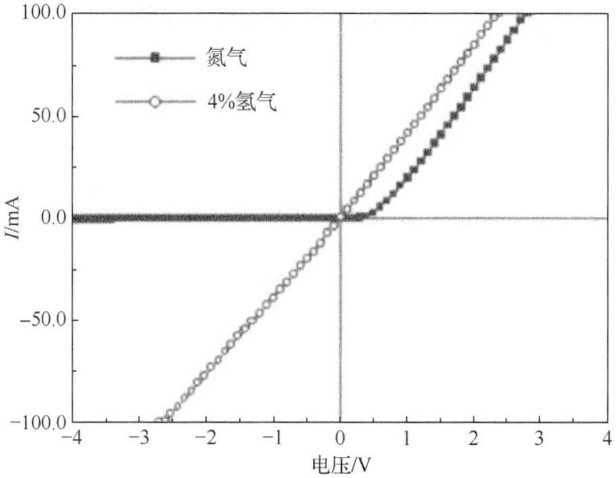

(a)

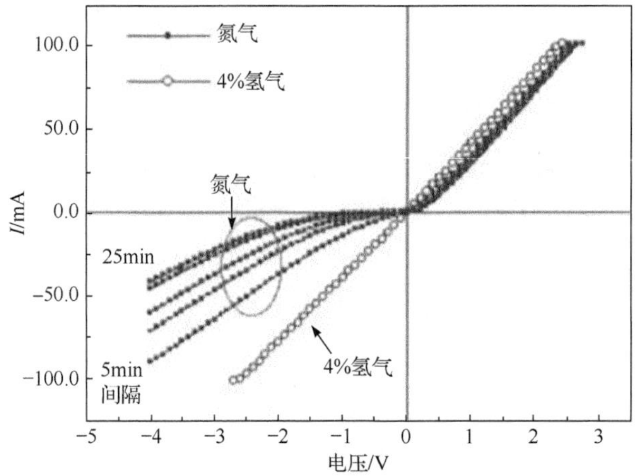

(b)

图 3.19 (a)在暴露于含氢气的环境之前和之后，N 极 GaN 肖特基二极管的 *I-V* 特性；(b)在最初感应氢气后，N 极 GaN 肖特基二极管的 *I-V* 特性在氮气环境中的恢复情况与时间的关系

3.3.2 W/Pt 接触 GaN 肖特基二极管

当测量环境从纯 N_2 变为 10% 氢气-90% 氮气时，在 350℃～600℃的温度范围内，W/Pt 接触的 GaN 肖特基二极管在低偏压(3 V)下的正向电流变化也大于 1 mA。我们发现，使用具有 Sc_2O_3 栅极电介质和相同 W/Pt 金属化的 MOS 二极管结构，在暴露于含氢气的环境中时，其正向电流在更大的温度范围内(90～625℃)显示出相同的可逆变化。在这两种情况下，电流的增加都是由于 MOS 和肖特基

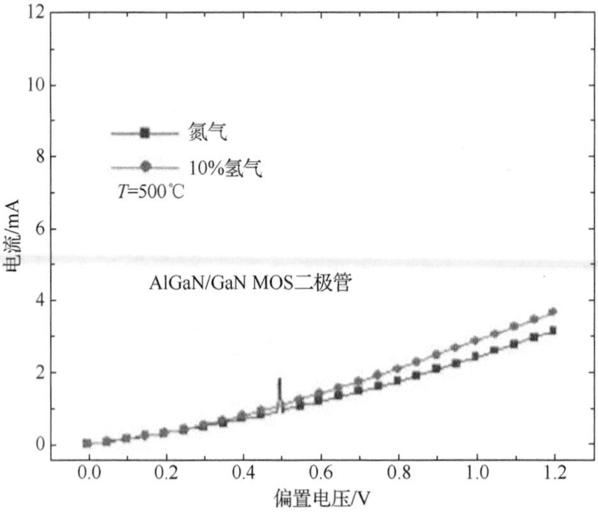

(a)

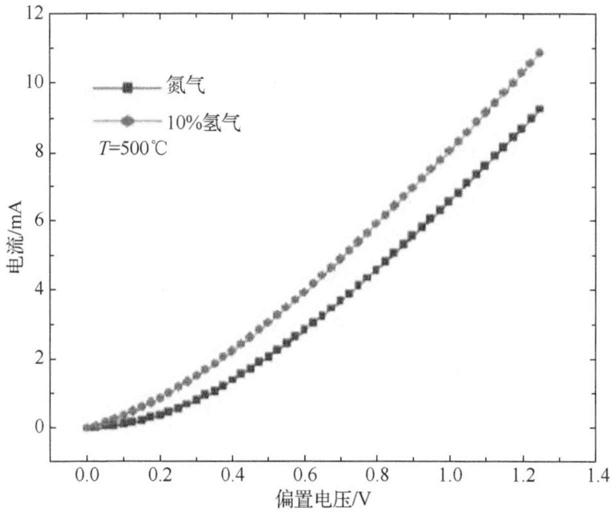

(b)

图 3.20　当环境从氮气中变换到含 10% 氢气的氮气中时，(a) AlGaN/GaN MOS 二极管和(b) W/Pt GaN 肖特基二极管在 500℃下的电流变化

栅极的有效势垒高度降低了 30～50 mV(10% 氢气-90% 氮气环境相对于纯氮气而言)，这是由于氢气在 Pt 接触上的催化解离，随后扩散到 W-GaN 或 Sc_2O_3-GaN 界面。氧化物的存在降低了检测氢气的温度，加上使用高温、稳定的钨金属化，增强了这些宽带隙传感器的潜在应用。图 3.20 显示，MOS 结构的电流相对变化较大。

3.4　纳米结构宽带隙材料

与薄膜材料相比，用 Pd 或 Pt 功能化的纳米结构宽带隙材料更加灵敏，因为它们的比表面积大[83,84]。一维半导体纳米材料，如碳纳米管(CNT)、硅纳米线、GaN 纳米线和 ZnO 纳米线，由于具有多种优势，是取代二维半导体的良好候选材料。第一，一维结构具有较大比表面积，这意味着相当一部分原子可以参与表面反应。第二，在较宽的温度和掺杂范围内，一维纳米材料的德拜长度(λ_D)与其半径相当，这使它们比二维薄膜更敏感。第三，一维纳米结构通常比二维薄膜具有更好的化学计量控制，并且比二维薄膜有更高的结晶度。利用一维结构，可以轻易解决二维半导体中常见的缺陷问题。第四，随着直径的进一步减小，有望出现量子效应。最后，低成本、低功耗以及与微电子加工的高兼容性使一维纳米结构成为传感器的实用材料。GaN、InN 和 ZnO 纳米线或纳米带已经取得了令人瞩目的成果，它们在室温下对氢气的检测极限可低至约 20 ppm。

3.4.1 基于 ZnO 纳米棒的氢气传感器

此类传感器的主要要求之一是能够在室温下有选择地检测空气中的氢气。此外，对于大多数此类应用，传感器应具有极低的功率要求和极轻的质量。纳米结构是这类传感器的天然候选者。由于通常使用片上加热器来提高分子氢的解离效率使其变成原子形式，这增加了复杂性和功率要求，因此，其中一个重要的方面就是提高传感器检测低浓度或低温氢气等气体的灵敏度。以往的工作表明，Pd 涂层或掺杂的碳纳米管通过催化氢气解离为氢原子，对氢气的检测变得更加敏感[85-87]。ZnO 也是一种极具吸引力的传感材料，据报道，该系统中的纳米线和纳米棒可用于 pH、气体、湿度和化学传感[88-91]。由于 ZnO 具有生物安全性，因此这些纳米结构在生物医学领域也有新的应用[92]。ZnO 纳米棒可以通过多种不同的方法直接合成[92-105]。

在 ZnO 器件中，气体感应机制包括吸附气体物种和 ZnO 表面之间的电荷交换导致耗尽层深度的变化[106]，以及气体吸附或解吸导致表面或晶界传导的变化[107,108]。值得注意的是，氢在 ZnO 中引入了浅施主态，这种近表面电导率的变化也可能起到一定的作用。在催化金属的存在下，产生的带电氢原子将进一步改变电导率，从而提高灵敏度。

1. 器件结构和制造

本研究中的第一步是 ZnO 纳米棒的生长。用 MBE 生长法，使用金属 Zn 和 O_2 等离子体放电作为源化学物质生长了 ZnO 纳米棒。为了建立纳米棒的成核点，在蓝宝石衬底上沉积并退火一层薄 Au 层(2 nm)。这一过程将形成孤岛而非连续的膜。在 600℃下，经过 2 h 的 MBE 生长，生长出长度为 2～10 μm、直径为 30～150 nm 的单晶纳米棒。图 3.21 为所生长的 ZnO 纳米棒的 SEM 图像。

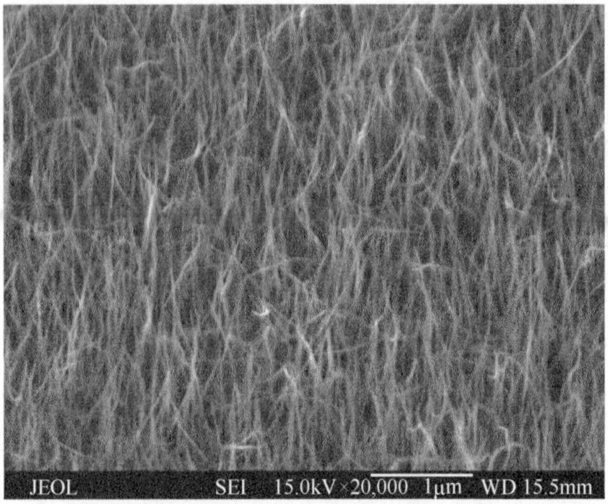

图 3.21　ZnO 纳米棒的 SEM 图像

该器件的结构是一个简单的双端电阻，因此采用电子束蒸发法沉积 Al/Ti/Au 电极，阴影掩模的间距约为 30 μm。纳米线本身对氢气很敏感，但研究表明，毯状沉积催化金属簇会提高灵敏度。采用电子束蒸发法沉积金属，薄膜厚度仅为 10 nm，形成了成核团簇，但没有形成连续薄膜。电流-电压测量结果证实，在纳米棒生长条件下，金属团簇没有传导现象，也没有形成 ZnO 薄膜。图 3.22 中显示了多个纳米棒气体传感器的接触几何示意图和用于测试的封装线接装置。

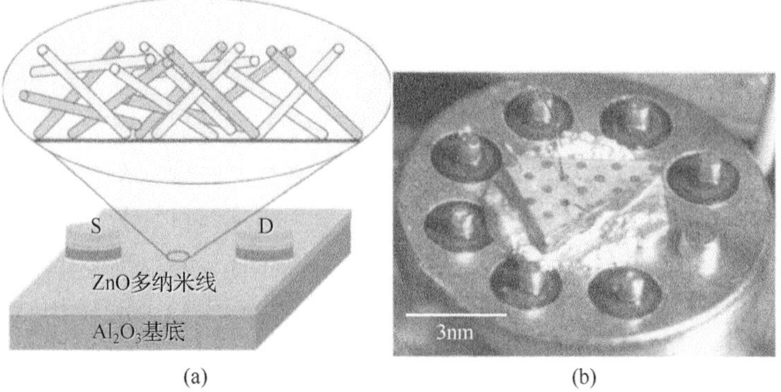

图 3.22　(a)多个纳米棒气体传感器的接触几何示意图和(b)用于测试的封装线接装置

2. 实验结果

初步调查研究了催化金属涂层对 ZnO 纳米棒的影响。图 3.23 显示了未包覆和包覆 Pd 的 ZnO 纳米棒对不同浓度(10～500 ppm)氢气的响应随时间的变化，以及在氮气中的恢复情况。与未包覆的器件相比，包覆 Pd 的 ZnO 纳米棒对氢气的

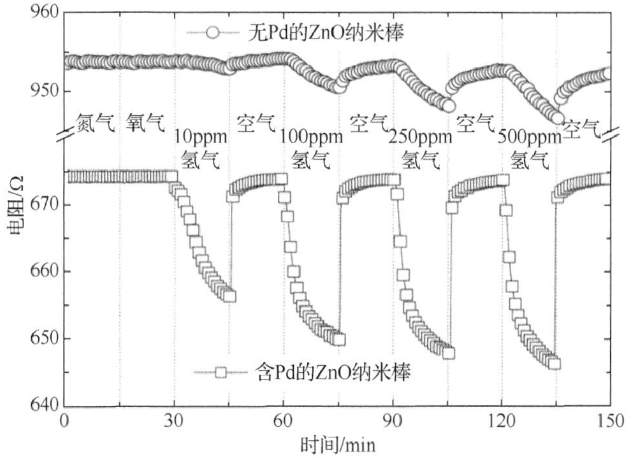

图 3.23　当气体环境从氮气转变为空气中不同浓度的氢气(10～500 ppm)时，Pd 包覆或未包覆的多个 ZnO 纳米棒电阻的时间依赖性

响应明显增加(约为 5 倍)。Pd 的加入可以有效将氢气催化解离成氢原子。此外，Pt 包覆的 ZnO 纳米棒对室温环境中存在的氧气没有响应，但其响应却与氮气中氢气的浓度变化存在函数关系。Pd 包覆的碳纳米管可检测到低于 10 ppm 的氢气，暴露 10 min 后，对氮气中 10 ppm 的氢气的相对响应大于 2.6%，对氮气中 500 ppm 的氢气的相对响应大于 4.2%。相比之下，未涂覆的器件在暴露 10 min 后，对氮气中 500 ppm 的氢气的相对响应约为 0.25%；而对更低浓度的氢气，结果不稳定。

为了研究传感器的瞬态响应，当气体环境从真空切换到氮气、氧气或空气中含不同浓度的氢气(10～500 ppm)后，再回到空气中时，对 Pt 包覆的多个 ZnO 纳米棒的电阻变化进行了监测，如图 3.24 所示。这一数据证实了其对氧气缺乏敏感性。器件暴露于氢气过程中，电阻在初期变化较慢，在暴露时间 1.5 min 时电阻速率变化达到最大值。这可能是由于部分 Pd 被原生氧化物覆盖，然后在接触氢气时被去除。由于去除氧化物后，Pd 对催化化学吸附氢的有效表面增加，电阻变化率也随之增大。然而，Pd 表面与氢的作用逐渐饱和，电阻变化率下降。当气体环境从氢气切换到空气时，氧立即与氢发生反应，纳米棒的电阻瞬间恢复至初始值。

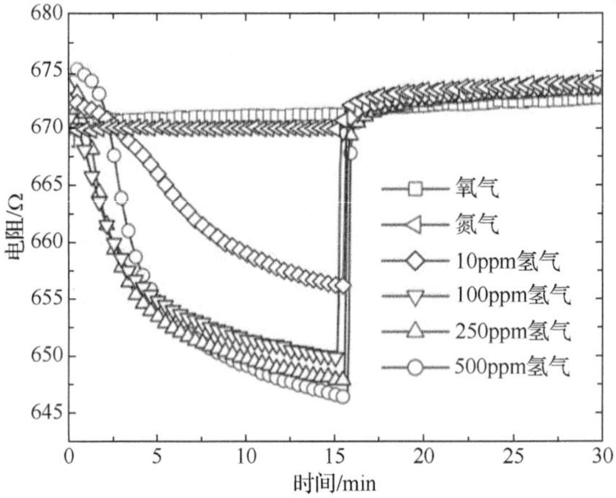

图 3.24　Pd 包覆纳米棒的相对响应随氮气中氢气浓度的变化

图 3.25 为纳米棒电阻变化率的阿伦尼乌斯(Arrhenius)图。在不同温度下测量了暴露于 500 ppm 氢气中纳米棒的电阻变化率。从 Arrhenius 曲线的斜率可以得到 11.8 kJ/mol 的活化能。该值大于典型扩散过程的值。因此，这种传感过程的主导机制应该是氢气在 Pd 表面的化学吸附。

通过在纳米棒上涂覆催化金属提高了灵敏度后，我们又研究了不同金属对进一步提高灵敏度和响应的影响。使用前面描述的相同涂层程序，我们研究了 Ti、Ni、Ag、Au、Pt 和 Pd 的金属涂层的效果。图 3.26 显示了当气体环境从空气切换到含 500 ppm 氢气的氮气中时，有金属涂层或无金属涂层的多个 ZnO 纳米棒的相

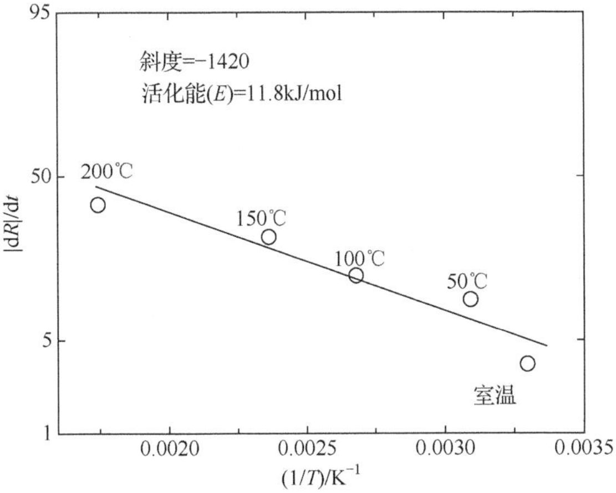

图 3.25　气体环境从氮气切换为氧气或不同浓度的氢气(10～500 ppm)，然后再回到氮气时，Pd 包覆的多 ZnO 纳米棒电阻变化的时间依赖性

对电阻响应的时间依赖性。这些数据是在 0.5 V 的偏置电压下测量的。Pd 涂层的器件反应强烈增强，Pt 涂层的器件反应较弱，但其他金属涂层器件产生的响应很小或没有变化。这与这些金属对氢气解离的已知催化性质一致。Pd 的渗透性比 Pt 高，但氢气在 Pd 中的溶解度更大[109]。此外，对氢气与 Ni、Pd、Pt 表面结合的研究表明，Pt 的吸附能最低[110]。

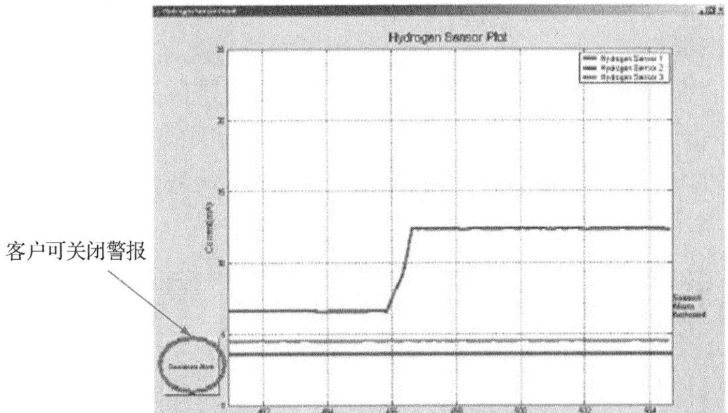

图 3.26　气体环境从氮气切换到 500 ppm 的氢气时，金属包覆的多个 ZnO 纳米棒的相对电阻响应的时间依赖性。对氧气没有反应

传感器的功率要求非常低，这也是具有市场竞争力的传感器的关键要求。图 3.27 显示了在 25℃纯空气下和含 500 ppm 氢气的空气下 15 min 后测量的 I-V 特性。在这种条件下，电阻响应为 8%，所需功率仅为 0.4 mW。这与载 Pd 碳纳米管等其他氢检测技术相比毫不逊色[85,86]。

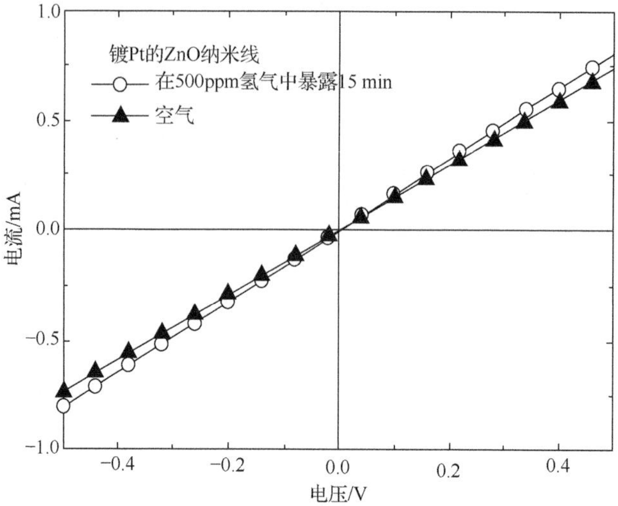

图 3.27 Pt 包覆纳米线在空气中和在含 500 ppm 氢气的空气中 15 min 后的 *I-V* 特性

3.4.2 GaN 纳米线

图 3.28(a)为生长 GaN 纳米线后的 SEM 图像。通过溅射在纳米线上沉积了一层 10 nm 厚的 Pd，以验证催化剂对气体灵敏度的影响。图 3.28(b)显示了涂覆 Pd 和未涂覆 Pd 的多个 GaN 纳米线在室温下暴露于一系列氢气浓度(200～1500 ppm)的氮气中 10 min 时，在 0.5 V 的偏压下测量到的电阻值与时间的函数关系。纳米线的 Pd 涂层提高了对 ppm 级氢气的灵敏度，幅度提高了 11 倍。Pd 的加入对氢分子的解离有明显的催化作用。氢原子向金属-GaN 界面的扩散改变了纳米线的表面耗尽，从而改变了固定偏置电压下的电阻[111]。电阻的变化与气体浓度相关，但当氢气浓度大于 1000 ppm 时，电阻变化较小。将纳米线暴露在空气中后，其电阻在 2 min 内恢复到初始水平的 90%[83,84] 。

(a)

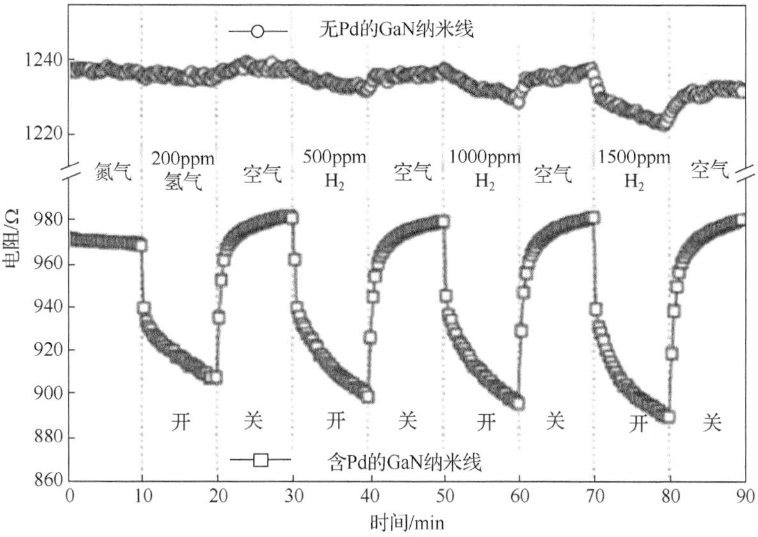

(b)

图 3.28 (a)生长 GaN 纳米线的 SEM 图像和(b)在 0.5 V 偏压下测量的电阻随时间的变化，这些图像是涂覆和未涂覆 Pd 的多个 GaN 纳米线在室温下暴露于一系列氢气浓度(200～1500 ppm)的氮气中 10 min 下测得的

3.4.3 InN 纳米带

InN 纳米结构也可以得到类似的结果。通过 MOCVD 法生长的多个 InN 纳米带的氢气感应特性已有报道[112,113]。Pt 涂层的 InN 传感器可以在 25℃下选择性地检测到几十 ppm 级别的氢气，而未涂层的 InN 在相同条件下暴露于氢气时，没有显示出可检测的电流变化。如图 3.29 所示，在氮气环境中暴露于不同浓度的氢气(20～300 ppm)时，相对电阻变化从 20 ppm 氢气时的 1.2%增加到 300 ppm 氢气时

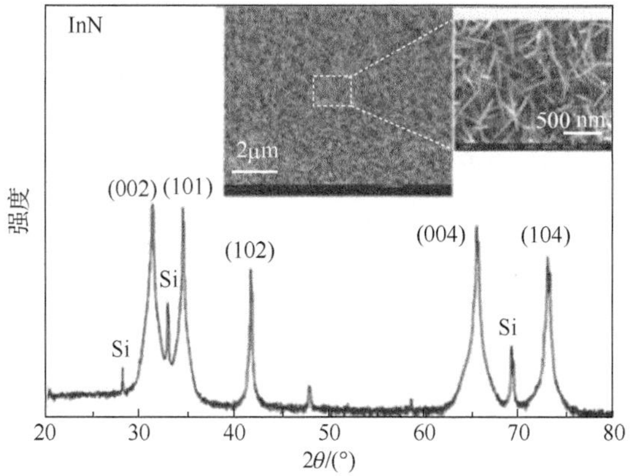

(a)

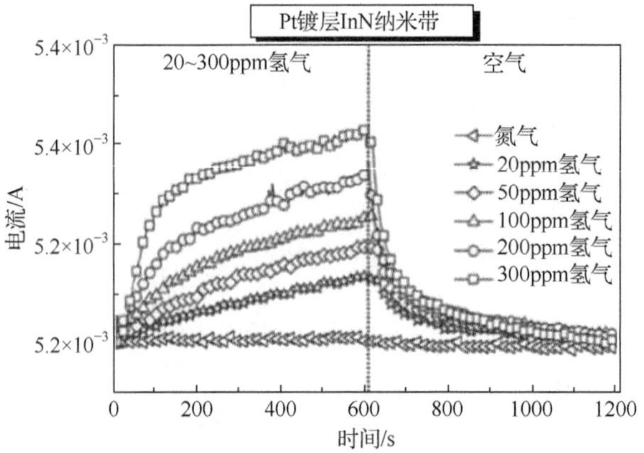

(b)

图 3.29 (a)MOCVD 生长的 InN 纳米带的 X 射线衍射光谱(插图为纳米带的 SEM 图像)和(b)在固定偏压下从空气中 20～300 ppm 的氢气切换到纯空气时的电流变化

的 4%。将纳米带暴露在空气中 2 min 内，就能恢复大约 90%的初始 InN 电阻。温度依赖性测量显示，与室温相比，高温下的电阻变化更大，响应速度更快，这是由氢气的催化解离速率以及氢原子向 Pt-InN 界面扩散速率的增加所致。Pt 涂覆的 InN 纳米带传感器在低功率水平(约 0.5 mW)下运行。

3.4.4 单根 ZnO 纳米线

图 3.30 为单根 ZnO 纳米线传感器的原理图和 SEM 图像。如图 3.31 显示了当气体环境从氮气切换到含不同浓度氢气(10～500 ppm)的氮气中时，Pt 包覆的 ZnO 纳米线的灵敏度随时间的变化关系。有几个方面值得注意。第一，与未涂覆的器件相比，涂覆 Pt 的纳米线对氢气的响应强度显著增加(大约增加了 10 倍)。Pt 的添加在催化氢气解离成氢原子方面似乎非常有效。第二，无论是哪种类型的纳米线，在室温下对环境空气中的氧气都没有反应。第三，由于金属的存在，Pt 涂覆纳米线的电导率更高。第四，当氧气或空气从环境中移除氢气后，初始电阻迅速恢复(90%，<20 s)，而引入氢气至少 15 min 后，纳米线电阻仍在变化。活性气体在 ZnO 等金属氧化物表面的可逆化学吸附作用会使材料的电导率产生较大的可逆变化。所提出的气敏机理包括吸附表面氢的解析和多 ZnO 间颗粒晶界，吸附气体物种与 ZnO 表面之间的电荷交换导致耗尽层深度的变化，以及气体吸附/解吸导致的表面或晶界传导的变化[113-117]。这些器件的检测机制尚未完全确立，需要进一步研究。值得注意的是，氢气在 ZnO 中引入了浅施主态，这种近表面传导性的变化也可能起到一定作用。

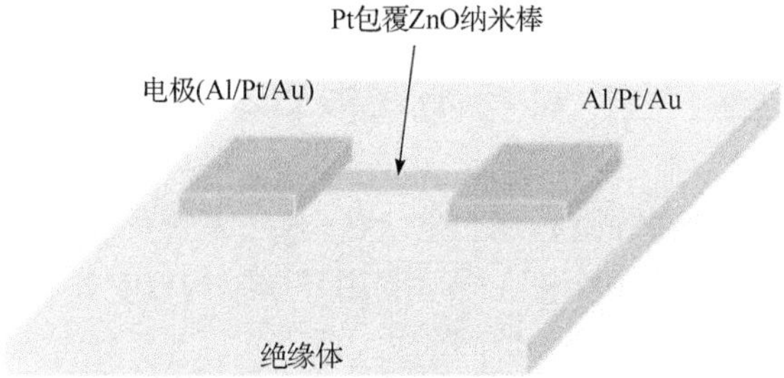

(a)

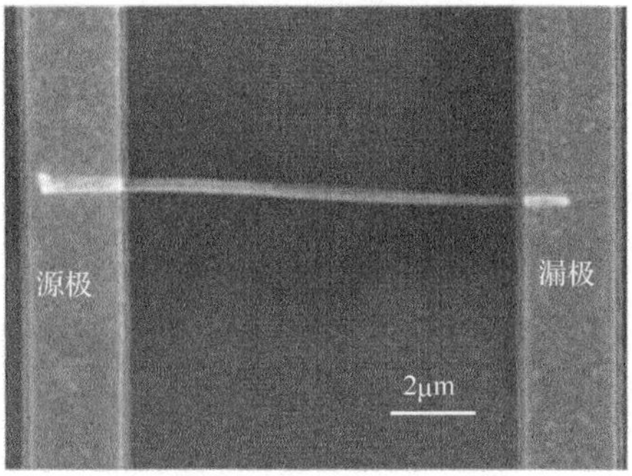

(b)

图 3.30　(a)单根 ZnO 纳米线传感器的原理图和(b)完成器件的 SEM 图像

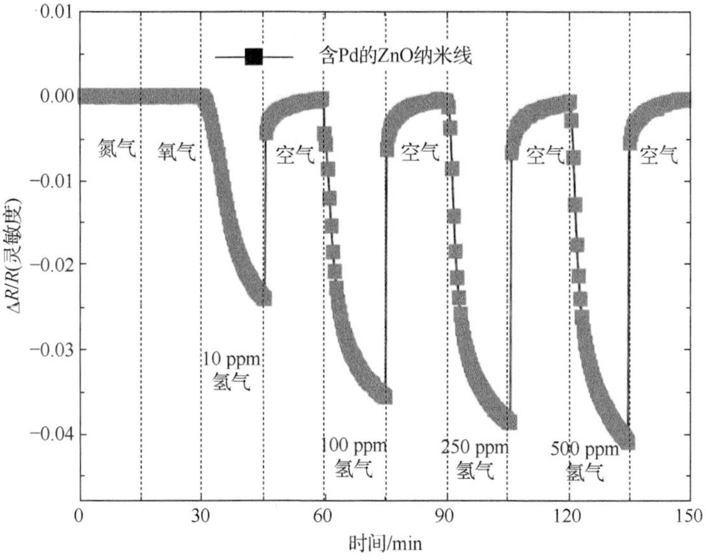

图 3.31　切换到含氢气的环境时灵敏度随时间的变化

3.5　SiC 肖特基二极管氢气传感器

如图 3.32 所示，带有 Pt 触点的 SiC 肖特基二极管对环境中的氢气也很敏感。与 SiC 相比，氮化物体系的优势在于可利用异质结构以及氮化物中存在的强压电场和极化场，从而增强了其化学传感能力。

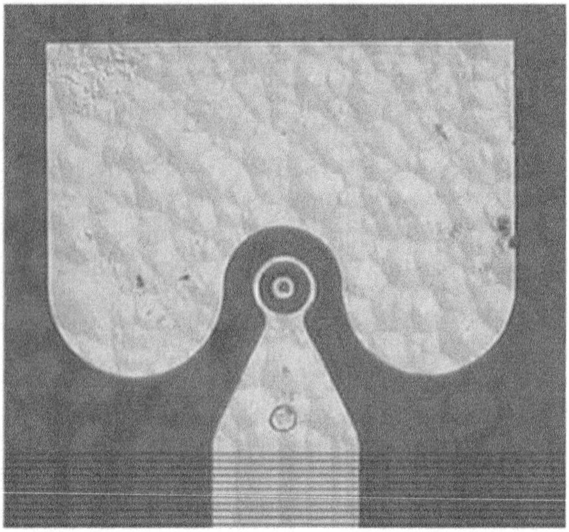

(a)

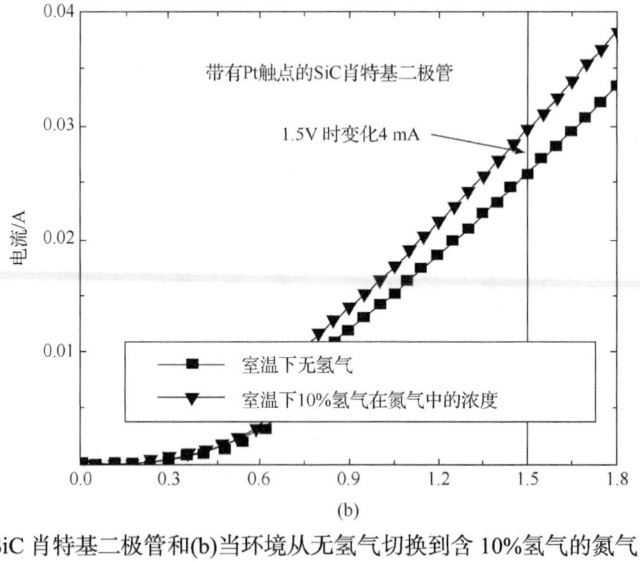

(b)

图 3.32　(a)Pt/SiC 肖特基二极管和(b)当环境从无氢气切换到含 10%氢气的氮气中时，固定偏压 1.5V 下电流的变化

3.6　无线传感器网络的开发

我们已经演示了一个使用商业无线组件和 GaN 肖特基二极管作为传感设备的无线氢气传感系统。电路中使用的传感器在户外环境中显示出超过 1 年的电流稳定性。无线网络传感系统的优势在于它能够监测独立的传感器节点并传输无线信号，这意味着传感器节点可以放置在基站范围内的任何地方。这对于制造厂和氢燃料汽车经销商尤其有用，因为这些地方可能需要多个传感器，每个传感器可能检测不同的化学物质。我们还开发了一种节能传输协议，以减少远程传感器节点的功耗，这使得电池的使用寿命非常长，从而使该系统真正无线化。实验结果表明，使用 10 mW 的总功耗可以实现 150 m 的传输距离。整个传感器套件的造价可以低于 50 美元，使其在当今市场上极具竞争力[62,63,118]。

3.6.1　传感器模块

传感器模块完全集成在一块 FR4 印制电路板(PCB)上，并与电池一起封装，如图 3.33(a)所示。传感器模块的封装尺寸为 4.5 in× 2.9 in× 2.3 in，传感器模块与基站之间的最大视距为 150 m。无线传感器网络服务器的基站也集成在一个单一模块中(3.0 in× 2.7 in× 1.1 in)，并且可以通过 USB 数据线连接到笔记本电脑，如图 3.33(b)和(c)所示。基站从笔记本电脑的 USB 接口获取电力，不需要任何电池或墙壁变压器[62,63,118]。

(a)　(b)　(c)

图 3.33　传感器系统的照片。(a)带有传感器装置的传感器；(b)传感器和基站；(c)计算机与基站的接口

1. 无线收发器说明

传感器设备基于前几节描述的技术，并展示了可比的特性。检测电路使用一个仪表放大器来感知器件内电流的变化。电流变化体现为检测电路输出电压的变化，这个变化被送入微控制器。微控制器计算出相应的电流变化，并控制 ZigBee

收发器将数据传输到无线网络服务器。传感器模块和无线网络服务器框图如图 3.34 所示[62,63,118]。

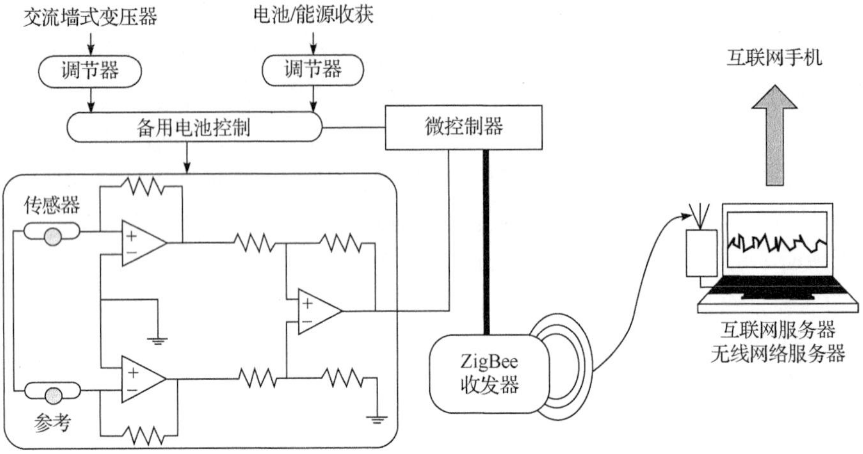

图 3.34 传感器模块和无线网络服务器框图

ZigBee 兼容型无线网络支持低成本、低功耗传感器网络的独特需求，并在 ISM(工业、科学和医疗) 2.4 GHz 频段内运行。收发器模块在大部分时间内处于完全关闭状态，在极短的时间间隔内开启以传输数据。系统时序如图 3.35 所示。当传感器模块开启时，它被编程为首次启动时间为 30 s。在初始化过程之后，检测电路定期关闭 5 s，然后再次启动 1 s，实现了 16.67%的占空比。ZigBee 收发器在每个周期结束时仅启用 5.5 ms 以传输数据。这使得射频占空比仅为 0.09%[62,63,118]。

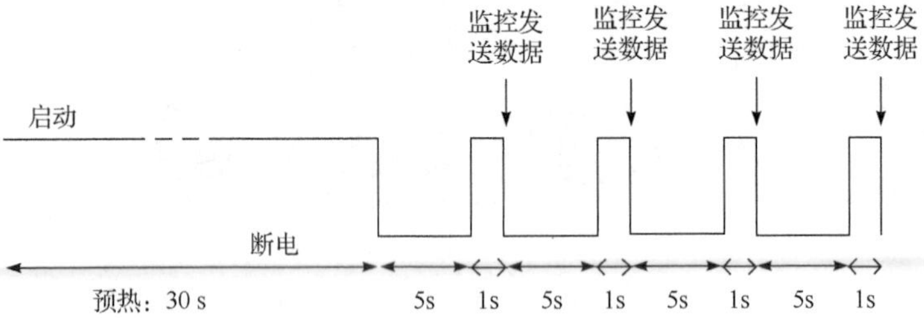

图 3.35 无线传感器节点的系统计时

2. 网络服务器说明

利用 MATLAB®开发了一个网络服务器，以便通过互联网共享收集到的传感器数据。服务器程序界面如图 3.26 所示，显示了三个具有不同基线电流的仿真传感器。如果任何一个传感器的电流增加到表明可能发生氢气泄漏的水平，则会触发警报。我们还开发了一个客户端程序，用于远程接收传感器数据。如图 3.36 所示，远程客户端可以通过客户端程序获得系统过去 10 min 的实时日志。此外，由于服务器程序具有完整的数据记录功能，因此还可以通过 ftp 客户端访问服务器获得完整的数据日志。当警报触发时，客户端可以通过单击界面上的按钮远程解除警报。无线传感器网络的服务器程序还可以通过电话线路报告氢气泄漏紧急情况。当任何传感器的电流超过一定水平，表明可能发生氢气泄漏时，服务器会自动调用电话拨号程序，向负责人员报告紧急情况[62,63,118]。

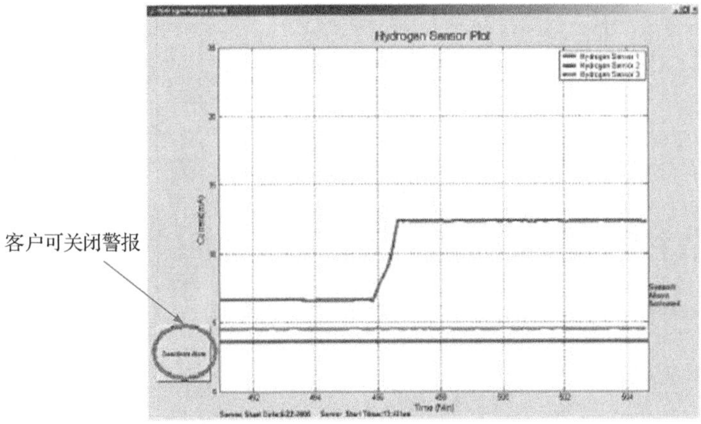

图 3.36　在线氢气含量监测界面

3.6.2　现场测试

在佛罗里达大学和佛罗里达州奥兰多市的格林威福特公司进行了现场测试。在格林威福特的测试旨在测试传感器硬件和服务器软件在实际运行环境下的稳定性。安装了两个传感器节点，并于 2006 年 8 月 30 日开始测试。到 2011 年，已有六个传感器模块和服务器一直在运行[62,63,118]。

1. *初始现场试验结果*

在佛罗里达大学的户外测试已经进行了数次，以测试传感器对不同距离下不同浓度氢气的反应。测试的氢气浓度包括 1%、4%和 100%，氢气出口到传感器的距离从 1～6ft 不等。所有这些情况下都成功检测到了氢气泄漏，并触发程序向手机发送警报。图 3.37 显示了四个运行中的传感器模块和距离氢气出口 3ft 处对 4%氢气的测试结果。传感器是依次进行测试的，因此可以隔离每个传感器的效果。测试结果还显示了无线网络的可靠性，因为它能够从每个单独的传感器收集数据。

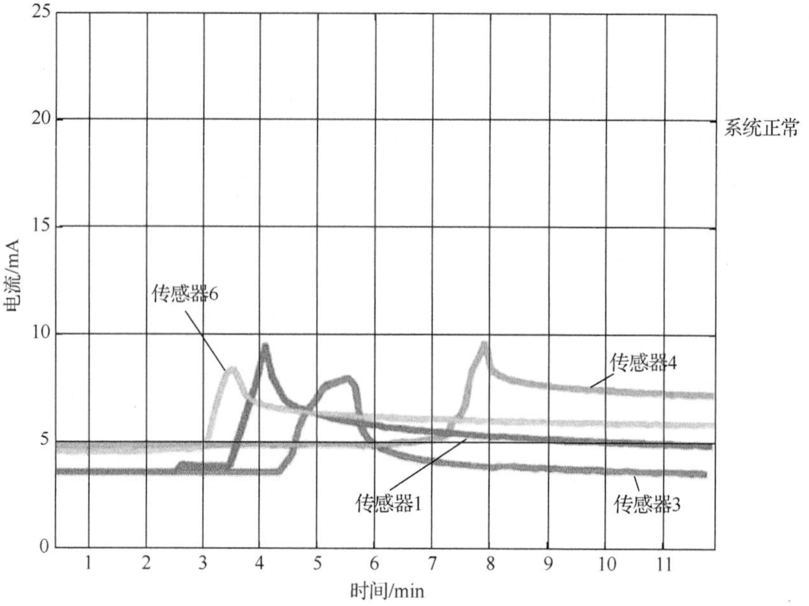

图 3.37　四个传感器现场测试结果

现场测试的初步结果表明，传感器的可靠性可能是一个令人担忧的问题，因为单二极管传感器显示出电流水平的周期性上升和下降，这可归因于温度效应。还出现了长期的电流衰减现象，这是持续偏压导致器件内的欧姆接触衰减造成的。

2. 改进后现场测试结果

在考虑市场化应用时会出现的一些问题，包括误报和稳定性问题。这些问题可能是由器件中的电压波动造成的，或者仅是由温度变化改变了电流水平引起的。事实证明，采用内置控制二极管的 AlGaN/GaN HEMT 二极管差分对配置可以减少误报[72]。为了避免热效应，传感设备被重新设计，采用了前几节所述的差分检测方案。这包括一个被封装的参比二极管和一个暴露在环境中的有源二极管。通过监测两个器件之间电流的差异来实现检测，而不是测量绝对电流水平。

长期监测应用所需的另一个关键是要有稳定的欧姆接触点。研究表明，HEMT 上基于硼化物的欧姆接触点在 350℃长期老化后的接触电阻低于 Ti/Al/Pt/Au[64]。此外，基于 TiB_2 的欧姆触点在长期工作中显示出更高的稳定性[65]。差分二极管传感器与硼化物欧姆触点的结合显著提高了稳定性和可靠性。现场数据如图 3.38 所示。

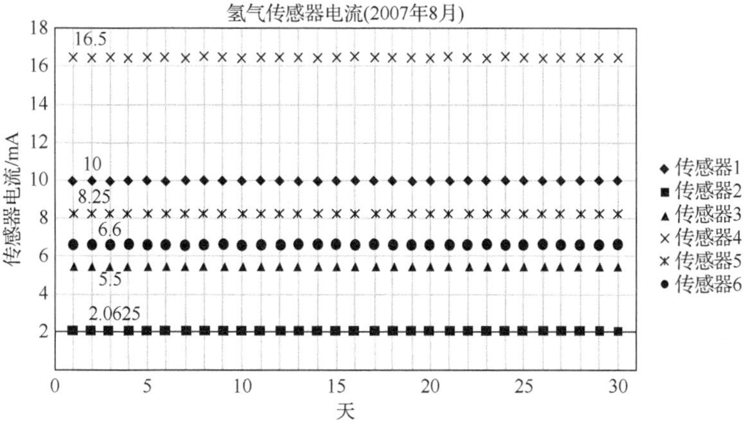

图 3.38　带有硼化物欧姆触点的差分二极管传感器在一个月内的现场测试结果

3.7　总　　结

AlGaN/GaN HEMT、GaN 二极管和纳米结构的宽带隙材料似乎非常适合于燃烧气体传感应用。在类似条件下测试发现，Ga 极 AlGaN/ GaN HEMT 的正向电流变化大约是简单的 Ga 极 GaN 肖特基二极管气体传感器的两倍，这表明在 AlGaN/GaN 系统中，将气体传感器和基于 HEMT 的电路集成在同一芯片上，用于芯片外通信是可行的。事实证明，采用内置控制的 AlGaN/GaN HEMT 二极管的差分对配置可以减少误报。这包括一个封装的参比二极管和一个暴露在环境中的有源二极管。长期监测应用所需的另一个关键是要有稳定的欧姆触点。最后，还研究了湿度对 AlGaN/GaN HEMT 二极管的影响。

N 极 GaN 肖特基二极管的最新发展显示出比 Ga 极二极管具有更高的灵敏度，这是由于表面终端形成的高极性。由于反向偏置条件下界面处偶极层的放大作用，而不是正向偏压条件下的屏蔽作用，反向偏压条件下氢气检测的灵敏度更高。通过使用反向偏压条件，再结合硼化物触点改善的稳定性，GaN 系统的整体稳定性对于需要高灵敏度的长期应用非常有吸引力。

由于表面与体积比的增加，用 Pd 或 Pt 功能化的纳米结构宽带隙材料比薄膜材料具有更灵敏的氢检测潜力。一维半导体纳米材料，如 GaN 纳米线、InN 纳米带和 ZnO 纳米线，已被证明是替代二维半导体的良好候选材料。

这里演示了一种低功耗的无线传感器网络。这种网络可以在每个节点上容纳不同的传感器，并被设计成具有很长的电池寿命，使系统真正无线化。这些传感器理论上可以大规模地放置在战略位置，并已经经过现场测试。在预期的氢燃料电池汽车大规模部署中，为了安全起见，进行城市级别的监测和联网是必要的。

这项工作表明，该技术可以应用于低成本的大规模传感器部署。

致　　谢

佛罗里达大学在氢气传感器方面的工作部分得到了以下资助：美国空军科学研究室(AFOSR)的资助，合同编号 F49620-03-1-0370(T. Steiner)；美国国家科学基金会(NSF)的资助，项目编号 CTS-0301178，由 M. Burka 博士和 D. Senich 博士主持；美国国家航空航天局肯尼迪航天中心(NASA Kennedy Space Center)的资助，合同编号 NAG 3-2930，由 Daniel E. Fitch 主持；美国海军研究室(Office of Naval Research，ONR)的资助，合同编号 N00014-98-1-02-04，由 H. B. Dietrich 博士监督；美国国家科学基金会材料研究部(NSF DMR)的资助，项目编号 0400416。

参 考 文 献

[1] Zhang, A.P., Rowland, L.B., E. Kaminsky, B., Tucker, J.B., Kretchmer, J.W., Allen, A.F., Cook, J., and Edward, B.J. 9.2 W/mm (13.8 W) AlGaN/GaN HEMTs at 10 GHz and 55 V drain bias. *Electron. Lett.* 2003, 39, 245-247.

[2] Saito, W., Takada, Y., Kuraguchi, M., Tsuda, K., Omura, I., Ogura, T., and Ohashi, H. High breakdown voltage AlGaN-GaN Power-HEMT design and high current density switching behavior. *IEEE Trans. Electron. Dev.* 2003, 50, 2528-2531.

[3] Zhang, A.P., Rowland, L.B., Kaminsky, E.B., Tilak, V., Grande, J.C., Teetsov, J., Vertiatchikh, A., and Eastman, L.F. Correlation of device performance and defects in AlGaN/GaN high-electron mobility tran- sistors. *J. Electron. Mater.* 2003, 32, 388-394.

[4] Lu, W., Kumar, V., Piner, E.L., and Adesida, I. DC, RF, and, microwave noise performance of AlGaN- GaN field effect transistors dependence of aluminum concentration. *IEEE Trans. Electron. Dev.* 2003, 50, 1069-1074.

[5] Valizadeh, P. and Pavlidis, D. Investigation of the impact of Al mole-fraction on the consequences of RF stress on AlxGa1-xN/GaN MODFETs. *IEEE Trans. Electron. Dev.* 2005, 52, 1933-1939.

[6] Pearton, S.J., Zolper, J.C., Shul, R.J., and Ren, F. GaN: Processing, defects, and devices. *J. Appl. Phys.* 1999, 86, 1-78 and references therein.

[7] Hikita, M., Yanagihara, M., Nakazawa, K., Ueno, H., Hirose, Y., Ueda, T., Uemoto, Y., Tanaka, T., Ueda, D., and Egawa, T. AlGaN/GaN power HFET on silicon substrate with source-via grounding (SVG) structure. *IEEE Trans. Electron. Dev.* 2005, 52, 1963-1968.

[8] Nakazawa, S., Ueda, T., Inoue, K., Tanaka, T., Ishikawa, H., and Egawa, T. Recessed-gate AlGaN/GaN HFETs with lattice-matched InAlGaN quaternary alloy capping layers. *IEEE Trans. Electron. Dev.* 2005, 52, 2124-2128.

[9] Palacios, T., Rajan, S., Chakraborty, A., Heikman, S., Keller, S., DenBaars, S.P., and Mishra, U.K. Influence of the dynamic access resistance in the g(m) and f(T) linearity of AlGaN/GaN HEMTs. *IEEE Trans. Electron. Dev.* 2005, 52, 2117-2123.

[10] Mishra, U.K., Parikh, P., and Wu, Y.F. AlGaN/GaN HEMTs—An overview of device operation and applications. *Proc. IEEE* 2002, 90, 1022-1031.

[11] Eastman, L.F., Tilak, V., Smart, J., Green, B.M., Chumbes, E.M., Dimitrov, R., Kim, H., Ambacher, O.S., Weimann, N., Prunty, T., Murphy, M., Schaff, W.J., and Shealy, J.R. Undoped AlGaN/GaN HEMTs for microwave power amplification. *IEEE Trans. Electron Dev.* 2001, 48, 479-485.

[12] Keller, S., Wu, Y.-F., Parish, G., Ziang, N., Xu, J.J., Keller, B.P., DenBaars, S.P., and Mishra, U.K. Gallium nitride based high power heterojunction field effect transistors: Process development and present status at UCSB. *IEEE Trans. Electron. Dev.* 2001, 48, 552-559.

[13] Adivarahan, V., Gaevski, M., Sun, W.H., Fatima, H., Koudymov, A., Saygi, S., Simin, G., Yang, J., Khan, M.A., Tarakji, A., Shur, M.S., and Gaska, R. Submicron gate Si_3N_4/AlGaN/GaN-metal- insulator-semiconductor heterostructure field-effect transistors. *IEEE Electron. Device Lett.* 2003, 24, 541-543.

[14] Tarakji, A., Fatima, H., Hu, X., Zhang, J.P., Simin, G., Khan, M.A., Shur, M.S., and Gaska, R. Large-signal linearity in III-N MOSDHFETs. *IEEE Electron Dev. Lett.* 2003, 24, 369-371.

[15] Iwakami, S., Yanagihara, M., Machida, O., Chino, E., Kaneko, N., Goto, H., and Ohtsuka, K. AlGaN/GaN heterostructure field-effect transistors (HFETs) on Si substrates for large-current operation. *Jpn. J. Appl. Phys.* 2004, 43, L831-L833.

[16] Mehandru, R., Kim, S., Kim, J., Ren, F., Lothian, J., Pearton, S.J., Park, S.S., and Park, Y.J. Thermal simulations of high power, bulk GaN rectifiers. *Solid-State Electron.* 2003, 47, 1037-1043.

[17] Luther, B.P., Wolter, S.D., and Mohney, S.E. High temperature Pt Schottky diode gas sensors on n-type GaN. *Sens. Actuat. B* 1999, 56, 164-168.

[18] Baranzahi, A., Spetz, A.L., and Lundström, I. Reversible hydrogen annealing of metal-oxide-silicon carbide devices at high-temperatures. *Appl. Phys. Lett.* 1995, 67, 3203-3205.

[19] Schalwig, J., Muller, G., Ambacher, O., and Stutzmann, M. Group-III-nitride based gas sensing devices. *Phys. Status Solidi. A* 2001, 185, 39-45.

[20] Schalwig, J., Muller, G., Eickhoff, M., Ambacher, O., and Stutzmann, M. Gas sensitive GaN/AlGaN-heterostructures. *Sens. Actuat. B* 2002, 87, 425-430.

[21] Kim, J., Ren, F., Gila, B., Abernathy, C.R., and Pearton, S.J. Reversible barrier height changes in hydro-gen-sensitive Pd/GaN and Pt/GaN diodes. *Appl. Phys. Lett.* 2003, 82, 739-741.

[22] Wang, H.T., Kang, B.S., Ren, F., Fitch, R.C., Gillespie, J., Moser, N., Jessen, G., Dettmer, R., Gila, B.P., Abernathy, C.R., and Pearton, S.J. Comparison of gate and drain current detection of hydrogen at room temperature with AlGaN/GaN high electron mobility transistors. *Appl. Phys. Lett.* 2005, 87, 172105.

[23] Kouche, A.E.L., Lin, J., Law, M.E., Kim, S., Kang, B.S., Ren, F., and Pearton, S.J. Remote sensing system for hydrogen using GaN Schottky diodes. *Sens. Actuat. B: Chem.* 2005, 105, 329-333.

[24] Kang, B.S., Mehandru, R., Kim, S., Ren, F., Fitch, R., Gillespie, J., Moser, N., Jessen, G., Jenkins, T., Dettmer, R., Via, D., Crespo, A., Gila, B.P., Abernathy, C.R., and Pearton, S.J. Hydrogen-induced reversible changes in drain current in Sc_2O_3/AlGaN/GaN high electron

mobility transistors. *Appl. Phys. Lett.* 2004, 84, 4635-4637.

[25] Kang, B.S., Ren, F., Gila, B.P., Abernathy, C.R., and Pearton, S.J. AlGaN/GaN-based metal-oxide-semiconductor diode-based hydrogen gas sensor. *Appl. Phys. Lett.* 2004, 84, 1123-1125.

[26] Kim, J., Gila, B., Chung, G.Y., Abernathy, C.R., Pearton, S.J., and Ren, F. AlGaN/GaN-based metal-oxide-semiconductor diode-based hydrogen gas sensor. *Solid-State Electron.* 2003, 47, 1069-1073.

[27] Huang, J.R., Hsu, W.C., Chen, Y.J., Wang, T.-B., Lin, K.W., Chen, H.-I., and Liu, W.-C. Comparison of hydrogen sensing characteristics for Pd/GaN and Pd/Al0.3Ga0.7As Schottky diodes. *Sens. Actuat. B* 2006, 117, 151-158.

[28] Kang, B.S., Kim, S., Ren, F., Gila, B.P., Abernathy, C.R., and Pearton, S.J. Comparison of MOS and Schottky W/Pt-GaN diodes for hydrogen detection. *Sens. Actuat. B* 2005, 104, 232-236.

[29] Matsuo, K., Negoro, N., Kotani, J., Hashizume, T., and Hasegawa, H. Pt Schottky diode gas sensors formed on GaN and AlGaN/GaN heterostructure. *Appl. Surf. Sci.* 2005, 244, 273-276.

[30] Song, J., Lu, W., Flynn, J.S., and Brandes, G.R. AlGaN/GaN Schottky diode hydrogen sensor performance at high temperatures with different catalytic metals. *Solid-State Electron.* 2005, 49, 1330-1334.

[31] Weidemann, O., Hermann, M., Steinhoff, G., Wingbrant, H., Spetz, A.L., Stutzmann, M., and Eickhoff, M. Influence of surface oxides on hydrogen-sensitive Pd:GaN Schottky diodes. *Appl. Phys. Lett.* 2003, 83, 773-775.

[32] Ali, M., Cimalla, V., Lebedev, V., Romanus, H., Tilak, V., Merfeld, D., Sandvik, P., and Ambacher, O. Pt/GaN Schottky diodes for hydrogen gas sensors. *Sens. Actuat. B* 2006, 113, 797-804.

[33] Voss, L., Gila, B.P., Pearton, S.J., Wang, H.-T., and Ren, F. Characterization of bulk GaN rectifiers for hydrogen gas sensing. *J. Vac. Sci. Technol. B* 2005, 3, 2373-2377.

[34] Song, J., Lu, W., Flynn, J.S., and Brandes, G.R. Pt-AlGaN/GaN Schottky diodes operated at 800°C for hydrogen sensing. *Appl. Phys. Lett.* 2005, 87, 133501.

[35] Yun, F., Chevtchenko, S., Moon, Y.-T., Morkoç, H., Fawcett, T.J., and Wolan, J.T. GaN resistive hydrogen gas sensors. *Appl. Phys. Lett.* 2005, 87, 073507.

[36] Schalwig, J., Muller, G., Eickhoff, M., Ambacher, O., and Stutzmann, M. Gas sensitive GaN/AlGaN-heterostructures. *Sens. Actuat. B* 2002, 81, 425-430.

[37] Eickhoff, M., Schalwig, J., Steinhoff, G., Weidmann, O., Gorgens, L., Neuberger, R., Hermann, M., Baur, B., Muller, G., Ambacher, O., and Stutzmann, M. Electronics and sensors based on pyroelectric AlGaN/GaN heterostructures—Part B: Sensor applications *Phys. Stat. Solidi C* 2003, 6, 1908-1918.

[38] Svenningstorp, H., Tobias, P., Lundström, I., Salomonsson, P., Mårtensson, P., Ekedahl, L.-G., and Spetz, A.L. Influence of catalytic reactivity on the response of metal-oxide-silicon carbide sensor to exhaust gases. 1999, *Sensors and Actators,* B57, 159-165.

[39] Chen, L., Hunter, G.W., and Neudeck, P.G. X-ray photoelectron spectroscopy study of the heating effects on Pd/6H-SiC Schottky structure. *J. Vac. Sci. Technol A* 1997, 15, 1228-1234.

[40] Baranzahi, A., Spetz, A.L., and Lundström, I. Reversible hydrogen annealing of

metal-oxide-silicon carbide devices at high temperatures. *Appl. Phys. Lett.* 1995, 67, 3203-3205.

[41] Kang, B.S., Mehandru, R., Kim, S., Ren, F., Fitch, R., Gillespie, J., Moser, N., Jessen, G., Jenkins, T., Dettmer, R., Via, D., Crespo, A., Gila, B.P., Abernathy, C.R., and Pearton, S.J. Hydrogen-induced reversible changes in drain current in Sc_2O_3/AlGaN/GaN high electron mobility transistors. *Appl. Phys. Lett.* 2004, 84, 4635-4637.

[42] Kang, B.S., Heo, Y.W., Tien, L.C., Norton, D.P., Ren, F., Gila, B.P., and Pearton, S.J. Electrical transport properties of single ZnO nanorods. *Appl. Phys. A* 2005, 80, 1029-1032.

[43] Kouche, A.El., Lin, J., Law, M.E., Kim, S., Kim, B.S., Ren, F., and Pearton, S.J. Remote sensing system for hydrogen using GaN Schottky diodes. *Sens. Actuat. B: Chem.* 2005, 105, 329-333.

[44] Pearton, S.J., Kang, B.S., Kim, S., Ren, F., Gila, B.P., Abernathy, C.R., Lin, J., and Chu, S.N.G., GaN-based diodes and transistors for chemical, gas, biological and pressure sensing. *J. Phys: Condensed Matter* 2004, 16, R961-R994.

[45] Kim, S., Kang, B., Ren, F., Ip, K., Heo, Y., Norton, D., and Pearton, S.J. Sensitivity of Pt/ZnO Schottky diode characteristics to hydrogen. *Appl. Phys. Lett.* 2004, 84, 1698-1700.

[46] Kang, B.S., Wang, H.T., Ren, F., Gila, B.P., Abernathy, C.R., Pearton, S.J., Johnson, J.W., Rajagopal, P., Roberts, J.C., Piner, E.L., and Linthicum, K.J. pH sensor using AlGaN/GaN high electron mobility transistors with Sc_2O_3 in the gate region. *Appl. Phys. Lett.* 2007, 91, 012110.

[47] Kang, B.S., Wang, H.T., Ren, F., Pearton, S.J., Morey, T.E., Dennis, D.M., Johnson, J.W., Rajagopal, P., Roberts, J.C., Piner, E.L., and Linthicum, K.J. Enzymatic glucose detection using ZnO nanorods on the gate region of AlGaN/GaN high electron mobility transistors. *Appl. Phys. Lett.* 2007, 91, 252103.

[48] Kang, B.S., Wang, H.T., Lele, T.P., Tseng, Y., Ren, F., Pearton, S.J., Johnson, J.W., Rajagopal, P., Roberts, J.C., Piner, E.L., and Linthicum, K.J. Prostate specific antigen detection using AlGaN/GaN high electron mobility transistors. *Appl. Phys. Lett.* 2007, 91, 112106.

[49] Wang, H.T., Kang, B.S., Ren, F., Pearton, S.J., Johnson, J.W., Rajagopal, P., Roberts, J.C., Piner, E.L., and Linthicum, K.J. Electrical detection of kidney injury molecule-1 with AlGaN/GaN high electron mobility transistors. *Appl. Phys. Lett.* 2007, 91, 222101.

[50] Mitra, P., Chatterjee, A.P., and Maiti, H.S. ZnO thin film sensor. *Mater. Lett.* 1998, 35, 33-38.

[51] Hartnagel, H.L., Dawar, A.L., Jain, A.K., and Jagadish, C. *Semiconducting Transparent Thin Films.* IOP Publishing: Bristol, England, U.K., 1995.

[52] Chang, J.F., Kuo, H.H., Leu, I.C., and Hon, M.H. The effects of thickness and operation temperature on ZnO: Al thin film CO gas sensor. *Sens. Actuat. B* 1994, 84, 258-264.

[53] See the databases at http://www.rebresearch.com/H2perm2.htm and http://www.rebresearch.com/H2sol2.htm.

[54] Eberhardt, W., Greunter, F., and Plummer, E.W. Bonding of H to Ni, Pd, and Pt Surfaces. *Phys. Rev. Lett.* 1981, 46, 1085-1088.

[55] Voss L., Gila, B.P., Pearton, S.J., Wang, H.-T., and Ren, F. Characterization of bulk GaN rectifiers for hydrogen gas sensing. *J. Vac. Sci. Technol. B* 2005, 23, 2373-2377.

[56] Wang, H.-T., Kang, B.S., Ren, F., Fitch, R.C., Gillespie, J.K., Moser, N., Jessen, G., Jenkins, T., Dettmer, R., Via, D., Crespo, A., Gila, B.P., Abernathy, C.R., and Pearton, S.J. Comparison of

gate and drain current detection of hydrogen at room temperature with AlGaN/GaN high electron mobility transistors. *Appl. Phys. Lett.* 2005, 87, 172105.

[57] Anderson, T., Wang, H.T., Kang, B.S., Li, C., Low, Z.N., Lin, J., Pearton, S.J., and Ren, F. *NHA Conference Proceedings* 2007.

[58] Anderson, T., Wang, H.T., Kang, B.S., Li, C., Low, Z.N., Lin, J., Pearton, S.J., Ren, F., Dabiran, A., Osinsky, A., and Painter, J. Hydrogen Safety Report, July 2007 <http://www.hydrogenandfuelcellsafety.info/2007/jul/sensors.asp>.

[59] Anderson, T., Wang, H.T., Kang, B.S., Li, C., Low, Z.N., Lin, J., Pearton, S.J., Ren, F., Dabiran, A., and Osinsky, A. *J. Electrochem. Soc.* (submitted October 2007).

[60] Hunter, G.W., Neudeck, P.G., Okojie, R.S., Beheim, G.M., Thomas, V., Chen, L., Lukco, D., Liu, C.C., Ward, B., and Makel, D. Development of. SiC gas sensor systems. *Proc. ECS* 2002, 03, 93-111.

[61] Neuberger, R., Muller, G., Ambacher, O., and Stutzmann, M. High electron mobility AlGaN/GaN transistors for fluid monitoring applications. *Phys. Status Solidi. A* 2001, 185, 85-89.

[62] Schalwig, J., Muller, G., Ambacher, O., and Stutzmann, M. Group-III-nitride based sensing devices. *Phys. Status Solidi. A* 2001, 185, 39-45.

[63] Steinhoff, G., Hermann, M., Schaff, W.J., Eastmann, L.F., Stutzmann, M., and Eickhoff, M. pH response of GaN surfaces and its application for pH-sensitive field-effect transistors. *Appl. Phys. Lett.* 2003, 83, 177-179.

[64] Khanna, R., Pearton, S.J., Ren, F., and Kravchenko, I.I. Comparison of electrical and reliability performances of TiB2-, CrB2-, and W2B5-based Ohmic contacts on n-GaN. *J. Vac. Sci. Technol.* 2006, B24, 744-748.

[65] Wang, H.T., Anderson, T.J., Kang, B.S., Ren, F., Li, Changzhi, Low, Zhen-Ning, Lin, Jenshan, Gila, B.P., Pearton, S.J., Dabiran, A., and Osinsky, A. *Appl. Phys. Lett.* 2007, 90, 252109.

[66] http://www.cityrating.com/relativehumidity.asp.

[67] Conway, B.E., Barnett, B., Angerstein-Kozlowska, H., and Tilak, B.V. *J. Chem. Phys.* 1990, 93, 8361.

[68] Harrington, D.A. *J. Electroanal. Chem.* 1997, 420, 101.

[69] Marković, N.M. and Ross, P.N. *Surf. Sci. Rep.* 2002, 45, 121.

[70] Paik, C.H., Jarvi, T.D., and O'Grady, W.E., *Electrochem. Solid-State Lett.* 2004, 7, A82.

[71] Xu, H., Kunz, R., and Fenton, J.M., *Electrochem. Solid-State Lett.* 2007, 10, B1.

[72] Wang, H.T., Anderson, T.J., Ren, F., Li, C., Now, Z.N., Lin, J., Gila, B.P., Pearton, S.J., Osinsky, A., and Dabiran, A. Robust detection of hydrogen using differential AlGaN/GaN high electron mobility transistor sensing diodes. *Appl. Phys. Lett.* 2006, 89, 242111.

[73] Huang, F.C., Chen, Y.Y., and Wu, T.T. *Nanotechnology* 2009, 20, 065501.

[74] Zhao, Z., Knight, M., Kumar, S., Eisenbraun, E.T., and Carpenter, M.A. *Sens. Actuat. B* 2008, 129, 726.

[75] Starke, U., Sloboshanin, S., Tautz, F.S., Seubert, A., and Schaefer, J.A. Polarity, Morphology and reactivity of epitaxial GaN films on Al_2O_3 (0001), *Phys. Status Solidi A.* 2000, 177, 5-14.

[76] Northrup, J.E., and Neugebauer, J., Strong affinity of hydrogen for the GaN(000-1) surface:

Implications for molecular beam epitaxy and metalorganic chemical vapor deposition, *Appl. Phys. Lett.* 2004, 85, 3429-3431.

[77] Mayumi, M., Satoh, F., Kumagai, Y., Takemoto, K., and Koukitu, A. Influence of polarity on surface reaction between GaN{0001} and hydrogen, *Phys. Status Solidi B*. 2001, 228, 537-541.

[78] Ambacher, O., Smart, J., Shealy, J.R., Weimann, N.G., Chu, K., Murphy, M., Schaff, W.J., Eastman, L.F., Dimitrov, R., Wittmer, L., Stutzmann, M., Reiger, W., and Hilsenbeck, J. Two-dimensional electron gases induced by spontaneous and piezoelectric polarization charges in N- and Ga-face AlGaN/GaN hetero- structures, *J. Appl. Phys*. 1999, 85, 3222-3233.

[79] Wang, Yu-Lin, Ren, F., Zhang, Y., Sun, Q., Yerino, C.D., Ko, T.S., Cho, Y.S., Lee, I.H., Han, J., and Pearton, S.J. Improved hydrogen detection sensitivity in N-polar GaN Schottky diodes, *Appl. Phys. Lett.* 2009, 94, 212108-1-212108-3.

[80] Wang, Yu-Lin, Chu, B.H., Chang, C.Y., Chen, K.H., Zhang, Y., Sun, Q., Lee, I.-H., Han, J., Pearton, S.J., and Ren, F. Hydrogen sensing of N-polar and Ga-polar GaN Schottky diodes. *Sens. Actuat. B: Chem*. 2009, 142, 175.

[81] Sun, Q., Cho, Y.S., Kong, B.H., Cho, H.K., Ko, T.S., Yerino, C.D., Lee, I.-H., and Han, J. N-face GaN growth on *c*-plane sapphire by metalorganic chemical vapor deposition, *J. Cryst. Growth* 2009, 311, 2948-2952.

[82] Sun, Q., Cho, Y.S., Lee, I.-H., Han, J., Kong, B.H., and Cho, H.K. Nitrogen-polar GaN growth evolution on *c*-plane sapphire, *Appl. Phys. Lett.* 2008, 93, 131912-1-131912-3.

[83] Johnson, J.L., Choi, Y., Ural, A., Lim, W., Wright, J.S., Gila, B.P., Ren, F., and Pearton, S.J. *J. Electron. Mater*. 2009, 38, pp. 490-494.

[84] Lim, W., Wright, J.S., Gila, B.P., Johnson, J.L., Ural, A., Anderson, T., Ren, F., and Pearton, S.J. *Appl. Phys. Lett.* 2008, 93, pp. 072110-072112.

[85] Lu, Y., Li, J., Ng, H.T., Binder, C., Partridge, C., and Meyyapan, M. Room temperature methane detection using palladium loaded single-walled carbon nanotube sensors. *Chem. Phys. Lett.* 2004, 391, 344-348.

[86] Sayago, I., Terrado, E., Lafuente, E., Horillo, M.C., Maser, W.K., Benito, A.M., Navarro, R., Urriolabeita, E.P., Martinez, M.T., and Gutierrez, J. Hydrogen sensors based on carbon nanotubes thin films. *Syn. Metals* 2005, 148, 15-19.

[87] Kang, B.S., Ren, F., Heo, Y.W., Tien, L.C., Norton, D.P., and Pearton, S.J. pH measurements with single ZnO nanorods integrated with a microchannel. *Appl. Phys. Lett.* 2005, 86, 112105.

[88] Wan, Q., Li, Q.H., Chen, Y.J., Wang, T.H., He, X.L., Li, J.P., and Lin, C.L. Fabrication and ethanol sens- ing characteristics of ZnO nanowire gas sensors. *Appl. Phys. Lett.* 2004, 84, 3654-3656.

[89] Wan, Q., Li, Q.H., Chen, Y.J., Wang, T.H., He, X.L., Gao, X.G., Li, J.P. Positive temperature coefficient resistance and humidity sensing properties of Cd-doped ZnO nanowires. *Appl. Phys. Lett.* 2004, 84, 3085-3087.

[90] Keem, K., Kim, H., Kim, G.T., Lee, J.S., Min, B., Cho, K., Sung, M.Y., and Kim, S. Photocurrent in ZnO nanowires grown from Au electrodes. *Appl. Phys. Lett.* 2004, 84, 4376-4378.

[91] Huang, M.H., Mao, S., Feick, H., Yan, H., Wu, Y., Kind, H., Weber, E. Russo, R., and Yang, P. Roomtemperature ultraviolet nanowire nanolasers. *Science* 2001, 292, 1897-1899.

[92] Wang, Z.L. Nanostructures of zinc oxide. *Materials Today*, June 2004, pp. 26-33.

[93] Heo, Y.W., Norton, D.P., Tien, L.C., Kwon, Y., Kang, B.S., Ren, F., Pearton, S.J., and LaRoche, J.R. ZnO nanowire growth and devices. *Mat. Sci. Eng. R* 2004, 47, 1-47.

[94] Liu, C.H., Liu, W.C., Au, F.C.K., Ding, J.X., Lee, C.S., and Lee, S.T. Electrical properties of zinc oxide nanowires and intramolecular p-n junctions. *Appl. Phys. Lett.* 2003, 83, 3168-3170.

[95] Park, W.I., Yi, G.C., Kim, J.W., and Park, S.M. Schottky nanocontacts on ZnO nanorod arrays. *Appl. Phys. Lett.* 2003, 82, 4358; *Phys. Lett.* 2003, 82, 4358-4360.

[96] Ng, H.T., Li, J., Smith, M.K., Nguygen, P., Cassell, A., Han, J., and Meyyappan, M. Growth of epitaxial nanowires at the junctions of nanowalls. *Science* 2003, 300, 1249.

[97] Park, W.I., Yi, G.C., Kim, M.Y., and Pennycook, S.J. Quantum confinement observed in ZnO/ZnMgO nanorod heterostructures. *Adv. Mater.* 2003, 15, 526-529.

[98] Poole, P.J., Lefebvre, J., and Fraser, J. Spatially controlled, nanoparticle-free growth of InP nanowires. *Appl. Phys. Lett.* 2003, 83, 2055-2057.

[99] He, M., Fahmi, M.M.E., Mohammad, S.N., Jacobs, R.N., Salamanca-Riba, L., Felt, F., Jah, M., Sharma, A., and Lakins, D. InAs nanowires and whiskers grown by reaction of indium with GaAs. *Appl. Phys. Lett.* 2003, 82, 3749-3751.

[100] Wu, X.C., Song, W.H., Huang, W.D., Pu, M.H., Zhao, B., Sun, Y.P., and Du, J.J. Crystalline gallium oxide nanowires: Intensive blue light emitters. *Chem. Phys. Lett.* 2000, 328, 5-9.

[101] Zheng, M.J., Zhang, L.D., Li, G.H., Zhang, X.Y., and Wang, X.F. Ordered indium-oxide nanowire arrays and their photoluminescence properties. *Appl. Phys. Lett.* 2001, 79, 839-841.

[102] Zhang, B.P., Binh, N.T., Segawa, Y., Wakatsuki, K., and Usami, N. Optical properties of ZnO rods formed by metalorganic chemical vapor deposition. *Appl. Phys. Lett.* 2003, 83, 1635-1637.

[103] Park, W.I., Jun, Y.H., Jung, S.W., and Yi, G. Excitonic emissions observed in ZnO single crystal nanorods. *Appl. Phys. Lett.* 2003, 82, 964-966.

[104] Pan, Z.W., Dai, Z.R., and Wang, Z.L. Nanobelts of semiconducting oxides. *Science* 2001, 291, 1947-1949.

[105] Lao, J.Y., Huang, J.Y., Wang, D.Z., and Ren, Z.F. ZnO nanobridges and nanonails. *Nano Lett.* 2003, 3, 235-238.

[106] Kim, J., Ren, F., Gila, B., Abernathy, C.R., and Pearton, S.J. Reversible barrier height changes in hydrogen-sensitive Pd/GaN and Pt/GaN diodes. *Appl. Phys. Lett.* 2003, 82, 739-741.

[107] Vasiliev, A., Moritz, W., Fillipov, V., Bartholomäus, L., Terentjev, A., and Gabusjan, T. High temperature semiconductor sensor for the detection of fluorine. *Sens. Actuat. B* 1998, 49, 133-138.

[108] Kim, J., Gila, B., Abernathy, C.R., Chung, G.Y., Ren, F., and Pearton, S.J. Comparison of Pt/GaN and Pt/4H-SiC gas sensors. *Solid State Electron.* 2003, 47, 1487-1490.

[109] Spetz, A.L., Tobias, P., Unéus, L., Svenningstorp, H., Ekedahl, L.-G., and Lundström, I. High temperature catalytic metal field effect transistors for industrial applications. *Sens. Actuat. B* 2000, 70, 67-76.

[110] Connolly, E.J., O'Halloran, G.M., Pham, H.T.M., Sarro, P.M., and French, P.J. Comparison of porous silicon, porous polysilicon and porous silicon carbide as materials for humidity

sensing applications. *Sens. Actuat. A* 2002, 99, 25-30.

[111] L. Voss, B.P. Gila, S.J. Pearton, H. Wang, and F. Ren, *J. Vac. Sci. Technol.*, 2005, B23, pp. 6-10.

[112] J.S. Wright, W. Lim, B.P. Gila, S.J. Pearton, F. Ren, W. Lai, L.C. Chen, M. Hu, and K.H. Chen, *J. Vac. Sci. Technol.* 2009, B 27, L8-L10.

[113] W. Lim, J.S. Wright, B.P. Gila, S.J. Pearton, F. Ren, W. Lai, L.C. Chen, M. Hu, and K.H. Chen, *Appl. Phys. Lett.* 2008, 93, pp. 202109-202111.

[114] K.D. Mitzner, J. Sternhagen, and D.W. Galipeau, *Sens. Actuat. B* 2003, 93, pp. 92.

[115] P. Mitra, A.P. Chatterjee, and H.S. Maiti, *Mater. Lett.* 1998, 35, pp. 35.

[116] Hartnagel, H.L., Dawar, A.L., Jain, A.K., and Jagadish, C. *Semiconducting Transparent Thin Films* (IOP Publishing, Bristol, 1995).

[117] Chang, J.F., Kuo, H.H., Leu, I.C., and Hon, M.H. *Sens. Actuat. B* 1994, B 84, 258.

[118] Eickhoff, M., Neuberger, R., Steinhoff, G., Ambacher, O., Muller, G., and Stutzmann, M. Wetting behaviour of GaN-surfaces with Ga- or N-face polarity. *Phys. Status Solidi B* 2001, 228, 519-522.

第 4 章　氮化铟基化学传感器

Yuh-Hwa Chang
纳米工程与微系统研究所，台湾清华大学，新竹，中国台湾 30013
Yen-Sheng Lu
纳米工程与微系统研究所，台湾清华大学，新竹，中国台湾 30013
J. Andrew Yeh
纳米工程与微系统研究所，台湾清华大学，新竹，中国台湾 30013
Yu-Liang Hong
物理系，台湾清华大学，新竹，中国台湾 30013
Hong-Mao Lee
物理系，台湾清华大学，新竹，中国台湾 30013
Shangjr Gwo
物理系，台湾清华大学，新竹，中国台湾 30013

4.1 引　言

Bergveld 于 1970 年提出了使用开路栅极的硅基离子敏感场效应晶体管(ISFET)作为 pH 传感器。这些晶体管是用于集成化学和生物传感器的有前途的器件结构[1]。由于吸附在开路栅极区的离子诱导的栅极电压调制了下面的表面空间电荷层，导致源漏电流的变化，从而实现 ISFET 的运行。为了改善原始 ISFET 结构灵敏相对较低和稳定性较差的问题，人们研究了各种传感材料，如 Si_3N_4[2]、Al_2O_3[2]或 Ta_2O_5[3]，以替代 SiO_2 的作用。此外，化学和生物传感器尤其需要具有更坚固的表面特性的材料，以抵御恶劣传感环境可能造成的损坏和污染。

GaN、氮化铝(AlN)、氮化铟(InN)等Ⅲ族氮化物及其合金具有高灵敏度、生物相容性、热稳定性和坚固的表面特性，近来已成为下一代化学和生物传感器的理想材料[4-18]。大多数基于 GaN 的传感器都采用了 HEMT 的结构，其特点是在异质结构的界面上存在极化诱导的 2DEG，其片密度为 10^{13} cm^{-2} [4-12]。其传感机制与硅基 ISFET 的情况类似。基于 HEMT 的传感器中，2DEG 中的电子密度会因离子吸附到开路栅极区域而受到感应栅极电压的调节，从而引起源漏电流的变化。近年来，InN 成为化学和生物传感应用的另一个热门候选材料，这主要是因为 InN

在近表面区域发生了异常强烈的电子积累[19-24]。本章将简要讨论 InN 的表面特性，并展示了基于 InN 的化学传感器的一些进展。

4.2　InN 的表面特性

4.2.1　电子特性

近来，由于 InN 外延生长技术的进步，高质量的单晶 InN 薄膜已经可常规获得。与此同时，对其电子特性的研究也引起了广泛关注。研究表明，对于未掺杂的 InN 薄膜而言，生长后的 InN 薄膜具有窄带隙(0.6～0.7 eV)、优异的电子传输特性和高电子密度背景(通常超过 1×10^{18} cm^{-3})[25]。此外，InN 表面的片状密度为 10^{13} cm^{-2}，其表面电子积累层的不寻常现象已经被各种实验技术所发现和证实，如电容-电压(*C-V*)分析和高分辨率电子能量损失谱[19-24]。根据 *C-V* 曲线分析的特征，在 InN 表面 6 nm 的深度内观察到了从 10^{20}～10^{18} cm^{-3} 的载流子浓度梯度，这表明表面存在强烈的电子积聚[19]。清洁 InN 表面的高分辨率电子能量损失谱也显示了类似的结果，在约 250 meV 观察到的电子能量损失的宽峰被解释为导带电子等离子体激发。随着探测电子能量从 15 eV 增加到 60 eV，该峰显示了大约 40 meV 的向下色散，这是由于表面层具有比体材料更高的等离子体频率。这为 InN 表面存在电子积聚层提供了明确的证据[22]。

除了原位裂解的非极性 *a*-平面 InN 表面不存在表面电子积聚现象外，所有原位生长的 InN 表面都普遍存在表面电子积聚现象[26]。这种不寻常的电子特性被解释为在 Γ 点处的导带最小值(CBM)异常低(低于真空水平 5.8 eV)导致的，这是已知半导体中最大的数值。这个超低的 CBM 远低于普遍的费米级稳定能量(E_{FS}，比真空能级低 4.9 eV)，这意味着表面状态倾向于成为施主，因此将费米能级固定在 InN 表面 CBM 上方 0.9 eV 的位置[23]。因此，能带向下弯曲，在表面附近积累了高密度的电子。Segev 和 Van de Walle 基于第一原理计算提出，施主型表面态的微观来源主要与表面 In 层内的 In-In 键合状态有关[27,28]。

近年来，一些消除 InN 表面电子积聚的研究被报道，但都没有取得成功，只能降低表面电子积聚的水平[29-32]。例如，表面硫处理已被广泛用于Ⅳ族、Ⅲ-Ⅴ族和Ⅱ-Ⅵ族半导体的表面状态的钝化，它可以将表面电子密度降低约 30%，相当于将表面带状弯曲减少约 0.3 eV[32]。尽管表面电子积累效应不利于 InN 在电子和光电器件方面的应用，但它对化学传感应用具有吸引力。电荷积累层在 InN 表面形成一个天然的 2DEG。与基于 HEMT 传感器的异质结构埋入界面上的 2DEG 不同，InN 的天然 2DEG 层紧靠表面正下方传感功能实现的地方。InN 表面上的吸附物会有效影响表面能带弯曲，从而调节表面电子积聚层的电子密度。这可能导致表面电导发生显著变化。

4.2.2　化学敏感的特性

在过去十年中，InN 的电子特性得到了很好的发展，但关于其化学传感特性的研究却鲜有报道。Lu 等[33]首次展示了裸露 InN 表面的液相化学反应。研究发现，在 InN 表面使用甲醇、水和异丙醇(IPA)处理 InN 表面可以增加片层载流子密度和霍尔迁移率。尽管测量的四个样品的厚度不同，但经过相同的处理后观察到了相似的增加幅度。使用水和甲醇处理的显示出更高且相似的响应，而使用异丙醇处理的则显示出相对较弱的响应。InN 表面对溶剂产生感应效应的机制可能结合了偶极和单极范德瓦耳斯相互作用，从而决定了 InN 表面对不同化学暴露的响应。这一初步结果揭示了 InN 在化学和生物传感应用方面的潜力。

4.3　InN 基化学传感器的开发

4.3.1　离子选择电极

几十年来，电势离子选择电极(ISE)传感器已被开发用于化学、生物医学、生理和临床应用。吸附在 ISE 上的配体、功能化基团或离子载体会对周围的特定离子产生选择性反应，从而引起表面电势的变化。为了实现高灵敏度、良好的可重复性和快速响应，有人提出使用固态材料[34-37]。例如，有报道称基于 Ga 极性的 GaN ISE 对氯离子(Cl^-)、硫酸根离子(SO_4^{2-})和氢氧根离子(OH^-)等阴离子具有良好的选择性[36,37]。在此，我们利用电势测量法证明了一种 N 极 InN 基 ISE 可选择性地确定水溶液中氯离子和氢氧根离子等阴离子的浓度。

1. 器件制造

在 ISE 制造中使用的是纤锌矿 N 极 InN(000$\bar{1}$)薄膜。在装有射频氮等离子体源的分子束外延系统(DCA-600)中进行了 InN 在 Si(111)衬底上的异质外延生长。在处理过程中，基础压力保持在约 6×10^{-11} Torr。之所以选择 Si 作为 InN(000$\bar{1}$)外延生长的衬底，而不是最广泛使用的蓝宝石衬底，是因为 InN(000$\bar{1}$)和 Si(111)之间的晶格失配度(约 8%)比 InN(000$\bar{1}$)和 Al_2O_3(0001)的(约 25%)要小。然而，使用单一的 AlN 缓冲层在 Si 衬底上生长的 InN 薄膜其质量很差。在缓冲层生长过程中，Si 无意中的氮化形成了无定形的 SiN_x 层，从而导致薄膜质量下降。为了克服这个问题，有人提出了一种双缓冲层(由 β-Si_3N_4 和 AlN 组成)技术[38,39]。首先，在 InN 生长之前，在氮气等离子体中在 Si(111)衬底上形成一个单晶 β-Si_3N_4 超薄膜，该膜与 Si(111)衬底的晶格以 1:2 的重合晶格匹配，以防止非晶态 SiN_x 层的形成。然后，将 AlN(0001)沉积在 β-Si_3N_4(0001)上，在界面上形成 5:2 的重合晶格，以促进 InN 在 Si 上的异质外延生长的双缓冲层。与使用单一 AlN 缓冲层生长的 InN 相比，使用这种技术还能有效减少由硅外扩散造成的自掺杂。

这里使用的 InN 薄膜的厚度为 400 nm。在室温下对未生长的 InN 样品进行霍尔测量，测得电子密度为 4.1×10^{18} cm^{-3}，迁移率为 10^{12} $cm^2/(V \cdot s)$。在器件制造之前，先将未生长的 InN 表面浸泡在 HCl:H_2O(1:3)溶液中，以去除过量的表面 In 残留物和表面氧化物。基于 InN 的 ISE 的传感窗口的尺寸为 2 mm× 2 mm。通过 InN 表面上的 Au 接触垫，将 ISE 与 Pt 丝键合，然后用环氧树脂进行封装。使用 Pt 丝键合和封装可以减少电子噪声，并防止一些可能的化学侵蚀。

2. 测试程序和结果

首先，测量了亥姆霍兹电压的变化，即 InN 表面与参比电极之间的点位积累随分析溶液中阴离子浓度变化的情况。使用万用表(Agilent 34401A)记录 InN 基 ISE 的开路电势信号。万用表的输入阻抗为 1 MΩ ± 2%，并联电容为 100 pF，可以允许进行开路电压传感测量。电势测量是将 ISE 浸入带有 Hg/HgCl 电极(Hanna HI-5412)的分析溶液中进行的，Hg/HgCl 电极用于在溶液中建立参考电势。分析溶液分别包括去离子水中的 KCl、NaCl、NH_4Cl、$CaCl_2$、$BaCl_2$ 和 NaOH。图 4.1 显示了氯化物和羟基溶液体积浓度从 10^{-3}～1 mol/L 时半对数点位积累图。拟合线分别表示对ⅠA、ⅡA 氯化物和羟基溶液的响应。基于 InN 的 ISE 的测量电势与体积浓度的对数呈线性关系，符合能斯特方程。根据拟合线的斜率确定，在 25℃下，ⅠA 和ⅡA 氯化物的灵敏度分别为−47 mV/dec①和−45 mV/dec，对羟基的灵敏度类似，为−49 mV/dec。基于 InN 的 ISE 的可重复性测量得出的电势变化为±1 mV。长期稳定性在 6 h 内为 9 mV，与基于 GaN 的 ISE 传感器的长期稳定性接近[36]。负灵敏度意味着随着氯离子浓度的增加，电势会向更负的方向移动。这一结果表明，基于 InN 的 ISE 选择性地对氯离子而不是阳离子做出响应，这可能是由于氯离子被 InN 表面带正电的施主位点所吸引。此外，请注意，根据能斯特方程，单电荷阳离子(如 K^+、Na^+和 NH_4^+)的理论灵敏度是双电荷阳离子(如 Ca^{2+}和 Ba^{2+})的两倍。

图 4.2 绘制了 InN 基 ISE 对 0.01 mol/L-0.05 mol/L-0.1 mol/L 和 0.01 mol/L-0.1 mol/L 氯化钾(KCl)的动态响应。响应(下降)时间和恢复(上升)时间分别表示相对电势从 10%(T_{10})到 90%(T_{90})以及从 90%到 10%后所经历的时间。对于ⅠA 氯化物溶液，十分之一体积浓度变化(如 0.01 mol/L–0.1 mol/L)的响应时间和恢复时间是 12 s 和 78 s，而对于ⅡA 氯化物溶液来说是 18 s 和 108 s。在测试的氯化物溶液中，响应

① −47mV/dec 表示每 10 倍变化−47mV。

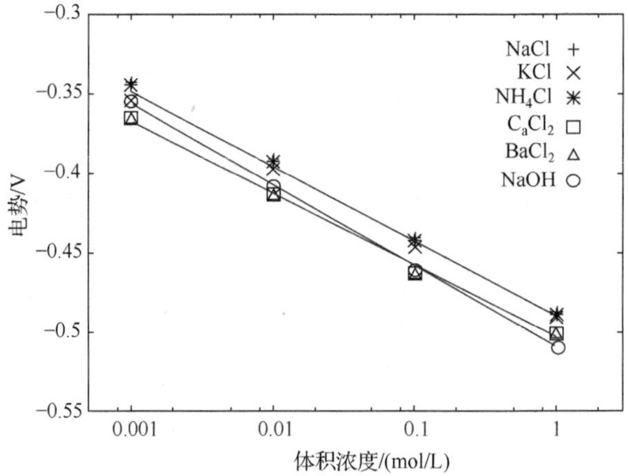

图 4.1　基于 InN 的 ISE 对不同体积浓度的ⅠA/ⅡA 氯化物和羟基溶液的电势反应

时间比恢复时间快 6 倍左右。总之，较短的反应时间和长期的电势稳定性都表明，电势积累机制是纯粹来自表面机制，没有向 InN 晶体的块体转变。

表面区域及其附近的外在施主杂质和施主型原生表面/块状缺陷所产生的带电施主可提供带电势点，选择性地将阴离子吸附到 InN 表面，在电解质-InN 界面处产生亥姆霍兹电压。阴离子吸附到带正电荷的施主上，会排斥近表面区域积累

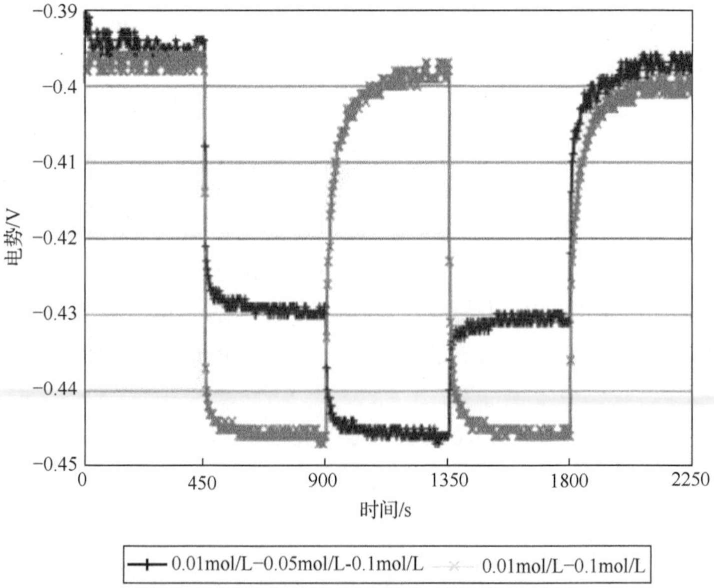

图 4.2　基于 InN 的 ISE 在氯化钾浓度变化为 0.01 mol/L-0.05 mol/L-0.1 mol/L 和 0.01 mol/L-0.1 mol/L 时的动态响应

使用 InN 表面电势测量氯离子浓度的重复性为±1 mV

的电子。因此，在硅衬底上生长的 N 极 InN 薄膜已被证明是一种优秀的传感膜，可以选择性地对水溶液中的阴离子发生反应，具有反应速度快、长期稳定和重复性高等特点。

4.3.2 离子敏感场效应晶体管

1970 年，Bergveld 首次提出以氧化硅为传感材料的硅基开栅场效应晶体管用作 pH 传感器[1]。ISFET 的结构与传统的场效应晶体管相似，但没有栅极金属。在使用过程中，将 ISFET 和参比电极一起浸入分析溶液中。溶液中的分析离子吸附在开栅区后，会产生与 ISE 类似的亥姆霍兹电压，从而调节源极和漏极之间的载流子分布和电导率。因此，ISFET 的性能主要取决于开栅区传感材料的特性和场效应晶体管的跨导。在实际使用中，可以改变参比电极和衬底之间的电压偏置(V_{GS})，从而在相同离子浓度变化的情况下实现更高的电流变化。稍后，我们将介绍一种基于 InN 的 ISFET，以及其在阴离子、pH 和极性传感方面的应用。

1. 器件制造

传统的 ISFET 采用基于 Si 的开路栅极晶体管，需要相对复杂的工艺，包括阱的形成、器件隔离、源/漏极形成、触点拾取以及作为传感膜的介电层(如金属氧化物或Ⅲ-氮化物)。本文开发的基于 InN 的 ISFET 仅由生长在 Si 衬底上的 InN 外延层和沉积在 InN 表面的一对金属电极组成。图 4.3 显示了一个超薄(约 10 nm)

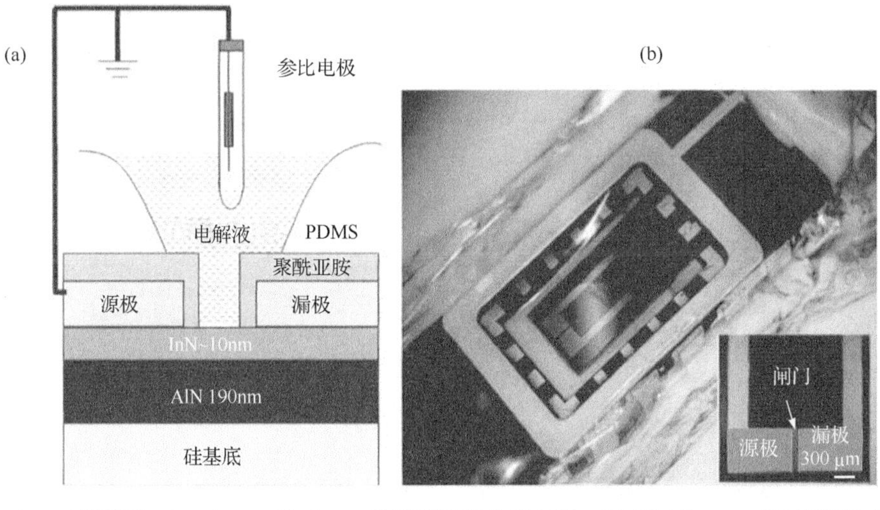

图 4.3 (a)超薄(约 10 nm)InN 基 ISFET 的横截面结构示意图；(b)实物图。InN 表面的原生氧化物作为传感材料，与传感环境直接接触；分析物离子在 InN 表面的吸附建立了一个亥姆霍兹电势，导致了输出电流的变化；源极和漏极被聚酰亚胺和 PDMS 封装起来，以防止与电解液接触

InN 基 ISFET 的横截面示意图及其封装照片。金属电极由(500 Å)Au/(2000 Å)Al/(400 Å)Ti 的复合层组成，采用电子束蒸发系统沉积，并通过升华工艺进行图案制作。ISFET 的沟道长度为 100 μm 宽。除开路栅极区外，整个器件都用聚酰亚胺和聚二甲基硅氧烷(PDMS)封装，以防止传感环境的化学侵蚀。在工作过程中，InN 外延层作为导电层，表面上的原生氧化铟则充当传感膜。通过电解质-栅极偏压或化学传感，可以通过开路栅极调制流经两个电极的源漏电流(I_{DS})。

2. 测试程序和结果

使用万用表(Agilent 34401A)和直流电源(Agilent 6654A)测量基于 InN 的 ISFET 的源漏电流(I_{DS})。如图 4.3(a)所示，通过浸入电解液中的 Hg/HgCl 参比电极(Hanna HI-5412)控制栅源电压(V_{GS})。首先，为了研究基于 InN 的 ISFET 的电学性能，通过电解质-栅极偏压测量了 I_{DS}-V_{GS} 特性。然后，研究了 I_{DS} 对水溶液中各种浓度的分析物离子，包括阴离子和氢离子(pH)以及对极性液体的响应。

1) 电解质-栅极偏压特性

使用电解质栅极偏压技术研究了 InN 基 ISFET 的 I_{DS}-V_{GS} 特性，即通过参比电极改变电解质栅极上的外加电压。本文研究的 InN 外延层包括厚度为 1 μm 和 10 nm 的未掺杂 N 极-*c* 平面 InN(*c*-InN)，以及厚度为 1.2 μm 的 Mg 掺杂 *a* 平面 InN(*a*-InN:Mg)。图 4.4 显示了所研究的三种 ISFET 结构，其中，载流子流经表面、界面和体沟道的示意图。使用 10 nm 厚和 1 μm 厚的未掺杂-*c*-InN 外延层制作的 ISFET，主要是用于研究厚度对电流变化率的影响。使用 1.2 μm 厚的 *a*-InN:Mg 外延层制作的 ISFET，则用于证明 Mg 掺杂对 ISFET 电流变化增强的影响。

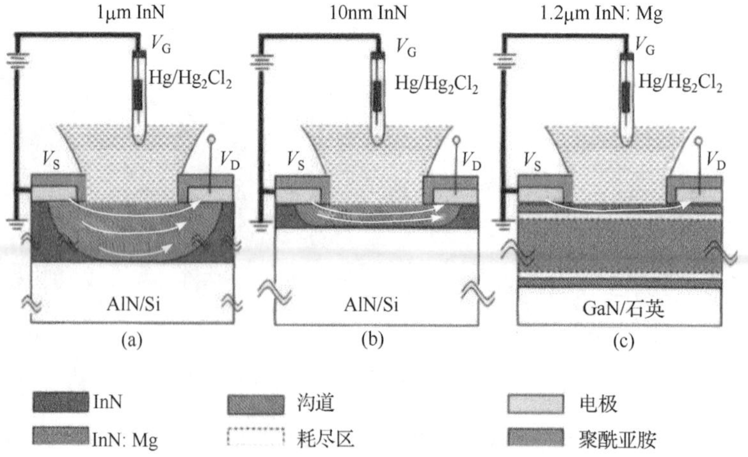

图 4.4　三种 ISFET 结构的示意图，包括(a)1 μm 厚的 *c*-InN，(b)10 nm 厚的-*c*-InN 和(c)1.2 μm 厚的 *a*-InN:Mg 外延层

图 4.5 显示了所研究的三种 InN ISFET 的 I_{DS}-V_{GS} 特性。在漏极-源极电压(V_{DS})固定为 0.25 V 的情况下，将漏极-源极电流(I_{DS})归一化为零偏压时的电流，并将其绘制为栅极偏压(V_{GS})的函数，同时通过 pH = 7 的缓冲溶液对栅极进行偏压。1 μm 厚的 *c*-InN ISFET 对−0.3～0.3V 的栅极偏压变化反应不敏感(小于 0.1%)，小的电流调制能力归因于体沟道的存在。对于厚外延层，由于 InN 表面有大量电子积累，电子密度高达 10^{20} cm^{-3} 数量级，从而降低了场效应，这使得场效应影响区域只在离表面几纳米的范围内(小的静电屏蔽长度)[40]。因此，无法有效地诱导或抑制块体沟道和界面沟道中的载流子(即沟道电流只能略有变化)。相反，10 nm 厚的 *c*-InN ISFET 在栅极偏压为 0.3V(−0.3V)，和相对于无偏压的情况相比显示出 18%(15%)的电流变化，表明超薄沟道中的电流对栅极偏压很敏感。在这种情况下，载流子主要来自表面和界面沟道，其值远小于 1 μm 厚的 *c*-InN ISFET。因此，10 nm 厚的 *c*-InN ISFET 的 I_{DS} 比 1 μm 厚的 ISFET 要小(在 V_{DS} = 0.25 V 时，零栅偏压下的 I_{DS} 为 0.23 mA，而 1 μm 厚 ISFET 的为 2.52 mA)。当栅极电压偏置时，10 nm 厚的 *c*-InN ISFET 的载流子数量变化相对较大，我们可以得到比 1 μm 厚的 *c*-InN ISFET 更高的电流变化率。1.2 μm 厚的 *a*-InN:Mg ISFET 对 0.3 V 和−0.3 V 的栅极偏压的电流响应分别为 52%和 30%。如此高的电流变化率可能是表面反型层和近表面区域的耗尽区共同作用的结果。表面反型载流子(电子)被耗尽区与体沟道隔离，容易在足够大的负栅偏置下耗尽。然而，电流不能被完全抑制，因为 InN-GaN 异质界面上的载流子仍然可能通过侧壁或体中的位错线与表面电连接[41]。

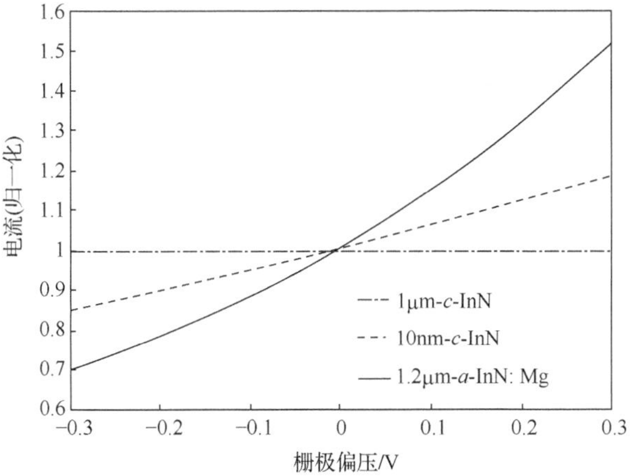

图 4.5 在固定 V_{DS} = 0.25 V 的 pH = 7 的缓冲溶液中测量的开栅 InN 基 ISFET 的 I_{DS}-V_{GS} 特性。用于制造 ISFET 的 InN，包括 1 μm 厚的 *c*-InN，以及 10 nm 厚的 *c*-InN 和 1.2μm 厚的 *a*-InN:Mg 外延层；I_{DS} 分别相对于每个 ISFET 的零栅极偏置电流进行归一化

与基于其他Ⅲ族氮化物的 ISFET 相比，基于 InN 的 ISFET 在相同幅度的栅极

电压变化时具有相对较高的电流变化率[5,42]。这些结果进一步证明，基于 InN 的 ISFET 在高灵敏度化学传感方面大有可为。下文将介绍用超薄(10 nm)*c*-InN 和 *a*-InN:Mg 制作的 ISFET 对阴离子、pH 和极性液体的化学反应。

2) 阴离子传感

超薄(10 nm)InN 基 ISFET 用于在水溶液中进行氯离子感应。如图 4.6 所示，超薄 InN 基 ISFET 的 I_{DS}-V_{DS} 特性显示了在去离子水和 1 mol/L KCl 水溶液中的差异。测量到的沟道电流随着施加电压而升高到 3 V，在相同的 V_{DS} 下，当从暴露于去离子水转为暴露于 KCl 水溶液中时，沟道电流会减小。吸附在 InN 表面的氯离子和自由电子被积聚层中带正电的表面施主所平衡。为了保持该层的电荷中性，沟道内的自由电子会重新分布到整个 InN 层。因此，沟道内较低的电子密度会降低流经沟道的电流。此外，在去离子水中测量到的电流响应显示，在 57 mA 电流击穿之前没有饱和现象。

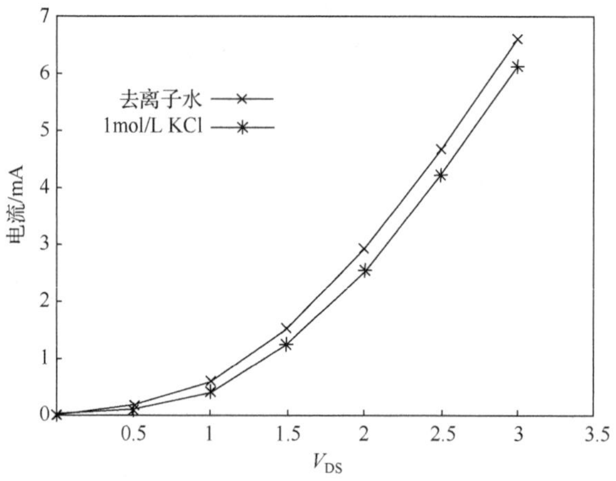

图 4.6　超薄 InN 基 ISFET 暴露于去离子水和 KCl 溶液中时的 I_{DS}-V_{DS} 特性。ISFET 的输出电流(I_{DS})显示出在去离子水和 KCl(1 mol/L)中的明显差异；在 V_{DS} = 3 V 时，观察到 510 μA 的最大差异

图 4.7 显示了基于 InN 的 ISFET 对 KCl 的动态响应。离子浓度通过滴定法从 10^{-5} mol/L 调整到 10^{-1} mol/L，没有机械搅拌。氯离子浓度是根据物质的量浓度(mol/L)计算得出的，假设 KCl 几乎完全溶解(20℃时溶解度为 34 g/100 cm^3)。在测量过程中，V_{DS} 保持在 0.2 V 不变。基于 InN 的 ISFET 当暴露于不同的离子浓度时电流会发生突变。电流随着氯离子浓度的增加而变小。电流与氯离子浓度每十进制变化有关的电流变化为 5 μA，表明灵敏度为 5 μA/pCl(pCl 表示$-\log[Cl^-]$)。这里定义的响应时间是指离子浓度从 10%变化到 90%后所经过的时间。据估计，InN ISFET 十分之一浓度变化的响应时间小于 10 s，这受到离子扩散和平衡的限

制。平衡状态下检测到电流的波动在 1.2 μA 范围内，这意味着使用目前的检测电路，所测试的传感器在 ISFET 运行时的分辨率极限为 0.25 pCl。

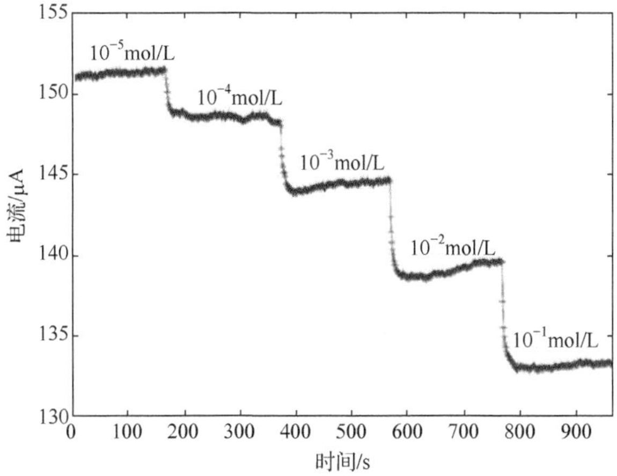

图 4.7　固定的 $V_{DS} = 0.2$ V 时，基于 InN 的 ISFET 在 KCl 溶液浓度从 10^{-5}～10^{-1} mol/L 的动态响应

图 4.8 显示了在固定的 $V_{DS} = 0.2$ V 条件下，不同体积浓度的 KCl 溶液(从 10^{-5}～10^{-1} mol/L)的 I_{DS} 的半对数图。InN 基 ISFET 的测量电流随着氯离子体积浓度的对数的增大而单调递减，显示出与体积浓度对数的线性依赖性。基于 InN 的 ISFET 对 KCl 的平均反应是 5 μA/pCl。在浓度为 10^{-3} mol/L 时，我们实验中的最大测量误差对应于 1.1 μA 的标准偏差(即 ±0.7%)。对于 InN 的情况，来自外部施主杂质的带电施主以及表面区域附近的施主型本征表面/体缺陷都可能提供带电势点，从而在 InN 表面选择性地吸附阴离子。阴离子对正电荷施主的吸附是通过 InN 中自由电子的重新分布来平衡的，以保持 ISFET 沟道积累层中的电荷中性条件。同时，它在 InN 栅区和参考电极之间建立起了相应的亥姆霍兹电压。栅极电势的变化调节了沟道电流。

总之，我们已经证明，基于 InN 的超薄 ISFET 对氯离子浓度变化的灵敏度为 5 μA/dec，响应时间小于 10 s。InN 基 ISFET 的性能主要得益于超薄 InN 薄膜独特的表面电子特性。

3) pH 传感

超薄(10 nm)c-InN 和 1.2μm 厚 a-InN:Mg 制造的 ISFET 被用来研究裸露 InN 和 InN:Mg 表面对 pH 变化的化学响应。本文研究了基于 InN 的 ISFET 的静态和动态化学响应的性能因素，如栅极灵敏度、电流变化率、分辨率和响应时间。此外，还进一步引入了交流模式测量的方法，以减少来自环境的噪声，从而提高传感分辨率。

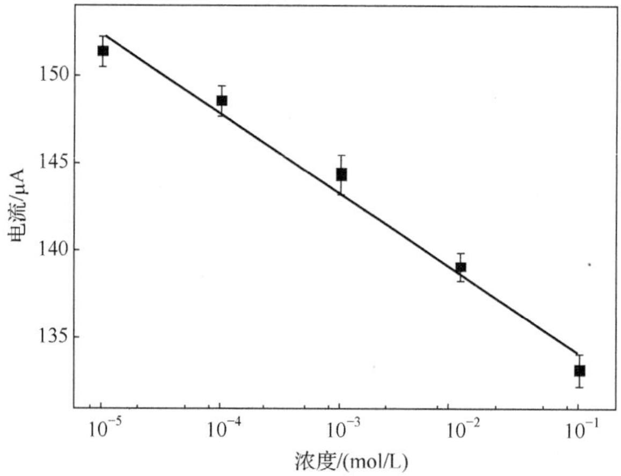

图 4.8　在固定 $V_{DS} = 0.2$ V 时，InN ISFET 的电流响应与水溶液中 KCl 浓度的对数关系。被测试的器件的灵敏度为 5 μA/pCl

基于 InN 的 ISFET 的化学响应是通过暴露在不同的 pH 的缓冲器(Hanna)中进行的，pH 用盐酸(HCl)和氢氧化钠(NaOH)的水溶液进行调整。图 4.9 显示了在 V_{DS} 固定为 0.2 V 时，基于 InN 的 ISFET 的化学响应与水溶液 pH 的函数关系。电流随着 pH 的增加(范围为 2～10，步长为 1)而单调下降。InN 基 ISFET 的平均电流变化为 17.1 μA/pH，相对于 pH = 7 时的电流变化率为 4.12%。超薄 InN 基 ISFET 对 pH 变化的高电流变化率($\Delta I_{DS}/I_{DS}$)表明，该传感器具有高分辨率，可用于检测轻微的 pH 变化。如图 4.10 所示，超薄 InN ISFET 的 pH 响应也是通过使用 HCl 和 NaOH 水溶液进行滴定来实现的。首先将 ISFET 浸入 HCl 水溶液中，

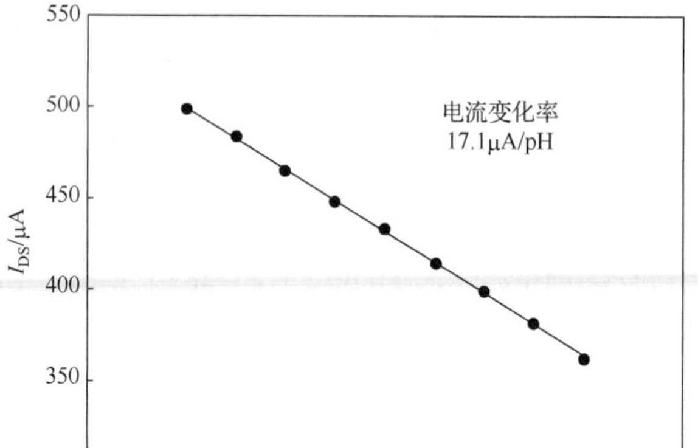

图 4.9　在固定的 $V_{DS} = 0.2$V 条件下，超薄 ISFET 对 pH 为 2～10 的缓冲器的电流响应，显示平均电流变化为 17.1 μA/pH(变化率为 4.12%)

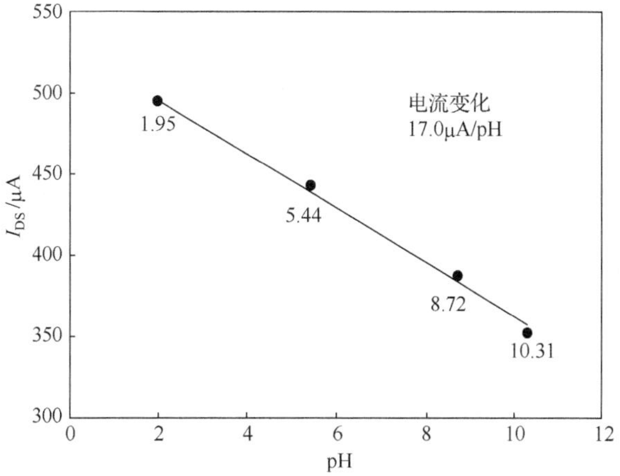

图 4.10　在固定的 V_{DS} = 0.2V 的情况下，使用滴定法对超薄 ISFET 进行电流响应，显示平均电流变化为 17.0 μA/pH(变化率为 4.08%)

然后加入 NaOH 使溶液的 pH 从酸性变为碱性。用 pH 计(Hanna HI-111)现场监测 pH，以便与测量的 I_{DS} 进行比较。其结果与使用缓冲溶液的结果十分吻合。平均电流变化为 17.0 μA/pH，对应的电流变化率为 4.08%。

使用恒定电流法测量了裸露 InN 表面对水溶液中 pH 变化的栅极灵敏度，即通过参比电极调整栅极偏压 V_{GS} 以补偿 pH 变化的影响，使 I_{DS} 回到一个恒定值。V_{GS} 的调整幅度可以用来估计不同 pH 缓冲溶液中液体-InN 界面产生的亥姆霍兹电压。这里设定的恒定电流是 pH = 7 时的电流，因此，得出的各种 pH 溶液中的亥姆霍兹电压是相对于 pH = 7 的电压。图 4.11 显示了超薄 InN 基 ISFET 的

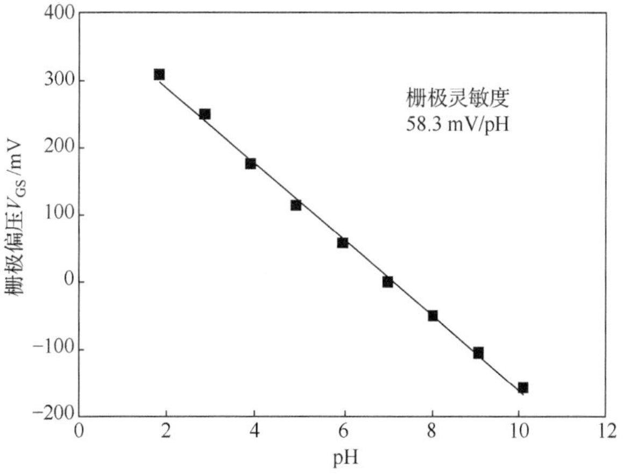

图 4.11　对于使用恒定电流测量的超薄 InN 基 ISFET，栅极偏置电压 V_{GS} 作为 pH 范围为 2～10 的函数(恒定电流设定为 pH 为 7 时的电流)。灵敏度约为 58.3 mV/pH

V_{GS}与 pH(范围为 2～10)的函数关系。在整个研究范围内观察到线性关系，并得出 58.3 mV/pH 的栅极灵敏度。基于 InN 的 ISFET 的栅极灵敏度接近于理论上的 59 mV/pH 的能斯特响应，并且与那些基于Ⅲ-氮化物的 pH 传感器相似(GaN:Si/GaN:Mg ISFET 的 57.3 mV/pH[5]，GaN 封顶的 AlGaN/GaN HEMT 的 56.0 mV/pH[5]，以及裸 AlGaN/GaN HEMT 的 57.5 mV/pH[7])。

图 4.12 显示了 *a*-InN:Mg ISFET 对不同 pH 缓冲溶液的电流响应，以及在 pH 为 7 的缓冲溶液中电解质栅极偏压的电流响应。测量时，V_{DS}固定在 0.1 V。暴露于 pH 缓冲溶液后，观察到 pH 在 2～10 的范围内电流单调增加。可以发现，平均电流变化为 2.7 μA/(dec · pH)。根据在去离子水中电解质栅极偏压下 I_{DS}与 V_{GS}的关系，可以推导出栅极电势的变化(即栅极灵敏度)为 56.5 mV/pH，这与前面提到的基于Ⅲ-氮化物的 pH 传感器相似。图 4.13 显示了 *a*-InN:Mg ISFET 在 pH 为 5～2 的范围内使用 HCl 溶液滴定的动态反应，显示了在 pH 转变时突然的电流变化。估计响应时间(T_{90}–T_{10})小于 10 s。

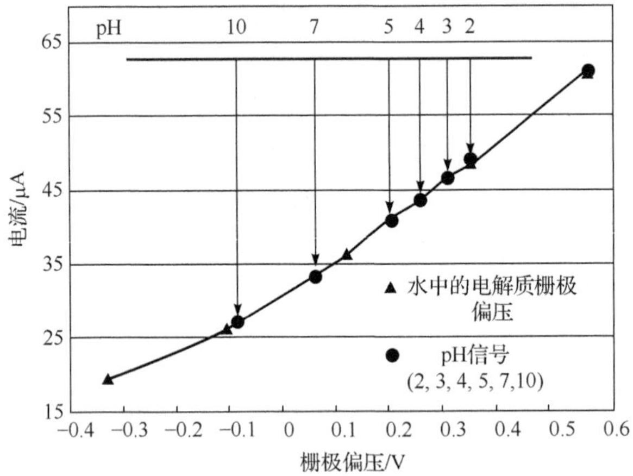

图 4.12　*a*-InN:Mg ISFET 在不同 pH(2～10)的缓冲溶液中的 I_{DS}-V_{GS}特性，以及在 pH = 7 的缓冲溶液中不同的栅极偏压(V_{DS} = 0.1 V)。栅极灵敏度通过使用实验数据计算出，为 56.5 mV/pH

为了减少环境噪声带来的信号波动，从而提高分辨率，使用交流模式下的锁相放大器(Stanford Research System, SR830)测量了超薄 InN 基 ISFET 的化学响应。在测量过程中，将一个约为 50.0 Ω 的标准电阻器与 InN 基 ISFET 串联，并测量 ISFET 上的压降(V_{FET})。交流信号的频率和振幅分别设置为 1 kHz 和 250 mV(RMS)。如图 4.14 所示，V_{FET}与不同 pH(在 2～12 范围内)的缓冲溶液中呈线性关系。动态平衡中的电流波动大大减小，可以利用该范围内的信噪比来估计 ISFET 的分辨率，该分辨率小于 0.05 pH。如图 4.15 所示，预测的分辨率在实践中得到了验证。在交流模式下，测量了超薄 InN 基 ISFET 对 pH 在 7.83～8.55

范围内的 pH 变化的

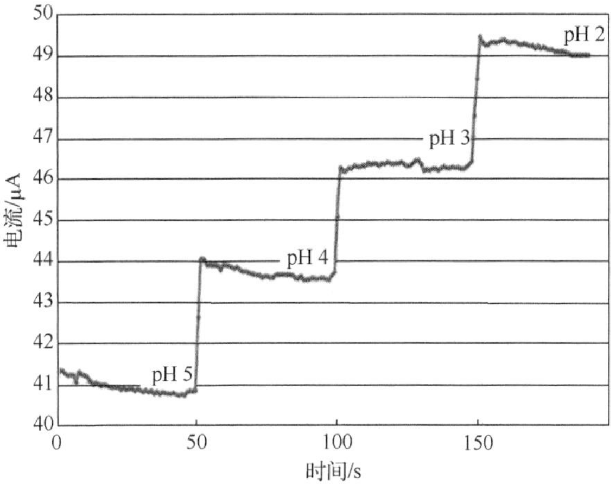

图 4.13　使用固定 $V_{DS}=0.1$ V，盐酸滴定 *a*-InN:Mg ISFET 在 pH 为 5～2 的范围内的动态响应

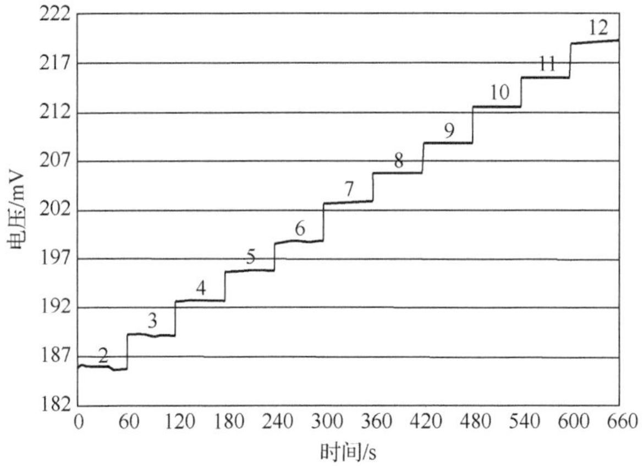

图 4.14　在交流模式下，InN ISFET 对 pH 为 2～12 的缓冲溶液的响应

响应，步长约为 0.05。pH 的变化是通过使用稀 NaOH 溶液滴定来实现的。与直流模式相比，交流模式测量获得的分辨率提高了近一个数量级。

4) 极性传感

利用超薄 InN 基 ISFET 研究了 InN 表面对甲醇、异丙醇和丙酮等极性液体的化学响应。在固定 V_{DS} 为 0.25 V 时测量了三个样品暴露于极性液体中的源极-漏极电流(I_{DS})。如图 4.16 所示，甲醇、异丙醇和丙酮的平均 I_{DS} 分别为 466 μA、462 μA 和 405 μA，与极性液体的 p/ε 值呈线性关系。这个结果可以用简单的亥姆霍兹模型来解释。根据该模型，由极性液体的分子偶极子引起的液固界面的电势降(ΔV)为[43]

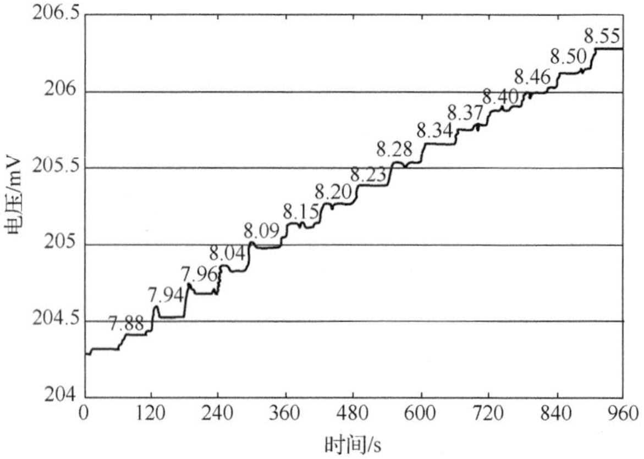

图 4.15　在交流模式测量条件下，在约 0.05 阶跃范围内，超薄 InN 基 ISFET 的电压降随 pH 从 7.88～8.55 变化的瞬态行为。pH 的变化是用稀释的 NaOH 溶液滴定实现的，并使用商业 pH 计在现场记录；每一步记录的 pH 如图所示

$$V = \frac{N_s p \cos\theta}{\varepsilon\varepsilon_0} \tag{4.1}$$

式中，N_s 为单位面积固体表面吸收偶极子密度；p 为偶极矩；θ 为偶极子与表面法线的夹角；ε 为液体的介电常数，ε_0 为自由空间的介电常数。研究中涉及极性液体的 p、ε 和 p/ε 值，如表 4.1 所示。在相同的 InN 表面吸收偶极子密度(N_s)和偶极子与表面法线夹角(θ)的条件下，液体-InN 界面的电势降应与极性液体的 p/ε 成正比。因此，由于 I_{DS} 与 V_{GS} 的近似线性关系，超薄 InN 基 ISFET 在极性液体中的 I_{DS} 也应与 p/ε 的值成正比。这一结果与使用Ⅲ-氮基或Ⅲ-砷基 ISFET 获得的结果一致[6,7,43]。

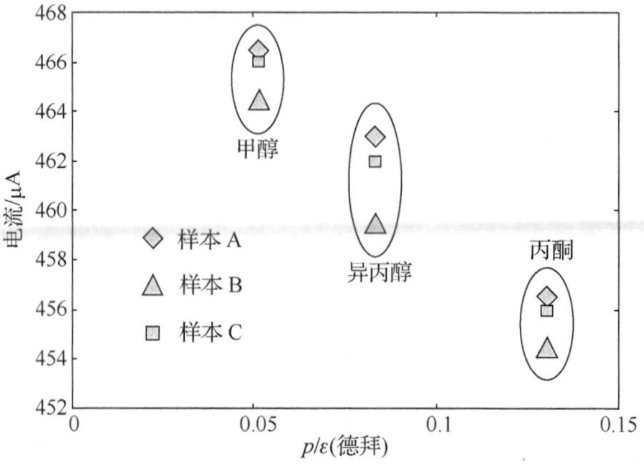

图 4.16　在极性液体(包括甲醇、异丙醇和丙酮)中测量了三种超薄 InN 基 ISFET 的 I_{DS} 与 p/ε 的关系

表 4.1　甲醇、异丙醇和丙酮的偶极矩、介电常数和 p/ε

	甲醇	异丙醇	丙酮
偶极矩(p)	1.7 ± 0.02	1.58 ± 0.03	2.88 ± 0.03
介电常数(ε)	33	20.18	21.01
p/ε	0.052	0.078	0.137

资料来源：在 CRC 物理和化学手册 2008，第 88 版，Taylor & Francis，伦敦。

4.4　总　　结

强烈的表面电子积聚层这种不寻常的现象导致 InN 表面具有天然的 2DEG，这使得 InN 在化学和生物传感应用方面具有吸引力。使用基于 InN 的 ISE 展示了裸露 InN 表面的阴离子(Cl^-)感应能力，能够实现 10^{-3} mol/L 的较低检测限。为了提高检测限、灵敏度和稳定性，展示了用超薄(10 nm)InN 和 InN:Mg 制备的 ISFET。在相同的电解质-栅极偏置变化幅度下，这两种类型的 InN 基 ISFET 均表现出较高的电流变化率。利用超薄 InN 基 ISFET，阴离子(Cl^-)传感下限提高到 10^{-5} mol/L。此外，还展示了 pH 从 2～10 的检测，源极-漏极电流与 pH 值呈线性关系。恒定电流测得的栅极灵敏度为 58.3 mV/pH，接近理论的 59 mV/pH 的能斯特响应值，而 *a*-InN:Mg ISFET 的栅极灵敏度为 56.5 mV/pH。InN 基 ISFET 的平均电流变化率为 17.1 μA/pH，对应的电流变化率为 4.12%。在 1 kHz 的交流模式下，超薄 InN 基 ISFET 的分辨率可以进一步提高到小于 0.05 pH。对于极性传感，ISFET 的电流变化与极性液体的 p/ε 值呈线性关系，这归因于极性液体的分子偶极导致的液固界面电势下降。与传统的 Si 基开栅场效应晶体管相比，InN 基的 ISFET 具有结构简单、易于制造的优点，而且有潜力与读出电路集成在同一芯片中，从而实现经济高效的传感应用。

致　　谢

台湾清华大学研究的基于 InN 的化学传感器部分得到了中国台湾“国科会”的支持，支持的项目包括 NSC 98-3011-P-007-001 和 NSC 97-3114-E-007-002。

参 考 文 献

[1] Bergveld, P. *IEEE Trans. Bio-Med. Eng.* **1970**, *BM17*, 70.

[2] Matsuo, T., Esashi, M., and Abe, H. *IEEE Trans. Electron Devices.* **1979**, *26*, 1856-1857.

[3] Gimmel, P., Schierbaum, K.D., Gopel, W., Van den Vlekkert, H.H., and De Rooy, N.F. *Sens. Actuators B* **1990**, *1*, 345-349.

[4] Neuberger, R., Müller, G., Ambacher, O., and Stutzmann, M. *Phys. Status Solidi A* **2001**, *185*, 85-89.

[5] Steinhoff, G., Hermann, M., Schaff, W.J., Eastman, L.F., Stutzmann, M., and Eickhoff, M. *Appl. Phys. Lett.* **2003**, *83*, 177-179.

[6] Kokawa, T., Sato, T., Hasegawa, H., and Hashizume, T. *J. Vac. Sci. Technol. B*, **2006**, *24*, 1972-1976.

[7] Mehandru, R., Luo, B., Kang, B., Kim, J., Ren, F., Pearton, S.J., Pan, C., Chen, G., and Chyi, J. *Solid State Electron.* **2004**, *48*, 351-353.

[8] Kang, B.S., Ren, F., Kang, M.C., Lofton, C., Tan, W., Pearton, S.J., Dabiran, A., Osinsky, A., and Chow, P.P. *Appl. Phys. Lett.* **2005**, *86*, 173502.

[9] Kang, B., Pearton, S.J., Chen, J., Ren, F., Johnson, J., Therrien, R., Rajagopal, P., Roberts, J., Piner, E., and Linthicum, K. *Appl. Phys. Lett.* **2006**, *89*, 122102.

[10] Kang, B.S., Wang, H.T., Ren, F., and Pearton, S.J. *J. Appl. Phys.* **2008**, *104*, 031101.

[11] Alifragis, Y., Georgakilas, A., Konstantinidis, G., Iliopoulos, E., Kostopoulos, A., and Chaniotakis, N. *Appl. Phys. Lett.* **2005**, *87*, 253507.

[12] Chaniotakis, N. and Sofikiti, N. *Anal. Chim. Acta,* **2008,** *615*, 1-9.

[13] Lu, H., Schaff, W., and Eastman, L. *J. Appl. Phys.* **2004**, *96*, 3577-3579.

[14] Kryliouk, O., Park, H.J., Wang, H.T., Kang, B.S., Anderson, T.J., Ren, F., and Pearton, S.J. *J. Vac. Sci. Technol. B* **2005**, *23*, 1891-1894.

[15] Chen, C.-F., Wu, C.-L., and Gwo, S. *Appl. Phys. Lett.* **2006**, *89*, 252109.

[16] Lu, Y.-S., Huang, C.-C., Yeh, J.A., Chen, C.-F., and Gwo, S. *Appl. Phys. Lett.* **2007**, *91*, 202109.

[17] Lu, Y.-S., Ho, C.-L., Yeh, J.A., Lin, H.-W., and Gwo, S. *Appl. Phys. Lett.* **2008**, *92*, 212102.

[18] Lu, Y.-S., Chang, Y.-H., Hong, Y.-L., Lee, H.-M. , Gwo, S., and Yeh, J.A. *Appl. Phys. Lett.* **2009**, *95*, 102104.

[19] Lu, H., Schaff, W.J., Eastman, L.F., and Stutz, C.E. *Appl. Phys. Lett.* **2003**, *82*, 1736-1738.

[20] Rickert, K.A., Ellis, A.B., Himpsel, F.J., Lu, H., Schaff, W., Redwing, J.M., Dwikusuma, F., and Kuech, T.F. *Appl. Phys. Lett.* **2003**, *82*, 3254-3256.

[21] Veal, T.D., Mahboob, I., Piper, L.F.J., McConville, C.F., Lu, H., and Schaff, W.J., *J. Vac. Sci. Technol. B* **2004**, *22(4)*, 2175-2178.

[22] Mahboob, I., Veal, T.D., Piper, L.F.J., McConville, C.F., Lu, H., Schaff, W.J., Furthmüller, J., and Bechstedt, F. *Phys. Rev. B* **2004**, *69*, 201307.

[23] Mahboob, I., Veal, T.D., McConville, C.F., Lu, H., and Schaff, W.J. *Phys. Rev. Lett.* **2004**, *92*, 036804.

[24] Li, S.X., Yu, K.M., Wu, J., Jones, R.E., Walukiewicz, W., Ager III, J.W., Shan, W., Haller, E.E., Lu, H., and Schaff, W.J. *Phys. Rev. B.* **2005**, 71, 161201.

[25] Bhuiyan, A.G., Hashimoto, A., and Yamamoto, A. *J. Appl. Phys.* **2003**, *94,* 2779-2808.

[26] Wu, C.-L., Lee, H.-M., Kuo, C.-T., Chen, C.-H., and Gwo, S. *Phys. Rev. Lett.* **2008**, *101*, 106803.

[27] Segev, D. and Van de Walle, C.G. *Europhysics Lett.* **2006**, *76(2)*, 305-311.

[28] Van de Walle, C.G. and Segev, D. *J. Appl. Phys.* **2007**, *101*, 081704.

[29] Cimalla, V., Lebedev, V., Wang, C.Y., Ali, M., Ecke, G., Polyakov, V.M., Schwierz, F., Ambacher, O.,

Lu, H., and Schaff, W.J. *Appl. Phys. Lett.* **2007**, 90, 152106.

[30] Lebedev, V., Wang, C.Y., Cimalla, V., Hauguth, S., Ali, M., Himmerlich, M., Krischok, S., Schaefer, J.A., Ambacher, O., Polyakov, V.M., and Schwierz, F. *J. Appl. Phys.* **2007**, *101*, 123705.

[31] Denisenko, A., Pietzka, C., Chuvilin, A., Kaiser, U., Lu, H., Schaff, W.J., and Kohn, E. *J. Appl. Phys.* **2009**, *105*, 033702.

[32] Chang, Y.-H., Lu, Y.-S., Hong, Y.-L., Kuo, C.-T., Gwo, S., and Yeh, J.A. *J. Appl. Phys.* **2010**, *107*, 043710.

[33] Lu, H., Schaff, W.J., and Eastman, L.F. *J. Appl. Phys.* **2004**, *96*, 3577.

[34] Schalwig, J., Muller, G., Ambacher, O., and Stutzmann, M. *Phys. Status Solidi A* **2001**, *185*, 39-45.

[35] Stutzmann, M., Steinhoff, G., Eickhoff, M., Ambacher, O., Nebel, C.E., Schalwig, J., Neuberger, R., and Muller, G. *Diamond Relat. Mater.* **2002**, *11*, 886-891.

[36] Chaniotakis, N.A., Alifragis, Y., Konstantinidis, G., and Georgakilas, A. *Anal. Chem.* **2004**, *76*, 5552-5556.

[37] Chaniotakis, N.A., Alifragis, Y., Georgakilas, A., and Konstantinidis, G. *Appl. Phys. Lett.* **2005**, *86*, 164103.

[38] Wu, C.-L., Wang, J.-C., Chan, M.-H., Chen, T.T., and Gwo, S. *Appl. Phys. Lett.* **2003**, *83*, 4530-4532.

[39] Gwo, S., Wu, C.-L., Shen C.-H., Chang, W.-H., Hsu, T.-M., Wang, J.-S., and Hsu, J.-T. *Appl. Phys. Lett.* **2004**, *84*, 3765-3767.

[40] Ahn, C.H., Triscone, J.M., and Mannhart, J. *Nature* **2003**, *424 (6952)*, 1015-1018.

[41] Brown, G.F., Ager III, J.W., Walukiewicz, W., Schaff, W.J., and Wu, J. *Appl. Phys. Lett.* **2008**, *93*, 262105.

[42] Chiang, J.-L., Chen, Y.-C., Chou, J.-C., and Chen, C.-C. *Jpn. J. Appl. Phys.* **2002**, *41*, 541-545.

[43] Bastide, S., Butruille, R., Cahen D., Dutta, A., Libman, J., Shanzer, A., Sun, L., and Vilan A. *J. Phys. Chem. B* **1997**, *101 (14)*, 2678-2684.

第 5 章　氧化锌薄膜及纳米线传感器的应用

Young-Woo Heo
材料科学与工程学院，庆北大学，大邱，韩国 702-701
Stephen J. Pearton
电气与计算机工程系、化学工程系、材料科学与工程系，佛罗里达大学，盖恩斯维尔，佛罗里达州 32611
D.P. Norton
材料科学与工程系，佛罗里达大学，盖恩斯维尔，佛罗里达州 32611
Fan Ren
化学工程系，佛罗里达大学，盖恩斯维尔，佛罗里达州 32611

5.1　引　　言

氧化锌(ZnO)作为气体传感器、压敏电阻、压电换能器、光电器件中的透明电极、电光调制器以及防晒霜的材料，拥有悠久的历史[1]。在过去的几年中，在电导率控制和 ZnO 体材料的可用性方面取得了重大进展。这项工作使人们重新聚焦于紫外光发射器和透明电子器件的 ZnO。ZnO 可以在相对较低的温度下在玻璃等廉价衬底上生长，并且具有比 GaN 更大的激子结合能(约 60 meV，而 GaN 约为 25 meV)[2-22]。此外，ZnO 纳米棒和纳米线的制备进展表明，由于其具有较大的表面积，这些材料可能会应用于生物检测[22]。最后，将过渡金属杂质(如锰)以百分比水平掺入，可以使 ZnO 产生铁磁性，并达到实际居里温度。这表明 ZnO 可能是自旋电子材料的理想宿主。

本章旨在总结在改善 ZnO 生长过程中的掺杂和随机控制方面取得的最新进展，以及在器件加工方法中的进展。此外，回顾了 ZnO 作为一种具有高于 300 K 的有序化温度的稀磁性半导体的应用。最后，我们专注于 ZnO 纳米线在气体传感、透明晶体管、低功率信号处理和紫外线光电探测方面的开发。

5.2　ZnO 的基本特性

ZnO 系统的另一个关键优势是异质结构的形成，这对于生产具有低阈值电压的高效发光器件和相对于基体材料具有更高迁移率的电子器件是必不可少的。阳离子位点上的镉取代导致带隙减小到约 3.0 eV[23]。相比之下，在锌位上取代镁可以将带隙增加到约 4.0 eV，同时保持纤锌矿结构。ZnO 的电子迁移率低于 GaN，但饱和速度略高[23,24]。在名义上未掺杂的 ZnO 中，电子掺杂被归因于锌间隙原子、氧空位或氢[25-30]。导致 n 型掺杂的本征缺陷能级位于导带下方 0.01～0.05 eV。利用光致发光、光电导率和吸收特性研究了 ZnO 的光学性质，反映了其固有的直接带隙、强束缚激子态和由点缺陷引起的带隙态[31-34]。在室温下，在 3.2 eV 附近有一个很强的带边紫外光致发光峰，它是由激子态而产生的[35]。此外，由于缺陷态的存在，还观察到可见光发射。其他跃迁，特别是在 500 nm 附近，被认为涉及各种类型的固有缺陷[36-43]。

表 5.1 为 ZnO 基本物理参数汇编[22,44]。其中一些数值仍有不确定性。例如，关于 p 型 ZnO 的报道很少，因此空穴迁移率和有效质量仍存在争议。随着对材料中的补偿和缺陷进行更多的控制，载流子迁移率的数值会有效增加。此外，同样的原因，可达到的最大掺杂水平也很可能会提高。这些都是影响器件性能的重要参数。

表 5.1　纤锌矿 ZnO 的性能

属性	数值
在 300 K 时的晶格参数	
a_0	0.32495 nm
c_0	0.52069 nm
c_0/a_0	1.602(理想的六边形结构显示为 1.633)
u	0.345
密度	5.606 g/cm^3
在 300 K 时的稳定相	纤维锌矿
熔点	1975 ℃
导热系数	0.6，1～1.2
线性膨胀系数/℃$^{-1}$	a_0 : 6.5×10^{-6}
	c_0： 3.0×10^{-6}
静电介电系数	8.656
折射率	2.008，2.029
能带宽度	3.4 eV，直流
本征载流子浓度	小于 10^6 cm^{-3}(最大 n 型掺杂大于 10^{20} cm^{-3}(电子)；最大 p 型掺杂小于 10^{17} cm^{-3}(空穴)
激子结合能	60 MeV
电子有效质量	0.24
在低 n 型电导率下，300 K 下的电子霍尔迁移率	200 cm^2/(V · s)
空穴有效质量	0.59
在低 p 型电导率下，300 K 下的空穴霍尔迁移率	5～50 cm^2/(V · s)

5.3 ZnO 掺杂

在 ZnO 相关材料的电子和光子应用中，需要克服的最大问题无疑是难以实现高 p 型掺杂水平。就 ZnO 而言，通过过量的 Zn 或掺杂 Al、Ga 或 In 较容易实现 n 型导电性。然而，ZnO 对浅能级受主的形成有明显的抑制作用。在宽禁带材料中实现双极(n 型和 p 型)掺杂十分困难。对于宽禁带半导体中掺杂困难的原因，已经提出了几种解释[45-47]。首先，可能存在由本征点缺陷或位于间隙位的掺杂原子所进行的补偿。缺陷通过形成深能级陷阱来补偿置换杂质能级。在某些情况下，强烈的晶格弛豫可以使掺杂能级推向带隙内的更深处。在其他系统中，可能只是所选掺杂剂的溶解度低，从而限制了可获得的外载流子密度[47]。在 ZnO 中，大多数候选 p 型掺杂剂引入了深受主能级。铜掺杂在导带以下引入了一个能量比导带低 0.17 eV 的受主能级[48]。银作为受主，具有在导带下方约 0.23 eV 处的深能级。锂引入深能级受主，引发铁电行为[50-56]。

对于 p 型材料来说，最有希望的掺杂剂是Ⅴ族元素，尽管理论表明在实现浅受主态方面存在一些困难[57,58]。例如，基于局部密度近似的 ZnO 初始电子能带结构计算表明，对于 n 型掺杂，随着Ⅲ族阳离子取代，马德隆(Madelung)能降低[58]；而当Ⅴ族阴离子取代时，Madelung 能增加，表明这些受主态具有显著的局域化。然而，已有几份报告指出了Ⅴ族取代时的受主掺杂水平。n 型掺杂的 ZnO 晶体的光诱导顺磁共振研究表明，由于氮的取代，存在一个受主态[59]。Minegishi 等报告了通过在氢气载气中同时加入 NH_3 和过量的 Zn 生长 p 型 ZnO 的情况[60]。这些薄膜的电阻率很高，$\rho \sim 100\ \Omega \cdot cm$，表明受主能级相对较深，随后的可移动的空穴浓度较低。p 型 ZnO 也被宣称用于脉冲激光沉积(PLD)薄膜中，其中使用 N_2O 等离子体进行掺杂[61]。Rouleau 等[62]研究了外延 ZnO 薄膜中的 N 掺杂问题，从 ZnO 靶材进行脉冲激光沉积的过程中，使用射频等离子体在 Zn 蒸发的同时裂解 N_2。很明显，薄膜中含有氮。然而，通过霍尔测量确定，没有观察到明确的 p 型行为，这表明生长的薄膜中含有补偿复合物[63]。其他人也报告了类似的结果。在 N 掺杂 ZnO 中缺乏 p 型行为的问题已经在 N-N 复合物形成的背景下进行了理论讨论[64]。特别是，N-N 相关复合物的形成引入了补偿中心。假设需要孤立的替代 N 原子来实现所需的受主态。因此，由于 N_2 的离解能(9.9 eV)较大，使用每个实体只包含一个 N 原子的源物种(NO, N, NO_2)应该更有利于受主态的形成[65]。近年来，利用分子束外延法合成 p 型 ZnO 的研究取得了可喜的成果。在这种情况下，同质外延的 N 掺杂 ZnO 是在半绝缘的 Li 掺杂 ZnO 晶体上生长的，所使用的 Zn 源为高纯度 Zn 蒸发源，并通过射频等离子体产生的原子 O 和 N 通量进行辅助。霍尔测量结果表明 ZnO 为 p 型，空穴迁移率为 $2\ cm^2/(V \cdot s)$，空穴浓度为 $9 \times 10^{16} cm^{-3}$。

根据低温光致发光估计，受主能级为 170～200 meV。显然，要实现这一结果，必须最大限度地降低缺陷或复合物形成的补偿施主能级的浓度。

用溅射沉积法制备的掺 P 的 ZnO 薄膜经退火后的空穴迁移率为 0.5～3.5 $cm^2/(V \cdot s)$，载流子密度为 10^{17}～$10^{19}cm^{-3}$[66]。同样，P 掺杂 ZnO 薄膜的退火也产生了半绝缘行为，与深受主能级的激活相一致[67]。

在 ZnO 的 p 型掺杂方面，虽然大多数研究都集中在氮的掺杂上，但也有少数研究考虑其他第Ⅴ族元素作为替代氧位点的掺杂。鉴于表 5.2 中 P(2.12 Å)、As(2.22 Å)与 O(1.38 Å)的离子半径不匹配，这些元素在 ZnO 中的溶解度应该是有限的。尽管如此，已经在 n 型 ZnO 衬底和重掺杂磷的表层之间报道了类似 p-n 结的行为[68]。覆盖有磷化锌包覆层的 ZnO 单晶通过激光退火处理，实现了 P 掺杂剂的活化。在 GaAs 上外延生长的 ZnO 薄膜也报道了相关结果[69]。在这种情况下，据报道，在 GaAs-ZnO 界面上产生了 p 型层。这两份报道都很有前景，但与掺杂剂的固溶性和掺杂区域可能的次生相形成有关的几个问题需要解决。值得注意的是，在其他Ⅱ-Ⅵ族化合物半导体中使用与半径高度不匹配的掺杂剂进行 p 型掺杂已有报道。特别是，尽管 Se(1.98 Å)和 N(1.46 Å)之间的半径差异很大，但在掺杂氮的 ZnSe 中实现了浅受主能级。

表 5.2　候选掺杂原子的价态和离子半径

原子	价态	离子半径/Å
Zn	+2	0.60
Li	+1	0.59
Ag	+1	1.00
Ga	+3	0.47
Al	+3	0.39
In	+3	0.62
O	−2	1.38
N	−3	1.46
P	−3	2.12
As	−3	2.22
F	−1	1.31

ZnO 及相关合金的 p 型掺杂仍然存在重大问题。第一，ZnO 中报道的 p 型传导的可重复性有待证实。此外，以发光 p-n 结的形式出现的 p 型掺杂的明确特征尚未报道。必须更好地理解单氮掺杂剂与多氮掺杂剂在活化氮掺入中的作用[70]。这就需要对能产生有用受主能级的氮源分子进行比较。据报道，Zn 间隙原子、O 空位和氢复合物都能产生补偿电子[71-74]，这项研究中理解氧化物在产生低本征缺

陷薄膜材料中的作用是十分必要的。第二，应确定所考虑的各种V族掺杂剂在带隙中的掺杂溶解度(可能是亚稳态)和受主状态位置。此外，共掺杂降低受主状态能级的有效性还有待证实。生长过程中的背景杂质密度必须降到最低，以便在运输测量中观察到受主的存在。

我们最近研究了磷在 ZnO 外延薄膜中的行为，重点关注退火对掺杂的影响[73]。采用脉冲激光沉积法进行薄膜生长。使用高纯 ZnO(99.9995%)和 P_2O_5(99.998%)为掺杂剂制备磷掺杂 ZnO 靶材。靶材在 1000℃空气中压制和烧结 12 h。制备了磷掺杂水平为 0 at%、1 at%、2 at%、5 at%的靶材。采用 KrF 准分子激光器作为烧蚀源。激光重复频率为 1 Hz，靶材到基板的距离为 4 cm，激光脉冲能量密度为 1～3 J/cm^2。ZnO 生长室的基础压力为 10^{-6} Torr。本研究采用单晶(0001)Al_2O_3(蓝宝石)作为衬底材料，衬底使用银浆附着在加热板上。尽管晶格失配相对较大，但蓝宝石是 ZnO 外延生长最常用的衬底。薄膜厚度从 300 nm 到 1000 nm 不等，薄膜生长的温度范围为 300～500℃，氧气压力为 20 mTorr。将退火后的P掺杂ZnO外延薄膜的传输特性与在相同条件下生长和退火的未掺杂薄膜进行了比较。在 100 Torr 氧气环境中，温度范围为 400～700℃，进行 60 min 的退火处理。进行四点范德堡霍尔测量以确定运输特性。

脉冲激光沉积通常能够实现靶材到基板的化学计量转移，不受材料中单个组成原子的蒸气压影响。尽管预计掺杂材料会按化学计量转移，但仍进行了测量以确认薄膜中的磷含量。P 和 P_2O_5 都在相对较低的温度下升华(分别为 416℃和 360℃)，这使得在较高温度下沉积和/或退火的薄膜可能无法保留烧蚀靶材中的磷含量。为了研究这一问题，使用能量色散光谱(EDS)和 X 射线光电子能谱仪测量了薄膜中的磷含量。尽管生长和退火温度相对较高，但烧蚀目标中的磷含量实际上在两种技术的实验精度范围内复制到了薄膜中。

利用 X 射线衍射法测定了掺磷 ZnO 薄膜相对于未掺杂 ZnO 薄膜的结晶度。根据 ZnO-P_2O_5 的整体相位图可以得到，磷在 ZnO 中的固溶度应该是有限的、亚稳态的。随着掺杂量的增加，出现杂质相或与掺杂相关的材料特性达到饱和，就表明薄膜中的固体溶解度已经超标。衍射数据显示只有 ZnO(000ℓ)和衬底峰值。根据四圆 X 射线衍射的测定，薄膜在一个平面内定向。值得注意的是，随着磷含量的增加，X 射线衍射强度有一定程度的下降。退火后的 X 射线衍射峰位置没有明显的变化。

对沉积后和退火后的薄膜进行霍尔测量，以描述磷在 ZnO 中的掺杂状况。对于沉积后的薄膜，磷的加入导致电子密度显著增加，因此 ZnO 具有高导电性和 n 型特性[73]。沉积后薄膜中的浅能级施主行为与 P 取代氧位点不一致，可能是 Zn 位上的取代或含磷复合物的形成。之前的研究表明，通过在氧气或空气中进行高温退火，可以降低名义上未掺杂 ZnO 中与缺陷有关的载流子密度。在未掺杂材料的情况下，施主密度降低的原因可能是氧空位、锌间隙的减少，或者是在合成过程中并入 ZnO 晶格中的氢的外扩散。为了减少电子密度并阐明 ZnO 中磷掺杂的电子性质，我们进行了退火研究。对标称磷含量为 0 at%、1 at%、2 at%和 5 at%的薄膜进行了退火处理。沉积后磷掺杂薄膜的电阻率明显低于未掺杂薄膜。对于沉积后的薄膜，浅能级施主状态主导了传输。随着退火温度的升高，磷掺杂薄膜的电阻率迅速增加。这在 600℃或更高退火温度下处理的薄膜中尤为明显。磷含量较高的薄膜，其电阻率随退火温度升高而变化的速度更快。当 700℃退火时，掺杂磷的 ZnO 薄膜呈半绝缘状态，电阻率接近 104 Ω · cm。退火后，传输行为从高导电性转变为半绝缘性至少应归因于两个因素。首先，与沉积后薄膜中的浅施主状态相关的缺陷似乎是相对不稳定的。这可以解释电阻率的增加，但也只能预测电阻率会在未掺杂材料给出的值上达到饱和。这并不能解释为什么经过相同退火处理后，磷掺杂的薄膜会比未掺杂的薄膜的电阻率显著增加。其次，退火后电阻率对磷含量的依赖关系表明，存在与磷掺杂相关的深能级。事实上，这与预期结果一致，即磷在氧位点上的替代会产生深受主能级。

除电阻率外，还测量了未退火和退火薄膜在室温下的霍尔系数。在提取霍尔迁移率和载流子浓度时使用了范德堡几何方法。对于实验所使用的霍尔测量系统，霍尔迁移率的灵敏度下限为 1 $cm^2/(V \cdot s)$。对于所有样品，如果可以测量到霍尔符号，则符号为负，表明是 n 型材料。对于电阻率大于约 50 Ω · cm 的磷掺杂薄膜，无法测量到明确的霍尔电压。从产生明确霍尔电压的测量中，可以观察到掺磷薄膜中的载流子密度和迁移率随着退火而降低。这与浅供态密度的减少和带隙中深(受主)能级的激活一致。值得注意的是，在所有确定了明确霍尔电压的情况下，符号都是负的，表明是 n 型传导。

5.4　离 子 注 入

离子注入是一种将掺杂剂精确引入半导体的方法，也可用于创建高电阻区以实现器件间的隔离。在 ZnO 中，注入掺杂还处于起步阶段，目前尚未有明确的证据显示注入的施主或受主的激活。退火后残留的注入损伤似乎具有类似施主的特征。为了最小化这种损伤，可能需要采用用于其他化合物半导体的技术，例如在注入过程中提高温度以利用所谓的动态退火，在此过程中，由核停止过程产生的空位和间隙在形成稳定的复合体之前被湮灭。可能还需要共注入氧以维持注入区域的局部化学计量，因为氧的后续反应比锌更为显著。

Kucheyev 等最近提出了在蓝宝石上生长的 n 型 ZnO 外延层中注入隔离的系统研究[74,75]。在 350℃时，最大薄层电阻仅达到约 10^5 Ω/m^2；而在 25℃时，同样是在 25℃注入的样品，最大薄层电阻高达 10^{11} Ω/m^2。这种类型的缺陷隔离只稳定在 300～400℃，薄层电阻在约 600℃时恢复到注入前的值。相对于 O、Cr、Fe 或 Ni 的注入没有显著的化学效应，表明这些元素不会在 ZnO 中引入大量的深能级接受主。得到 O 注入材料的薄层电阻的 Arrhenius 活化能为 15～47 MeV。缺陷隔离的热稳定性远低于 GAN，GAN 的高电阻可持续到退火温度大于 900℃。

5.5 ZnO 的刻蚀

ZnO 可以很容易地在许多酸性溶液中刻蚀，包括 HNO_3/HCl 和 HF[76-79]。在大多数情况下，刻蚀是反应限制型的，活化能要大于 6 kcal/mol。对溅射沉积薄膜的等离子体腐蚀也取得了初步结果[79-82]，同时发现高离子密度 Ar 或 H_2 放电的等离子体诱导损伤可提高类似样品近表面的导电性,并改善 n 型欧姆接触电阻率[83]。

图 5.1 显示了 150℃下 Cl_2/Ar 电感耦合等离子体中 ZnO 刻蚀速率与衬底偏压 V_B 的函数关系[84]。x 轴是平均离子能量的平方根，也就是等离子体电势(约 25 V)减去直流偏置电压。对于碰撞级联过程中离子增强溅射发生的腐蚀过程，一个普遍接受的模型预测是刻蚀速率将与 $E^{0.5}-E_{TH}^{0.5}$ 成比例，其中 E 是离子能量，E_{TH} 是阈值能量[85]。因此，刻蚀速率与 $E^{0.5}$ 的关系图应该是一条 x 截距等于 E_{TH} 的直线。对于 Cl_2/Ar，该阈值约为 170 eV。在 CH_4/H_2/Ar 的情况下，E_{TH} 的值约为 96 eV[86-90]。Cl_2/Ar 和 CH_4/H_2/Ar 均表现出离子辅助刻蚀机制，这与预期的Ⅱ类刻蚀产物(即 $(CH_3)_2Zn$，在 20℃下蒸气压为 301 mTorr)的中等蒸气压相以及 ZnO 的高结合键强度是一致的[83-90]。要形成刻蚀产物，首先必须通过离子轰击来破坏 Zn—O 键。$ZnCl_2$ 刻蚀产物的蒸气压更低(428℃, 1 mTorr)，这与该化学物质较慢的刻蚀速率相一致[82]。鉴于 CH_4/H_2/Ar 的高刻蚀速率，我们随后重点研究了该等离子体化学的结果。

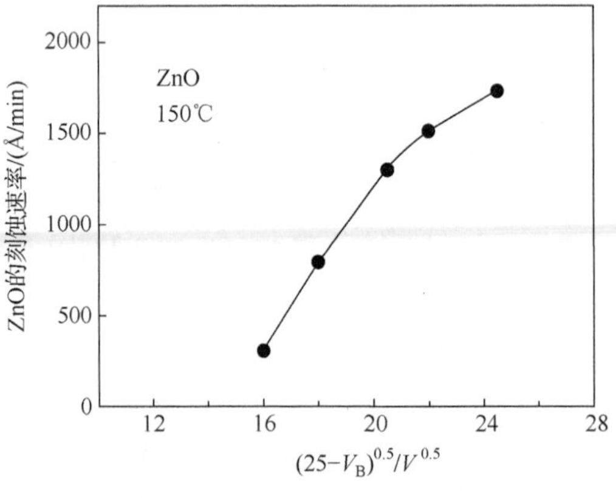

图 5.1 150℃时 ZnO 在 Cl_2/Ar 中的刻蚀速率与平均离子能量平方根的关系(等离子体电势(+25 V)减去衬底偏压)

图 5.2 显示了在 $CH_4/H_2/Ar$ 中刻蚀的样品在不同射频卡盘功率下的 300 K 光致发光(PL)光谱。从带边(3.2 eV)和深能级发射带(2.3～2.6 eV)来看，整体光致发光强度都有所下降。随着离子能量的增加，这种下降的幅度也增大，直至约为 −250 eV，并在更大的能量下饱和。这可能是由于在较高的缺陷产生率下，离子诱导的点缺陷更有效地进行动态退火，从而基本上达到了在Ⅲ-Ⅴ族化合物半导体刻蚀中观察到的饱和损伤水平[90]。我们没有观察到 ZnO 的 H_2 等离子体暴露所导致的带边强度增加和深能级发射抑制的现象[82,83]，这表明在室温下 $CH_4/H_2/Ar$ 腐蚀过程中，Ar 离子轰击组分占主导地位。

根据俄歇电子能谱(AES)测量，ZnO 的近表面化学计量比未受 $CH_4/H_2/Ar$ 刻蚀的影响。这表明，在电感耦合等离子体腐蚀过程中，$CH_4/H_2/Ar$ 等离子体化学反应能够等量去除 Zn 和 O 的刻蚀产物。

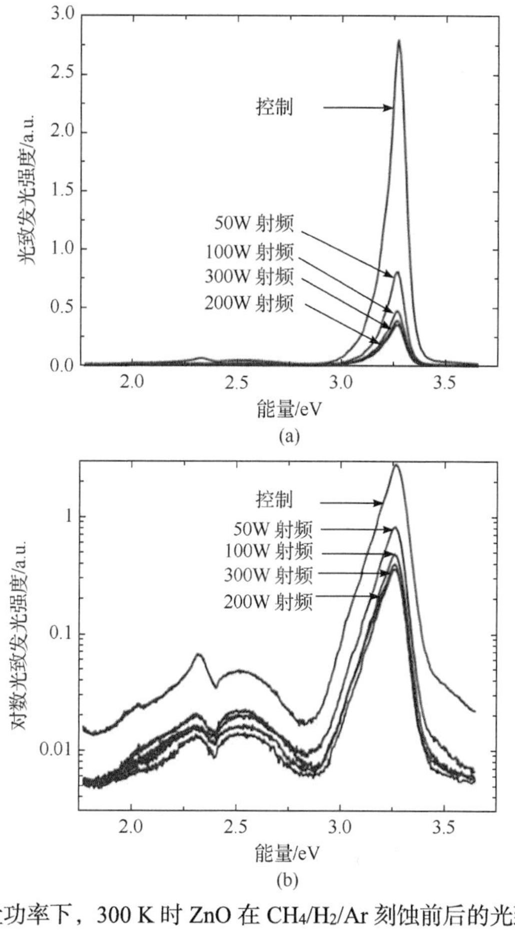

图 5.2　不同射频吸盘功率下，300 K 时 ZnO 在 $CH_4/H_2/Ar$ 刻蚀前后的光致发光光谱，分别显示为(a)线性和(b)对数尺度

鉴于这一结果以及刻蚀是通过离子辅助机制进行的事实，我们预计会观察到平滑的、各向异性的图案转移。图 5.3 显示了使用 Cr/Ni 掩模和 $BCl_3/Cl_2/Ar$ 等离子体刻蚀 ZnO 表面特征的 SEM 图像。垂直的侧壁表明，刻蚀产物只有在额外的离子辅助下才具有挥发性。此外，刻蚀区域只显示出轻微的粗糙度，这与表面保持其化学计量比的事实一致。

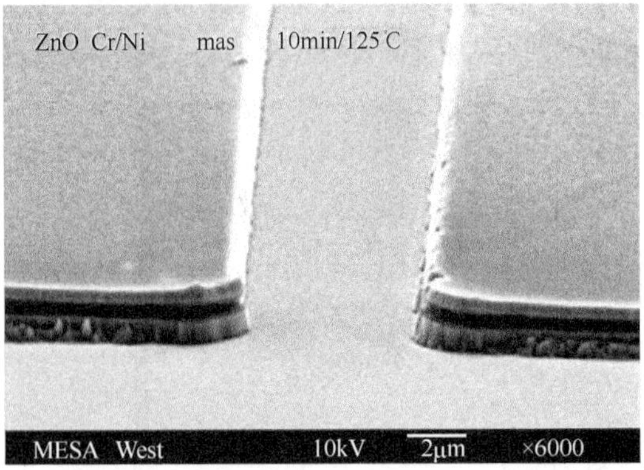

图 5.3 $BCl_3/Cl_2/Ar$ 等离子体刻蚀 ZnO 表面特征的 SEM 图像(及 Cr/Ni 掩模)

ZnO 在 $CH_4/H_2/Ar$ 和 Cl_2/Ar 等离子体化学中的刻蚀机理是离子辅助的[90-92]。在这两种化学反应中，刻蚀速率随离子能量的增加而增加，这与离子辅助化学溅射过程的预测一致。近表面化学计量比不受 $CH_4/H_2/Ar$ 刻蚀的影响，但光致发光强度降低，表明产生了深能级的复合中心。

5.6 欧姆接触

实现低接触电阻的欧姆金属化是获得良好电子器件性能的必要条件[93]。在 ZnO 中，通常的方法包括进行表面清洁以降低势垒高度，或通过氧的优先损失来提高表面的有效载流子浓度[93,94]。据报道，n 型 ZnO 外延层上 Pt/Ga 接触的接触电阻约为 $3\times10^{-4}\ \Omega/cm^3$[93,95]，Al 掺杂外延层上 Ti/Au 接触的接触电阻为 $2\times10^{-4}\ \Omega/cm^3$[96,97]，激光加工 n-ZnO 衬底上的非合金 In 接触的接触电阻为 $0.7\ \Omega/cm^3$ [98]，n-ZnO 外延层上非合金 Al 接触的接触电阻为 $2.5\times10^{-5}\ \Omega/cm^3$ [7]，等离子体外延层上 Ti/Au 接触的接触电阻为 7.3×10^{-3} ～$4.3\times10^{-5}\ \Omega/cm^3$，Al 掺杂 n 型外延 ZnO[99]和 Ti/Al 在 n^+-外延 ZnO 上的接触电阻为 $9\times10^{-7}\ \Omega/cm^3$ [100]。在过去的工作中可以清楚地看出几个要点，即掺杂样品的最小接触电阻一般发生在沉积后退火温度为 200～300℃时，必须对其进行处理，以进一步增加近表面载流子浓度。

我们发现，通过脉冲激光沉积在 n 型 ZnO 层上沉积的 Ti/Al/Pt/Au 接触产生了极好的欧姆行为。本研究中通过脉冲激光沉积技术，利用 $ZnO:P_{0.02}$ 靶材和 KrF 准分子激光烧蚀源，在单晶(0001)Al_2O_3 衬底上生长磷掺杂 ZnO 外延薄膜。激光重复频率为 1 Hz，激光脉冲能量密度为 3 J/cm^2。薄膜是在 400℃、20 mTorr 的氧气压力下生长的。样品在脉冲激光沉积室中退火，温度为 425～600℃，在氧气环境下(100 mTorr)退火 60 min。得到的薄膜厚度范围为 350～500 nm。通过四点范德堡霍尔测量得到了薄膜中的载流子浓度和迁移率。载流子浓度范围为 7.5×10^{15}～1.5×10^{20} cm^{-3}，相应的迁移率范围为 16～6 cm^2/(V · s)[38]。

传输线法(TLM)图案由 100 μm^2 的接触垫和 5～80 μm 不等的间隙间距组成，采用干法刻蚀网格和电子束蒸发金属剥离的工艺制作。然后用电子束蒸发法在样品中沉积 Ti(200 Å)/Al(800 Å)/Pt(400 Å)/Au(800 Å)。样品在 Heatpulse610T 系统中进行退火，退火温度为 200℃，退火时间为 1 min，退火环境为氮气。

图 5.4 显示了 Ti/Al/Pt/Au 沉积时接触电阻以及 ZnO 薄膜中载流子浓度与生长后退火温度的依赖性。一般来说，载流子浓度越高时接触电阻越低，载流子浓度为 1.5×10^{20} cm^{-3} 时，接触电阻最小值为 8×10^{-7} Ω · cm^2。在这种高载流子密度下，隧道效应是主要的传输机制，其特定的接触电阻为

$$\rho_c \sim \exp\frac{2\sqrt{\varepsilon_s m^*}}{\hbar}\frac{\varphi_{Bn}}{\sqrt{N_D}}$$

式中，φ_{Bn} 为势垒高度；ε_s 为 ZnO 的电容率；m^*为有效质量；$\hbar$ 为普朗克常量；N_D 为施主密度。对掺杂的强烈影响归因于 $N_D^{-1/2}$ 项。在较低的载流子浓度下，温度依赖性测量(在相当有限的范围内，30～200℃)表明，热电子发射是主要的输运机制，其接触电阻是

$$\rho_c = \frac{k}{qA^*T}\exp\frac{q\varphi_{Bn}}{kT}$$

式中，q 为电子电荷；k 为玻尔兹曼常量；A^*为理查德森常数；T 为测量温度。图 5.5 总结了不同退火条件和测量温度下，接触电阻数据与载流子浓度的关系。在退火样品中获得的最低接触电阻，当载流子浓度在 30℃和 200℃时分别为 6.0×10^{19} cm^{-3} 和 2.4×10^{18} cm^{-3}，最小比接触电阻分别为 3.9×10^{-7} Ω · cm^2 和 2.2×10^{-8} Ω · cm^2。

俄歇电子能谱深度分析显示，在 200℃退火后的 Ti/Al/Pt/Au 接触中，不同金属之间最初清晰的界面因反应而退化，特别是 Ti 和 ZnO 之间形成 Ti-O 相[29,30]，以及 Pt 和 Al 之间。我们发现在 600℃退火几乎完全混合了接触冶金工艺。ZnO 上的欧姆接触和肖特基接触的低热稳定性在该材料系统中似乎是一个显著问题，显然，如果要实现高温电子器件或高电流密度激光器等应用，就需要研究具有更好热性能的难熔金属。

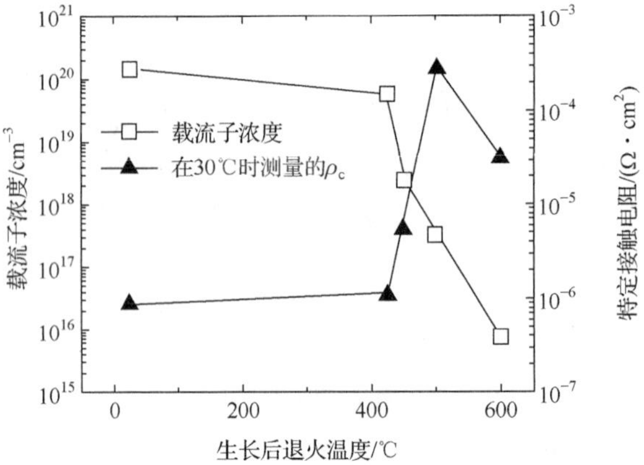

图 5.4　沉积态 Ti/Al/Pt/Au 欧姆触点在 30℃下的 epi-ZnO 载流子浓度和接触电阻随生长后退火温度的变化

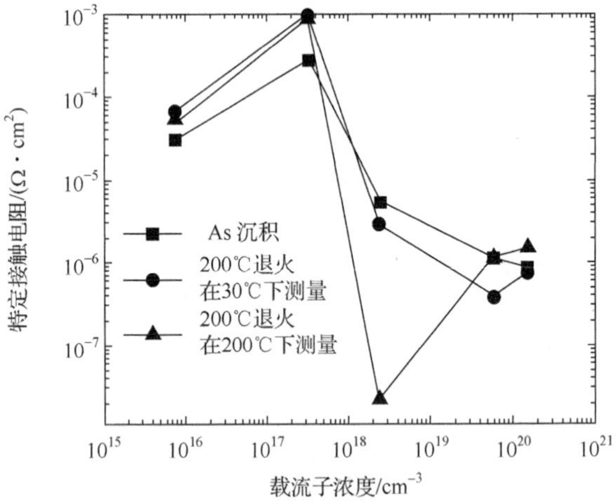

图 5.5　在 200℃和 30℃下测量的接触电阻与载流子浓度的关系

综上所述，即使在沉积状态下，在重 n 型 ZnO 薄膜上的 Ti/Al/Pt/Au 接触电阻也在 10^{-8}～10^{-7} Ω · cm^2 范围内。然而，即使在低温(200℃)退火条件下，这种接触的形态也会发生显著变化，这表明应该研究热稳定性更高的接触方案。

我们也对 p 型 ZnMgO 的欧姆接触进行了初步研究。利用 ZnO:$P_{0.02}$ 靶材和 KrF 准分子激光烧蚀源，采用脉冲激光沉积方法在玻璃衬底上生长了掺磷 $Zn_{0.9}Mg_{0.1}O$ 取向多晶薄膜。在 400℃、20 mTorr 的氧气压下生长 600 nm 厚的薄膜。样品在脉冲激光沉积腔中，在氧气环境(100 mTorr)中退火 60 min，以减少背景 n 型导电性。在 600℃的退火处理中实现了向 p 型导电性的转变，这些 p 型薄膜中的空穴浓度约为 10^{16} cm^{-3}。通过提拉法电子束蒸发 Ti(200 Å)/Au(800 Å)或 PtAu(800 Å)，实现了欧姆接触。通过提拉法制作了直径 100 μm、厚 200 Å 的 Ti 或 Ni 的圆形顶部肖特基触点，顶部覆盖有 800 Å 厚的 Au，以降低薄片电阻。

Ti/Au 在 600℃退火 30 s 时获得的比接触电阻率最低，为 $3 \times 10^{-3}\ \Omega \cdot cm^2$。在该退火温度下，Ni/Au 的热稳定性较差，接触形貌严重退化。Au 覆层的 Pt 和 Ti 在 p-ZnMgO 上均表现出整流特性，势垒高度为 0.55～0.56 eV，理想因子约为 1.9。将这些结果与 n 型 ZnO 上的相同金属进行比较后发现，高表面态密度在决定有效势垒高度方面起着重要作用。

5.7　肖特基接触

高质量肖特基二极管是场效应晶体管或金属-半导体-金属光电探测器等应用中的必要器件[101]。研究发现，低活性金属如 Au、Ag 和 Pd 与 n-ZnO 形成相对较高的势垒，势垒高度为 0.6～0.8 eV[102-108]，但势垒高度并不遵循功函数值的差异，表明界面缺陷态的影响不可忽视。n 型 ZnO 上肖特基二极管的热稳定性尚未得到广泛的研究，但许多研究者指出，对于 Au 来说，当温度高于 330 K 时会出现严重的问题[104,105,107]。至少有一项研究表明，Ag/n-ZnO 肖特基二极管的热稳定性高于 Au 肖特基二极管[104]。各种表面处理对反向电流值和正向电流特性的理想因子值的影响也尚未得到系统的研究。Neville 和 Mead[103]报告了在 n 型 ZnO 表面沉积 Au 和 Pd 后得到了非常接近于 1 的理想因子(n = 1.05)，该表面在浓磷酸中刻蚀 15 min，然后在浓盐酸中刻蚀 5 min，并在有机溶剂中冲洗。然而，其他报道中使用类似的表面处理导致了 Au 二极管产生不可接受的高漏电流。在有机溶剂中煮沸的未掺杂晶体的氧表面上制备的 Au/n-ZnO 肖特基二极管，在浓 HCl 中短时间刻蚀后，在−1 V 电压下获得了 1.19 的低理想系数和 1 nA 的出色反向电流[105]。一些研究者报道了在浓硝酸中刻蚀后肖特基二极管的良好电性能[104]。然而，值得注意的是，在大多数的论文中，ZnO 肖特基二极管的理想因子远高于 1，其原因包括隧道效应的普遍存在、界面态的影响和深复合中心的影响。

图 5.6 比较了沉积在 n-ZnO 晶体上的 Au 肖特基二极管与经过三种不同表面处理的在 293 K 下的 *I-V* 特性。曲线 1 是在丙酮、三氯乙烷(TCE)和甲醇中煮沸 3 min，用去离子水冲洗并用氮气吹干(处理 Ⅰ)后，对表面进行的标准有机溶剂清洗。肖特基二极管在浓 HCl 中刻蚀 3 min 后，再用去离子水冲洗(处理 Ⅱ)，得到曲线 2。曲线 3 对应于表面的有机清洗和在浓 HNO_3 中额外刻蚀 3 min(处理 Ⅲ)。*C-V* 测量结果显示，每种情况下的截止电压均为 0.65 V。这与所报道的(0001)ZnO 表面 Au 的肖特基势垒高度 0.65 eV 的值十分吻合[102-108]。所有研究样本的 *I-V* 特征显示理想因子 n 接近 2(表 5.3)，且在所有情况下几乎相同。这在 n-ZnO 肖特基二极管中很常见，并经常被归因于隧道效应的普遍存在。饱和电流的温度依赖性

显示的活化能远低于从 C-V 图得到的势垒高度的预期值。因此，隧道效应似乎是决定二极管电流流动机制的一个重要因素。在所有这些二极管上测量到的深能级瞬态光谱(DLTS)显示了类似的光谱，其中存在两个电子陷阱，其活化能接近 0.2 eV 和 0.3 eV，且浓度较低，约为 10^{14} cm^{-3}，这在未掺杂的 n-ZnO 中经常可以观察到[104,105,107]。因此，在未掺杂的本体 n-ZnO 晶体的外延(0001)Zn 表面制备的二极管在没有刻蚀的情况下，显示出相当低的反向电流，同时具有与刻蚀表面二极管几乎相同的理想因子、C-V 特性和深能级瞬态光谱。接近 370 K 的退火温度足以产生涉及 Au 的表面反应，导致形成电子浓度低、深能级缺陷密度高的近表面层。

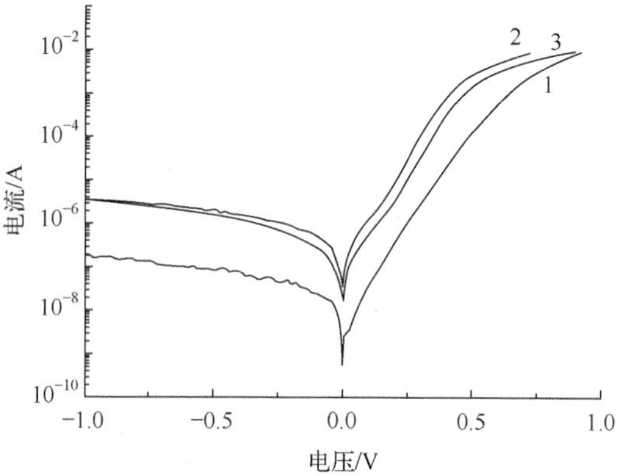

图 5.6 仅用有机溶剂清洗(曲线 1)、有机溶剂清洗并在 HCl 中刻蚀 3 min(曲线 2)、有机溶剂清洗并在 HNO_3 中刻蚀 3 min(曲线 3)在 n-ZnO 上制备 Au 肖特基二极管的室温 I-V 特性

表 5.3 室温下各种 Au/ZnO 和 Ag/ZnO 肖特基二极管理想因子 n，−0.5 V 下的反向电流 I_r，饱和电流密度 J_s，饱和电流的活化能 E_a 和在 C-V 中的截止电压 V_c

金属	表面处理	I_r/A	n	J_s/(A/cm²)	E_a/eV	V_c/V
Au	有机溶剂	8.6×10^{-8}	1.8	8.4×10^{-7}	0.35	0.65
Au	HCl	2.1×10^{-6}	1.6	8×10^{-6}	0.4	0.64
Au	HNO_3	1.6×10^{-6}	1.8	4.8×10^{-6}	0.29	0.65
Ag	HCl	2.5×10^{-6}	1.6	1×10^{-5}	0.3	0.69
Ag	HNO_3	2.0×10^{-6}	1.8	6×10^{-6}	0.35	0.68

采用类似表面处理方法制备的 Ag 肖特基二极管在 I-V 特性、C-V 特性、深能级瞬态光谱或热稳定性方面与 Au 接触没有明显差异。同样，溶剂清洗产生了最低的反向电流。

为了检验抛光损伤的影响，我们使用金刚石浆去除了大约 10 μm 的物料。由此产生的表面光滑且有光泽，没有划痕。该表面首先在有机溶剂中清洗，然后在浓 HCl 中刻蚀 3 min。C-V 测量得到的电子浓度为 6×10^{16} cm^{-3}，与对照材料的值接近。深能级瞬态光谱显示，除了引入 0.2 eV 和 0.3 eV 的电子陷阱外，抛光还引入了密度为 0.55 eV 和 0.65 eV 的电子陷阱，其特征与质子注入 n 型 ZnO 中产生的缺陷相似[107]。再用 HNO_3 刻蚀 6 min 后，二极管的 *I-V* 特性接近于用 HNO_3 刻蚀在外延表面制备的二极管。在这个二极管上测量的电子浓度接近 10^{17} cm^{-3}。*C-f* 特征也几乎恢复到“外延”位置，深能级瞬态光谱中 0.55 eV 和 0.65 eV 陷阱的浓度降低了约一个数量级。因此，我们得出结论，至少需要在 HNO_3 刻蚀 9 min，才能消除机械抛光引起的表面损伤。

n 型 ZnO 上的 Pt 触点也得到了类似的结果。图 5.7 显示了未退火和 300℃退火接触的势垒高度随温度的变化情况。在 290～480 K 的温度范围内，原沉积态触点的势垒高度为 0.46～0.62 eV。

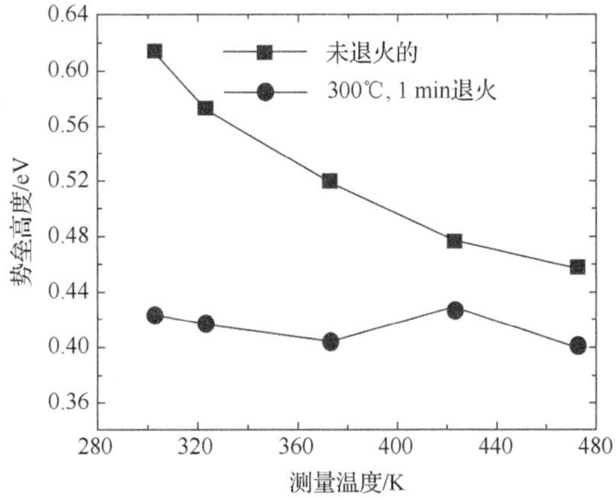

图 5.7　未退火和 300℃退火接触条件下，铂(Pt)在 n 型 ZnO 上的势垒高度随测量温度的变化关系

本书研究了使用磷掺杂(Zn，Mg)O 的器件结构特征，以确定这种材料中的载流子类型行为。测量了金属/绝缘体/磷掺杂的(Zn，Mg)O 二极管结构的 *C-V* 特性，发现其极性表明磷掺杂(Zn，Mg)O 层呈 p 型。此外，由 n 型 ZnO 和磷掺杂(Zn，Mg)O 组成的薄膜显示不对称的 *I-V* 特征，这与界面上 p-n 结的形成是一致的。虽然由于载流子迁移率较小，对磷掺杂(Zn，Mg)O 薄膜进行霍尔测量后发现霍尔符号不确定，但这些结果与之前的报道一致，即磷可以在 ZnO 材料中产生受主态和 p 型行为。图 5.8(a)显示了使用未掺杂 n 型 ZnO 作为半导体结构的 *C-V* 特性。在这种情况下，重掺杂的 n 型铟锡氧化物用作底部电极。采用名义上未掺杂的 ZnO 器件，其 *C-V* 特性的极性明显为 n 型，电容随着施加的负电压而减小。对于金属-绝缘体-半导体(MIS)二极管，可以根据 *C-V* 行为估计净电离掺杂密度 N_A–N_D，其中 N_A 为电离受主密度，N_D 为施主密度。特别地，对于均匀掺杂的半导体，耗尽区域的高频电容/面积由下式给出：

$$N_A - N_D = \frac{2}{q\varepsilon_s}\frac{d}{dV}\left(1/C^2\right)^{-1}$$

式中，q 为电子电荷；ε_s 为半导体的介电常数。对于使用 n 型 ZnO 的二极管，以 V 为函数的 $1/C^2$ 图显示电离施主密度约为 $1.8 \times 10^{19}\text{cm}^{-3}$，这与类似的多晶 ZnO 薄膜的霍尔测量结果一致。

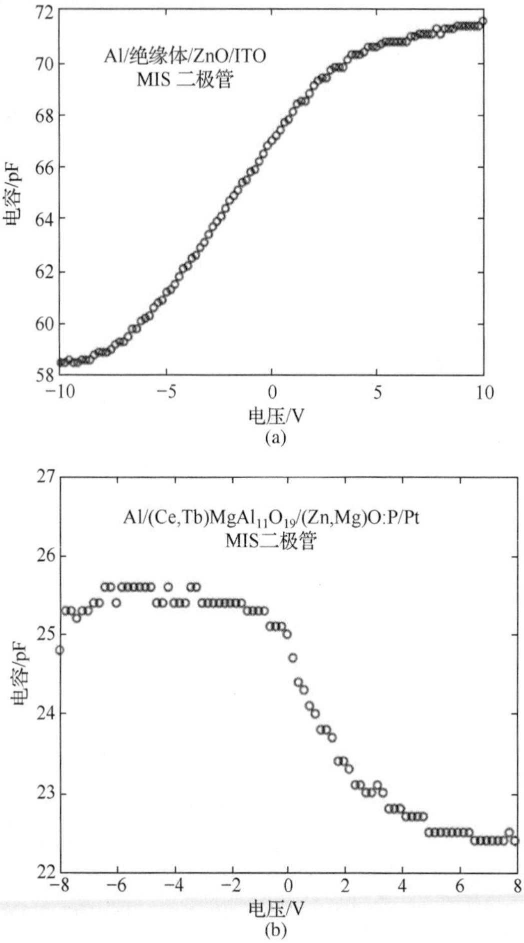

图 5.8 (a) n 型 ZnO MIS 二极管和(b)P 掺杂(Zn,Mg)O MIS 二极管的电容-电压特性

随后采用磷掺杂(Zn，Mg)O 作为半导体材料制作了类似的器件结构。图 5.8(b)显示了这些器件的 C-V 行为。C-V 曲线的对称性表明，(Zn，Mg)O:P 薄膜为 p 型。净受主浓度通过计算得出约为 $2 \times 10^{18}\text{cm}^{-3}$。如果假定所有的磷掺杂原子都替代了氧位点，就可以根据简单的氢原子模型估算出活化能。据此，活化能估计为 250～300 meV。此外，考虑到类似薄膜材料的电阻率为 100～1000 Ω · cm，可以估算出

空穴迁移率的数量级为 0.01～0.001 $cm^2/(V \cdot s)$。这不应被视为磷掺杂(Zn，Mg)O 的固有空穴迁移率的值，因为薄膜是多晶体，在输运特性方面几乎没有优化。不过，这也解释了为什么在许多样品中很难进行载流子类型的霍尔测量。

使用不同载流子浓度的臭氧作为氧源，通过分子束外延在 c 面 Al_2O_3 上生长 ZnO 薄膜，也是获得低接触电阻的一个优势。在此条件下，外延生长需要较高的 Zn 和 O_3/O_2 通量，并且薄膜生长的温度范围有限。臭氧(O_3/O_2)生长的 ZnO 薄膜具有高导电性和 n 型特性(图 5.9)。

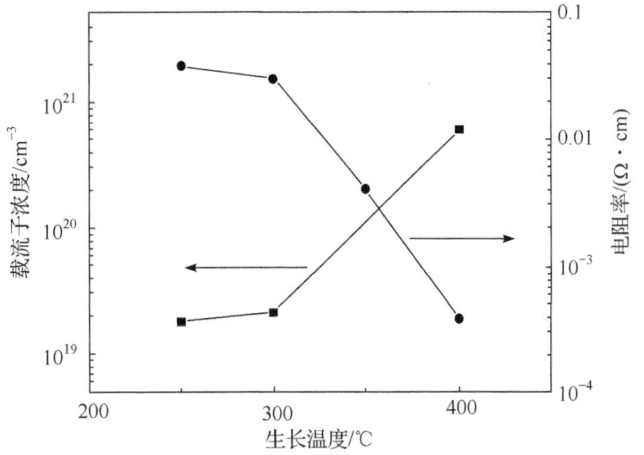

图 5.9　当 Zn 压力为 2×10^{-6} mbar，O_3/O_2 压力为 5×10^{-4} mbar 时，蓝宝石上生长的 ZnO 的载流子浓度和电阻率随生长温度的变化曲线

ZnO 上 Au 和 Ag 肖特基接触的低热稳定性限制了它们在器件中的应用。显然，改进 ZnO 整流接触(如 W 和 WSi_x)方面还有很大的工作空间。

5.8　氢在 ZnO 中的性质

人们对 ZnO 中氢的特性特别感兴趣，因为根据密度泛函理论和总能量计算的预测，氢应该是一种浅供体[28,30,109,110]。因此，普遍观察到的 n 型导电性至少在理论上可以通过生长环境中残留氢的存在来解释，而不是通过诸如 Zn 间隙原子或氧空位这样的本征缺陷。从 μ 子对应物[29,111]和单晶样品的电子顺磁共振[112]的预测观测得到了一些实验支持。已有许多研究是关于氢对 ZnO 电学性质和光学性质的影响[70,113-128]。

5.8.1　质子注入

关于单晶块体氧化锌(ZnO)中注入氢的保持特性研究中，探讨了退火温度对氢释放的影响，以及注入氢对晶体质量和光学性能的影响。研究发现，与更为成熟的可见光和紫外发光材料 GaN 相比，ZnO 中注入氢的释放温度显著较低。

图 5.10 显示了注入 ZnO 中的氘原子(^{2}H)随后续退火温度变化的二次离子质谱(SIMS)分布图。需要注意的是，退火的影响是 ^{2}H 从 ZnO 晶体中逸出，每个温度下剩余的 ^{2}H 对残留的注入损伤起装饰作用。注入分布的峰值出现在 0.96 μm 处，与通过物质离子传输(TRIM)模拟得到的峰值范围一致。注入的 ^{2}H 在 ZnO 中的热稳定性远低于 GaN[120,121]，在 GaN 中需要在 900℃的温度才能将 ^{2}H 减少到低于 SIMS 的检测限以下(约 3×10^{15} cm^{-2})，这表明在退火过程中没有形成缓慢扩散的 H_2 分子或更大的团簇。由于未观察到传统的外扩散轮廓，所以无法估计 ^{2}H 在 ZnO 中的扩散系数。我们的结果与在温度大于 500℃时，^{2}H 从 ZnO 晶格中通过注入损伤陷阱控制释放的模型一致。

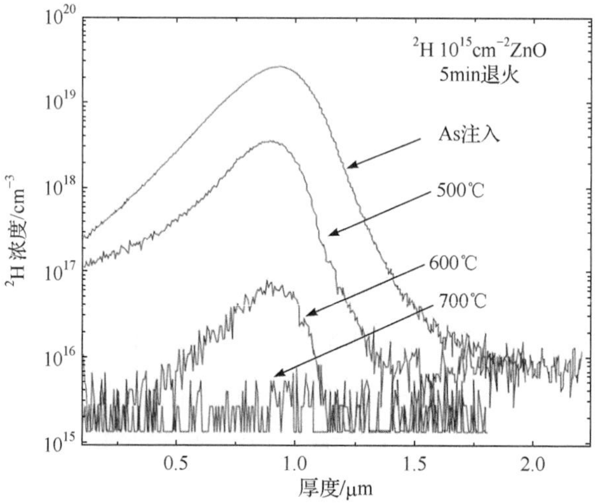

图 5.10 不同温度(5 min 退火)退火前后 ZnO(100 keV，10^{15} cm^{-2})^{2}H 的 SIMS 分布图

图 5.11 显示了 ZnO 中剩余 ^{2}H 的百分比与退火温度的关系。^{2}H 浓度是通过对 SIMS 数据曲线下的面积积分得到的。结果表明，注入 ^{2}H 的热稳定性并不高，500℃退火后保留初始剂量的 12%，600℃退火后保留初始剂量的 0.2%。

RBS/C 表明，即使对于更高剂量(10^{16} cm^{-2})的 ^{1}H 注入，也不会影响 ZnO 表面附近的反向散射率。然而，在样品深处，即 100 keV H^+的核能量损耗曲线为最大值的区域，散射峰值有小幅(但可探测到)的增加。该深度的 RBS/C 产率在 H^+注入前是随机水平的 6.5%，在注入计量为 10^{16} cm^{-2} 后增加到约 7.8%。

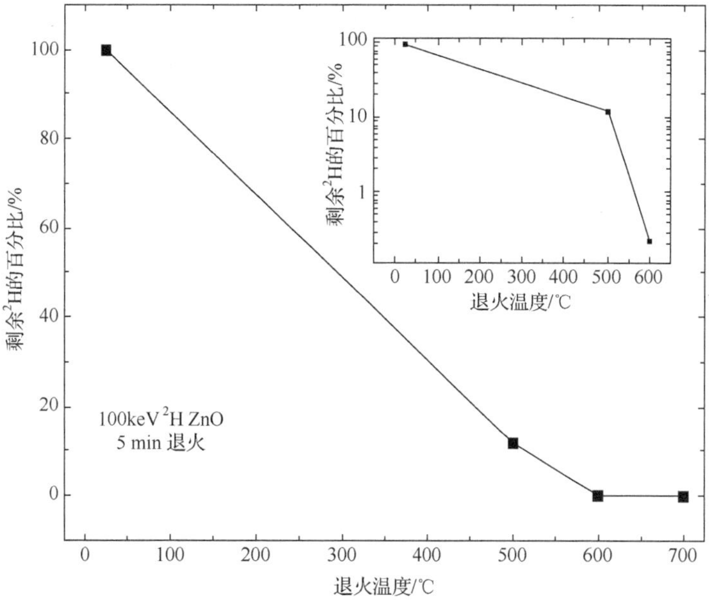

图 5.11　注入 ZnO 的 ^{2}H(100 keV，10^{15} cm^{-2})随退火温度(5 min 退火)的变化。插图以对数尺度显示数据

虽然氢(或氘)注入对 ZnO 的结构性能影响很小，但其光学特性却严重退化。室温阴极发光显示，即使是剂量为 10^{15} cm^{-2} 的 $^1H^+$注入，近带隙发射强度与对照值相比也降低了 3 个数量级以上。这是由于与离子束产生的缺陷相关的有效非辐射复合中心的形成。从光致发光测量中也得到了类似的结果。即使在 700℃退火后，^{2}H 已完全从晶体中逸出，带边发光仍然严重退化。这表明在此条件下，点缺陷复合中心仍然在控制着光学质量。Kucheyev 等发现，由于离子辐照所引入的陷阱，ZnO 的电阻可以增加约 7 个数量级[74,75]。

对未掺杂 n 型 ZnO 的深能级瞬态光谱和 *C-V* 谱[123,124]分析结果表明，该材料的载流子移除速率明显低于 GaN 等其他宽禁带半导体材料。这种辐照引入的主要电子阱是 E_c–0.55 eV 和 E_c–0.78 eV 中心。注入隔离研究表明，注入电效应的热稳定性较低(350℃)[74,75]。

质子注入以 50 keV 的能量进行，剂量为 5×10^{13}～5×10^{15} cm^{-2}。图 5.12 显示了在原始样品上 1 MHz 的 *C-V* 测量得到的室温载流子浓度分布图。电子浓度约为 9×10^{16} cm^{-3}，与范德堡数据基本一致。注入 5×10^{13} cm^{-2} 剂量 50 keV 质子导致载流子浓度显著降低。对于 5×10^{15} cm^{-2} 剂量，电容对电压的依赖性很微弱，由 $1/C^2$ 对电压曲线的斜率推导出的表观浓度非常高，大约为 10^{18} cm^{-3}。这一高电子浓度区域的深度接近 ZnO 中 50 keV 质子的估计范围。当剂量为 5×10^{14} cm^{-2} 时，室温下的表观电子浓度接近 2×10^{16} cm^{-3}；当剂量为 10^{15} cm^{-2} 时，表观电子

浓度接近 $8 \times 10^{15}\ cm^{-3}$。在较低的测量温度(85 K)下，分布看起来很相似，但由于一些较深的浅能级施主的冻结，绝对浓度略低(电容谱数据表明这些冻结施主的活化能约为 70 meV)。$5 \times 10^{15}\ cm^{-2}$ 剂量的样品在注入质子范围的末端仍然显示出高电子浓度壁，超过了最初的浅能级施主浓度。这表明在低温时，注入区域的主要中心发生了强烈的冻结，使得样品在接近质子范围末端的高电子浓度区域之前缺乏载流子。使用氖灯产生的紫外线照射质子注入样品，导致这些样品的电容持续增加，并导致测量分布的持续变化，就好像在黑暗中耗尽的空间电荷区(SCR)的部分被激活了(比较图 5.13 中黑暗和持续的光电容(标记为 PPC)分布)。这些电容的变化在 85 K 下持续了数小时，甚至在室温下仍然可以观察到。观察到两个电子陷阱，表观活化能分别为 0.2 eV 和 0.3 eV，浓度非常低，分别为 $7 \times 10^{13}\ cm^{-3}$ 和 $1.8 \times 10^{14}\ cm^{-3}$。用 50 keV 质子注入样品至 $5 \times 10^{13}\ cm^{-2}$ 的剂量时，对两个陷阱的密度几乎没有影响，但引入了两个额外的陷阱，活化能分别为 0.55 eV 和 0.75 eV，浓度分别为 $3.7 \times 10^{14}\ cm^{-3}$ 和 $3.75 \times 10^{14}\ cm^{-3}$。在更高的温度下，观察到 3 个陷阱，即在 $5 \times 10^{13}\ cm^{-2}$ 剂量注入样品中检测到的 0.55 eV 陷阱(然而，这个陷阱的信号非常微弱，很可能是因为在峰值温度下载体的冻结仍然是一个因素)，0.75 eV 陷阱的峰值在 280 K 附近，和 0.9 eV 陷阱的峰值在 370 K 附近。根据室温 *C-V* 谱分析得到的载流子移除率明显高于 1.8 meV 质子的去除率[123,124]。50 keV 质子的范围大约是 1.8 meV 质子范围的 50 倍短，因此，实际造成载流子移除的辐射缺陷密度在前一种情况下应该高得多。

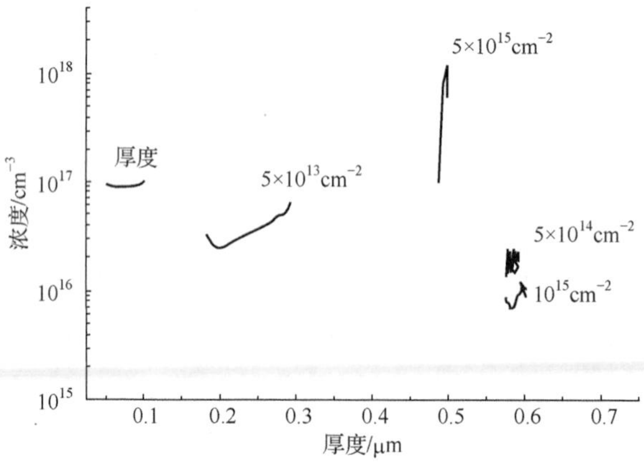

图 5.12　在原始样品、注入 $5 \times 10^{13}\ cm^{-2}$ 剂量 50 keV 质子的样品、注入 $5 \times 10^{14}\ cm^{-2}$ 和 $10^{15}\ cm^{-2}$ 剂量 100 keV 质子的样品(通过已经存在的 Au 金属)、注入 $5 \times 10^{15}\ cm^{-2}$ 剂量 50 keV 质子的样品上制备的 Au 肖特基二极管上的 1 MHz *C-V* 测量得出的室温电子浓度分布

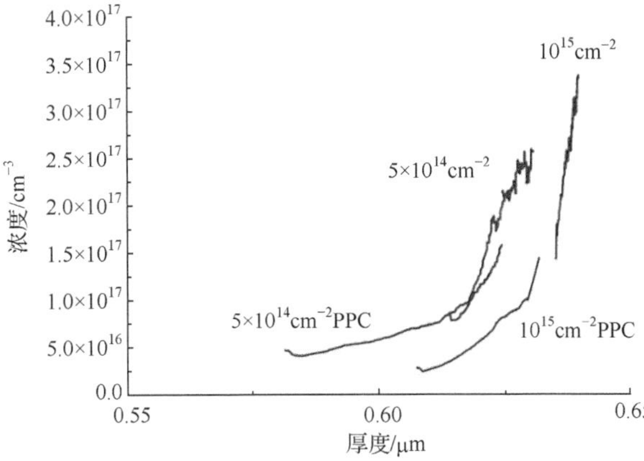

图 5.13　在 85 K 下，通过 5×10^{14} cm^{-2} 和 10^{15} cm^{-2} 的 Au 肖特基二极管金属注入 100 keV 质子对两个样品测量的电子浓度分布。在黑暗中测量(曲线标记剂量值)，在氘紫外灯照射后等待 15 min(曲线标记剂量值和 PPC 标记)

5.8.2　氢等离子体接触

块状 ZnO 样品在 100～300℃的温度下暴露于 ^{2}H 等离子体中，压力为 900 mTorr，功率为 50 W，频率为 13.56 MHz。其中一些样品随后在流动的氮气环境下在高达 600℃的温度下退火 5 min。图 5.14 显示了在等离子体处理过程中，不同温度下，等离子体暴露在 ZnO 中 ^{2}H 的 SIMS 谱图。这些分布符合恒定源或半无限源的扩散预期曲线：

$$C(x,t)=C_0\text{erfc}\frac{X}{\sqrt{4Dt}}$$

式中，$C(x,t)$是在距离 x 处的扩散时间 t 的浓度；C_0 为固溶度；D 为 ^{2}H 在 ZnO 中的扩散率[129]。在类似的条件下，与 GaN 或 GaAs 相比，^{2}H 的掺入深度非常大，观察到的掺入深度为 1～2 μm[121,122]。很明显，氢必须以间隙的形式扩散，很少被晶格元素或缺陷或杂质捕获。固定化后氢在晶格中的位置尚未通过实验确定，但从理论来看，H^+的最低能量状态位于形成 O—H 键的键中心位置，而对于 H_2 来说，反键 Zn 位点最稳定[30]。

使用简单的扩散系数 D 估计，从 $D=X_2/4t$，其中 X 被取为图 5.14 中 ^{2}H 浓度下降到 5×10^{15} cm^{-3} 的距离，我们可以估计扩散的活化能。在 ZnO 溶液中 ^{2}H 提取的活化能 E_a 为(0.17±0.12)eV。由于同位素的扩散系数关系，^{1}H 的绝对扩散率大约会比 ^{2}H 大 40%，即[129]

$$\frac{D_{^1\text{H}}}{D_{^2\text{H}}}=\frac{M_{^2\text{H}}}{M_{^1\text{H}}}^{1/2}$$

较小的活化能与原子氢以间隙形式扩散的观点是一致的。

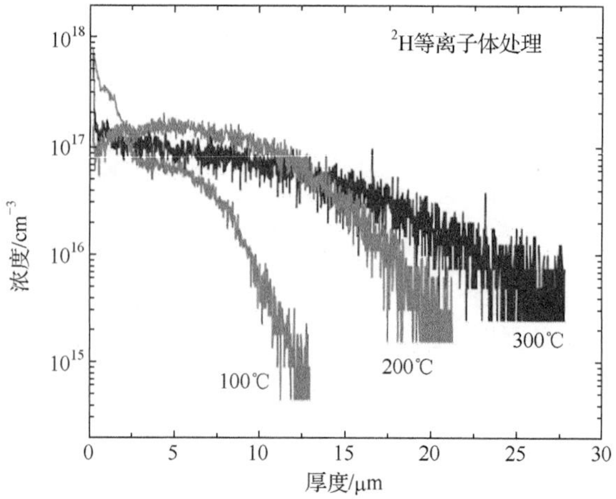

图 5.14　在不同的温度下，暴露在 ^{2}H 等离子体中 0.5 h 的 ZnO 中 ^{2}H 的 SIMS 曲线

图 5.15 显示了一个在 200℃下暴露于 ^{2}H 等离子体 0.5 h 的 ZnO 样品，然后在不同温度下退火 5 min 的 SIMS 曲线。即使在 400℃下短时间退火，也有大量的 ^{2}H 损失，到 500℃时，几乎所有的 ^{2}H 都从晶体中逸出。这与 GaN 中的 ^{2}H 形成鲜明对比，在 GaN 中需要更高的温度(≥800℃)才能将 ^{2}H 从样品中逸出[121,122]。

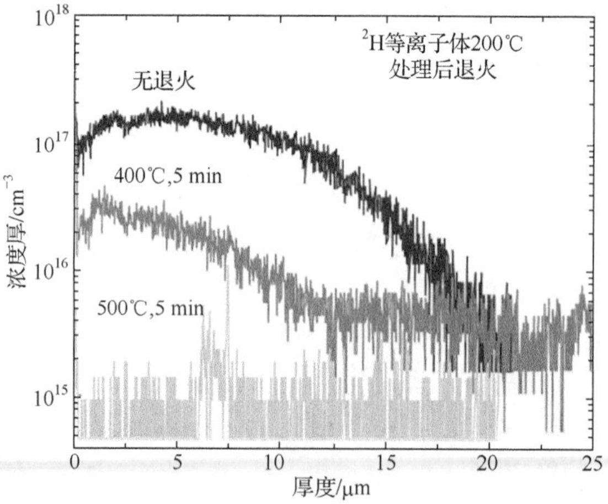

图 5.15　ZnO 中的 ^{2}H 在 200℃下暴露于 ^{2}H 等离子体 0.5 h，然后在 400℃或 500℃下退火 5 min 的 SIMS 曲线

Lavrov 等利用局域振动模式光谱法确定了 ZnO 中与氢相关的两种缺陷[130]。H-Ⅰ中心由位于键中心位置的氢原子组成，而 H-Ⅱ中心包含两个主要由两个氧原子结合的不等效氢原子[130]。

^{2}H 等离子体处理导致施主浓度增加，与过去的研究一致[29,111]。在这种情况

下，这种效应归因于氢对生长的 ZnO 外延层中存在的补偿受主杂质的钝化。另一种解释是，氢诱导了施主态，从而增加了自由电子浓度[1]。随后的退火使接收 ZnO 中的载流子密度略低于初始值，这可能表明在生长过程中含有氢[2]。我们强调 n 型导电性可能来自多种杂质源[131,132]，无法明确地将所有变化归因于氢。

氢在通过等离子体暴露掺入 ZnO 时表现出非常快的扩散速度，300℃时 D 为 $8.7 \times 10^{-10}\ \mathrm{cm^2/(V \cdot s)}$。扩散的活化能表明存在间隙运动。所有通过等离子体掺入的氢都可以通过在≥500℃下退火从 ZnO 中移除。如果氢是通过直接注入的方式掺入的，由于在残余损伤处的捕获，则热稳定性略高。等离子体氢化后，自由电子浓度增加，这与预测的 H 在 ZnO 和 ZnO 中的小电离能相一致，以及在 ZnO 中测得 μ 子的能量为(60±10) meV[30]。在设计器件制造工艺时，例如使用 SiH_4 作为前驱体沉积介质或使用 $CH_4/H_2/Ar$ 等离子体进行干法刻蚀时，必须考虑 H 或 ZnO 的电活性和快速扩散性，因为这些可能导致表面附近导电性的显著变化。

对于许多其他半导体材料，已经证明从等离子体中引入的氢(例如在相对较低的温度下)，很容易与各种施主和受主物种形成复合物，并经常使它们呈电中性(这一现象被广泛称为氢钝化)。人们似乎普遍认为，在 200～300℃的中等温度下，氢可以相对容易地从氢等离子体中引入。至少有两篇论文介绍了经过氢等离子体处理的 n-ZnO 体晶体和薄膜的表面区域电子浓度显著增加[70,125]。在文献[70]中，作者提出了支持这种现象的论据，认为它是由补偿受主的钝化而非氢的浅施主造成的。文献[125]的作者认为，在 n-ZnO 中可能存在几种类型的浅施主，从等离子体中引入的氢可能就是其中一种浅施主。

图 5.16 显示了在 1 MHz 频率下对原始 n-ZnO 样品和氢等离子体暴露后的样品进行 C-V 测量得到的室温电子浓度分布。对照样品的分布是平坦的，显示出未补偿的浅能级施主浓度为 $9 \times 10^{16}\ \mathrm{cm^{-3}}$，这与在该样品上的范德堡测量结果十分

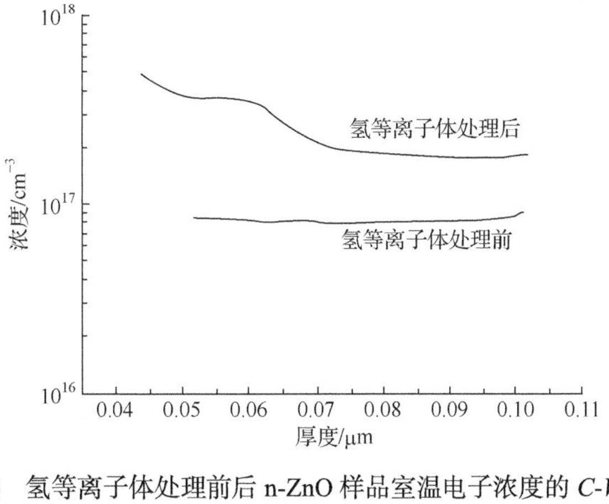

图 5.16　氢等离子体处理前后 n-ZnO 样品室温电子浓度的 C-V 谱图

吻合(室温电子浓度为 9×10^{16} cm^{-3}，迁移率为 190 $cm^2/(V \cdot s)$)。等离子体暴露之后，表面附近的施主浓度变得相当高，接近 4×10^{17} cm^{-3}，然后在 1.8×10^{17} cm^{-3} 水平上显示出一个平稳点，直到约 0.15 μm 的深度，可以进行 *C-V* 测量，而不会导致电击穿。人们可以观察到氢的 SIMS 分布与用 *C-V* 测量的无补偿浅能级施主的分布惊人地相似。

DLTS(图 5.17)主要由两个峰组成，对应于表观活化能分别为 0.2 eV 和 0.3 eV 的电子阱。这些陷阱的浓度分别为 8×10^{13} cm^{-3} 和 1.4×10^{14} cm^{-3}。在 E_c=0.3 eV 处的第二个陷阱似乎与 E_2 中心的陷阱相同，通常在多个组测量的 DLTS 中占主导地位[123,124]。

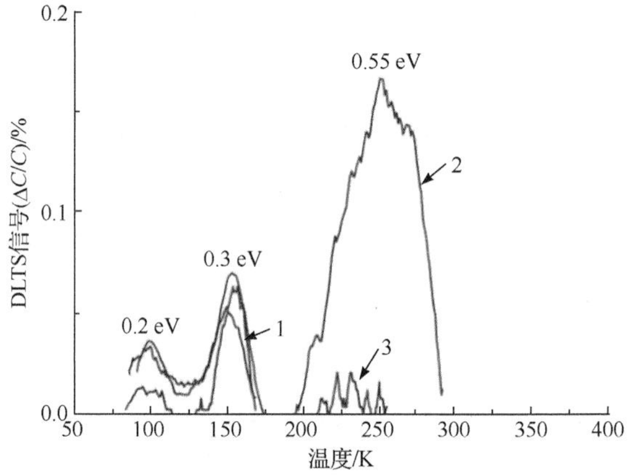

图 5.17　n-ZnO 样品经氢等离子体照射前(曲线 1)和照射后(曲线 2 和曲线 3)的 DLTS

氢等离子体处理 ZnO 样品的一个特点是，对于深层电子和空穴陷阱缺乏氢的钝化效应，而这是许多其他半导体中氢钝化现象的标志。我们已经证明，对高质量 n 型 ZnO 晶体进行氢等离子体处理，会导致样品表面区域的电子浓度增加约 2 倍。这几乎与 SIMS 测量中引入的氢原子密度一一对应。这种增加与束缚激子 3.35 eV 线强度的类似增加有关，表明氢等离子体处理引入的浅施主类型与原始样品相同。通过电容率谱测量与未掺杂 ZnO 中浅能级施主研究结果的比较，我们将这些施主与 37 meV 的施主联系起来，并将其归因于氢施主本身或者与原生缺陷形成的氢施主复合物。

5.9　ZnO 中的铁磁性

操纵半导体中的自旋(所谓的自旋电子学)为电子材料的功能性提供了一种新的范式。目前研究者在辨别和操纵自旋分布的基础上追求新颖的设备概念。在半导体材料中，ZnO 是一种直接带隙的宽禁带半导体，在紫外光子学和透明电子学领域中具有潜在的应用前景。对于自旋电子学，理论预测表明，ZnO 中可能实现室温载流子介导的铁磁性，尽管是针对 p 型材料。遗憾的是，事实证明很难实现 p 型 ZnO。从最初计算的结果表明，掺杂大量过渡金属离子(包括 Co 和 Cr)的 n 型 ZnO 具有铁磁性，而掺杂 Mn 的 ZnO 没有铁磁性。这与实验结果是一致的，由于Ⅲ类杂质的存在，在 Mn 掺杂的 n 型 ZnO 中，没有观察到铁磁性。然而，我们最近在 n 型 Mn 注入、Sn 掺杂的 ZnO 晶体中观察到铁磁性，其中 Sn(Ⅳ族元素)作为双重电离施主杂质。居里温度相当高，接近 250 K。目前还不清楚，与Ⅲ族元素相比，Sn 掺杂剂在使 Mn 掺杂 ZnO 体系具有铁磁性方面起着什么样的特殊作用。锡可能只是提供载流子(尽管是电子)，从而有效地调解自旋相互作用。Sn 掺杂剂可能与 Mn 交替形成络合物，导致 Mn^{2+}和 Mn^{3+}两个位点，从而产生铁磁有序性。不过，在掺锰的 ZnO(与锡共掺)中还是观察到了铁磁性。

近年来，半导体材料中自旋极化电子的注入和操纵成为研究热点。功能性自旋为基于自旋的识别和操纵开发新设备概念提供了机会[133-135]。为了实现基于半导体的自旋电子技术，必须解决与半导体宿主中自旋极化电子的寿命、操纵和检测有关的基本挑战。特别重要的是，在半导体基质中实现自旋极化电流。针对通过铁磁金属-半导体结注入电子的研究工作表明，这种结构是无效的。然而，最近的实验表明，从铁磁半导体到非铁磁半导体的自旋极化电子注入是可能的，而不会产生有害的界面散射。遗憾的是，半导体中的铁磁性非常罕见，人们对其了解甚少，大多数已知材料的铁磁转变温度远低于室温。显然，在半导体中发现超过 300 K 的铁磁性将有助于实现实用的基于自旋的电子器件。更一般地说，研究任何支持自旋极化电子分布的半导体材料，将有助于理解和发展自旋电子概念。

5.9.1　半导体中的铁磁性

半导体材料中的磁性已被研究多年，包括 Mn 掺杂Ⅱ-Ⅵ化合物中的自旋玻璃和反铁磁性行为，以及铕硫属化物和铬基尖晶石中的铁磁性[135-137]。近年来，由于对自旋电子器件概念的研究价值，半导体中的铁磁性再次受到关注[133]。由于过渡金属的溶解性和技术利益，当代的研究主要集中在Ⅱ-Ⅵ和Ⅲ-Ⅴ材料上。在具有高载流子密度的 Mn 掺杂Ⅱ-Ⅵ化合物中观察到强局域自旋铁磁相互作用。在 $Pb_{1-x-y}Sn_yMn_xTe(y > 0.6)$中，空穴浓度为 10^{20}～10^{21} cm^{-3} 量级的已经实现了铁磁性[138]。此外，Ⅱ-Ⅵ稀磁半导体的低维结构中的自由空穴可以诱导铁磁有序[139]。对于许多半导体材料，磁性和电子掺杂剂的体相溶解度不利于高密度的载流子和自旋的共存。然而，过渡金属在半导体中的低溶解度通常可以通过低温外延生长来克服。这种方法已经用于掺锰的 GaAs[140]，实现了 110 K 的转变温度，与传统的稀磁半导体相比，这个温度异常高。最近有报道称，对于掺杂过渡金属的 GaN 和硫属化物半导体在 300 K 以上的温度下具有铁磁性，这说明了实现室温自旋电子学技术的潜力[140,141]。

尽管实验取得了成功，但对半导体中铁磁性的基本描述仍然不完整[143]。理论研究对理解基本机制提供了有用的见解。Dietl 等应用了 Zener 的铁磁性模型，该模型由载流子与局域自旋之间的交换相互作用驱动，来解释在磁掺杂半导体的局部自旋矩阵中，来自浅能级受主的空穴介导了铁磁相关性[143,144]。具体来说，Mn^{2+}取代Ⅱ族或Ⅲ族位点提供了局部的自旋。在Ⅲ-Ⅴ半导体中，Mn 还提供了受主掺杂剂。高浓度的空穴介导了 Mn^{2+}之间的铁磁相互作用。锰离子之间的直接交换是反铁磁性的，正如在完全补偿的(Ga,Mn)As 中观察到的情况。在电子掺杂或重度掺杂 Mn 材料的情况下，没有检测到铁磁性。理论结果表明，如果 n 型材料中确实存在载流子介导的铁磁性，那么它也仅限于在低温下存在，而据预测，p 型材料在较高温度下会出现载流子介导的铁磁性[144]。在低温分子束外延生长的 p 型 GaAs 中，Mn 在 $0.04 \leqslant x \leqslant 0.06$ 浓度范围内掺杂，导致 GaAs 具有铁磁性。所描述的模型已经相当成功地解释了(Ga,Mn)As 观察到的相对较高的转变温度。

半导体中载流子介导的铁磁性取决于磁性掺杂浓度以及载流子类型和载流子密度。由于可以设想当载流子密度增加并观察到铁磁性时，这些系统就会接近金属-绝缘体转变，因此考虑局域化对铁磁性起始的影响是有用的。随着载流子密度的增加，从局域态到巡回电子的过渡是渐进的。在过渡的金属一侧，一些电子占据扩展态，而另一些电子则驻留在单占据的杂质态。当跨越金属-绝缘体边界时，扩展态变为局域化，但局域化半径从无穷远处逐渐减小。对于长度尺度小于局域化长度的相互作用，电子波函数仍然保持扩展。理论上，处于扩展态或弱局域化态中的空穴可以介导局域化自旋之间的长程相互作用。这表明，对于那些边界半导体性质的材料，如大量掺杂的半导体氧化物，载流子介导的铁磁相互作用是可能的。

这一理论提出了几个有趣的趋势和预测。对于详细考虑的材料(具有锌蓝晶结构的半导体)而言，由于 Mn^{2+}与价带的相互作用，掺杂空穴的材料更倾向于磁性相互作用。这与之前对Ⅱ-Ⅵ化合物中 Mn^{2+}交换相互作用的计算一致[135,145]，表明 Mn^{2+}的主要贡献来自于双空穴过程。这种超交换机制可以看作是阴离子介导的间接交换相互作用，因此涉及价带[146,147]。值得注意的是，在Ⅱ-Ⅵ化合物中，价带性质要由阴离子决定。根据 Dietl 等的模型预测，由于 p-d 杂化的增加和自旋轨道耦合的减少，转变温度会随着组成元素原子质量的降低而增大。最重要的是，该理论预测 p 型 GaN 和 ZnO 的过渡温度(T_c)大于 300 K，T_c取决于磁离子和空穴的浓度。其他关于 GaN 铁磁性的实验证据似乎证实了这一理论论点[142,146,147]。

5.9.2 ZnO 的自旋极化

如前所述，Dietl 理论预测了 Mn 掺杂 p 型 ZnO 在室温下的铁磁性。除了 Dietl 的预测，基于局域密度近似的从头(ab initio)计算也对磁性掺杂 ZnO 中的铁磁性进行了理论研究[148]。结果再次表明，当由空穴掺杂介导时，Mn 的铁磁有序性更受青睐。然而，对于 V、Cr、Fe、Co 和 Ni 掺杂剂，预计在 ZnO 中无需额外的电荷载流子就会发生铁磁有序。一些研究小组对掺杂过渡金属(TM)的 ZnO 的磁性能进行了研究。在所有这些研究中，ZnO 材料都是 n 型的[149]。介绍了掺杂 Ni 的 ZnO 薄膜的磁性能。对于 3 at%～25 at% Ni 掺杂的薄膜，在 2 K 时观察到铁磁性。在 30 K 以上，观察到超顺磁行为。Fukumura 等研究表明，通过脉冲激光沉积可以获得 Mn 掺杂 ZnO 的外延薄膜，在保持纤锌矿结构的同时，Mn 的替代率高达 35%。这远超了约 13%的平衡溶解度极限，并展示了低温外延生长在实现薄膜中亚稳态溶解度方面的效用[150]。与 Al 共掺杂得到载流子浓度超过 10^{19} cm^{-3} 的 n 型材料。在薄膜中观察到了大的磁电阻，但没有报告铁磁性的证据。然而，Jung 等最近报道了在掺杂 Mn 的 ZnO 外延薄膜中观察到了铁磁性，居里温度为 45 K[151]。差异似乎在于不同的薄膜生长条件。

研究人员利用离子注入技术对多种半导体氧化物材料中的过渡金属掺杂剂的磁性能进行了研究。在研究的体系中，研究人员观察到，用过渡金属掺杂剂(包括 Co 和 Mn，与 Sn 共掺杂)注入的 ZnO 晶体中存在高温铁磁性。在 Mn 和 Sn 共掺杂的情况下，Sn^{4+}作为双电离的施主提供。这一结果与关于 Mn 掺杂且用 Al 或 Ga 掺杂 n 型的 ZnO 的报道不同，表明Ⅳ族掺杂剂与磁性掺杂剂的相互作用方面可能与浅能级Ⅲ族施主不同。如果是载流子介导的机制是主要机制，就必须解释为什么这种行为取决于所选择的特定阳离子掺杂种类(如 Sn、Al、Ga)。对这一问题的深入了解可能在于，通过多电离杂质的掺杂可能在能隙中引入相对较深的施主能级。来自深能级施主的传导通常是由于杂质带和/或跃迁传导，而不是传统的自由电子被激发到导带。任何载流子介导的过程都取决于相关的传导机制。这一结果似乎与预期相矛盾，即在缺乏浅受主能级的情况下，占主导地位的交换机制是短程的超交换机制，对于 ZnO 中 Mn^{2+}，应该有利于反铁磁性排序。结果将在后面的部分中详细讨论。尽管机制存在不确定性，但这些结果(Co 和 Mn，Sn 掺杂 ZnO 中的高温铁磁性)为探索 ZnO 材料中的自旋电子学提供了一条途径。

表 5.4 显示了一些候选掺杂原子的价态和离子半径。Mn^{2+}的离子半径(0.66 Å)与 Zn^{2+}的离子半径(0.60 Å)接近，表明在不发生相分离的情况下 Mn^{2+}具有较好的固体溶解度。因此，主要的过渡金属掺杂剂是 Mn。铬和钴提供了通过掺杂磁性离子实现 ZnO 中铁磁性的可能性，这些离子的净超交换耦合是铁磁性的。在基于铬的尖晶石半导体中观察到了低温铁磁行为。Blinowski，Kacman 和 Majewski 的

理论结果预测，在Ⅱ-Ⅵ半导体中掺杂 Cr 应该会导致铁磁性[152]。基于局域态密度近似的 ab initio 计算特别预测了钴和铬掺杂 ZnO 的铁磁性，而无需额外的掺杂[148]。

表 5.4 候选掺杂原子的价态和离子半径

原子	价态	离子半径/Å
Zn	+2	0.60
Sn	+4	0.55
Li	+1	0.59
Ag	+1	1.00
Mn	+2	0.66
Cr	+3	0.62
Fe	+2	0.63
Co	+2	0.38
V	+3	0.64
Ni	+2	0.55
Mg	+2	0.57

图 5.18 显示了掺有 3at%和 5at% Mn 的 ZnO 样品在 10 K 时的磁化强度与场强关系。可以清楚地观察到与铁磁性相一致的滞后行为。在 10 K 时，掺 3at% Mn 的样品的矫顽场为 250 Oe。必须指出，其他可能的滞后 M 与 H 行为(虽然可能性较小)包括超顺磁和自旋玻璃效应[153-156]。此外，还在未经 Mn 注入物的 Sn:ZnO 晶体上进行了磁化强度测量。这样做是为了排除杂散过渡金属杂质可能对磁场响应的影响。Sn 掺杂的 ZnO 晶体没有表现出磁性滞后，表明 Mn 掺杂是造成这种行为的原因。为了跟踪注入样品的迟滞行为随温度变化的情况，在 4.2～300 K 范围内，分别进行了场冷和零场冷磁化强度的测量。通过这两个量的差值，可以减去磁化的顺磁和抗磁贡献，只剩下对滞后铁磁区域的测量。

在确定过渡金属掺杂半导体中铁磁性的来源时，必须仔细考虑次生相形成的可能性。高分辨率透射电子显微镜(HRTEM)是探索这个问题最直接的手段。这些研究也被应用于 Mn 掺杂的 ZnO 样品中。然而，我们还可以考虑已知的铁磁性杂质相可能是什么[153-156]。首先，金属 Mn 是反铁磁性的，奈尔(Néel)温度为 100 K。此外，几乎所有可能的锰基二元和三元氧化物都是反铁磁性的。例外的是 Mn_3O_4，在薄膜中具有 46 K 的居里温度，表现为铁磁性[157]。在注入样品的 X 射线衍射测量没有发现 Mn-O 相的证据，尽管我们认识到衍射在检测可能代表区域总体积中一小部分的次生相方面是有限的。然而，即使该相存在，它也不能解释 Mn 注入 ZnO:Sn 晶体中观察到的大约 250 K 的异常高铁磁转变温度。还要注意，本研究中使用的 Mn 浓度远低于 Mn 在 ZnO 中的固溶极限。还应注意，将 Mn 含量从 3at%

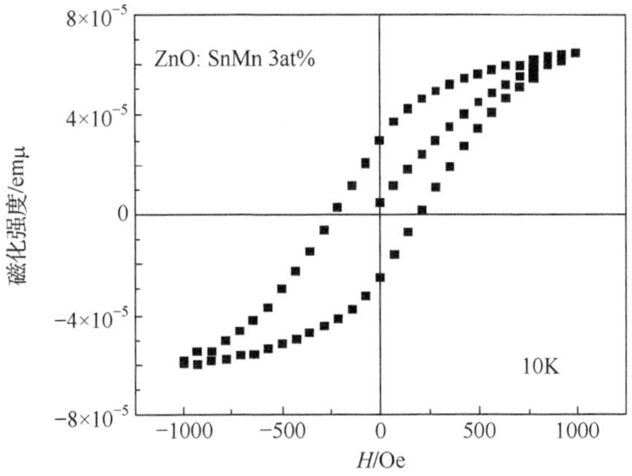

(a)

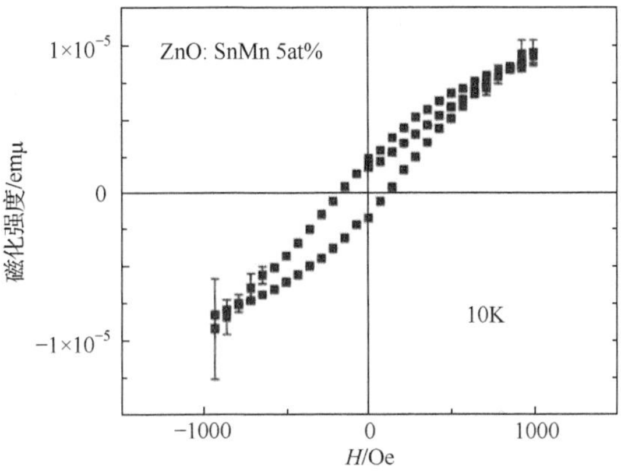

(b)

图 5.18　Mn 注入 ZnO:Sn 单晶在(a)3at% Mn 和(b)5at% Mn 注入剂量下呈现铁磁性的 *M-H* 曲线

增加到 5at%，会导致相对磁化响应显著下降，如图 5.18 所示。这提供了强有力的证据，虽然是间接的，表明磁化不是由任何沉淀的次生相造成的。如果与 Mn 有关的次生相的形成是铁磁行为的原因，则 Mn 浓度的增加可能会增加次生相的体积分数和相关的磁化特征。相反，则观察到的是相反的行为。

可以假设锡掺杂产生锰离子间铁磁性相互作用的机制。首先，锡离子可能只是提供载流子或具有扩展波函数的束缚施主态，以介导锰离子之间的相互作用。Sn 掺杂剂可能与锰离子形成复合物，产生 Mn^{3+}位点的分布。在这种情况下，Mn^{2+}/Mn^{3+}位点的混合可能通过超交换相互作用产生铁磁性排序。在这种情况下，即使测量的电导率变化很小，锰离子的磁矩也应该随着锡的掺入而增加。应该指出的是，目前关于 Sn 在 ZnO 中的行为知之甚少。确定与 Sn 在 ZnO 中相关的能量状态位置，将对解释与 Mn 共掺杂时的磁性能有极大的帮助。人们还可以寻找在添加另一种掺杂剂时 Sn 或 Mn 掺杂态位置的偏移。

阐明在 ZnO 中共掺杂深能级施主实现铁磁性机制的另一种方法是考虑过渡金属替代。在这方面，铬特别具有吸引力。首先，Cr 提供了一个机会，通过离子实现 ZnO 中的铁磁性，这些离子的净超交换耦合是铁磁性的。其次，与 Mn 一样，Cr 本身是反铁磁性的，从而排除了 Cr 沉淀物在产生假铁磁性中的作用。最后，理论预测，掺杂 Cr 的 n 型 ZnO 应该是铁磁性的。因此，应该用 Cr 代替 Mn，对 ZnO 进行类似于前面描述的与 Mn 和 Sn 共掺杂的实验。掺杂 Cr 半导体氧化物中的铁磁性已经在几种材料中被报道，包括 ZnO 和 TiO_2 等。

在 ZnO 中，双重电离的施主(Sn)导致锰原子之间的铁磁相互作用，提出了深能级状态在通常情况下能否有效地介导铁磁性的问题。特别令人感兴趣的是，理论预测 p 型掺杂的 ZnO 中，室温以上的铁磁性应该是可能的。鉴于在 ZnO 中实现浅能级受主较困难，以及与深能级施主(Sn)共掺的 Mn 的结果，很明显可将 Mn 与深能级受主共掺杂。为了探讨这个问题，选用极具关注度的深能级受主 Cu 和 As。Cu 掺杂引入了一个能量低于导带约 0.17 eV 的受主能级。As(2.22 Å)与氧(1.38 Å)的离子半径相差很大且不匹配，表明这些阴离子的固体溶解度有限[158]。尽管如此，在经过退火处理的 GaAs 上的 n 型 ZnO 薄膜之间已经报道了类似 p-n 结的行为[159]。在这种情况下，在 GaAs-ZnO 界面产生了 p 型层。为了进一步了解 ZnO 中的Ⅴ族元素的替代，在不受反应性衬底或界面层复杂性影响的情况下，对掺杂材料的研究是必要的。主要价值是研究来自 Cu 或 As 的深能级受主状态是否在 TM 掺杂的 ZnO 中介导铁磁相互作用。

在自旋电子器件的实际应用中，居里温度(T_C)应该远高于室温[160,161]。如前所述，理论表明居里温度会随着阳离子质量的减少而趋于增加。此外，有现象学证据表明 T_C 随着带隙的增大而增加。观察到的趋势是，随着带隙的增大，T_C 也会增加。虽然 Mg 在纤锌矿结构 ZnO 中的平衡固体溶解度仅约为 2%，但已经实现了 x 高达 0.35 的外延 $Zn_{1-x}Mg_xO$ 薄膜[162]。

在理解包括 ZnO 在内的过渡金属掺杂半导体中的铁磁性时，一个关键要求是确定磁性是源于阳离子位点上的替代掺杂物，还是源于具有铁磁性的次生相。这个问题的重要性不容忽视。基于铁磁性半导体的自旋电子学概念假定自旋极化存在于半导体载流子的分布中。局部磁性沉淀物可能对纳米磁学具有研究价值，但对基于半导体的自旋电子学几乎没有用处。沉淀物与载流子介导的铁磁性的问题很复杂，是其他表现出铁磁性的半导体氧化物讨论的核心话题，特别是 Co 掺杂的 TiO_2 系统[163,164]。要深入理解过渡金属掺杂半导体(尤其是氧化锌薄膜)的磁性能中次要相沉淀物的可能作用，应识别出由元素组合可能形成的所有候选磁相。T_C 与已知的候选次生铁磁相的一致性表明至少部分磁性特征可能来自于此。UF 小组一直在研究一些多种掺杂过渡金属的半导体氧化物材料，以理解半导体中的铁磁性，并确定自旋电子学中有潜力的候选材料。例如，最近研究了 Mn 掺杂的

Cu_2O 的磁特性。Cu_2O 是一种 p 型半导体，带隙为 2.0 eV，空穴迁移率为 100 $cm^2/(V \cdot s)$。通过脉冲激光沉积从掺杂锰的 Cu-O 靶材生长了 Mn 掺杂的 Cu_2O 薄膜。这些掺有 Mn 的外延 Cu_2O 薄膜具有明显的铁磁性，T_C 为 48 K。然而，当认识到测量的居里温度接近 Mn_3O_4 的温度时，对铁磁性的起源产生了一些疑问，Mn_3O_4 的 T_C 为 46 K。显然，这种材料中铁磁行为最简单的解释是 Mn_3O_4 的沉淀物。然而，在 X 射线衍射中没有发现这种相的证据。需要进行更多的工作来确定 Mn_3O_4 可能会在 Cu_2O 薄膜中形成。尽管如此，了解候选铁磁性次生相对于梳理铁磁响应是非常宝贵的。幸运的是，对于 Mn 掺杂的 ZnO:Sn，唯一的铁磁次生相候选是 Mn_3O_4 尖晶石。涉及 Zn、Mn、O 和 Sn 的其他可能的次生相组合没有产生已知的铁磁材料。注入 Mn 的 ZnO:Sn 晶体中的高温铁磁性不能归因于 Mn_3O_4，因为掺杂 Mn 的 ZnO 中的 T_C 比 Mn_3O_4 相高得多。

除了透射电子显微镜(TEM)之外，还可以使用 X 射线衍射来寻找薄膜内的次生相。尽管在检测只占薄膜样品体积 1%～5%的杂质相时存在明显的灵敏度限制，但我们已经能够在过渡金属注入样品中检测到纳米级沉淀物。这特别体现在我们研究的另一种过渡金属掺杂的半导体氧化物上，即共注入的 ZnO。有报道称，外延$(Zn_{1-x}Co_x)O$($x = 0.05$～0.25)表现出高于 300 K 的高温铁磁性[165]。这种铁磁性行为归因于 Zn 位点上的替代 Co。对掺杂 Co 的 ZnO 的间接交换相互作用进行的蒙特卡罗模拟也预测了这些材料中的铁磁性[166]。对掺杂 Co 的 ZnO 进行的超导量子干涉器件(SQUID)磁力仪测量清楚地表明了铁磁性。然而，对沿表面法线方向进行的 X 射线衍射 $\theta \sim 2\theta$ 扫描进行仔细检查，清楚地表明了钴(Co)沉淀的存在。Co(110)峰清晰可见。从峰的宽度来看，钴沉淀物的大小约为 3.6 nm。显然，对于每个研究的掺杂物，都必须仔细考虑沉淀物形成的可能性。

需要注意的是，磁性沉淀物的存在可能会掩盖由替代性掺杂而引起的载流子介导的铁磁性。在这种情况下，需要更直接的方法来测量半导体载流子群体的自旋特性。目前在自旋电子学领域正在进行的许多研究活动都致力于展示能够区分半导体中电子/空穴群体自旋极化分布的器件结构(例如自旋 LED、自旋 FET)。未来的工作将在这种设备结构中采用这些材料。一些技术，如磁圆二色性[167]和磁光克尔效应[168]，也提供了有关整体自旋分布的信息。

大多数自旋电子学应用的成功实现，在很大程度上取决于在设备结构中的传统半导体中创造自旋极化电荷载流子的能力。这可以通过使用适当极化的激光在环境条件下光学泵浦来完成。然而，最终的设备集成将需要电力注入自旋[135]。电力注入自旋可以通过从自旋极化的源注入，或在界面上通过自旋过滤非极化的载流子来实现。尽管许多团队作出了不懈的努力，但传统铁磁性金属向半导体中的自旋注入已被证明效力极低[136,137]。相反，最近在全半导体隧道二极管中成功演示了高效的自旋注入，无论是使用自旋极化的稀薄磁性半导体(DMS)作为注入器，还是使用高磁场下的顺磁性半导体作为自旋过滤器。这些实验，加上早先发现的在 120 K 的温度下(Ga, Mn)As 中的铁磁性排序，以及在各种半导体中较长的自旋相干长度和时间，为自旋电子学的突破提供了可能性。然而，为了实现这些应用，必须合成排序温度超过 300 K 有序温度的 DMS。

5.9.3 纳米棒

最近，许多小组已经展示了使用催化剂驱动的分子束外延或气相传输来实现 ZnO 纳米棒的定点生长[169,170]。纳米棒的大表面积使它们对气体和化学传感具有研究价值，而控制其成核位点的能力使它们成为微激光器或存储器阵列的候选材料。

图 5.19(a)显示了单晶纳米棒的 TEM 图像，在 400℃下，纳米棒生长时间为 2 h，所得纳米棒的典型长度约为 2 μm，典型直径在 15～30 nm。也可以生长出 ZnMgO 组成的核壳纳米棒，其成分沿纳米棒直径变化(图 5.19(b))。随后，样品在固定能量为 250 keV，剂量为(1～5)× 10^{16} cm^{-2} 的条件下，被锰离子和钴离子注入，同时样品保持在约 350℃以避免非晶化。这两种离子的预计射程是 1500 Å，过渡金属的峰值浓度大约对应于 1 at%～5 at%。然后，样品在流动的氮气中，700℃的条件下退火 5 min，以促进过渡金属离子迁移到替代位置。即使在这种最高剂量条件下，纳米棒也能稳定地经受住注入/退火循环。在该循环前后的显微照片比较中，并没有观察到纳米棒的任何变化。

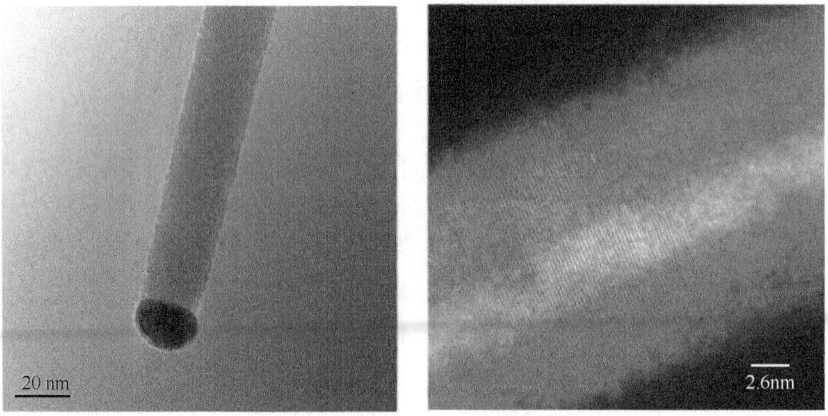

(a)　(b)

图 5.19　(a)单晶 ZnO 纳米棒的 TEM 图像；(b)TEM 显微照片显示有芯的($Zn_{1-x}Mg_x$)O 纳米棒具有富锌相，被另一个($Zn_{1-x}Mg_x$)O 相包围

图 5.20 显示了经过 700℃，5 min 退火处理的 Mn 注入(剂量为 5×10^{16} cm^{-2})纳米棒样品在 300 K 下的磁化与场强行为。可以清楚地观察到滞后行为，在 100 K

时的矫顽场强为小于等于 100 Oe。这些数据可以用铁磁性、超顺磁性或自旋玻璃效应等解释[56]。未注入、退火的纳米棒的磁化率比注入、退火后的样品低 3 个数量级，证明过渡金属是观察到的磁性属性的原因。从饱和磁化强度计算得到的磁矩为每个锰离子约 2.2 个玻尔磁子，表明大部分注入的锰对磁化有贡献。

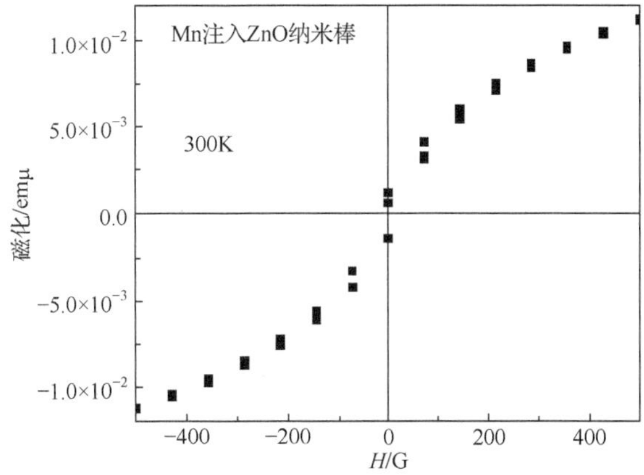

图 5.20　Mn 注入的 ZnO 纳米棒在 300 K 时的磁化与磁场的关系

没有潜在的次生相可以解释观察到的磁性行为。因此，对于 Mn 注入的纳米棒来说，次生相似乎在磁性属性中发挥重要作用。事实上，Mn 注入纳米棒的磁化结果与先前报道的 Mn 注入块体 n 型 ZnO 单晶的磁化结果非常相似，其中高分辨率 X 射线衍射没有检测到任何次生相。我们还注意到，Mn 在 ZnO 中的溶解度限制在平衡条件下 13%，通过脉冲激光沉积则可达到 35%。这些值远超这里所采用的浓度。

与 Co 注入 ZnO 形成鲜明对比的是，宏观的 Co 沉淀物是铁磁性的，当尺寸足够大以展现体相特性时，居里温度高达 1382 K。Co 注入的 ZnO 块体单晶中，高分辨率 X 射线衍射显示存在取向为(110)的六边形钴纳米晶体，平均直径约为 35 Å，远低于 Co 在室温附近的超顺磁性临界直径 50 Å。这与 Co 注入纳米棒的磁化数据一致，后者在室温下没有显示出铁磁性。因此，在此处研究的纳米棒中，磁性特性最有可能是由 Co 纳米晶体的存在引起的。这些结果与将这些相同物种注入大块单晶 ZnO 中得到的结果类似。我们可以设想将 Mn 注入 p-n 结纳米棒中，以研究自旋极化紫外线发射的可能性，或使用掺杂锰的纳米棒作为磁性存储元件。

评估氧化物基铁磁材料质量的最有效方法是将其应用于器件结构中，例如自旋场效应晶体管(spin-FET)或光诱导铁磁体。虽然最近在从金属接触到半导体的自旋注入效率方面取得了可喜的进展(使用从欧姆接触或弹道点接触的注入、隧道注入或热电子注入)，但仍存在可重复性方面的困难。在器件结构中使用铁磁性半导体作为注入，应允许以更直接的方式测量自旋传输的效率和长度尺度。有两个基于 ZnO 的测试结构将证明是否能在设备中利用铁磁性的新特性。

图 5.21 所示的第一种结构是由 Sato 和 Katayama-Yoshida(Mat. Res. Soc. Symp. Proc. Vol. 666, F4.6.1, 2001)提出的，作为自旋场效应晶体管(spin-FET)的一种类比。该结构利用了以下事实：(Zn,Mn)O 可以作为反铁磁自旋玻璃绝缘体生长，而空穴和 Mn 共掺杂的 ZnO 可以成为半金属性铁磁体。在图 5.21 的结构中，负栅极偏压的应用将空穴引入(Zn, Mg)O，并将其转换为半金属铁磁状态。使用铁磁(Zn, Mg)O 作为源和漏接触材料，应该可以在(Zn，Mg)O 沟道中实现 100%自旋极化的电子流动。该器件可以通过在(Zn，Mg)O 上生长源/漏材料，然后在栅极区域进行刻蚀以选择性生长栅极氧化物和沉积栅极金属来制造。

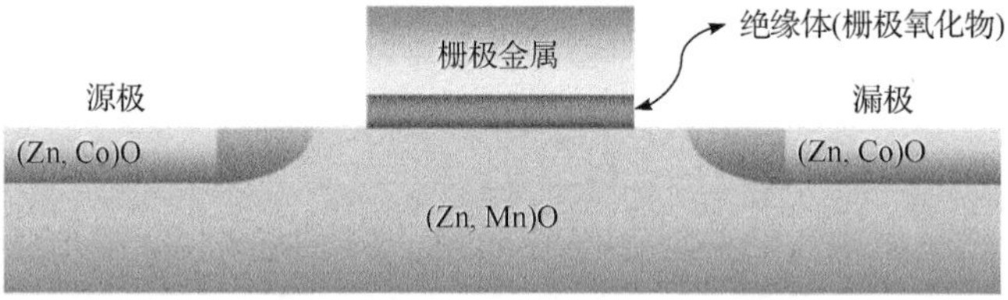

图 5.21　基于 ZnO 的自旋场效应晶体管示意图

所提出的光磁概念是基于这样的事实：ZnO 掺杂 MnCr 在空穴掺杂时会变成半金属铁磁体，而 ZnO 掺杂 FeMn 在电子掺杂时是半金属铁磁体。对于具有适当能量的光子，可以在 GaAs 衬底接近 ZnO:MnCr 或 ZnO:FeMn 的界面处产生电子和空穴，并通过偏置将它们吸引到这些材料中，使它们成为半金属铁磁体。这些有序状态的存在可以通过使用能量低于 ZnO 带隙的另一束探测光子的磁光效应来检测。该器件可以很容易地在导电的 GaAs 上生长，以提供与衬底良好的欧姆接触。

5.9.4　Mn 和 Cu 共注入体型 ZnO 的特性

TM 杂质的特性，以及对浅能级施主和受主性质的研究，由于预测的重度 TM 掺杂 ZnO 在室温下的铁磁性而备受关注。TM 掺杂剂可以在生长过程中(通过气相、固态重结晶、水热法或者从 PbF_2 溶液中制备[171-173])以及通过离子注入被掺入 ZnO。在 20 世纪 80 年代初期进行的工作主要是由于半绝缘砷化镓和磷化铟的成功，激发了人们对过渡金属在各种半导体中行为的广泛兴趣。在那个时期，还没有研究小组成功地观察到室温下的磁性。Fe、Ni、Mn 和 Co 掺杂 ZnO 的电子自旋共振(ESR)和光致发光光谱研究的结果令人相当困惑。研究最深入的是对铁掺杂样品的特性。这些样品的 ESR 明确显示在半绝缘材料中存在 Fe^{3+}离子化的施主，其费米能级深居带隙之中。该信号对光敏感，并且可以通过光子能量接近 2.75 eV 的光来抑制，这被解释为通过从价带捕获电子而从 Fe^{3+}状态向 Fe^{2+}状态的光学刺激跃迁。详细研究表明，Fe^{3+}态到导带的光学电离跃迁阈值约为 1.4 eV，这表明 Fe 在 ZnO 中的深能级施主状态与晶格有很强的耦合作用[171]。

对于 Ni 掺杂的 ZnO，也观察到了光敏 ESR 信号[169]。同时，在掺杂 Mn 和掺杂 Co 的 ZnO 中发现 ESR 信号不具有光敏性。然而，对于 Co 掺杂的材料，在吸收和光电流光谱中检测到了 0.55～0.66 μm 的强光带，其归因于钴离子从基态到激发态的光学跃迁，随后电子通过热激发进入导带。在掺杂 Fe、Ni 和 Co 的 ZnO 晶体的光致发光光谱研究中，分别在 0.63 μm、0.68 μm 和 0.6850 μm 处发现了红色发光带，这些发光带归因于涉及 TM 离子激发态的跃迁[171]。

在最近的论文中，通过 *I-V*、*C-V* 和等温电容瞬变(ICTs)方法研究了 ZnO 晶体中 Mn 和 Co 的电学性质，这些晶体是从 PbF_2 溶液中生长出来的[172]。在 ICTs 光谱中没有观察到可能与 Mn 和 Co 有关的深能级状态的存在，这可能表明各自的中心比肖特基势垒高度(约 0.7 eV)更深。在 *C-V* 测量中，特别是在 *I-V* 测量中，可以观察到由 Mn 和 Co 引起的深能级状态影响的一些间接表现[172]。通过固态再结晶生长的与 Cu 共掺的 ZnFeO 晶体(但不是单纯的 ZnFeO 晶体)显示出 500 K 的居里温度，作者怀疑这在一定程度上是由 Cu 受主所起的作用[173]。

对于 Co 和 Mn 注入并在 700℃下退火的样品，室温下范德堡特性与对照样品几乎相同。电导率的温度依赖性显示出相同的活化能(13 meV)。原始 ZnO 晶体的光学透射光谱显示在边带区域外，没有显示出强烈的吸收带。第一个吸收带，观察到的阈值在 0.75 eV 附近；第二个吸收带，观察到的阈值在 1.4 eV 附近，对所有样品来说都非常相似。除此之外，Mn 和 Co 注入的 ZnO 晶体显示出 2 eV 光学阈值的强烈吸收带，所有样品都显示出接近 2.3～2.5 eV 阈值的缺陷吸收带。与 TM 相关的 2 eV 附近相关带显示出 Mn 的明显阈值能量约为 2 eV，Co 的约为 1.9 eV。黄绿色缺陷吸收带的能量对于 Mn 和 Co 注入的 ZnO 晶体来说都接近 2.5 eV，而对于质子重注入的样品来说略低，接近 2.35 eV。

很明显，在 Mn、Co 注入并退火的样品表面没有形成 p 型层，因此这些注入层中观察到的近室温铁磁性不是由自由空穴引起的，这与 Dietl 提出的模型中假设的不符[143,144]。这与在高居里温度的 ZnOFe(Cu)体晶体上获得的结果非常吻合，该晶体被证明是 n 型的[173]。因此，掺杂 TM 的 ZnO 中室温铁磁性的机制是非传统的，例如掺入 TM 的 GaN。

下一个问题是，是否可以在吸收或机械致变色发光(MCL)光谱中找到与 Mn 和 Co 相关的特征。最可能的候选者是 1.9 eV 和 2 eV 的吸收带，以及 1.84 eV 和 1.89 eV 的红色 MCL 带。吸收带和 MCL 带在能量上相当接近，并且当 Mn 变成 Co 时，带的能量相对移动相似，尽管在两个带中不完全相等，但这表明它们之间有密切的关系。这些 MCL 带在不同 TM 离子的位置非常接近，这使人想到这些带可能是源于 TM 离子内部状态之间的跃迁。然而，我们没有在吸收或 MCL 中看到任何精细的结构来证实这种解释，这个问题需要进一步研究。例如，如前所述，在 Co 掺杂样品的光电流和吸收光谱中观察到的 2 eV 附近的类似带被归结为从基态到激发态的内部跃迁，随后电子被热激发进入导带[171]。红色带的吸收强度要高得多，而且与 Co 注入样品相比，Mn 注入样品的 MCL 峰要宽得多。由于注入的 Mn 和 Co 的浓度几乎相同，这很可能与 Mn 在 700℃下比 Co 具有更高的溶解度有关，从而在注入和退火后实现了更高的替代 Mn 的密度。

总之，我们已经展示了 ZnO 晶体在 Mn 和 Co 注入以及 700℃退火处理下仍然保持 n 型，甚至比原始样品具有更高的电子浓度。因此，在类似注入和退火处理的晶体上测得大约为 250 K 的高居里温度，并不是由空穴介导的自旋排列引起的，而是由于其他一些机制。注入的晶体在 2 eV 附近显示出光学吸收和 MCL 带，可以归因于 TM 离子，因为这样的带在原始或质子注入的样品中没有观察到。对于不同的 TM 离子，这些带的位置略有变化(例如，相应的 MCL 带在 1.84 eV 处为 Co，在 1.89 eV 处为 Mn，相应的吸收带在 1.9 eV 和 2 eV 处)。目前这些带的起源还不是很清楚，我们试探性地将它们归结为替代性 TM 离子的晶场分裂状态之间的内部跃迁。如果是这样，则得出，在注入和退火后，Mn 注入的样品与 Co 注入的样品相比，这种离子的浓度要高得多。这可能是由于在 700℃时 Mn 在 ZnO 中的溶解度更高。锰注入样品中深能级施主缺陷的高浓度刺激了受主型 Zn 空位的形成，导致在 3 eV 附近形成了紫外 MCL 带，这在 Co 注入或质子注入的样品中没有观察到。除了这些直接或间接与 TM 相关的带外，我们还观察到在 Mn 和 Co 注入样品中在 0.75 eV、1.4 eV 和 2.5 eV 附近的吸收带，与重度质子注入样品获得的结果比较中可以看出，这些是由辐射损伤缺陷引起的。

5.10　氧化锌薄膜气体传感器

5.10.1　乙烯传感技术

ZnO 作为一种气体传感材料已有很长的应用历史[1,174]。人们对开发宽带隙半导体气体传感器的应用有着浓厚的兴趣，包括用于航天器、汽车和飞机中的燃料泄漏检测中的燃烧气体检测、火灾探测器、排气诊断，以及工业过程的排放。特别感兴趣的是检测乙烯(C_2H_4)的方法，由于它有很强的双键，因此在适度的温度下很难解离。像 ZnO 这样的宽带隙半导体能够在比硅等更传统的半导体更高的温度下工作。二极管或场效应晶体管结构对氢气和碳氢化合物等气体敏感。理想的传感器具有区分不同气体的能力，在同一芯片上含有不同金属氧化物(如 SnO_2、ZnO、CuO 和 WO_3)的阵列可以用来实现这一结果[175]。气体传感机制包括多晶 ZnO[176]中吸附表面氧和晶界上的脱附，以及吸附气体种类与 ZnO 表面之间的电荷交换，导致耗尽深度的变化[177]和由气体吸附/解吸引起的表面或晶界传导的变化[176]。

如图 5.22 所示，当 5 ppm 的氢气被引入 25℃的氮气环境中时，Pt/ZnO 肖特基二极管在 0.5 V 的正向偏压下正向电流变化为 0.3 mA，或者在 8 mA 的固定正向电流下显示出 50 mV 的偏压变化。当氮气环境中只存在 50 ppm 的氢气时，整流 *I-V* 特性会不可逆地崩溃并转变为欧姆行为。在更高的温度下，恢复过程是热激活的，激活能量为 0.25 eV。这表明，在 ZnO 中引入氢浅能级施主是二极管电流变化的一个因素。

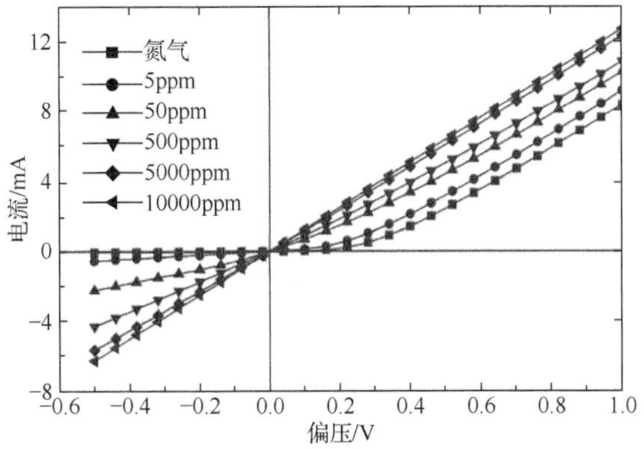

图 5.22　在氮气或氢气环境中测量的 Pt/ZnO 肖特基二极管在 25℃的 *I-V* 特性

图 5.23 显示了在 150℃下 Pt/ZnO 二极管在纯氮气和含有不同浓度 C_2H_4 的环境中的 *I-V* 特性。在特定的正向或反向偏压下，随着 C_2H_4 的引入，电流会增加，这是由于有效势垒高度降低所致。其中一个主要机制是 C_2H_4 在 Pt 金属化物上的催化分解，随后扩散到 ZnO 的底层界面。在传统的半导体气体传感器中，氢气会形成界面偶极层，这可能会使肖特基势垒崩塌，使 Pt 接触产生更多欧姆行为。Pt 接触的整流特性恢复时间比在相同条件下、同一室内测量的 Pt/GaN 或 Pt/SiC 二极管要长得多。在 50～150℃的温度范围内进行测量时，在 1.5 V 的固定偏压下，从正向电流的变化中估算出接触整流恢复的激活能。这是通过 $I_F = I_O \cdot \exp(-E_a/kT)$ 类型的关系来热激活的，E_a 的值约为 0.22 eV，与在等离子体暴露的体型 ZnO 中原子氘扩散性获得的 0.17 eV 的值相当。这表明，氢气暴露后电流变化至少有一部分是由于氢浅能级施主的内扩散，这增加了在近表面区域的有效掺杂密度，并降低了有效势垒高度。

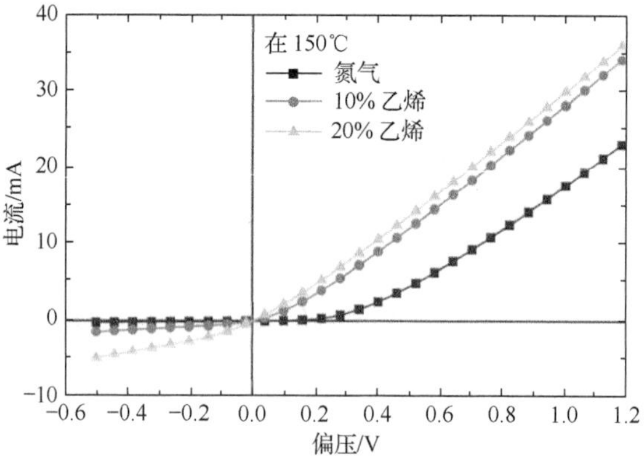

图 5.23　在不同气体介质中测量的 Pt/ZnO 二极管在 150℃下的 *I-V* 特性

5.10.2　CO 传感技术

Pt/ZnO 体肖特基二极管能够在高于 100℃的温度下检测氘低浓度(1%)的一氧化碳。图 5.24(a)展示了完整的 Pt/ZnO 体肖特基二极管的示意图，而图 5.24(b)显示了封装的传感器。来自 Cermet 公司的体 ZnO 晶体在室温下通过范德堡测量显示，电子浓度为 $9 \times 10^{16}\ cm^{-3}$，电子迁移率为 $200\ cm^2/(V \cdot s)$。衬底的背面(氧面)是通过电子束蒸发沉积了全面积的 Ti(200 Å)/Al(800 Å)/Pt(400 Å)/Au(800 Å)。金属沉积后，样品在氮气环境中在 Heatpulse 610 T 系统中以 200℃退火 1 min。前面沉积了在 100℃下用等离子体增强的化学气相沉积的 SiN_x，并通过湿法腐蚀打开窗口，以便通过电子束蒸发沉积一层 20 nm 厚的 Pt 层。在最终电子束沉积的 Ti/Au(300 Å/1200 Å)互连接触沉积后，器件被黏接到电控系统上，并在环境室中暴露于不同的气体环境中，同时监测二极管的 *I-V* 特性，通常将 CO 和 C_2H_4 分压引入试验室后 8 min 进行监测。

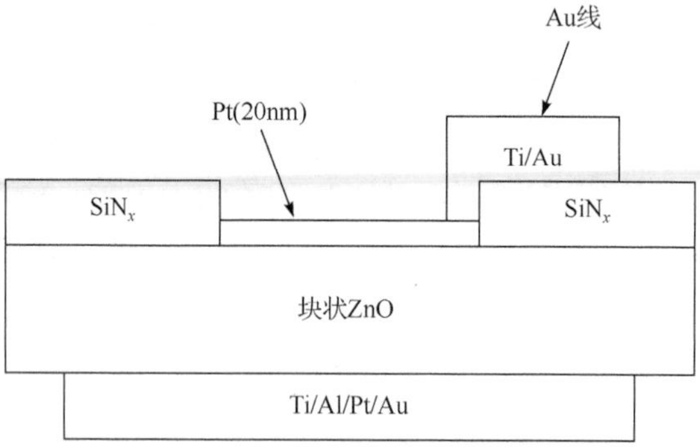

(a)

(b)

图 5.24　(a)Pt/ZnO 体肖特基二极管的示意图和(b)封装后的照片

图 5.25 显示了 ZnO 整流器在 150℃时的 *I-V* 特性，包括在氮气以及含 1%和 10% CO 的氮气环境下。正向和反向电流都随着 CO 浓度的增加而增加。在 SnO_2 导电器件中，200～500℃下对 CO 的检测被分析为吸收的 CO 和化学吸附的氧气之间的表面反应，以产生 CO_2[178-181]。

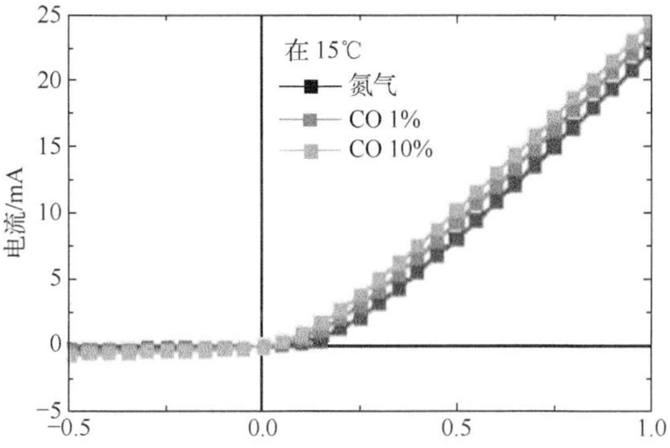

图 5.25　ZnO 整流器在 150℃不同环境下的 *I-V* 特性

这将导致电荷转移到 SnO_2 上，从而改变了导电性。在 ZnO 的情况下，机制可能相同，但由于整个设备都被 SiN_x 覆盖，而 SiN_x 对氧是不可渗透的，因此必须通过 Pt 接触的氧扩散来发生。净效果是，在 150℃的温度下，氮气环境中 10% CO 含量的有效势垒高度 Φ_B 降低了约 20 meV。

图 5.26 展示了在不同 CO 浓度的环境中，整流器在固定电流(20 mA)下正向

偏压的变化和在固定偏压(1V)下正向电流的变化，这些变化作为温度的函数。

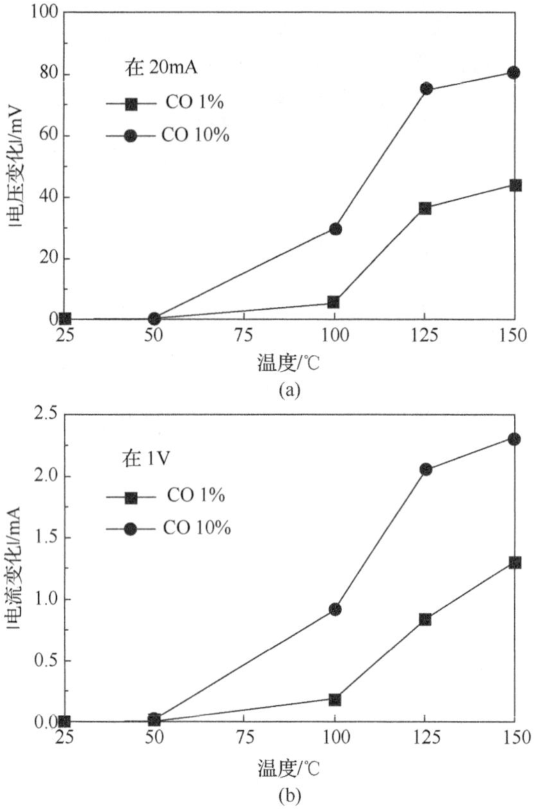

图 5.26　在氮气中两种不同浓度的 CO 环境下，随测量温度变化的情况。(a)显示了在固定正向电流下，电压的变化；(b)显示了在固定正向偏压下，电流的变化

响应在 90℃以下无法检测到，但随着温度的升高而明显增加。在文献[181]中利用 SnO_2 检测 CO 的模型中，如果温度太低，则 CO 的产物将不会被解吸，因此会污染未来吸附氧气的位点。整流器的特定开启状态电阻 R_{ON} 由下式给出：

$$R_{ON} = \left(4V_B^2 / \varepsilon\mu E_M^3\right) + \rho_s W_S + R_C$$

其中，ε是 ZnO 的介电常数；μ是载流子迁移率；ρ_s 和 W_S 是衬底电阻率和厚度；R_C 是接触电阻。在氮气环境中相对有限的 CO 分压范围内，开启状态电阻按照 $R_{ON} = (R_O + A(P_{CO})^{0.5})^{-1}$ 减小，其中 A 是一个常数，R_O 是纯氮气环境下的电阻。这与 SnO_2 导电传感器检测 CO 时的有效电导随着 CO 分压的平方根而增加的情况相似。气体灵敏度可以从含 CO 的环境中的电阻差除以纯氮气的电阻来计算，即$(R_{N2} - R_{CO})/R_{N2}$。在 150℃时。1%的 CO 在氮气中的气体灵敏度为 4%，10%的 CO 在氮气中的气体灵敏度为 8%。这些数值与报告中的 SnO_2 电导传感器检测 CO 的数值相当。

图 5.27 显示了不同温度固定偏压(0.4 V)下正向电流变化的时间依赖性。电流的增加显示出对时间的平方根依赖性，表明正在发生扩散过程。从图 5.27(b)的 Arrhenius 图中确定了这个过程的活化能，即 40.7 kJ/mol。这可能代表在 Pt 金属接触表面上催化解离 CO 所需的有效活化能，然后使原子氧扩散到 ZnO 的界面。这比 CO 分子的键强度 1076.5 kJ/mol 要低得多[175]。这些设备的检测机制显然尚未牢固确立，需要进一步研究。

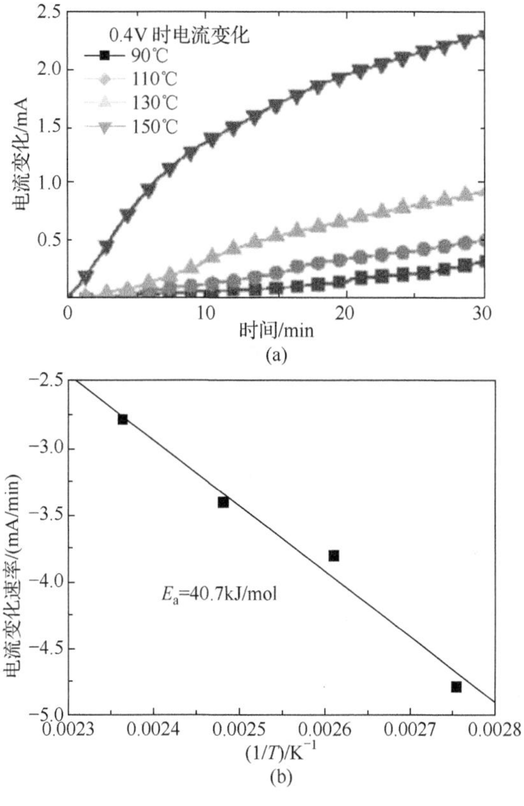

图 5.27　在固定的偏压下，氮气中含 10%CO 环境下，电流变化的时间特性。(a)不同温度下，电流变化的时间依赖性，以及(b)电流变化速率的 Arrhenius 图

5.11　ZnO 纳米棒的传输

ZnO 对于形成各种类型的纳米棒、纳米线和纳米管以观察量子效应，具有广阔前景[182-203]。纳米棒的大表面积使它们对气体和化学传感方面具有吸引力，而

控制其成核位点的能力使它们成为微型激光器或存储器阵列的候选材料。到目前为止，关于 ZnO 纳米结构的大部分工作都集中在合成方法上，并且只有少数涉及电学特性的报道。初步的报道显示，纳米线的电导率对紫外线照明和测量环境中氧气的存在非常敏感。纳米线的光响应表明，用超带隙光照射会降低 ZnO 与接触点之间的势垒。

纳米棒的制备过程如下：使用不连续的 Ag 液滴用作 ZnO 纳米棒生长的催化剂，通过在 700℃下将电子束蒸发的 Ag 薄膜(约 100 Å)在 p 型 Si(100)晶片上退火形成。采用分子束外延在 5×10^{-8} mbar 的基础压力下沉积 ZnO 纳米棒，使用高纯度(99.9999%)的金属锌和 O_3/O_2 等离子体放电作为源化学物质。Zn 的压力在 2×10^{-7}～4×10^{-6} mbar 变化，而 O_3/O_2 混合物的束压力在 5×10^{-6}～5×10^{-4} mbar 变化。温度在 400～600℃，生长时间约为 2 h。所得的纳米棒的典型长度为 2～10 μm，直径为 30～150 nm。选区衍射图显示纳米棒是单晶的。它们通过在乙醇中的超声处理而从衬底上释放，然后转移到 SiO_2 涂层的硅衬底上。使用电子束光刻技术在单个纳米棒的两端模式化溅射的 Al/Pt/Au 电极。电极的分离距离是 3.7 μm。图 5.28 显示了完成的装置的 SEM 图像。Au 线被键合在接触垫上，以进行在 25～150℃的范围内不同的环境中(C_2H_4，N_2O，氧气或氮气中含 10%的氢气)的 *I-V* 测量。

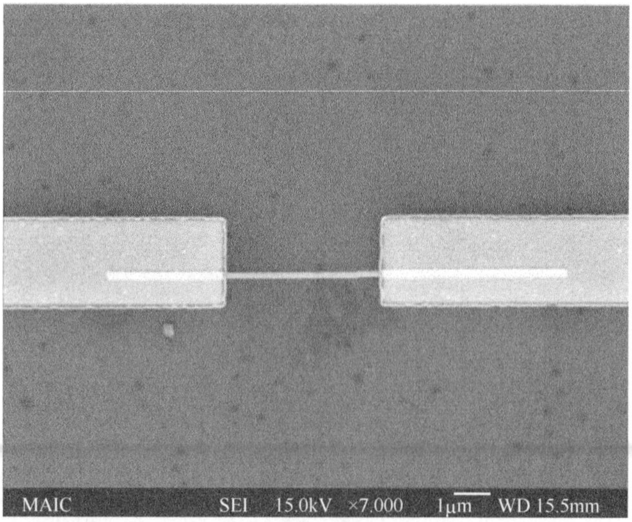

图 5.28　桥接两个 Al/Pt/Au 欧姆接触垫的单个 ZnO 纳米棒的 SEM 图像

生长后的纳米棒电阻较大，通过的电流非常小(小于 10^{-10} A)。为了提高它们的导电性，我们在 400℃的氢气中对它们进行了退火处理。图 5.29 展示了这些导电纳米棒的 *I-V* 特性与测量温度的关系。预计氢会增加 ZnO 中的 n 型掺杂。经过氢气退火的纳米棒确实更有导电性，在 0.5 V 的正负偏压下，电流约为 3×10^{-8} A。

电流的热激活形式为 $I = I_0 \exp(-E_a/kT)$，其中 E_a 是激活能，k 是玻尔兹曼常量，而 T 是绝对测量温度。纳米棒对超带隙(366 nm)的紫外线有强烈的、可逆的响应，在给定的电压下，紫外线所引起的电流大约是暗电流的 7 倍。在固定的调制频率下，光电流的强度与照明时间无关。以前的报道表明，通过超带隙光在 ZnO 纳米线中激发的光电流与表面有关，并不代表真正的体导电。

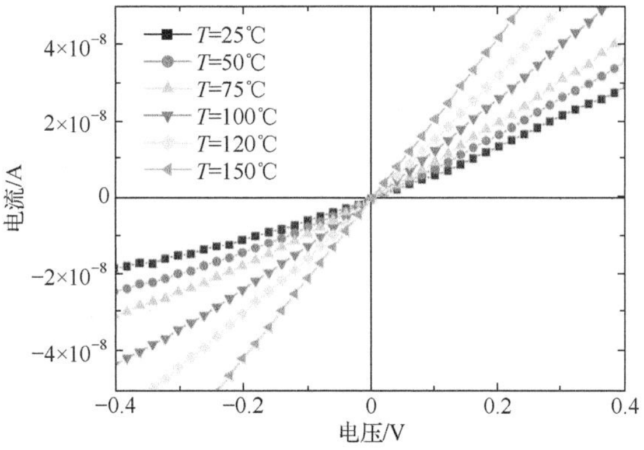

图 5.29　在不同衬底温度下测量的单个纳米棒的 *I-V* 特性

图 5.30 显示了从 *I-V* 特性得到的纳米棒的电阻率，以 Arrhenius 形式显示。从这个图中得出的有效活化能是(0.089 ± 0.02) eV。这与已知的 ZnO 中的供体掺杂剂或本征缺陷电离能都不对应，导电可能再次与表面相关，就像在紫外线响应测量中一样。在经过氢气退火的纳米棒中，电流对测量环境不敏感，如图 5.31 所示。如果传导真的由表面主导，人们可能会期望电流与环境有关。在基于 ZnO 的气体传感器中已经提出了各种气体感应机制，包括多晶 ZnO 中吸附表面氧和晶界的解

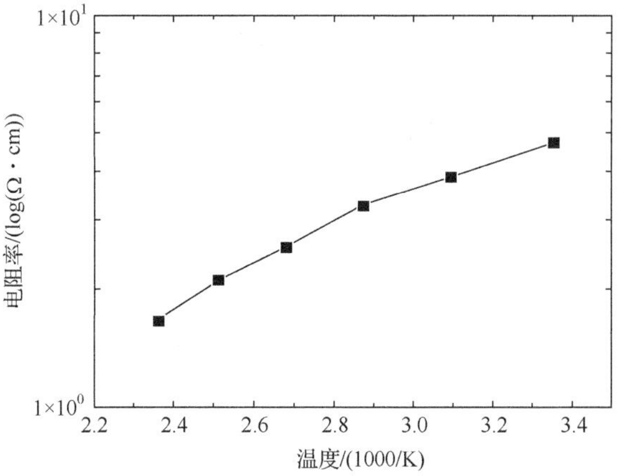

图 5.30　从空气中的 *I-V* 测量得到的单个纳米棒电阻率的 Arrhenius 图

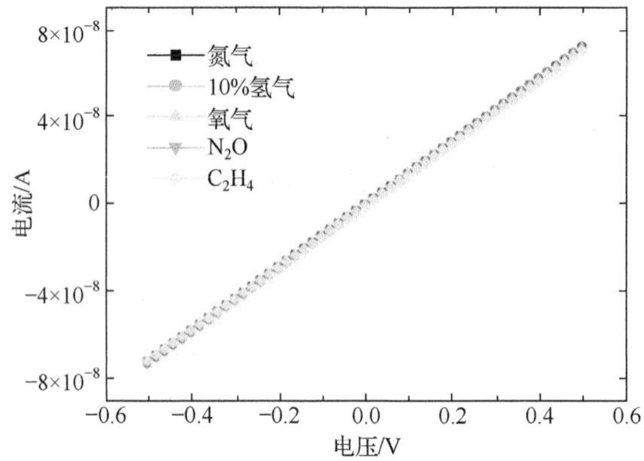

图 5.31　在 25℃时，纳米棒的 *I-V* 特性与测量环境的关系

吸，吸附气体种类与 ZnO 表面之间的电荷交换导致耗竭深度的变化，以及气体吸附/解吸所引起的表面或晶界传导的变化。在所有这些情况下，机制都与表面有关。与经过氢气退火的纳米棒的数据形成鲜明对比的是，未退火样品对测量环境非常敏感，在有氢气存在的情况下电流增加。显然，控制体和表面质量是纳米棒在气体传感、化学物质或紫外线传感的实际应用中的关键领域。

5.12　ZnO 纳米线肖特基二极管

使用的纳米线的典型长度约为 5 μm，典型直径在 30～100 nm。选区衍射图显示纳米线是单晶的。它们通过在乙醇中超声处理而从衬底上释放出来，然后转移到 SiO_2 涂层的硅衬底上。使用电子束光刻技术在单个纳米线的两端模式化溅射 Al/Pt/Au 电极。电极的分离距离是 3 μm。使用电子束蒸发的 Pt/Au 作为栅极金属化，通过模式化一个与纳米线正交的 1 μm 宽的条带。图 5.32 展示了完成的器件的 SEM 图像。Au 线被键合到接触垫上，用于在 25℃下进行 *I-V* 测量。在某些情况下，二极管在测量过程中被超带隙紫外线照射。

图 5.33 显示了 Pt/ZnO 纳米线二极管分别在黑暗中和紫外线照射下测量的 *I-V* 特性。在黑暗中的测量显示出整流行为，而紫外线照射下则产生欧姆特性。这与 Keem 等报道的结果相似，他们表明，超带隙的光降低了肖特基接触和 ZnO 纳米线之间的势垒。然而，在他们的报道中，光响应的恢复时间非常长(大于 10^4 s)，这被归因于表面状态的主导地位，而我们的恢复时间受限于汞灯的关闭，这表明纳米线的传导是由体传输主导的。

图 5.34 更详细地显示了反向电流特性。在−10 V 偏压下，反向电流仅有 1.5×10^{-10} A，对应的电流密度为 2.35 A/cm^2。如果将反向击穿电压定义为反向电流密度为 1 mA/cm^2 时的偏压，则对于纳米线二极管来说，约为 2 V。

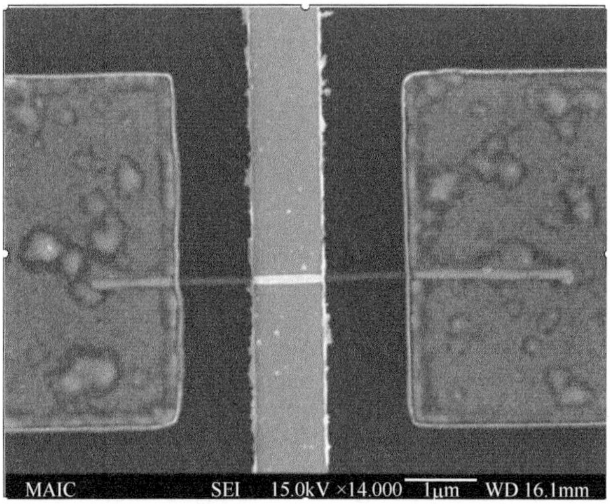

图 5.32　ZnO 纳米线肖特基二极管的 SEM 图像

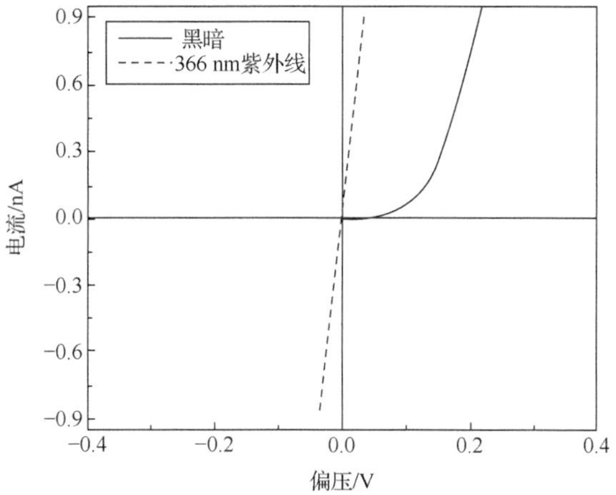

图 5.33　Pt/ZnO 纳米线二极管分别在黑暗中和紫外线照射下测量的 *I-V* 特性

在暗条件下测得的正向 *I-V* 特性(图 5.35)被拟合到了热电子越过势垒的发射关系上。

$$J_{\mathrm{F}} = A^{*} \cdot T^{2} \exp - \frac{e\varphi_{\mathrm{b}}}{kT} \exp \frac{eV}{nkT}$$

其中，J_{F}是电流密度；A^{*}是 n-GaN 的理查德森常数；T 是热力学温度；e 是电子电荷；φ_{b} 是势垒高度；k 是玻尔兹曼常量；n 是理想因子；V 是外加电压。

由于担心高电流密度会造成自热问题，我们无法将纳米线驱动到饱和电流状态，因此无法提取势垒高度。然而，之前对 Pt 在 ZnO 上的势垒高度进行了测量，Mead 通过内部光发射的光谱学得到的值为 0.75 eV，用于获得接触的横向均匀部

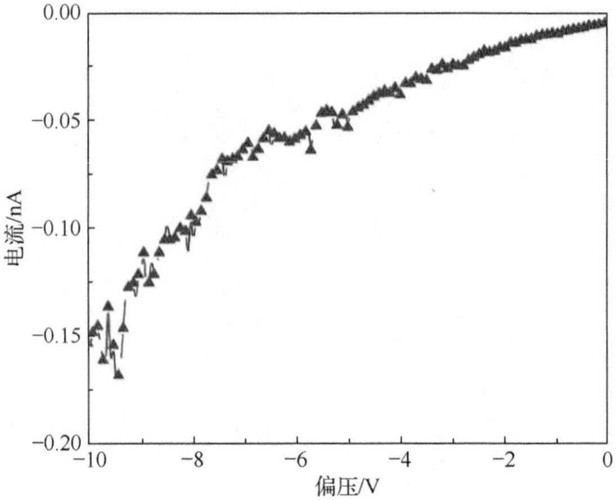

图 5.34　在黑暗中测量的 ZnO 纳米线二极管的反向电流

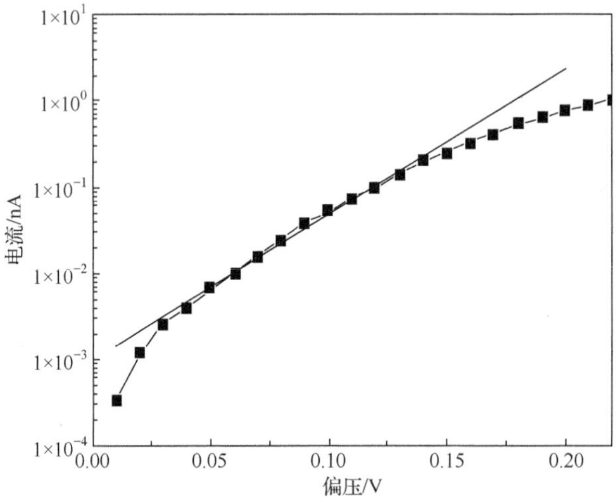

图 5.35　在黑暗中测量的 ZnO 纳米线二极管的正向电流

分的势垒高度，最近的测量结果为块体 ZnO 上的 0.61 eV。从测量的数据中，我们得出的理想因子 $n = 1.1$。这表明我们的纳米线中几乎没有重组。对于单个纳米线设备，开启态电阻 R_{ON} 是 1.65 $\Omega \cdot cm^2$(纳米线的电阻率是 22.6 $\Omega \cdot cm$)。在 0.15V/−5 V 的偏压下，开/关电流比约为 6。这些值可以通过优化纳米线的生长过程和随后的接触金属化工艺得到进一步改善。

5.13　ZnO 纳米线场效应晶体管

目前，制造 ZnO 沟道薄膜晶体管在透明平板显示器应用方面引起了广泛关注。其他透明导电氧化物，如 Sn 掺杂 In_2O_3、Al 掺杂 ZnO 和 Sb 掺杂的 SnO_2，已广泛应用于液晶显示器、有机发光二极管和太阳能电池的透明电极。

电子束光刻技术被用来在单根纳米线两端形成溅射的 Al/Pt/Au 电极。电极之间的间距约为 7 μm。Au 线被焊接到接触垫上，用于进行 *I-V* 测量。选择厚度为 50 nm 的(Ce，Tb)$MgA_{11}O_{19}$ 作为栅极电介质，因为它具有较大的带隙，足以产生相对于 ZnO 的正带偏移。顶部栅电极是电子束沉积的 Al/Pt/Au。图 5.36 显示了 ZnO 纳米线耗尽型 MOSFET 的示意图。图 5.37 显示了完成装置的 SEM 图像。注意，只有不到 50%的纳米线沟道被栅极金属所覆盖。使用 Agilent 4155A 半导体参数分析仪在室温下进行 *I-V* 特性测试。

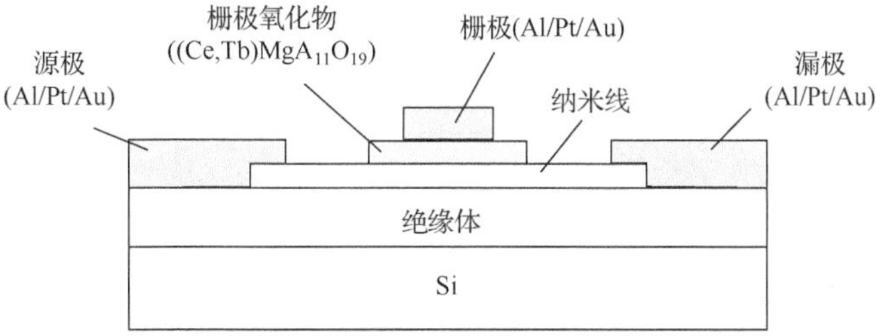

图 5.36　ZnO 纳米线耗尽型 MOSFET 的示意图

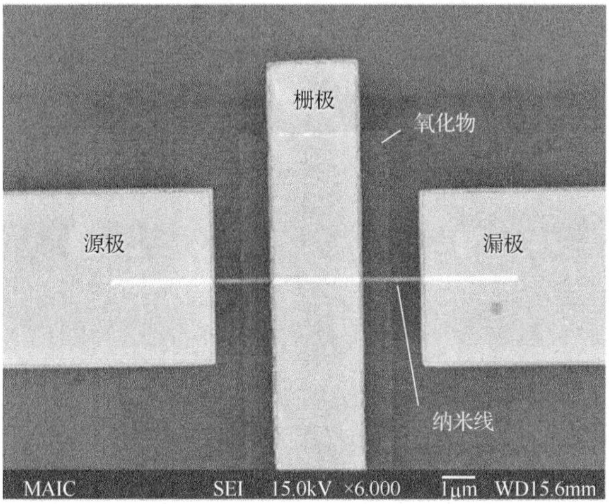

图 5.37　制造的场效应管的 SEM 图像

图 5.38 显示了在室温黑暗条件下测量的 I_{DS}-V_{DS} 特性(图 5.38(a))和转移特性(图 5.38(b))。沟道电导的调制表明，该器件的工作模式是 n 型耗尽模式。栅极漏电流低，纳米线 MOSFET 表现出优异的饱和特性和截断特性，表明整个沟道区域在栅极金属下可以耗尽电子。阈值电压为 3 V，最大跨导率约为 3 mS/mm。在 V_G 为 0～−3 V 和 V_{DS} 为 10 V 时，开/关电流比约为 25。场效应迁移率 μ_{FE} 可以由跨

导计算，公式为 $I_{DS}=(W/L)\mu_{FE}C_{OX}(V_{GS}-V_T)V_{DS}$，其中 W 为沟道宽度，L 为沟道长度，C_{OX} 为栅极氧化电容，V_T 为阈值电压。提取的迁移率为 0.3 $cm^2/(V \cdot s)$，与先前报道的薄膜 ZnO 增强型 MOSFET 相当。沟道中的载流子浓度估计为 10^{16} cm^{-3}。

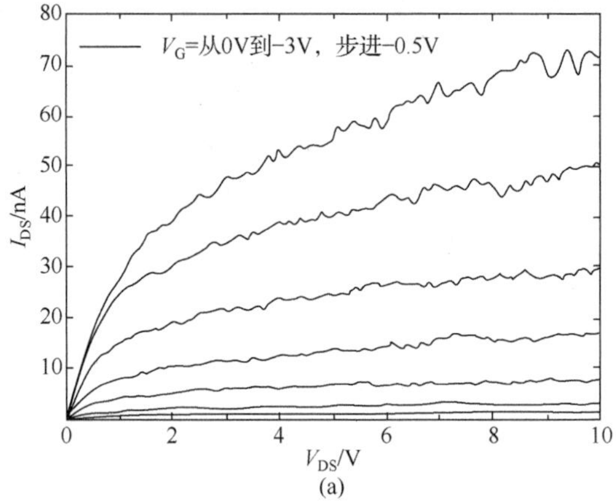

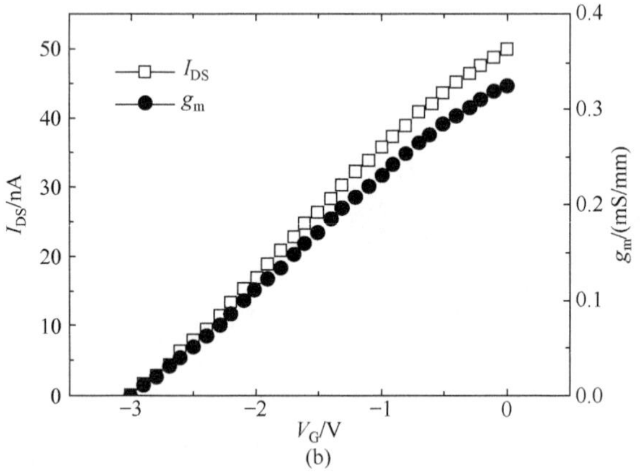

图 5.38　暗室环境，室温下 ZnO 纳米线场效应晶体管的(a)输出特性(I_{DS}-V_{DS})和(b)转移特性

纳米线对紫外线表现出强烈的光响应。图 5.39 显示了在室温下 366 nm 紫外线照射下测量的 I_{DS}-V_{DS} 特性(图 5.39(a))和传输特性(图 5.39(b))。漏极-源极电流增加了大约 5 倍，最大跨导率增加到 5 mS/mm。漏极-源极电流增加的部分反映了未被栅极金属覆盖的导线部分的光电导性。在 V_G 为 0～−3.5 V 和 V_{DS} 为 10 V 时，通/关电流比增加到 125。在这种情况下，提取的迁移率仍为 3 cm^2 /$(V \cdot s)$，但沟道中的载流子密度是 5×10^{16} cm^{-3}。由于受到紫外灯开关特性的限制，光响应非常迅速，这可能表明光电流与体材料相关，并没有来自表面态(会产生较长的恢复时间)的贡献。

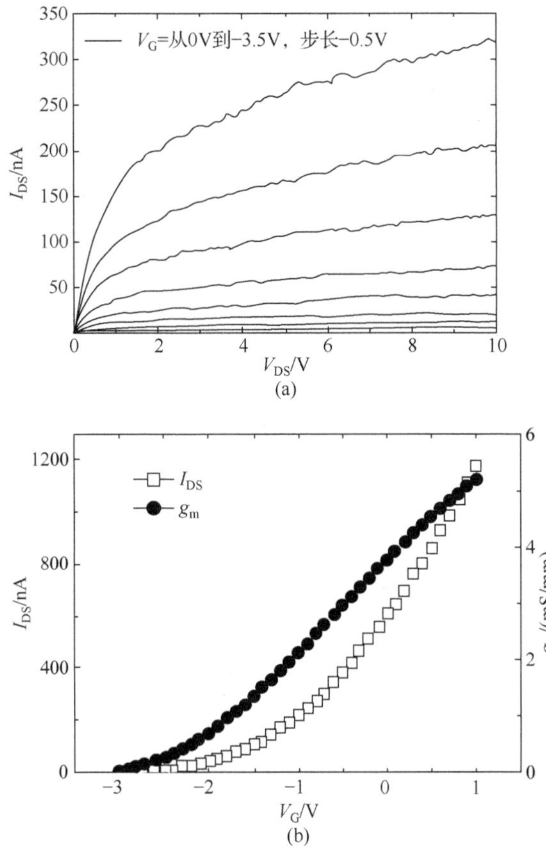

图 5.39　室温下在紫外线(366 nm)的照射下测量 ZnO 纳米线场效应晶体管的(a)I_{DS}-V_{DS}特性和(b)传输特性

5.14　紫外纳米线光电探测器

最近的报道显示，ZnO 纳米线对测量环境中氧气的存在和紫外线照射非常敏感。在后一种情况下，发现高于带隙的光照射会改变通过热蒸发球磨粉末在两个 Au 电极之间生长的 ZnO 纳米线的 *I-V* 特性，从整流型变为欧姆型。相比之下，对于低于带隙的光照射，ZnO 纳米线和接触之间的有效内置势垒没有变化。纳米线缓慢的光响应被认为源于表面态的存在，这些表面态捕获了电子，释放时间常数从几毫秒到几小时不等。

图 5.40 显示了纳米线在黑暗中和 366 nm 紫外线照射下的 *I-V* 特性。由于照射，导电性大大增加，这从更大的电流可以看出。对于低于带隙的光照射，没有观察到任何效果。在其他地方报道的传输测量表明，在纳米线上形成的 Pt 肖特基

二极管的理想因子为 1.1，这表明在纳米线中几乎没有发生重组。注意，即使在低偏压下，与纳米线的接触也有很好的欧姆性。在 n 型 ZnO 薄膜上，载流子浓度在 $10^{16}\ cm^{-3}$ 范围内，我们得到 3×10^{-5}～$5\times 10^{-5}\ \Omega/cm^2$ 的接触电阻。在通过热蒸发法制备的 ZnO 纳米线中，黑暗中的 *I-V* 特性具有整流特性，只有在高于带隙的照明下才变为欧姆行为。在 366 nm 紫外线照射时，纳米线的电导率为 0.2 Ω/cm^2。

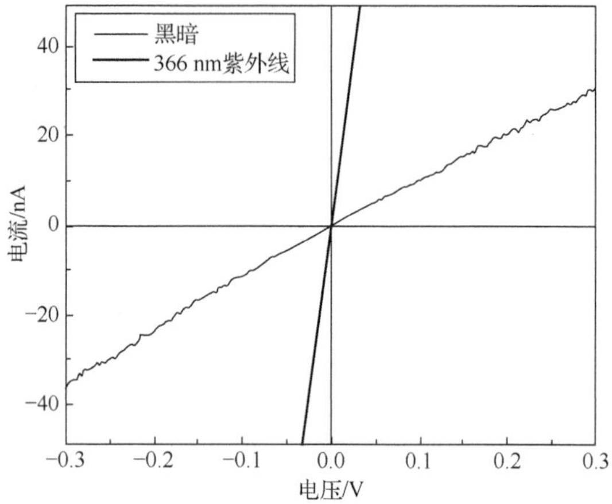

图 5.40　单根 ZnO 纳米线的 *I-V* 特性(在 25℃的黑暗环境下或在 366 nm 紫外线照射下测量)

图 5.41 展示了单根 ZnO 纳米线在 0.25 V 偏压下，由波长为 366 nm 的汞灯脉冲照射时的光响应。这种光响应速度比通过热蒸发球磨 ZnO 粉末生长的 ZnO 纳米线所报道的要快得多，可能是由该材料中表面态的影响减少所致。通常引用的光电导机制是，由光照产生的空穴放电纳米线表面的带负电荷的氧离子，伴随着电子的解捕和向电极的传输。从时间分辨光致发光测量的高质量 ZnO 中的复合时

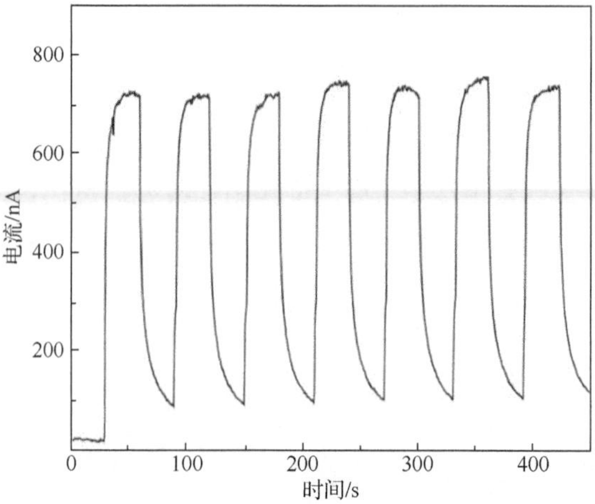

图 5.41　当 366 nm 光源被调制时，光电流的时间依赖性

间很短，大约为数十皮秒，而光响应测量的是电子捕获时间。在体材料和外延 ZnO 中，还报道了光致发光寿命与缺陷密度之间的直接相关性。在我们的纳米线中，电子捕获时间大约为数十秒，这些捕获效应只是整个光响应恢复特性的一小部分。注意，当灯打开时，峰值光电流相当恒定，表明存在的任何陷阱在测量时间范围内已经放电。

图 5.42 显示了纳米线在 254 nm 或 366 nm 的光脉冲照射下的光响应。前者的光电流峰值较低，这可能与纳米线表面附近更有效的吸收有关。我们再一次看到，在热蒸发法制备的纳米线中，没有出现很长的恢复时间常数。

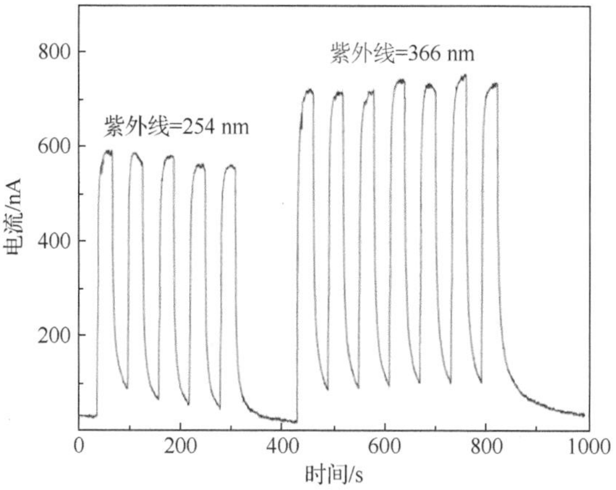

图 5.42　当 254 nm 或 366 nm 的光源被调制时，纳米线中光电流的时间依赖性

总之，通过位点选择性分子束外延技术制备的单根 ZnO 纳米线具有出色的光电流响应和 *I-V* 特性。即使在黑暗中测量，*I-V* 特性也是线性的，光电导主要源于体导电过程，只有很小一部分来自表面捕获。这些设备在紫外检测方面看起来非常有前景。

5.15　气体和化学传感器

人类的免疫系统极其复杂。抗原-抗体相互作用对于生物感应很重要。抗体是由同等数量的重链和轻链多肽氨基酸链组成的蛋白质分子，它们通过二硫键连接在一起。这些高度专业化的蛋白质能够在受主位点识别并结合特定类型的抗原分子。基于使用抗体检测特定抗原的传感器，称为免疫传感器。这些免疫传感器对于量化人类免疫系统的功能非常有帮助，并可作为有价值的诊断工具。它们也可以用于识别环境污染物和化学或生物制剂。

硅基场效应晶体管已广泛应用于生物传感器。例如，硅基 ISFET 已经商业化，以取代传统的电解质 pH 计。硅基 MOSFET 和 ISFET 也已被用于免疫传感器。然而，硅基场效应晶体管暴露于含有离子的溶液中会被损坏。基于硅基场效应晶体管的生物传感器需要在其表面涂覆离子敏感膜，并且需要一个参比电极(通常是 Ag/AgCl)来提供偏置电压。还必须采取特殊的预防措施，将这些生物膜涂在场效应晶体管上，以保持它们的酶活性。

大量不同的 ZnO 一维结构已被报道[170,190,204-206]。ZnO 纳米棒的大表面积和生物安全特性使其在气体、化学传感和生物医学应用方面具有吸引力，并且能够控制它们的成核位置，这使得它们成为微激光器或存储器阵列的潜在候选材料。

理想的传感器具有区分不同气体的能力，且在同一芯片上使用不同金属氧化物(例如，SnO_2、ZnO、CuO 和 WO_3)构成的阵列可以用来获得这一结果。目前，关于 ZnO 纳米结构的研究主要集中在合成方法上。只有少数关于电特性的报道[170,190]。开发用于工业和家庭应用的气体、化学和生物传感器有极大的前景。

本章的这一部分将讨论使用 ZnO 纳米线进行气体、化学和生物传感，介绍 ZnO 纳米线在氢气、乙烯、一氧化碳、臭氧、紫外线和 pH 中的响应特性并最终提供使用 ZnO 纳米线感知生物制剂的方法。

5.15.1 ZnO 纳米线的氢气传感

气体传感器的主要要求之一是能够在室温下、在空气中选择性地检测氢气。此外，对于这些应用，传感器应具有非常低的功率和最小的质量。纳米结构是这种传感的天然候选材料。一个重要的方面是提高它们在低浓度或低温度下检测氢气等气体的灵敏度，因为通常使用片上加热器来提高氢分子到原子形式的解离效率，这增加了复杂性和功率要求。

不同的金属涂层在多个 ZnO 纳米棒上进行了比较，以增强在室温下检测氢气的灵敏度。发现铂是最有效的催化剂，其次是钯。这些传感器被证明能够在室温下使用非常小的电流和电压检测 ppm 级别的氢气，并且在氢气源移除后能够迅速恢复。

ZnO 纳米棒是在涂有 Au 岛的 Al_2O_3 衬底上成核生长的。对于标称 Au 膜厚度为 20 Å 的 Au 膜，退火后出现不连续的 Au 岛。纳米棒是采用分子束外延法沉积的，基压为 5×10^{-8} mbar，使用高纯度(99.9999%)Zn 金属和 O_3/O_2 等离子体放电作为源化学物质。Zn 的压力在 4×10^{-6}～2×10^{-7} mbar 变化，而 O_3-O_2 混合物的束压在 5×10^{-6}～5×10^{-4} mbar 变化。在 600℃下，生长时间约为 2 h。生成的纳米棒的典型长度为 2～10 μm，直径为 30～150 nm。图 5.43 显示了生长后的 ZnO 多纳米棒的 SEM 图像。选区衍射图显示纳米棒是单晶。在某些情况下，纳米棒上涂有通过溅射沉积的 Pd、Pt、Au、Ni、Ag 或 Ti 薄膜(约 100Å 厚)。

图 5.43　ZnO 多纳米棒的 SEM 图像

使用阴影掩模和 Al/Ti/Au 电极的溅射形成了多个纳米棒的接触。电极的分离间距为 30 μm。图 5.44 显示了所得到的传感器的原理图。Au 线被焊接到接触垫上，用于在 25℃下进行不同的环境中(氮气、氧气或氮气中含 10～500 ppm 的氢气)的 *I-V* 测量。需要注意的是，通过不连续的 Au 岛没有测量到电流，并且在纳米棒的生长条件下，没有在 Al_2O_3 衬底上观察到 ZnO 的薄膜，因此，测量到的电流是由于通过纳米棒本身的传输。多个纳米棒的 *I-V* 特性呈线性，在 0.5 V 的外加偏压下，典型电流为 0.8 mA。

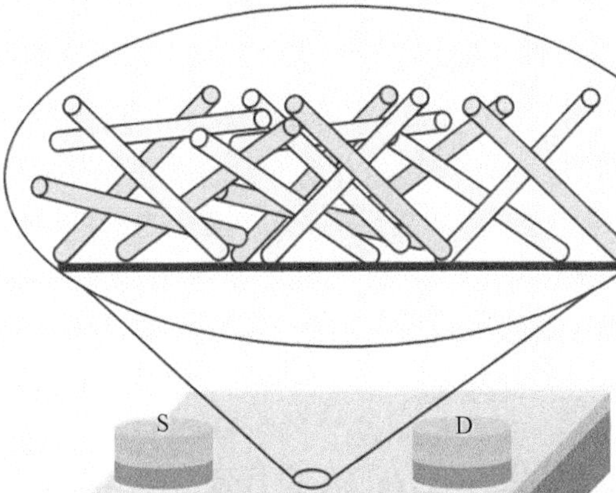

图 5.44　多个纳米棒气体传感器的接触几何示意图

图 5.45 显示了气体环境从氮气切换到含 500 ppm 氢气的空气中，然后随着时间的推移再切换回氮气时，金属涂层或未涂层的多个 ZnO 纳米棒的相对电阻变化对时间的依赖性。这些都是在 0.5 V 的偏置电压下测量的。值得注意的是，相对于未涂覆的器件，Pt 涂层纳米棒对氢气的响应有强烈的增加(大约增加了 5 倍)。最大响应约为 8%。Pd 涂层的响应也有显著增强，但其他金属几乎没有变化。这与这些金属对氢气解离的已知催化特性一致。Pb 的渗透率比 Pt 高，但氢气在前者中的溶解度更大[207]。

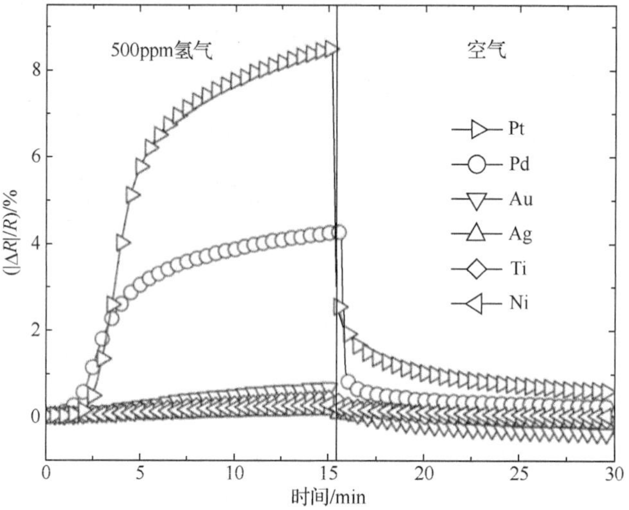

图 5.45 金属涂层的多个 ZnO 纳米棒的相对电阻反应的时间依赖性

此外，对 H 与 Ni、Pd 和 Pt 表面结合的研究表明，在 Pt 上的吸附能量最低[208]。在室温下，无论是有涂层还是无涂层的纳米棒，对环境中氧气的存在都没有反应。一旦氢气从环境中移除，初始电阻的恢复速度很快(小于 20 s)。与此形成鲜明对比的是，在引入氢气后，有效纳米棒电阻的变化持续时间超过 15 min。这表明，分子氢在金属上的化学吸附动力学以及其解离为氢原子是导致 ZnO 导电性变化的限制步骤[175]。

由纳米棒电阻变化率的图标中计算出活化能为 12 kJ/mol。这个能量比典型扩散过程的能量要大一些，表明该传感过程的速率限制机制更可能是氢气在 Pd 表面的化学吸附。以前曾讨论过反应气体在金属氧化物上的化学吸附所引起的导电性可逆变化[208]。过去提出的气敏机制包括多孔 ZnO 中吸附表面氢的解吸[209]和晶界、吸附气体物种与 ZnO 表面的电荷交换所导致的耗尽深度的变化[178]，以及气体吸附/解吸所引起的表面或晶界传导的变化[179]。最后，图 5.41 显示了传感器对氢气响应的孵化期。这可能是由于一些 Pd 被本征氧化物所覆盖，暴露在氢气中会将其去除。一种可能的解决方案是在 Pd 上使用双层沉积，然后是使用非常薄的 Au 层来保护 Pd 不被氧化。然而，这增加了工艺的复杂性和成本，并且由于

Pd 不是连续薄膜，因此需要确定 Au 的最佳覆盖率。我们还应该指出，在真空中测量时，*I-V* 特性与在空气中测量时相同，这表明传感器对湿度不敏感。

传感器的功率要求非常低。图 5.46 显示了在 25℃时，分别在空气中和暴露于 500 ppm 氢气 15 min 环境中测量的 *I-V* 特性。在这些条件下，电阻响应为 8%，且仅需要 0.4 mW 的功率。与氢气检测的竞争技术(如负载 Pb 碳纳米管等)相比很好[179,180]。此外，8%的响应与现有的基于 SiC 的传感器相比也非常出色。后者通过片上加热器在高于 100℃的温度下运行，以提高氢气解离效率。图 5.47 显示，该传感器可以检测到 100 ppm 的氢气。

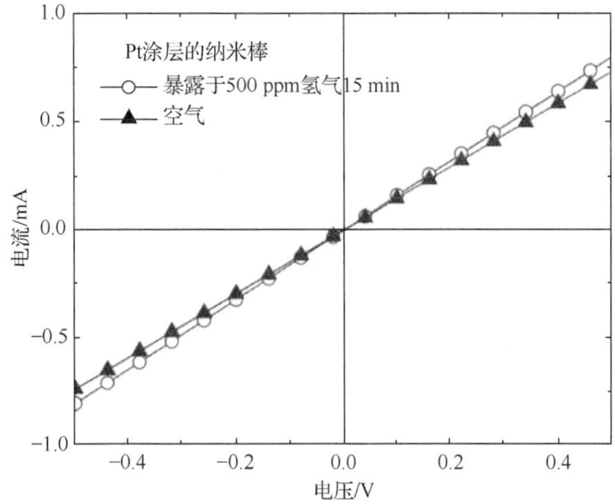

图 5.46　Pt 涂层的纳米棒在空气中和暴露于 500 ppm 氢气 15 min 后的 *I-V* 特性

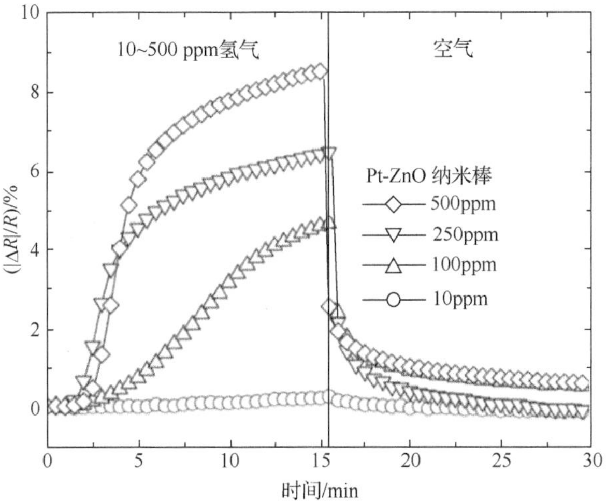

图 5.47　当气体环境从氮气切换到空气中不同浓度的氢气(10～500 ppm)，然后再回到空气时，多根 Pd 涂层 ZnO 纳米棒的电阻变化的时间依赖

5.15.2 臭氧传感

臭氧气体环境对选择性分子束外延法制备的多个 ZnO 纳米棒的 *I-V* 特性有影响。这些结构能够在室温下轻松地检测到氮气中含几个百分点的臭氧。在环境气体中 $O_3(P_{OZONE})$的有限分压范围内，传感器在固定偏置电压下的电导率 G 根据 $G = (G_O + A(P_{OZONE})^{0.5})^{-1}$ 的关系下降，其中 A 是一个常数，G_O是在氮气中的电阻。

纳米棒的位点选择性生长已在文中进行了描述。选区衍射图显示纳米棒为单晶。图 5.48 为 ZnO 多纳米棒的 SEM 图。采用电子束光刻技术，利用阴影掩模在 Al_2O_3 上对多个纳米棒两端接触的溅射 Al/Pt/Au 电极进行了图案化。电极的分离距离是 650 μm。Au 线被焊接在接触垫上，在 25℃～150℃的不同环境(氮气，氮气中含 3%的臭氧)范围内进行 *I-V* 测量。请注意，通过不连续的 Au 岛中没有测量到电流，并且没有观察到纳米棒生长条件下的 ZnO 薄膜。

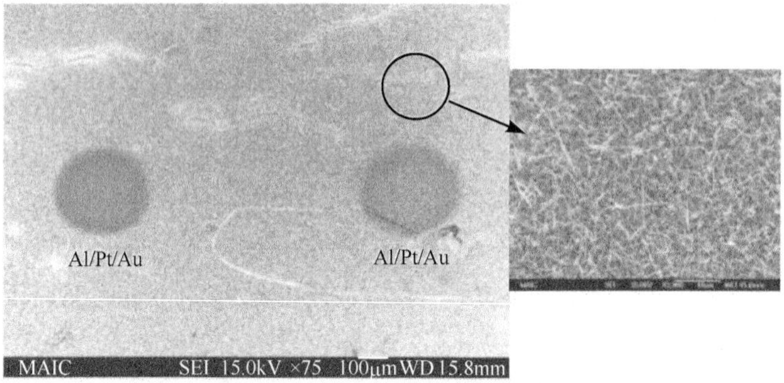

图 5.48　ZnO 多纳米棒的 SEM 和 Al/Pt/Au 电极所接触的图案

纳米棒对测量环境中的臭氧更为敏感。图 5.49 显示了在纯氮气或含 3%臭氧的氧气中测量的多个纳米棒的室温 *I-V* 特性。电流的变化比氢气检测的情况要大得多。在氮气环境中，相对有限的臭氧分压范围内，电导率根据 $G = (G_O + A(P_{O3})^{0.5})^{-1}$ 的关系增加，其中 A 为常数，G_O 为纯氮气环境下的电阻。这与 SnO_2 传导传感器检测 CO 的情况类似，其中有效电导率随着 CO 分压的平方根而增加。气体灵敏度可以通过在含臭氧环境中电导率的变化与在纯氮气中的电导率的比值来计算，即$(G_{N2} - G_O)/G_{N2}$。在 25℃时，对于氧气中 3%的臭氧，气体灵敏度为 21%。

图 5.50 展示了在固定电压 1 V 下，从氮气环境切换到含 3% 臭氧的氧气的环境，然后再切换回来时，电流变化的时间依赖性。恢复时间常数较长(大于 10 min)，因此纳米棒最适合于臭氧的初始检测，而不是确定浓度变化的实际时间依赖性。在后一种情况下，需要更快的恢复时间。在我们的测试室中，气体清除时间相对较短(几秒钟)，因此，较长的恢复时间是纳米棒固有的特性。

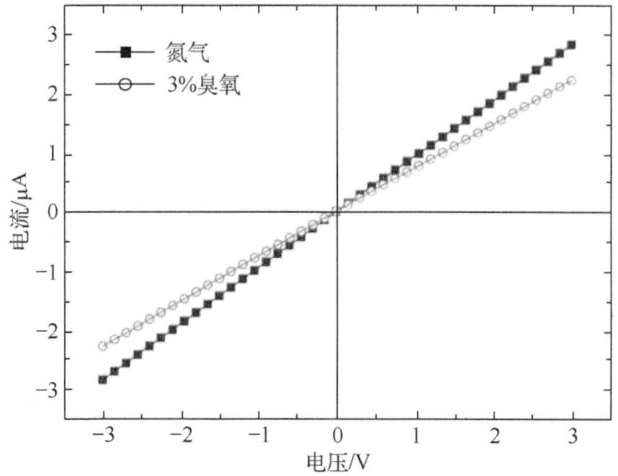

图 5.49　在纯氮气或含 3%臭氧的氧气中测量的 ZnO 多纳米棒在 25℃的 *I-V* 特性

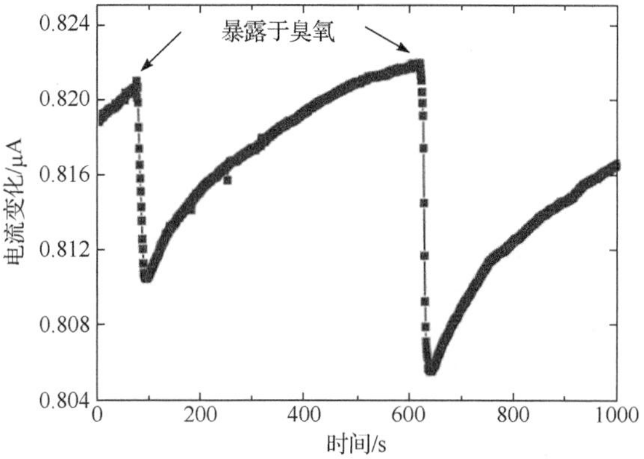

图 5.50　当氮气和含 3%臭氧的氧气之间来回切换时，1 V 偏压下电流的时间依赖性

5.15.3　pH 响应

ZnO 纳米棒表面对通过集成微沟道引入的电解质溶液中的 pH 变化作出电响应。离子诱导的表面电势变化很容易被测量为单个 ZnO 纳米棒的电导率变化，表明这些结构对于各种传感器应用都非常有前景。

ZnO 纳米棒的制备已在 5.11 节中描述。它们通过在乙醇中超声处理而从衬底上释放出来，然后转移到 SiO_2 涂层的 Si 衬底上。采用电子束光刻技术对接触单个纳米棒两端的溅射 Al/Pt/Au 电极进行图案化。电极的分离距离约为 3.7 μm。Au 线被焊接在接触垫上，用于进行 *I-V* 测量。采用道康宁公司的 SYLGARD@184 聚合物制备了集成微沟道。将该有机硅弹性体与固化剂按 10:1 的质量比混合 5 min 后，将溶液抽真空 30 min 以去除残留的气泡。然后将其应用于已经刻蚀的硅片(沟道长度，10～100 μm)上，在清洁和脱脂的容器中制作成型图案。在此进行真空脱气 5 min 以去除气泡，然后在 90℃下固化 2 h。从烘箱中取出样品后，从容器底部剥离薄膜。在沟道的两端用一个小的打孔器(直径小于 1 mm)开出入口孔，并立即将薄膜贴到纳米棒传感器上。使用注射器自动吸管(2～20 μL)滴加 pH 溶液。图 5.51 显示了该器件的结构原理图和完成设备的 SEM 图像。

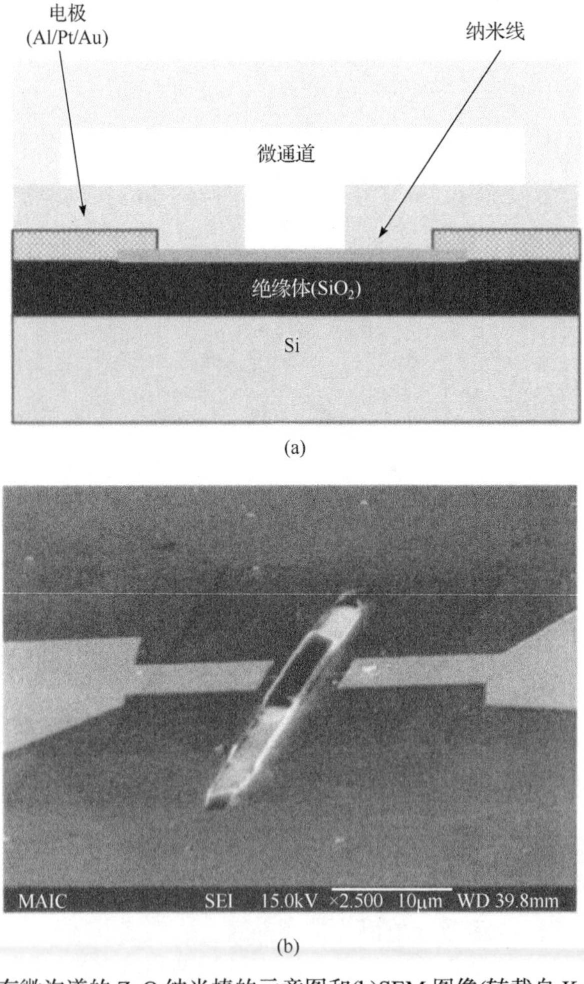

图 5.51 (a)集成有微沟道的 ZnO 纳米棒的示意图和(b)SEM 图像(转载自 Kang 等，APL, 86, 112105 (2005)。版权归 AIP 所有)

在 pH 测量之前，我们使用 Fisher Scientific 公司的 pH 分别为 4、7 和 10 的缓冲溶液来校准电极，并在 25℃在黑暗中或在 365 nm 的紫外线照射下使用 Agilent 4156℃参数分析仪进行测量，以避免寄生效应。采用 HNO_3、NaOH 和蒸馏水按滴定法制备 pH 溶液。电极为常规 Acumet 标准 Ag/AgCl 电极。

图 5.52 显示了单个 ZnO 纳米棒焊接后在无紫外线和在紫外线照射下的 *I-V* 特

性。该纳米棒显示出非常强的光响应。由于光照，导电性大大增加，这从更高的电流中可以看出。对于带隙以下的光照射未见影响[210]。光电导主要源于体导电过程，只有很小一部分来自表面捕获。

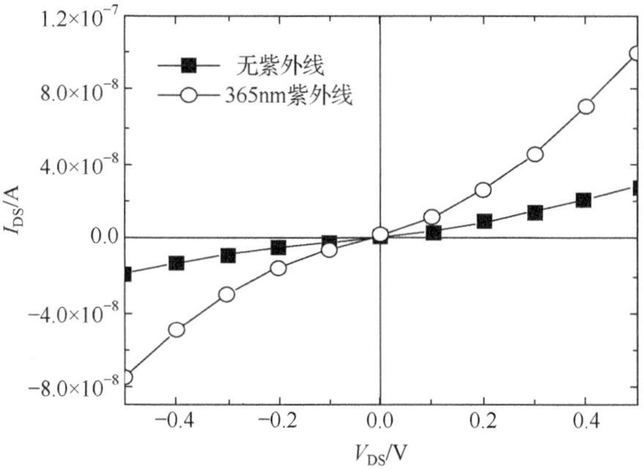

图 5.52　ZnO 纳米棒接线后的 *I-V* 特性，在 365 nm 紫外线照射或无紫外线照射时测量(经授权转载自 Kang 等，APL,86,112105 (2005)。AIP 版权所有)

ZnO 表面的极性分子吸附会影响表面电势和器件特性。图 5.53(a)显示了在 0.5 V 的偏压下，纳米棒在不同 pH(从 2～12)的溶液中各暴露 60 s 的电流与时间的函数。随着 pH 的增加，暴露在这些极性液体中的电流显著减少。图 5.53(b)显示了暴露在这些溶液期间的相应的纳米棒电导率。该图中的 *I-V* 是在 pH 为 7 时测量的(无紫外线时为 2.8×10^{-8} A)。实验从 pH = 7 开始进行，直到 pH = 2 或 12。在空气中的 *I-V* 测量值比在 pH = 7 时略高(10%～20%)。图 5.53 中的数据表明，HEMT 传感器对极性液体的浓度很敏感，因此可以用来区分有少量其他物质泄漏的液体。

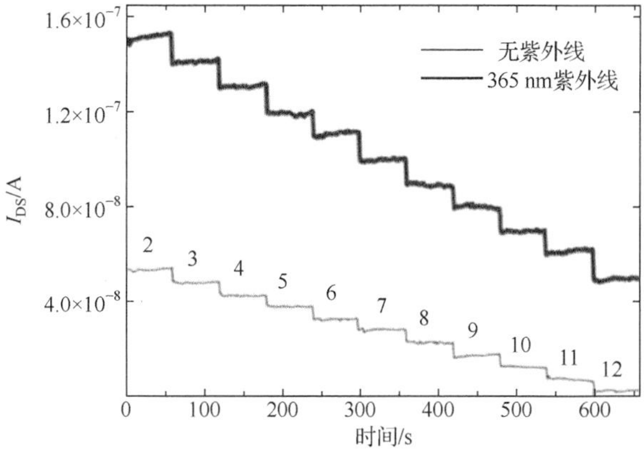

(a)

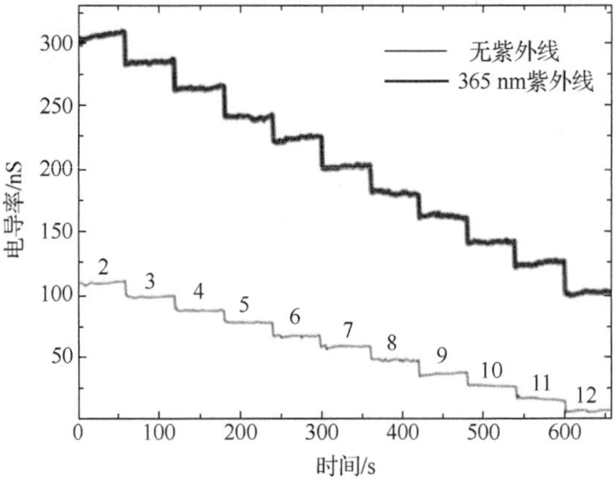

(b)

图 5.53　在 $V = 0.5$ V 时，(a)电流或(b)电导率随 pH(从 2～12)的变化(经授权转载自 Kang 等，APL，86，112105 (2005)。AIP 版权所有)

在紫外线照射下，纳米棒的电导率较高，但在有照明和无照明情况下，电导率的百分比变化相似。

图 5.54 显示了纳米棒在 0.5 V 偏压下，在无紫外线或在紫外线照射下的电导率随不同 pH 的变化。在 pH 为 2～12 时纳米棒的电导率呈线性变化：电导率在无紫外线时为 8.5 nS/pH，在紫外线(365 nm)照射下为 20 nS/pH。纳米棒在整个 pH 范围内稳定运行，分辨率约为 0.1 pH，表明 HEMT 对相对较小的液体浓度变化具有显著的敏感性。

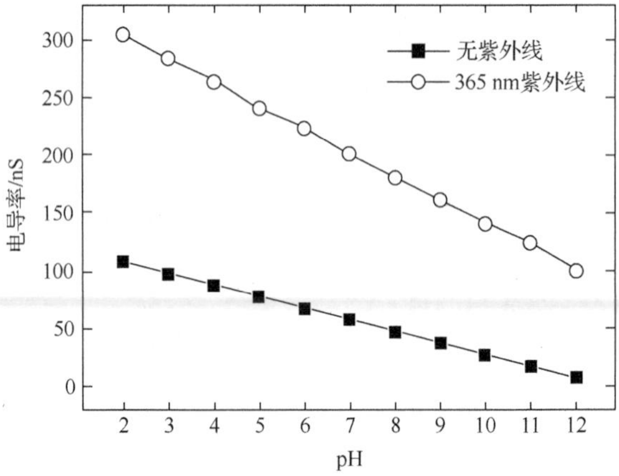

图 5.54　在紫外线(365 nm)照射或不照射的情况下，pH 与 ZnO 纳米棒的电导率之间的关系

关于 ZnO 表面极性液体分子吸附导致电流减少的机理，还有待进一步研究。很明显，这些分子是通过范德瓦耳斯型相互作用结合，并且它们屏蔽了 ZnO 中的

极化引起的表面变化。不同的化学物质可能与 ZnO 表面表现出不同程度的相互作用。Steinhoff 等[211]发现，对于未加栅极的 GaN 基晶体管结构，pH 在 2～12 的范围内的变化具有线性响应，并认为半导体表面的本征金属氧化物是造成这一现象的原因。

5.16 生物传感

先进生物传感器的发展将对基因组学、蛋白质组学、生物医学诊断和药物发现等领域产生重大影响。在这方面，基于纳米线的纳米级传感器近年来受到了极大的关注。纳米线可用于无标记、直接实时电学检测生物分子的结合，并且，与设备表面相连的受体上带电大分子结合所引起的电荷载流子的耗尽或积累，可以影响这些纳米结构的全部横截面传导路径并改变电导，因此具有非常高灵敏度检测的潜力。此外，通过电测量，人们总是可以利用现有的设施和设备。在下文中，我们将讨论用氧化物纳米结构制造生物传感器的方法。

5.16.1 ZnO 的表面修饰

生物传感的第一步是识别那些与 ZnO 表面显著结合作用的肽类。无机物可以通过其表面组成、结构、晶体学或形态学在物理或化学上加以识别。这项工作的重点是化学配体(氨基酸)的表面识别。使用多轮目标结合、洗脱和扩增特异性结合噬菌体的噬菌体展示库，将完成对这种优选识别的确定。分析某些氨基酸的存在和位置，应该能够提供对特定无机物或无机物类别的特定结合域的见解。

在金属表面上，带有羟基氨基酸的疏水性肽普遍存在。金属氧化物表面，如 ZnO，也显示出羟基功能团与高浓度碱性氨基酸(如精氨酸)的紧密结合[212,213]。同样，GaAs 被证明对 Lewis 碱官能团具有选择性[214]，富含丝氨酸和苏氨酸的短肽区域以及像天冬酰胺和谷氨酰胺这样的胺类 Lewis 碱占主导地位。GaAs 具有 Lewis 酸表面，也应该能与碱性氨基酸具有良好的相互作用。然而，它也与 ZnO 有一些相似之处，ZnO 对至少一种不含碱性氨基酸的肽表现出惊人的吸引力[215]。

ZnO 表面可以通过硅烷化反应被具有生物活性的胺基团功能化。将氨基丙基三乙氧基硅烷(APS)溶于水并与清洁的 ZnO 和氧化的 GaN 表面反应。硅烷和金属氧化物上的羟基之间的缩合反应产生稳定的硅-氧-金属键。硅烷上的胺基功能允许进行各种生物偶联反应。初步测试涉及使用 N-羟基琥珀酰亚胺(NHS)化学方法向表面添加生物素。这种固定化的生物素可以与链霉菌素(一种大型蛋白质)进行几乎不可逆的抗原-抗体结合(图 5.55(a))。

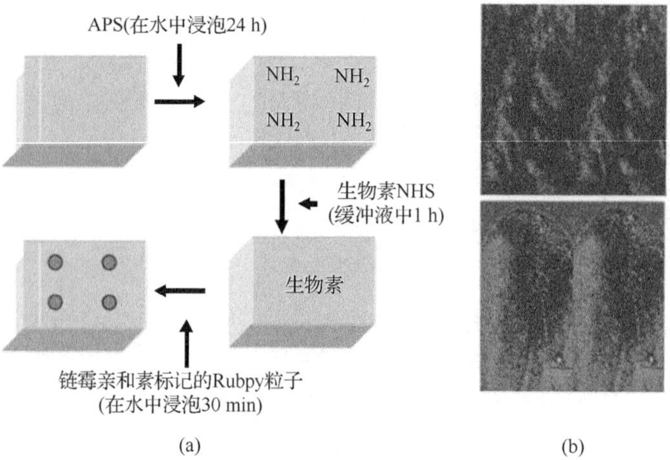

图 5.55 (a)用于生物传感器和生物芯片应用的生物大分子固定化纳米线表面改性示意图；(b)表面修饰的初步结果：通过生物素- 链霉亲和素(avidin)连接，用卵清蛋白修饰的氮化镓(GaN)和氧化锌(ZnO)表面与钌联吡啶(Rubpy)纳米颗粒结合的共聚焦图像(亮图)；同一表面用牛血清白蛋白(BSA)修饰后，未与纳米颗粒结合(暗图)

为了证明该修饰技术的有效性，用共聚焦显微镜对氨基涂层的 GaN 表面以及生物素修饰区域进行了成像。将涂有链霉亲和素或牛血清白蛋白(BSA)的钌联吡啶(Rubpy)染料掺杂纳米颗粒的溶液在 GaN 表面进行孵育。图 5.55(b)亮图显示了链霉亲和素包覆的纳米颗粒在生物素化表面上的固定，而图 5.55(b)暗图生物素化表面孵化了牛血清白蛋白包覆的颗粒。生物素化表面特别与链霉亲和素反应，而不是与牛血清白蛋白反应，固定了荧光颗粒。非生物素化表面显示了来自颗粒的低背景发射。颗粒固定后，在缓冲溶液中洗涤并没有降低荧光强度。这表明使用生物素进行修饰可以创建一个能够进行特定且强抗原-抗体偶联的表面，如图 5.55(b)所示。

相同的化学方法将应用于场效应管上的 ZnO 栅极和纳米线上。生物素-链霉蛋白系统可以作为其他抗原-抗体系统的模型，并且可以扩展到在表面上固定寡核苷酸 DNA 序列[212-215]。额外的硅烷化学反应将成为可能，包括将硫醇或羧酸基团附着到传感器表面。有了这种化学反应，半导体传感器可以被修饰，以特定地与大量感兴趣的生物分子共轭[216]。此外，将目标分析物附着在另一组分上，如具有强电子供体或受体特性的分子或纳米颗粒，将放大半导体的电导率变化。

5.16.2 利用蛋白质固定化技术进行单个病毒的超灵敏检测

病毒是导致人类疾病的最重要原因之一，也作为生物战和生物恐怖主义手段而被日益关注。快速、选择性和灵敏地检测病毒，对于有效应对病毒感染至关重要，如通过药物治疗或隔离。已建立的病毒分析方法包括空斑试验、免疫学检测、透射电子显微镜和基于聚合酶链式反应(PCR)的病毒核酸检测[217-221]。这些方法尚未实现对单个病毒的快速检测，而且通常需要相对高水平的样品操作，这对传染性材料并不方便。使用半导体纳米线对生物大分子进行直接电检测是一种有前景的方法。

采用两步程序将抗体受主共价连接到 ZnO 纳米线器件的表面。首先，将器件与 1% 3-(三甲氧基硅基)丙醛的乙醇溶液反应 30 min，用乙醇洗涤，并在 120℃下加热 15 min。其次，通过在含有 4 mmol/L 钠硼氢化氰的 pH = 8 的 10 mmol/L 磷酸盐缓冲液中，使 10～100μg/mL 的抗体与醛基官能化的纳米线表面反应，将单克隆抗体(mAb)受体连接到纳米线表面。通过将反应时间从 10 min(低密度)变化到 3 h(高密度)来控制抗体的表面密度。未反应的醛类表面基团随后在类似条件下通过与乙醇胺的反应被钝化。用于多路复用实验的设备阵列以相同的方式制作，只是不同的抗体溶液被点涂在阵列的不同区域上。通过将 Au 标记的 IgG 抗体与醛基末端的纳米线在透射电子显微镜的网格上进行反应，然后通过透射电子显微镜对修饰的纳米线进行成像，从而量化抗体表面密度与反应时间的关系，这可以计算出每单位长度的纳米线上的抗体数量。

病毒样本通过使用由柔性聚合物沟道或 0.1 mm 厚的玻璃盖板密封在器件芯片上形成的流体沟道，传送到纳米线器件阵列上。病毒样品通过聚合物中的入口/出口连接或在存在盖玻片情况下通过设备芯片背面的孔洞被送入。两种方法都能获得类似的电学结果，尽管后者用于所有的电学/光学综合测量。

同样的策略可以很容易地应用于蛋白质研究，其中可以固定化抗体以检测目标蛋白质，使这些纳米线适用于蛋白质组学应用。有必要提及的是，蛋白质修饰的纳米线将使蛋白质的多重分析变得简单、可生产、灵敏度高和定量。

5.16.3　核酸在纳米线上的固定化用于基因和 mRNA 的生物传感器

ZnO 纳米线器件使用 DNA、PNA(肽核酸)或 LNA(锁核酸)探针通过中间的亲和蛋白层进行功能化。这可以通过前面讨论的表面改性来实现。已经开发了多种表面修饰方案用于生物分子固定化[219-221]。可以选择 PNA 和 LNA 作为识别序列，因为它们已知与 DNA/mRNA 的结合亲和力和稳定性远高于相应的 DNA 识别序列，并且具有单碱基特异性。微流控输送系统可用于流动互补或不匹配的 DNA/mRNA 样品。数据的直接比较将突出与受主结合的 DNA 杂交相关的大量净电导率变化。这将为基础生物学研究、疾病诊断和遗传筛查提供高通量、高灵敏度的 DNA 检测。

5.16.4　直接固定化适配体用于蛋白质和药物分子的超灵敏检测

正如前面关于蛋白质识别的部分所提到的那样，抗体可以组装到纳米线上。

同样地，适配体，即针对目标蛋白质识别和小分子分析设计的 DNA/RNA 探针也可以固定化[219,220]。在加入目标蛋白分子后，该装置可以作为超灵敏和选择性的蛋白质识别检测器(图 5.56)。适配体也可用于分析小分子，如氨基酸和可卡因[220]。如果可卡因适配体固定在纳米线上，就有可能制造出这种物质的超灵敏生物传感器。

图 5.56 裸露纳米线和适配体流动示意图

5.16.5 不同掺杂和表面化学末端的 ZnO 纳米线

合成具有不同传输特性(n 型到绝缘型到 p 型)和表面终止的 ZnO 纳米线是一个基本步骤。前者提供通过耗尽纳米线内部来控制对表面吸收的电学响应的机会。后者，即表面终止，将在很大程度上控制表面功能化的化学性质以及对吸收事件的电子响应。

在 ZnO 晶格中引入锌间隙原子，通过其产生的缺陷可以实现 n 型掺杂。导致 n 型掺杂的本征缺陷能级大约在导带以下 0.05 eV。绝缘材料需要减少未掺杂材料中的氧空位。ZnO 的一个重大挑战是难以生产 p 型材料。最近，我们研究了在 ZnO 中使用磷作为受主掺杂剂。测量了金属/绝缘体/掺杂(Zn, Mg)O 二极管结构的 *C-V* 特性，发现其极性与磷掺杂的(Zn, Mg)O 层为 p 型相一致。

对于依赖于表面吸收调制表面输运的探测器来说，能够有选择性地用各种阳离子终止纳米线表面是非常吸引人的。在薄膜半导体研究中，异质外延界面的形成已被证明有助于许多器件概念的发展，以及对低维现象的研究。一维线性异质结构的合成具有科学意义并且具有潜在用途，特别是采用允许纳米线放置具有空间选择性的技术。

基于(Zn, Mg)O 合金体系，采用催化驱动的分子束外延法合成了异质外延芯纳米结构，如图 5.57 所示。

在 ZnO 中掺入镁，扩大了这种纤锌矿结构化合物的带隙。通过在硅衬底上镀上 Ag 岛，实现了有芯纳米棒的位置选择性成核和生长。当 Ag 膜厚度为 20 Å 时，实现了不连续的 Ag 岛。在这些小的金属催化剂岛屿上，观察到(Zn, Mg)O 纳米棒的生长。在连续的 Zn、Mg 和 O 通量下，纳米棒材料在催化剂颗粒上成核。对纳

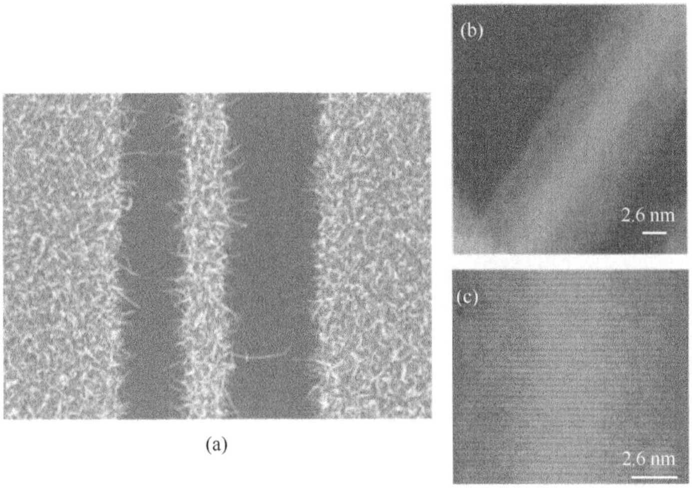

图 5.57　Ag 涂层的硅衬底上生长的有芯 ZnMgO 纳米棒的(a)SEM 图像，以及(b)、(c)Z-STEM 图像

米棒结构的仔细检查表明，Zn 和 Mg 的浓度在棒中并不是均匀分布的。相反，在富锌区和富镁区存在径向分离，这明显反映了大块 ZnO-MgO 或 Zn-Mg-Ag-O 与外延固溶体溶解度的差异。在块状材料中，Mg 在 ZnO 中的溶解度相对较低，约为 4%。相比之下，据报道在纤锌矿结构的外延薄膜中，高达 $Zn_{0.67}Mg_{0.33}O$ 的镁含量是亚稳态的。对于这种成分，ZnO 的带隙可以增加到 3.8 eV。对于(Zn, Mg)O 纳米棒的生长，似乎两种生长模式都是相关的，但处于棒的不同区域。在低温分子束外延生长条件下催化剂驱动的核心形成过程中会发生由溶解度驱动的分异，核心组成由块体固体溶解度决定。随后，外延鞘生长，Mg 含量和晶体结构由外延稳定化决定。最终的结果是生长出(Zn, Mg)O 纳米棒，其组成在整个直径上不均匀，但明显成核。图 5.57(b)和(c)是在所述条件下生长的纳米棒的高分辨率原子序数衬度扫描透射电子显微镜(Z-STEM)图像。该纳米棒标本的晶格图像表明，该棒是结晶性的，在整个横截面上保持着纤锌矿晶体结构。c 轴是沿着棒的长轴方向的。中心核心区域较高的对比度清楚地表明，阳离子的原子质量较高。这些结构包括一个富含锌的 $Zn_{1-x}Mg_xO$ 核心(小 x)，被一个含有较高镁含量的 $Zn_{1-y}Mg_yO$(大 y)鞘包围，其含有更高的 Mg 含量。鉴于 ZnO 芯和(Zn,Mg)O 鞘之间的带状偏移，纳米线结构可以很容易地作为 ISFET 发挥作用，而(Zn, Mg)O 作为绝缘电介质。使用这种方法，可以合成 ZnO/(Zn,Mg)O 护套的纳米线，用于电导率测量和表面功能化。

5.16.6　生物传感器的三维自洽模拟器

实验中通过测量 ZnO 纳米棒的电导变化来实现生物分子传感。为了模拟由生物分子上的电荷导致的纳米线电导变化，需要在生物分子上电荷存在的情况下，自洽地求解纳米棒的三维泊松方程与载流子输运方程。

图 5.58 展示了模拟结果。在生物分子电荷存在的情况下，三维泊松方程与载流子输运方程自洽地求解了一个设备结构，如图 5.58(a)所示。图 5.58(b)绘制了在管子中部上方电荷点上不同电荷状态下的导带边缘。它显示了当电荷点靠近纳米棒表面(5 nm 远)时，点上单个电子电荷的变化会导致势垒轮廓的明显变化。电荷点上的电荷产生的势垒对通过准一维线的载流子输运有显著影响，这表明使用纳米棒作为沟道可以实现超高精度(单电子灵敏度)的生物传感器。

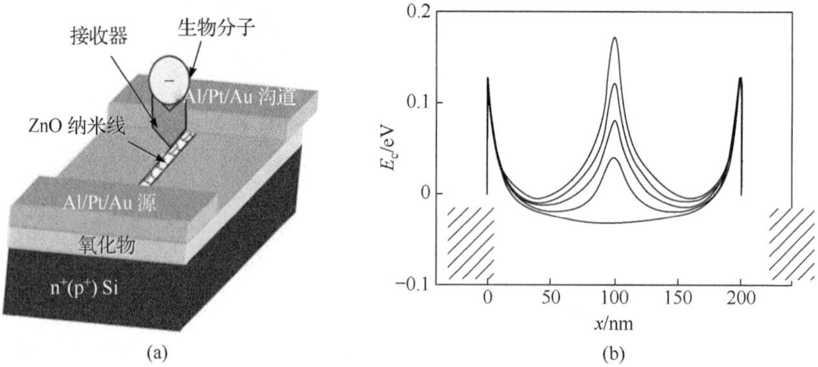

图 5.58 (a)建模的 ZnO 纳米棒生物纳米传感器示意图，这是一种正在开发的设备模拟器，可以自洽地求解三维泊松方程和载流子输运方程，为纳米传感器建模，为了考虑静电感应，生物分子被模拟为纳米棒上方的电荷点；(b)生物分子上不同电荷量的导带剖面，沟道长度为 200 nm，直径为 1 nm、电荷分布均匀的分子被置于纳米棒中部上方 5 nm 处，点上的电荷以$-e$/步从 0 到$-4e$ 变化，金属-纳米棒肖特基势垒高度约为 0.13 eV

5.17 总　　结

近年来，世界各地的许多研究小组在实现 ZnO 的 p 型导电性，制造改进的欧姆接触，开发高分辨率干法刻蚀图案转移工艺和注入隔离工艺，以及实现 ZnO 的室温铁磁性方面取得了重大进展。但仍有许多领域需要进一步开展工作，如下所述。

(1) 在外延薄膜中实现更高水平的 p 型掺杂。这将需要更好地控制由本征缺陷和杂质(如氢气)引起的材料背景 n 型电导。

(2) 通过外延生长实现高质量的 p-n 结，具有良好的击穿特性。这些是紫外 LED 或激光器等设备的基本构建模块。

(3) 改进的肖特基接触，其势垒高度高于迄今为止报道的值。这将需要更好地理解表面清洁过程和在沉积过程中不破坏 ZnO 表面的金属方案。特别是，有必要了解可能固定费米能级的 ZnO 表面的缺陷的性质。

(4) 具有更低比接触电阻的 p 型欧姆接触。理想的目标是实现 ZnO 基光发射器的接触电阻为 $10^{-5}\ \Omega\cdot cm^2$ 或更低，以便接触区的自加热不会降低其可靠性。

(5) 改进的等离子体刻蚀工艺，利用简单的光刻胶掩蔽，并能够实现 ZnO 的实际刻蚀率。还需要为 ZnMgO/ZnO 异质结构开发选择性刻蚀工艺。

(6) 开发注入式掺杂工艺，以实现 n 型和 p 型层。这需要更好地了解注入步骤产生的缺陷和它们的热稳定性，以及更好地了解 ZnO 表面在活化退火过程中的稳定性。

(7) 清晰地展示了 Mn 掺杂 ZnO 中的自旋极化载流子分布，如反常霍尔效应或自旋极化光发射的存在。

(8) Pt 包覆 ZnO 纳米棒似乎很适合在室温下检测 ppm 浓度的氢。当环境中的氢气被移除时，恢复速度快。体相 ZnO 肖特基二极管很适合检测 CO 和 C_2H_4。它们在低至 90℃的温度下对氮气中 CO 的百分比水平较敏感。该反应与时间有关，具有扩散控制过程的特点。

(9) ZnO 纳米棒很适合检测臭氧。它们在低至 25℃的温度下对氧气中臭氧的百分比水平很敏感。在室温下的恢复特性是相当缓慢的，这表明纳米棒只能用于臭氧的初始检测。

(10) 通过位点选择性分子束外延制备的单根 ZnO 纳米棒具有出色的光电流响应和 *I-V* 特性。即使在黑暗中测量，*I-V* 特性也是线性的，光电导主要源于体导电过程，只有很小一部分来自表面捕获。这些设备对于紫外线检测非常有前景。

(11) ZnO 纳米棒暴露于极性液体后，其电导率发生了显著变化。极性液体分子的键合似乎改变了由极化引起的正表面电荷变化，导致有效载流子密度的变化，从而改变了偏置纳米棒中的漏源电流。这表明可以对表面进行功能化，以作为生物传感器应用，特别是考虑到 ZnO 表面的极好生物相容性，这应该会减少吸附细胞的降解。

(12) ZnO 对气体、化学和生物制剂的敏感性，使其成为传感器应用的有吸引力的选择。ZnO 纳米棒可以放置在玻璃等廉价透明衬底上，使它们成为低成本传感应用的有吸引力的选择，并且可以在非常低的功率条件下运行。当然，还有很多问题需要解决，特别是关于传感器响应的可靠性和长期可重复性，然后才能考虑它们用于太空飞行应用。

随着 ZnO 在低成本透明电子和紫外线发射方面的前景变得更加广为人知，这些领域中的许多方面都有望在不久的将来取得重大进展。

致　谢

佛罗里达大学(UF)的这项工作部分受到以下机构的支持：美国空军科学研究室(AFOSR)，资助编号 F49620-03-1-0370(T. Steiner)，AFOSR(F49620-02-1-0366，G. Witt)；美国国家科学基金会(NSF)CTS-0301178(由 M. Burka 博士和 D. Senich 博士主持)；美国国家航空航天局(NASA)肯尼迪航天中心，资助编号 NAG 10-316(由 Daniel E. Fitch 先生主持)；美国海军研究室(ONR)(N00014-98-1-02-04，H. B. Dietrich)；以及 NSF DMR 0101438。

参 考 文 献

[1] see for example, H. L. Hartnagel, A. L. Dawar, A. K. Jain, and C. Jagadish, *Semiconducting Transparent Thin Films* (IOP Publishing, Bristol, 1995).

[2] D. C. Look, *Mater. Sci. Eng.* B80, 383 (2001).

[3] P. Zu, Z. K. Tang, G. K. L. Wong, M. Kawasaki, A. Ohtomo, K. Koinuma, and Y. Sagawa, *Solid-State Commun.* 103, 459 (1997).

[4] D. M. Bagnall, Y. R. Chen, Z. Zhu, T. Yao, S. Koyama, M. Y. Shen, and T. Goto, *Appl. Phys. Lett.* 70, 2230 (1997).

[5] M. Wraback, H. Shen, S. Liang. C. R. Gorla, and Y. Lu, *Appl. Phys. Lett.* 74, 507 (1999).

[6] J.-M. Lee, K.-K. Kim, S.-J. Park, and W.-K. Choi, *Appl. Phys. Lett.* 78, 2842 (2001).

[7] J. E. Nause, *III-V's Review* 12, 28 (1999).

[8] Y. Chen, D. Bagnell, and T. Yao, *Mat. Sci. Eng.* B75, 190 (2000).

[9] D. C. Look, D. C. Reynolds, J. W. Hemsky, R. L. Jones, and J. R. Sizelove, *Appl. Phys. Lett.* 75, 811 (1999).

[10] D. C. Look, J. W. Hemsky, and J. R. Sizelove, *Phys. Rev. Lett.* 82, 2552 (1999).

[11] F. D. Auret, S. A. Goodman, M. Hayes, M. J. Legodi, H. A. van Laarhoven, and D. C. Look, *Appl. Phys. Lett.* 80, 956 (2002).

[12] S. O. Kucheyev, J. E. Bradley, J. S. Williams, C. Jagadish, and M. V. Swain, *Appl. Phys. Lett.* 80, 956 (2002).

[13] D. C. Reynolds, D. C. Look, and B. Jogai, *Solid-State Commun.* 99, 873 (1996).

[14] M. Wraback, H. Shen, S. Liang, C. R. Gorla, and Y. Lu, *Appl. Phys. Lett.* 76, 507 (1999).

[15] T. Aoki, D. C. Look, and Y. Hatanaka, *Appl. Phys. Lett.* 76, 3257 (2000).

[16] C. C. Chang and Y. E. Chen, *IEEE Trans. Ultrasonics, Ferroelectrics and Frequency Control* 44, 624 (1997).

[17] P. M. Verghese and D. R. Clarke, *J. Appl. Phys.* 87, 4430 (2000).

[18] C. R. Gorla, N. W. Emanetoglu, S. Liang, W. E. Mayo, Y. Lu, M. Wraback, and H. Shen, *J. Appl. Phys.* 85, 2595 (1999).

[19] H. Ohta, K. Kawamura, M. Orita, M. Hirano, N. Sarukura, and H. Hosono, *Appl. Phys. Lett.* 77, 475 (2000).

[20] M. Joseph, H. Tabata, and T. Kawai, *Jpn. J. Appl. Phys*. 38, L1205 (1999).
[21] S. Krishnamoorthy, A. A. Iliadis, A. Inumpudi, S. Choopun, R. D. Vispute, and T. Venkatesan, *Solid-State Electron*. 46, 1631 (2002).
[22] Y. Li, G. S. Tompa, S. Liang, C. Gorla, C. Lu, and J. Doyle, *J. Vac. Sci. Technol.* A15, 1663 (1997).
[23] see for example, the discussion at http://ncsr.csci-va.com/materials/zno.asp.
[24] L. K. Singh and H. Mohan, *Indian J. Pure Appl. Phys*. 13, 486 (1975).
[25] A. R. Hutson, *Phys. Rev*. 108, 222 (1957).
[26] D. C. Look, J. W. Hemsky, and J. R. Sizelove, *Phys. Rev. Lett*. 82, 2552 (1999).
[27] B. J. Jin, S. H. Bae, S. Y. Lee, and S. Im, *Mat. Sci. Eng*.. B71, 301 (2000).
[28] D. M. Hofmann, A. Hofstaetter, F. Leiter, Huijuan Zhou, F. Henecker, B. K. Meyer, S. B. Orlinskii, J. Schmidt, and P. G. Baranov, *Phys. Rev. Lett*. 88, 045504/1-4 (2002).
[29] C. G. Van de Walle, *Phys. Stat. Solidi B* 229, 221 (2002).
[30] S. F. J. Cox, E. A. Davis, P. J. C. King, J. M. Gil, H. V. Alberto, R. C. Vilao, J. Piroto Duarte, N. A. De Campos, and R. L. Lichti, *J. Phys: Cond. Mat*. 13, 9001 (2001).
[31] C. G. Van de Walle, *Phys. Rev. Lett*. 85, 1012 (2000).
[32] J. Gutowski, N. Presser, and I. Broser, *Phys. Rev. B* 38, 9746 (1988).
[33] S. Bethke, H. Pan, and B. W. Wessels, *Appl. Phys. Lett*. 52, 138 (1988).
[34] B. J. Jin, S. H. Bae, S. Y. Lee, and S. Im, *Mat. Sci. Eng*. B71, 301 (2000).
[35] B. J. Jin, S. Im, and S. Y. Lee, *Thin Solid Films* 366, 107 (2000).
[36] D. M. Bagnall, Y. F. Chen, M. Y. Shen, Z. Zhu, T. Goto, and T. Yao, *J. Cryst. Growth* 184/185, 605 (1998).
[37] E. G. Bylander, *J. Appl. Phys*. 49, 1188 (1978).
[38] N. Riehl and O. Ortman, *Z. Elektrochem*. 60, 149 (1952).
[39] F. A. Kröger and H. J. Vink, *J. Chem. Phys*. 22, 250 (1954).
[40] I. Y. Prosanov and A. A. Politov, *Inorg. Mat*. 31, 663 (1995).
[41] N. Y. Garces, L. Wang, L. Bai, N. C. Giles, L. E. Halliburton, and G. Cantwell, *Appl. Phys. Lett*. 81, 622 (2002).
[42] H.-J. Egelhaaf and D. Oelkrug, *J. Cryst. Growth* 161, 190 (1996).
[43] D. Hahn and R. Nink, *Physik Cond. Mater*. 3, 311 (1965).
[44] M. Liu, A. H. Kitai, and P. Mascher, *J. Lumin*. 54, 35 (1992).
[45] D. W. Palmer, http://www.semiconductors.co.uk, 2002.06.
[46] D. Florescu, L. G. Mourok, F. H. Pollack, D. C. Look, G. Cantwell, and X. Li, *J. Appl. Phys*. 91, 890 (2002).
[47] G. F. Neumark, in *Widegap II-VI Compounds for Opto-Electronics Applications*, H. E. Ruda, ed., Oxford Press, London, 281 (1992).
[48] D. B. Laks, C. G. Van de Walle, G. F. Neumark, and S. T. Pantelides, *Appl. Phys. Lett*., 63, 1375 (1993).
[49] Y. Kanai, *Jpn. J. Appl. Phys*., Part 1 (Regular Papers & Short Notes), 30, 703 (1991).
[50] Y. Kanai, *Jpn. J. Appl. Phys*., Part 1 (Regular Papers & Short Notes), 30, 2021 (1991).

[51] J. A. Savage and E. M. Dodson, *J. Mat. Sci.* 4, 809 (1969).
[52] A. Valentini, F. Quaranta, M. Rossi, and G. Battaglin, *J. Vac. Sci Technol.* A 9, 286 (1991).
[53] A. Onedera, N. Tamaki, K. Jin, and H. Yamashita, *Jpn. J. Appl. Phys.* 36, 6008 (1997).
[54] P. H. Kasai, *Phys. Rev.* 130, 989 (1963).
[55] H. Wolk, S. Deubler, D. Forkel, H. Foettinger, M. Iwatschenko-Borho, F. Meyer, M. Renn, W. Witthuhn, and R. Helbig, *Mat. Sci. Forum* 10-12, Part 3, 863 (1986).
[56] T. Nagata, T. Shimura, Y. Nakano, A. Ashida, N. Fujimura, and T. Ito, *Jpn J. Appl. Phys.*, Part 1 40, 5615 (2001).
[57] C. H. Park, S. B. Zhang, and Wei Su-Huai, *Phys. Rev. B* 66, 073202/1-3(2002).
[58] T. Yamamoto and H. Katayama-Yoshida, *Jpn. J. Appl. Phys.* 38, L166 (1999).
[59] N. Y. Garces, N. C. Giles, L. E. Halliburton, G. Cantwell, D. B. Eason, D. C. Reynolds, and D. C. Look, *Appl. Phys. Lett.* 80, 1334 (2002).
[60] K. Minegishi, Y. Koiwai, Y. Kikuchi, K. Yano, M. Kasuga, and A. Shimizu, *Jpn. J. Appl. Phys.* 36, L1453 (1997).
[61] Xin-Li Guo, H. Tabata, T. Kawai, *J. Crystal Growth* 223, 135 (2001).
[62] C. Rouleau, S. Kang, and D. Lowndes, unpublished.
[63] K. Iwata, P. Fons, A. Yamada, K. Matsubara, and S. Niki, *J. Crystal Growth* 209, 526 (2000).
[64] Y. Yan, S. B. Zhang, and S. T. Pantelides, *Phys. Rev. Lett.* 86, 5723 (2001).
[65] D. C. Look, D. C. Reynolds, C. W. Litton, R. L. Jones, D. B. Eason, and G. Cantwell, *Appl. Phys. Lett.* 81, 1830 (2002).
[66] Kyoung-Kook Kim, Hyun-Sik Kim, Dae-Kue Hwang, Jae-Hong Lim, Seong-Ju Park, *Appl. Phys. Lett.*, 83, 63 (2003).
[67] Y. W. Heo, S. J. Park, K. Ip, S. J Pearton, and D. P. Norton, *Appl. Phys. Lett.*, 83, 1128 (2003).
[68] Eun-Cheol Lee, Y.-S. Kim, Y.-G. Jin, and K. J. Chang, *Physica B*, 308-310, 912 (2001).
[69] N. Ohashi, T. Ishigaki, N. Okada, T. Sekiguchi, I. Sakaguchi, and H. Haneda, *Appl. Phys. Lett.* 80, 2869 (2002).
[70] B. Theys, V. Sallet, F. Jomard, A. Lusson, J.-F. Rommeluere, and Z. Teukam, *J. Appl. Phys.* 91, 3922 (2002).
[71] Eun-Cheol Lee, Y.-S. Kim, Y.-G. Jin, and K. J. Chang, *Phys. Rev. B* 64, 085120/1-5 (2001).
[72] S. B. Zhang, S.-H. Wei, and A. Zunger, *Phys. Rev. B* 63, 075205/1-7 (2001).
[73] Y. W. Heo, K. Ip, S. J. Park, S. J. Pearton, and D. P. Norton, *Appl. Phys. A*, submitted.
[74] S. O. Kucheyev, C. Jagadish, J. S. Williams, P. N. K. Deenapanray, M. Yano, K. Koike, S. Sasa, M. Inoue, and K. Ogata, *J. Appl. Phys.* 93, 2972 (2003).
[75] S. O. Kucheyev, P. N. L. Deenapanray, C. Jagadish, J. S. Williams, M. Yano, K. Kioke, S. Sasa, M. Inoue, and K. Ogata, *Appl. Phys. Lett.* 83, 3350 (2002).
[76] Y. Li, G. S. Tompa, S. Liang, C. Gorla, C. Lu, and J. Doyle, *J. Vac. Sci. Technol.* A15, 1663 (1997).
[77] J. G. E. Gardeniers, Z. M. Rittersma, and G. J. Burger, *J. Appl. Phys.* 83, 7844 (1998).
[78] H. Maki, T. Ikoma, I. Sakaguchi, N. Ohashi, H. Haneda, J. Tanaka, and N. Ichinose, *Thin Solid Films* 352, 846 (2010).

[79] S.-C. Chang, D. B. Hicks and R. C. O. Laugal, Technical Digest. *IEEE Solid-State Sensor and Actuator Workshop*, 41 (1992).
[80] J. S. Wang, Y. Y. Chen and K. M. Larkin, *Proc. 1982 IEEE Ultrasonic Symp*. pp. 345-348 (1982).
[81] G. D. Swanson, T. Tanagawa, and D. L. Polla, *Electrochem. Soc. Ext. Abstracts* 90-2, 1082 (1990).
[82] J.-M. Lee, K.-M. Chang, K.-K. Kim, W.-K. Choi, and S. J. Park, *J. Electrochem. Soc.* 148, G1 (2001).
[83] J.-M. Lee, K.-K. Kim, S.-J. Park and W.-K. Park, *Appl. Phys. Lett.* 78, 3842 (2001).
[84] R. J. Shul, M. C. Lovejoy, A. G. Baen, J. C. Zolper, D. J. Rieger, M. J. Hafich, R. F. Corless, and C. B. Vartuli, *J. Vac. Sci Technol.* A13, 912 (1995).
[85] C. Steinbruchel, *Appl. Phys. Lett.* 55, 1960 (1989).
[86] K. Pelhos, V. M. Donnelly, A. Kornblit, M. L. Green, R. B. Van Dover, L. Manchanda, and E. Bower, *J. Vac. Sci. Technol.* A19, 1361 (2001).
[87] C. C. Chang, K. V. Guinn, V. M. Donnelly, and I. P. Herman, *J. Vac. Sci. Technol.* A13, 1970 (1995).
[88] H. Kuzami, R. Hamasaki, and K. Tago, *Jpn. J. Appl. Phys.* 36, 4829 (1997).
[89] A. C. Jones and P. O'Brien, *CVD of Compound Semiconductors* (VCH, Weinheim, Germany, 1997).
[90] S. W. Pang, in *Handbook of Advanced Plasma Processing Techniques*, ed. R. J. Shul (Springer-Verlag, Berlin 2000).
[91] K. Ip, K. Baik, M. E. Overberg, E. S. Lambers, Y. W. Heo, D. P. Norton, S. J. Pearton, F. Ren, and J. M. Zavada, *Appl. Phys Lett.* 81, 3546 (2002).
[92] H. K. Kim, J. W. Bae, T. K. Kim, K. K. Kim, T. Y. Seong, and I Adesida, *J. Vac. Sci. Technol. B* 21, 1273 (2003).
[93] A. A. Iliadis, R. D. Vispute, T. Venkatesan, and K. A. Jones, *Thin Solid Films* 420-421, 478 (2002).
[94] V. Hoppe, D. Stachel, and D. Beyer, *Phys. Scripta* T57, 122 (1994).
[95] A. Inumpudi, A. A. Iliadis, S. Krishnamoorthy, S. Choopun, R. D. Vispute, and T. Venkatesan, *Solid- State Electron.* 46, 1665 (2002).
[96] H.-K. Kim. S.-H. Han, T.-Y. Seong, and W.-K. Choi, *Appl. Phys. Lett.* 77, 1647 (2000).
[97] H.-K. Kim. S.-H. Han, T.-Y. Seong, and W.-K. Choi, *J. Electrochem. Soc.* 148, G114 (2001).
[98] T. Akane, K. Sugioka, and K. Midorikawa, *J. Vac. Sci. Technol.* B 18, 1406 (2001).
[99] H. Sheng, N. W. Emanetoglu, S. Muthukumar, S. Feng, and Y. Lu, *J. Electron. Mater.* 31, 811 (2002).
[100] S. Y. Kim, H. W. Jang, J. K. Kim. C. M. Jeon, W. I. Park, G. C. Yi, and J.-L. Lee, *J. Electron. Mater.* 31, 868 (2002).
[101] G. S. Marlow and M. B. Das, *Solid-State Electron.* 25, 91 (1982).
[102] C. A. Mead, *Phys. Lett.* 18, 218 (1965).
[103] R. C. Neville and C. A. Mead, *J. Appl. Phys.* 41, 3795 (1970).
[104] J. C. Simpson and F. Cordaro, *J. Appl. Phys.* 63, 1781 (1988).

[105] N. Ohashi, J. Tanaka, T. Ohgaki, H. Haneda, M. Ozawa, and T. Tsurumi, *J. Mater. Res*. 17, 1529 (2002).

[106] H. Sheng, S. Muthukumar, N. W. Emanetoglu, and Y. Lu, *Appl. Phys. Lett*. 80, 2132 (2002).

[107] F. D. Auret, S. A. Goodman, M. Hayes, M. J. Legodi, and H. A. van Laarhoven, *Appl. Phys. Lett*. 79, 3074 (2001) and F. D. Auret, private communication.

[108] B. J. Coppa, R. F. Davis, and R. J. Nemanich, *Appl. Phys. Lett*. 82, 400 (2003).

[109] C. Kilic and Z. Zunger, *Appl. Phys. Lett*. 81, 73 (2002).

[110] C. van de Walle, *Physica B* 308-310, 899 (2001).

[111] S. J. F. Cox, E. A. Davis, S. P. Cottrell, P. J. C. King, J. S. Lord, J. M. Gil, H. V. Alberto, R. C. Vilao, D. J. P. Duarte, N. A. de Campos, A. Weidinger, R. L. Lichti, and S. J. C. Irving, *Phys. Rev. Lett*. 86, 2601 (2001).

[112] D. M. Hofmann, A. Hofstaetter, F. Leiter, H. Zhou, F. Henecker, B. K. Meyer, S. B. Schmidt, and P. G. Baranov, *Phys. Rev. Lett*. 88, 045504 (2002).

[113] S. J. Baik, J. H. Jang, C. H. Lee, W. Y. Cho, and K. S. Lim, *Appl. Phys. Lett*. 70, 3516 (1997).

[114] N. Ohashi, T. Ishigaki, N. Okada, T. Sekiguchi, I. Sakaguchi, and H. Haneda, *Appl. Phys. Lett*. 80, 2869 (2002).

[115] V. Bogatu, A. Goldenbaum, A. Many, and Y. Goldstein, *Phys. Stal. Solidi* B212, 89 (1999).

[116] T. Sekiguchi, N. Ohashi, and Y. Terada, *Jpn. J. Appl. Phys*. 36, L289 (1997).

[117] C. S. Han, J. Jun, and H. Kim, *Appl. Surf. Sci*. 175/176, 567 (2001).

[118] Y. Natsume and H. Sakata, *J. Mater. Sci. Mater. Electron*. 12, 87 (2001).

[119] Y.-S. Kang, H. Y. Kim, and J. Y. Lee, *J. Electrochem. Sci*. 147, 4625 (2000).

[120] R. G. Wilson, S. J. Pearton, C. R. Abernathy, and J. M. Zavada, *J. Vac. Sci. Technol*. A13, 719 (1995).

[121] S. J. Pearton, J. C. Zolper, R. J. Shul, and F. Ren, *J. Appl. Phys*. 86, 1 (1999).

[122] F. D. Auret, S. A. Goodman, M. Hayes, M. J. Legodi, H. A. Van Laarhoven, and D. C. Look, *Appl. Phys. Lett*. 79, 3074 (2001).

[123] F. D. Auret, S. A. Goodman, M. Hayes, M. J. Legodi, H. A. van Laarhoven, and D. C. Look, *J. Phys.: Condens. Matter*. 13, 8989 (2001).

[124] K. Ip, M. E. Overberg, Y. W. Heo, D. P. Norton, S. J. Pearton, C. E. Stutz, B. Luo, F. Ren, D. C. Look, and J. M. Zavada, *Appl. Phys. Lett*. 82, 385 (2003).

[125] I. P. Kuz'mina and V. A. Nikitenko, *Zinc Oxide: Growth and Optical Properties* (Moscow, Nauka, 1984) (in Russian).

[126] G. M. Martin, A. Mitonneau, D. Pons, A. Mircea, and D. W. Woodard, *J. Phys*. C13, 3855 (1980).

[127] N. Ohashi, J. Tanaka, T. Ohgaki, H. Haneda, M. Ozawa, and T. Tsurumi, *J. Mater. Res*. 17, 1529 (2002).

[128] H. Sheng, S. Muthukumar, N. W. Emanetoglu, and Y. Lu, *Appl. Phys. Lett*. 80, 2132 (2002).

[129] R. J. Borg and C. J. Dienes, *An Introduction to Solid State Diffusion* (Academic Press, Boston, 1988).

[130] E. V. Lavrov, J. Weber, F. Bornnet, C. G. Van de Walle and R. Helbig, *Phys. Rev. B 76* 021208

(2010).

[131] D. C. Reynolds, D. C. Look, B. Jogai, C. W. Litton, T. C. Collins, W. Harsch, and G. Cantwell, *Phys. Rev. B* 57, 12151 (1998).

[132] K. Thonke, Th. Gruber, N. Teofilov, R. Schönfelder, A. Waag, and R. Sauer, *Physica B* 308-310, 945 (2001).

[133] S. A. Wolf, *J. Superconductivity* 13, 195 (2000).

[134] G. A. Prinz, *Science* 282, 1660 (1998).

[135] J. K. Furdyna, *J. Appl. Phys*. 64, R29 (1988).

[136] S. Gopalan and M. G. Cottam, *Phys. Rev. B* 42, 10311 (1990).

[137] C. Haas, *Crit. Rev. Solid State Sci*. 1, 47 (1970).

[138] T. Suski, J. Igalson, and T. Story, *J. Magn. Magn. Mater*. 66, 325 (1987).

[139] A. Haury, A. Wasiela, A. Arnoult, J. Cibert, S. Tatarenko, T. Dietl, Y. Merle d'Aubigne, *Phys. Rev. Lett*. 79, 511 (1997); P. Kossacki, D. Ferrand, A. Arnoult, J. Cibert, S. Tatarenko, A. Wasiela, Y. Merle d'Aubigne, J.-L. Staihli, J.-D. Ganiere, W. Bardyszewski, K. Swiatek, M. Sawicki, J. Wrobel, and T. Dietl, *Physica E* 6, 709 (2000).

[140] H. Ohno, *Science* 281, 951 (1998).

[141] K. Sato, G. A. Medvedkin, T. Nishi, Y. Hasegawa, R. Misawa, K. Hirose, and T. Ishibashi, *J. Appl. Phys*. 89, 7027 (2001).

[142] M. E. Overberg, B. P. Gila, G. T. Thaler, C. R. Abernathy, S. J. Pearton, N. A. Theodoropoulou, K. T. McCarthy, S. B. Arnason, A. F. Hebard, S. N. G. Chu, R. G. Wilson, J. M. Zavada, Y. D. Park, *J. Vac Sci. Technol. B*, 20, 969 (2002).

[143] T. Dietl, H. Ohno, F. Matsukura, J. Cubert, and D. Ferrand, *Science* 287, 1019 (2000).

[144] T. Dietl, A. Haury, and Y. Merle d'Aubigne, *Phys. Rev. B* 55, R3347 (1997).

[145] B. E. Larson, K. C. Hass, H. Ehrenreich, and A. E. Carlsson, *Solid State Commun*. 56, 347 (1985).

[146] S. J. Pearton, C. R. Abernathy, M. E. Overberg, G. T. Thaler, D. P. Norton, N. Theodorpoulou, A. F. Hebard, Y. D. Park, F. Ren, J. Kim, and L. A. Boatner, *J. Appl. Phys*. 93, 1 (2003).

[147] S. J. Pearton, C. R. Abernathy, D. P. Norton, A. F. Hebard, Y. D. Park, L. A. Boatner, and J. D. Budai,*Mater. Sci. Eng*. R.40, 137 (2003).

[148] K. Sato and H. Katayama-Yoshida, *Jpn. J. Appl. Phys*. 39, L555 (2000).

[149] T. Wakano, N. Fujimura, Y. Morinaga, N. Abe, A. Ashida, and T. Ito, *Physica C* 10, 260 (2001).

[150] T. Fukumura, Z. Jin, A. Ohtomo, H. Koinuma, and M. Kawasaki, *Appl. Phys. Lett*. 75, 3366 (1999).

[151] S. W. Jung, S.-J. An, G.-C. Yi, C. U. Jung, S.-I. Lee, and S. Cho, *Appl. Phys. Lett*. 80, 4561 (2002).

[152] J. Blinowski, P. Kacman, and J. A. Majewski, *Phys. Rev.* B 53, 9524 (1996).

[153] H. Sato, T. Minami, and S. Takata, *J. Vac. Sci. Technol.* A 11, 2975 (1993).

[154] D. P. Norton, S. J. Pearton, A. F. Hebard N. Theodoropoulou, L. A. Boatner, and R. G. Wilson, *Appl. Phys. Lett. 73* 216208 (2009).

[155] F. Holzberg, S. von Molnar, and J. M. D. Coey, in *Handbook on Semiconductors*, vol. 3, ed. T.

S. Moss (North-Holland, Amsterdam, 1980).

[156] T. Story, *Acta Phys. Pol.* A91, 173 (1997).

[157] L. W. Guo, D. L. Peng, H. Makino, K. Inaba, H. J. Ko, K. Sumiyama, and Y. Yao, *J. Magn. Mag. Mater.* 213, 321 (2000).

[158] H. Wolf, S. Deubler, D. Forkel, H. Foettinger, M. Iwatschenko-Borho, F. Meyer, M. Renn, W. Witthuhn, and R. Helbig, *Mater. Sci. Forum*, 10-12, Part 3, 863 (1986).

[159] T. Aoki, Y. Hatanaka, and D. C. Look, *Appl. Phys. Lett.* 76, 3257 (2000).

[160] C. W. Teng, J. F. Muth, Ü. Özgür, M. J. Bergmann, H. O. Everitt, A. K. Sharma, C. Jin, and J. Narayan,*Appl. Phys. Lett.* 76, 979 (2000).

[161] D. C. Look, D. C. Reynolds, C. W. Litton, R. L. Jones, D. B. Eason, and G. Cantwell, *Appl. Phys. Lett.* 81, 1830 (2002).

[162] Y. Kanai, *Jpn. J. Appl. Phys.*, Part 1 (Regular Papers & Short Notes), Volume 30, Issue 4, 1991, pp. 703-707.

[163] Y. Matsumoto, M. Murakami, T. Shono, T. Hasegawa, T. Fukumura, M. Kawasaki, P. Ahmet, T. Chikyow,S. Koshihara, and H. Koinuma, *Science*, 291, 854 (2001).

[164] S. A. Chambers, S. Thevuthasan, R. F. C. Farrow, R. F. Marks, U. U. Thiele, L. Folks, M. G. Samant,A J. Kellock, N. Ruzycki, D. L. Ederer, and U. Diebold, *Appl. Phys. Lett.* 79, 3467 (2001).

[165] K. Ueda, H. Tabata, and T. Kawai, *Appl. Phys. Lett.* 79, 988 (2001).

[166] A. F. Jalbout, H. Chen, and S. L. Whittenburg, *Appl. Phys. Lett.* 81, 2217 (2002).

[167] T. Dietl, *Semicon. Sci. and Tech.*, 17, 377 (2002).

[168] Y. Souche, M. Schlenker, R. Raphel, and L. Alvarez-Prado, *Mater. Sci. Forum* 302-303, 105 (1999).

[169] M. H. Huang, S. Mao, H. Feick, H. Yan, Y. Wu, H. Kind, E. Weber, R. Russo, and P. Yang, *Science* 292, 1897 (2001).

[170] Y. W. Heo, V. Varadarjan, M. Kaufman, K. Kim, D. P. Norton, F. Ren, and P. H. Fleming, *Appl. Phys. Lett.* 81, 3046 (2002).

[171] I. P. Kuz'mina and V. A. Nikitenko, *Zinc Oxide: Growth and Optical Properties* (Moscow, Nauka, 1984) (in Russian).

[172] S.-J. Han, J. W. Song, C.-H. Yang, S. H. Park, J-H. Park, J. H. Jeong, and K. W. Rhie, *Appl. Phys. Lett.* 81, 4212 (2002).

[173] N. Ohashi, J. Tanaka, T. Ohgaki, H. Haneda, M. Ozawa, and T. Tsurumi, *J. Mater. Res.* 17, 1529 (2002).

[174] E. H. Brown, *Zinc Oxide: Properties and Applications* (New York, Pergamon Press, 1976), 175.

[175] A. A. Tomchenko, G. P. Harmer, B. T. Marquis, and J. W. Allen, *Sens. Actuat.* B93, 126 (2003).

[176] K. D. Mitzner, J. Sternhagen, and D. W. Galipeau, *Sens. Actuat.* B93, 92 (2003).

[177] J. Wollenstein, J. A. Plaza, C. Cane,Y. Min, H. Botttner, and H. L. Tuller, *Sens. Actuat.* B93, 350 (2003).

[178] U. Ozgur, A. Teke, C. Liu, S. J. Cho, H. Morkoc, and H. O. Everitt, *Appl. Phys. Lett.* 84, 3223 (2004).

[179] B. Gou, Z. R. Qiu, and K. S. Wong, *Appl. Phys. Lett.* 82, 2290 (2003).

[180] T. Koida, S. F. Chichibu, A. Uedono, A. Tsukazaki, M. Kawasaki, T. Sota, Y. Segewa, and H. Koinuma,*Appl. Phys. Lett.* 82, 532 (2003).

[181] S. A. Studenikin, N. Golego, and M. Cocivera, *J. Appl. Phys.* 87, 2413 (2000).

[182] M. H. Huang, S. Mao, H. Feick, H. Yan, Y. Wu, H. Kind, E. Weber, R. Russo, and P. Yang, *Science* 292, 1897 (2001).

[183] Q. H. Li, Q. Wan, Y. X. Liang, and T. H. Wang, *Appl. Phys. Lett.* 84, 4556 (2004).

[184] K. Keem, H. Kim, G. T. Kim, J. S. Lee, B. Min, K. Cho, M. Y. Sung, and S. Kim, *Appl. Phys. Lett.* 84, 4376 (2004).

[185] B. H. Kind, H. Yan B. Messer, M. Law, and P. Yang, *Adv. Mater.* 14, 158 (2002).

[186] H. Liu, W. C. Liu, F. C. K. Au, J. X. Ding, C. S. Lee, and S. T. Lee, *Appl. Phys. Lett.* 83, 3168 (2003).

[187] W. I. Park, G. C. Yi, J. W. Kim, and S. M. Park, *Appl. Phys. Lett.* 82, 4358 (2003).

[188] J. J. Wu and S. C. Liu, *Adv. Mater.* 14, 215 (2002).

[189] H. T. Ng, J. Li, M. K. Smith, P. Nguygen, A. Cassell, J. Han, and M. Meyyappan, *Science* 300, 1249 (2003).

[190] J. Q. Hu and Y. Bando, *Appl. Phys. Lett.* 82, 1401 (2003).

[191] W. I. Park, G. C. Yi, M. Y. Kim, and S. J. Pennycook, *Adv. Mater.* 15, 526 (2003).

[192] Y. W. Heo, V. Varadarjan, M. Kaufman, K. Kim, D. P. Norton, F. Ren, and P. H. Fleming, *Appl. Phys. Lett.* 81, 3046 (2002).

[193] P. J. Poole and J. Lefebvre, and J. Fraser, *Appl. Phys. Lett.* 83, 2055 (2003).

[194] M. He, M. M. E. Fahmi, S. Noor Mohammad, R. N. Jacobs, L. Salamanca-Riba, F. Felt, M. Jah, A. Sharma, and D. Lakins, *Appl. Phys. Lett.* 82, 3749 (2003).

[195] X. C. Wu, W. H. Song, W. D. Huang, M. H. Pu, B. Zhao, Y. P. Sun, and J. J. Du, *Chem. Phys. Lett.* 328, 5 (2000).

[196] M. J. Zheng, L. D. Zhang, G. H. Li, X. Y. Zhang, and X. F. Wang, *Appl. Phys. Lett.* 79, 839 (2001).

[197] S. C. Lyu, Y. Zhang, H. Ruh, H. J. Lee, H. W. Shim, E. K. Suh, and C. J. Lee, *Chem. Phys. Lett.* 363, 134 (2002).

[198] B. P. Zhang, N. T. Binh, Y. Segawa, K. Wakatsuki, and N. Usami, *Appl. Phys. Lett.* 83, 1635 (2003).

[199] W. I. Park, Y. H. Jun, S. W. Jung, and G. Yi, *Appl. Phys. Lett.* 82, 964 (2003).

[200] B. D. Yao, Y. F. Chan, and N. Wang, *Appl. Phys. Lett.* 81, 757 (2002).

[201] Z. W. Pan, Z. R. Dai, and Z. L. Wang, *Science* 291, 1947 (2001).

[202] J. Y. Lao, J. Y. Huang, D. Z. Wang, and Z. F. Ren, *Nano Lett.* 3, 235 (2003).

[203] X. W. Sun, S. F. Yu, C. X. Xu, C. Yuen, B. J. Chen, and S. Li, *Jpn. J. Appl. Phys.* 42, L1229 (2003).

[204] H. T. Ng, J. Li, M. K. Smith, P. Nguygen, A. Cassell, J. Han, and M. Meyyappan, *Science* 300, 1249 (2003).

[205] J. Q. Hu and Y. Bando, *Appl. Phys. Lett.* 82, 1401 (2003).

[206] W. I. Park, G. C. Yi, M. Y. Kim, and S. J. Pennycook, *Adv. Mater*. 15, 526 (2003).

[207] see the databases at http://www.rebresearch.com/H2perm2.htm and http://www.rebresearch.com/H2sol2.htm

[208] W. Eberhardt, F. Greunter, and E. W. Plummer, *Phys. Rev. Lett*. 46, 1085 (1981).

[209] H. Windischmann and P. Mark, *J. Electrochem. Soc*. 126, 627 (1979).

[210] P. Sharma, K. Sreenivas, and K. V. Rao, *J. Appl. Phys*. 93, 3963 (2003).

[211] B. S. Kang, Y. W. Heo, L. C. Tien, F. Ren, D. P. Norton, and S. J. Pearton, *Appl. Phys. A* 80, 497 (2005).

[212] G. Steinhoff, M. Hermann, W. J. Schaff, L. F. Eastmann, M. Stutzmann, and M. Eickhoff, *Appl. Phys. Lett*. 83, 177 (2003).

[213] C. Nguyen, J. Dai, M. Darikaya, D. T. Schwartz, and F. Baneyx, *J. Am. Chem. Soc*. 43, 256 (2003).

[214] K. Kjaergaard, J. K. Sorensen, M. A. Schembri, and P. Klemm, *Appl. Environ. Microbiol*., 66, 10 (2000).

[215] S. R. Whaley, D. S. English, E. L. Hu, P. F. Barbara, and A. M. Belcher, *Nature*, 405, 665 (2000).

[216] X. Fang, X. Liu, S. Schuster, and W. Tan, *J. Am. Chem. Soc*., 121, 2921-2922, 1999.

[217] W. Tan, K. Wang, X. He, J. Zhao, T. Drake, L. Wang, R. P. Bagwe, *Medicinal Res. Rev*., 24(5), 621-638 (2004).

[218] R. L. Hoffman, *J. Appl. Phys*. 95, 5813 (2004).

[219] D. E. Yales, S. Levine, and T. W. Healy, *J. Chem. Faraday Trans*. 70, 1807 (1974).

[220] M. N. Stojanovic, P. de Prada, and D. W. Landry, *J. Am. Chem. Soc*. 123, 4928-4931 (2001).

[221] X. Fang, A. Sen, M. Vicens, and W. Tan, *ChemBioChem*, 4, 829-834 (2003).

第 6 章　基于生物亲和传感器的 MOS 场效应晶体管

D. Landheer
微结构研究所，加拿大国家研究委员会，安大略省渥太华，加拿大
W. R. McKinnon
微结构研究所，加拿大国家研究委员会，安大略省渥太华，加拿大
W. H. Jiang
微结构研究所，加拿大国家研究委员会，安大略省渥太华，加拿大
G. Lopinski
斯泰西分子科学研究所，加拿大国家研究委员会，安大略省渥太华，加拿大
G. Dubey
斯泰西分子科学研究所，加拿大国家研究委员会，安大略省渥太华，加拿大
N. G. Tarr
电子系，卡尔顿大学，安大略省渥太华，加拿大
M. W. Shinwari
电气与计算机工程系，麦克马斯特大学，安大略省汉密尔顿，加拿大
M. J. Deen
电气与计算机工程系，麦克马斯特大学，安大略省汉密尔顿，加拿大

6.1　引　　言

MOS 场效应晶体管，也称为绝缘栅场效应晶体管(IGFET 或 MOSFET)，通常被用作电子传感器。互补 MOS(CMOS)，包括 p 型和 n 型半导体，是当今最主流的电子器件技术。它可以提供与电子缓冲器、放大器、模拟/数字转换和其他信号处理元件集成在一起的、成本低廉的大型电子传感器阵列，以及阵列元件的顺序控制[1]。错误检测、数据分析和特殊输出电路也是可行的。它可以集成加热传感元件和温度传感器元件，并且越来越多的 CMOS 制造设施正在实施集成 MEMS 的程序，这些结构可以促进样品处理和流体应用到传感器阵列。尽管硅是最主要的半导体，但随着器件尺寸的缩小，其他如 Ge 和Ⅲ-Ⅴ化合物也在参与集成。

CMOS 禁止将 Au 带入 CMOS 设施的禁忌已经解除，至少在专用设备中是如此[1,2]。这意味着，任何种类的安培法、电势法或催化增强型电传感器都有可能被

集成到 CMOS 芯片的表面。这也适用于本章将讨论的生物亲和传感器。随着纳米线传感器的出现,这些传感器甚至可以利用纳米光刻和纳米制造技术的最新进展。

这是一个广阔的领域，我们选择将本章的重点放在使用基于硅的场效应传感器来制造生物亲和传感器上。我们从使用微米级设备制造的早期器件开始。这样做有两个原因。第一，我们可以利用在硅表面加工和功能化过程中积累的知识，这些知识在纳米线器件的制造过程中尚未得到充分利用。第二,在传感器表面“点涂”探测分子所使用的微流体技术仅限于数十微米的尺寸点。因此，使用最新的纳米制造技术，实现对这些尺寸的大型阵列的一次性芯片的充分利用，将是非常昂贵的。

使用场效应晶体管的浮动栅极来检测溶液中表面上的带电分子,始于 20 世纪 70 年代，当时首次展示了离子敏感场效应晶体管(ISFET)[3,4]。从一开始，主要的栅极绝缘体材料就是 SiO_2 和氮化硅(Si_3N_4)，前者具有相对开放的硅氧烷环结构，使其类似于玻璃电极；后者具有更致密的共价键结构，对电解质的渗透性较低，但对溶液 pH 的敏感性更高。栅极上还可以使用其他氧化物和有机绝缘体，以提高 pH 灵敏度、检测其他离子或赋予硅表面特殊的化学特性，甚至可以将生物分子直接连接到硅表面。在通用术语中，任何具有化学活性栅区的场效应晶体管都可称为 CHEMFET，Bergveld 将 CHEMFET 描述为“膜覆盖的 ISFET”[5]。

在这一章中，我们介绍使用 CHEMFET，通过感应它们与包含在表面膜内或膜上的探针分子的结合，来检测溶液中的带电生物分子，CHEMFET 被称作生物亲和传感器。特别是，我们对容易与 CMOS 技术集成的传感器感兴趣，从而可以利用该技术的优势。例如，DNA-FET 可以检测单链 DNA 或 RNA 片段与其补片段(简称 ssDNA、ssRNA 或“oligos”的寡核苷酸)的结合。包括免疫场效应晶体管(IMFET)用于检测抗体与抗原的结合，术语“BioFET”已被用来描述这些场效应晶体管，本章将使用这一术语。我们只提及使用生物催化反应的酶场效应晶体管(ENFET)，这种反应通过表面酶与目标溶液的相互作用影响栅极表面电荷。

在 ISFET 被发明后不久，人们意识到这些器件的有效运行需要一个设定溶液电势的参比电极[6]。这对 BioFET 来说也是如此。然而，CHEMFET 如果具有导电栅极，则不需要参比电极，可以作为检测电荷中性物质(尤其是气体)的传感器。它们被称为功函数场效应晶体管(WF-FET)[7]，依靠物种在半导体表面附近形成界面偶极子，改变半导体界面的工作函数，或者改变绝缘体的介电常数。

1989 年，Wong 和 White 报告了一个带有差分感应功能的 CMOS 集成运算放大器，这促进了随后用 BioFET 进行阻抗测量以及传感器与参考元件的集成[8]。10 多年前，使用 CMOS 工艺和四个额外工艺步骤制造了具有 240 个元素的大型 pH-ISFET(H^+敏感的 ISFET)的阵列，实现了 CMOS 电路与传感器的完全集成[9]。它采用了一层通过低压化学气相沉积(LPCVD)制备的 Si_3N_4 pH 敏感绝缘层。

在使用“纳米线”所取得的成果的推动下，使用 CMOS 制造传感器阵列的研究取得了巨大的进展。碳纳米管(CNT)、硅纳米线(SiNW)和导电聚合物(CP)通过将载流子限制在直径为 20～50 nm、长度(源-漏极距离)为微米范围内的纳米线上，为 BioFET 传感器提供了更高的灵敏度。最近的一篇综述介绍了这些器件的性能和前景[10]。由于具有纳米尺寸的 CMOS 器件的制造现在已经牢固确立，因此，使用硅纳米线获得的结果可以直接应用于 CMOS 中更容易控制的“自上而下”的工艺中。

本章分布如下所述。6.2 节描述了简单的平面模型，突出了 BioFET 工作的主要特点，包括半导体中的载流子的漂移-扩散和电解质中的离子，两种介质中的泊松方程以及界面上的位点结合；同时，它考虑了更复杂的三维器件模拟。6.3 节描述了 BioFET 的频率响应以及使用阻抗测量技术来检测 BioFET 上的共轭。6.4 节介绍了纳米线的工作原理和灵敏度极限，这些纳米线可转移到深亚微米 CMOS 技术中。

6.2　BioFET 器件的工作模式

BioFET 的工作原理可以通过 MOSFET 的延伸来理解。电势差 V_{DS} 在漏极(D)接触和源极(S)接触之间驱动电流 I_{DS}(图 6.1(a))。栅极金属(G)和源极之间的电势 V_{GS} 在氧化物中产生电场。调节栅极下半导体中的移动电荷量，从而调节 I_{DS}。第四个接触点与半导体的主体部分相连，称为体接触点(B)，通常连接到源极，因此 $V_{SB} = 0$[10]。

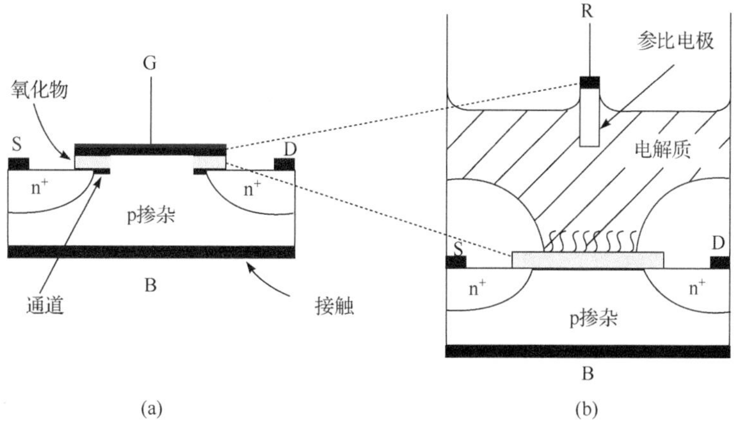

图 6.1　(a)场效应晶体管和(b)BioFET。所示的例子是一个 n-FET；在 BioFET 中，源极和漏极触点被覆盖，因此电解质只与氧化物接触；连接(a)和(b)的虚线表示，通过用带电分子、电解质和参比电极替换栅极金属，可以从场效应晶体管中获得生物晶体管

如图 6.1(b)所示，在 BioFET 中，栅极被一个具有施加电位 V_{ref} 的参比电极、电解液以及氧化物表面上的带电分子所取代。人们很容易认为，带电分子上的每个电荷都会在半导体中吸引一个等量且带电性相反的电荷，但这种观点极大地高估了 BioFET 的响应，因为它忽略了电解液中以及其他在氧化物表面上的电荷所起到的作用。

6.2.1 场效应晶体管的操作

关于 MOSFET 的操作原理在许多文献中都有讨论[11-13]。这里总结了关键现象。

1. MOSFET 中的电荷

通常，V_{GS} 被设置为使半导体中的多数载流子被排斥出栅极下的区域。从平带条件(半导体中没有净电荷)开始，V_{GS} 首先创建一个耗尽区，在这个区域中，多数载流子被排斥，而施主或受主离子的电荷被暴露出来。从平带进一步偏置，会将少数载流子吸引到一个更薄的区域(称为沟道)，形成反型电荷，从而携带电流 I_{DS}。

除了反性和耗尽电荷外，氧化物中还有各种类型的电荷[11]。靠近沟道界面的氧化物电荷(称为界面陷阱电荷)同能够与半导体交换电荷的状态有关。氧化物和半导体中的总电荷被金属上的电荷所平衡。图 6.2 显示了场效应晶体管中电荷和电势的示意图。界面处电势的不连续性是由功函数的差异造成的。

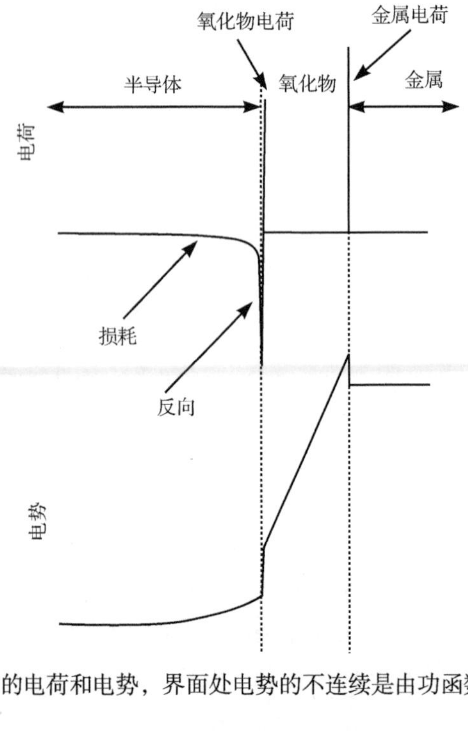

图 6.2 n-FET 的电荷和电势，界面处电势的不连续是由功函数的差异造成的

2. MOSFET 的电荷片模型

在 MOSFET 的电荷片模型中，电流-电压关系的推导是假设反转电荷位于半导体-氧化物界面上一个厚度可忽略不计的平面上，而耗尽电荷则分布在称为耗尽宽度的距离上。对于长沟道近似，假设携带电流的沟道在源极和漏极之间的长度和氧化物的厚度与耗尽区相比要长得多。

大多数推导的重点是半导体表面的电势 ψ_S 如何随着源极和漏极之间位置的变化而变化，使用渐变沟道近似法[14]。I_{DS} 的最简单表达式是平方定律，它适用于强反型情况(文献[11]，162 页)。

$$I_{DS}=\begin{cases}\pm C_{ox}\dfrac{W}{L}\left(V_{GS}-V_T\right)V_{DS}-\dfrac{\alpha_b}{2}V_{DS}^2\ , & 若\left|V_{DS}\right|\leqslant\left|V_{DS}\right| \\ \pm C_{ox}\dfrac{W}{L}\dfrac{\left(V_{GS}-V_T\right)^2}{2\alpha_b}, & 若\left|V_{DS}\right|>\left|V_{DS}\right|\end{cases} \tag{6.1}$$

式(6.1)中，上式适用于 n-FET(p 型衬底)，下式适用于 p-FET，约定正的 I_{DS} 从外部电路流入漏极；C_{ox} 是氧化物的单位面积电容；而 V_{DS}' 是特性饱和时的 V_{DS} 值，其计算公式为

$$V_{DS}=\frac{V_{GS}-V_T}{\alpha_b} \tag{6.2}$$

参数 α_b 由下式给出：

$$\alpha_b=1+\frac{\gamma_b}{2\sqrt{\pm\phi_0\pm V_{SB}}} \tag{6.3}$$

其中，体系数 γ_b 是根据掺杂密度 N_B 给出的，即

$$\gamma_b=\frac{\sqrt{2q\varepsilon_s N_B}}{C_{ox}} \tag{6.4}$$

在式(6.3)中，参数 ϕ_0 是半导体表面的 ψ_s 值，大约为 $2\phi_F$，其中 ϕ_F 是费米电势。参数 α_b 考虑了沟道源极和漏极两端耗尽层厚度的差异，通常被设置为 1。

阈值电压 V_T 是式(6.1)中的一个关键参数。如果 V_{DS} 是固定的，则 I_{DS} 是 $V_{GS}-V_T$ 的函数；因此，如果 V_T 变化为 ΔV_T，那么 V_{GS} 也必须变化 ΔV_T 以保持 I_{DS} 不变。V_T 的值取决于栅极的功函数，它是式(6.1)中唯一依赖于栅极金属材料特性的参数。在 BioFET 中，生物分子可以通过 V_T 的变化被观察到，因此 BioFET 对生物分子的反应就像普通场效应晶体管对栅极功函数的变化的反应一样。

3. 电容

栅极和半导体之间的电容取决于半导体中电荷的分布。在平带附近，耗尽电

荷在电容中占主导地位，当耗尽宽度随 V_{GS} 变化时，电容也会随之变化。在强反型情况下，反型电荷占主导地位。反型层中的电势几乎完全固定，电容大致上与 V_{GS} 无关。由于耗尽层通常比氧化层厚得多，所以耗尽时的总电容取决于耗尽层的电容设定。另外，在反型中，由于反型层很薄，电容是由氧化层的电容决定的。

测量电容 $C(V_{GS})$作为栅极偏置函数，是确定 V_T 变化的另一种方法。如果 V_T 的变化量为 ΔV_T，则曲线 $C(V_{GS})$沿 V_{GS} 轴移动 ΔV_T。

4. BioFET 的操作

如果用 V_{ref}(相对于源头施加在参考电极上的电势)代替 V_{GS}，则式(6.1)(或更复杂的分析结果)可以合理准确地应用于 BioFET。下文将讨论一些小的修正系数。然而，在 BioFET 中，V_T 取决于电解质中的电荷和氧化物表面的电荷。图 6.3 以特定模型的电荷分布为例，将电荷和电势以示意图的形式展示到在中性流体中某一点，电荷分布的具体模型稍后讨论。BioFET 中 V_T 的变化取决于氧化物表面到中性溶液的电势差 ψ_0 的变化。假设从中性溶液到参比电极的电势差是恒定的，图中未显示。因此，理解 BioFET 的关键在于理解 ψ_0 是如何取决于从氧化物表面到溶液主体的电荷排列。这种依赖性将在以下内容中讨论。

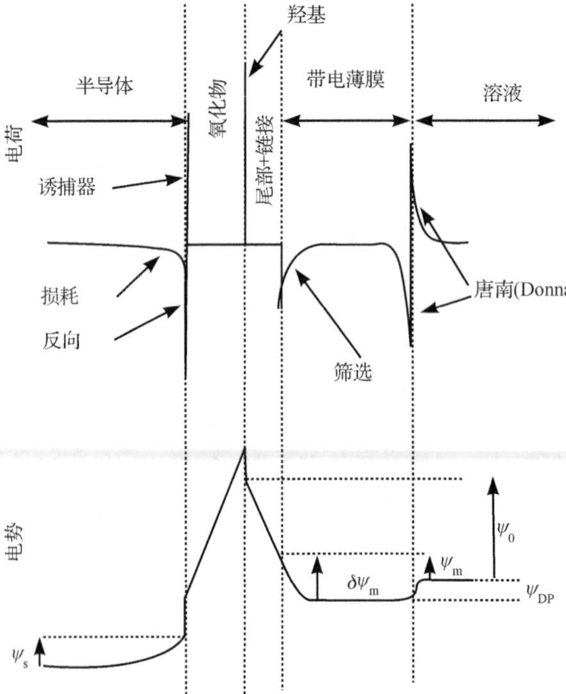

图 6.3　基于 n-FET 的 BioFET 的电荷和电势

5. 监测阈值电压

假设一个 BioFET 被放置于一个通过控制 V_{ref} 来保持 I_{DS} 恒定的电路中。V_{ref} 的任何变化都源于 V_{T} 的变化，而 V_{T} 的变化又与 ψ_0 的变化相关。但是，ψ_0 的变化取决于电解质或氧化物表面的变化，而这些变化应该与场效应晶体管的结构无关。这个论点提出了以下问题。假设场效应晶体管被大幅改变，使其功能非常差(或根本没有)，例如，场效应晶体管的氧化物中的陷阱数量变得很大，或者氧化物变得很厚。根据刚才的论点，信号应该只由 ψ_0 的变化决定，因此应该保持不变。但是如果场效应晶体管没有正常工作，则信号如何被观察到呢?

这个问题的答案是信噪比。当氧化物陷阱密度发散或氧化物电容趋近于零时，噪声的频谱密度也会发散。即使在这些限制下信号在原理上不受影响，信噪比也会趋于零，因此无法测量到信号。另一个考虑是击穿的可能性。如果陷阱的数量发散，则产生反型所需的场强也会发散。则在高场强下，栅极氧化物或其他绝缘层将退化或击穿，此时将发生电化学反应或产生陷阱。这样就无法将器件偏置到反型状态来测量信号。因此，选择 BioFET 偏置及其设计时需要考虑这些影响。

6.2.2　氧化物表面与电解质

氧化物表面的电势 ψ_0 取决于电解液中以及氧化物表面上电荷的排列方式。假设参比电极对溶液中的变化没有响应，则参比电极处的化学反应会对 V_{T} 产生一个恒定的偏移，就像图 6.2 和图 6.3 中功函数的不连续性一样。

1. 电解质和双电层

电解质是一种含有可移动阳离子和阴离子的导电液体。这些可移动电荷屏蔽了氧化物表面或表面以下电荷产生的电场。这种屏蔽发生在一个被称为德拜屏蔽长度 λ_{D} 的距离上。对于电荷量为 $\pm zq$(其中 z 为整数，q 为基本电荷)，浓度为 n_0 的离子电解质来说，在介电常数为 ε 的溶剂中，λ_{D} 由下式给出(文献[15]，331 页)：

$$\lambda_{\mathrm{D}} = \left(\frac{2zqn_0}{\varepsilon\phi_z}\right)^{-1/2} \tag{6.5}$$

其中，$\phi_z \equiv \phi_{\mathrm{t}}/z$，这里 $\phi_{\mathrm{t}} = kT/q$，为热电势(k 为玻尔兹曼常量，T 为热力学温度)。在浓度为 1mol/L、0.1mol/L 和 0.01 mol/L 的离子溶液中，德拜屏蔽长度 λ_{D} 分别为 0.3nm、1 nm 和 3 nm。

电解质中的屏蔽电荷通过亥姆霍兹层与表面隔开，亥姆霍兹层代表了溶液中的水合离子能够接近表面的最近距离。亥姆霍兹层和屏蔽层合称双电层。在盐浓度较高时，双电层的电容远高于氧化物和半导体的电容。

2. 电解质中的氧化物表面

金属氧化物表面的水通常被羟基覆盖，这些羟基可以吸收或释放氢离子，改变表面的电荷。在基于场效应晶体管的传感器中，这种电荷通常通过位点结合或位点解离模型来描述[16]。

位点结合模型[17]考虑了与氧化物表面 M 原子相关的物种，即中性羟基—MOH、去质子化羟基—MO^-、质子化羟基—MOH_2^+，以及它们与 H^+的平衡。在表面上，后者的浓度用 H_s^+表示。反应过程如下：

$$—MOH_2^+ \rightleftharpoons —MOH + H_s^+ \tag{6.6}$$

$$—MOH \rightleftharpoons —MO^- + H_s^+ \tag{6.7}$$

使用方括号表示物种的活度(体相物种为单位体积内的数量,表面物种为单位面积上的数量)，这两个反应的平衡常数为

$$K_a = \frac{[—MOH][a_{H^+}^S]}{[—MOH_2^+]} \tag{6.8}$$

$$K_b = \frac{[—MO^-][a_{H^+}^S]}{[—MOH]} \tag{6.9}$$

这些值通常用 pK 值给出，例如，$pK_a \equiv -\log_{10}(K_a)$。质子表面氢离子性$\left[a_{H^+}^S\right]$与电解质中氢离子的活性 $a_{H^+}^B$ 的电势差为 ψ_0：$a_{H^+}^S = a_{H^+}^B \exp(-\psi_0/\phi_t)$。

由于活性系数通常接近于 1，它们可以通过浓度很好地近似，体相质子(氢氧离子)浓度$[H_b^+] = a_{H^+}^B$。单位面积的表面电荷 $\sigma_0 = q([—MOH_2^+]-[—MO^-])$，单位面积表面上的位点数 $N_s = [—MOH]+[—MOH_2^+]+[—MO^-]$。由此可以得出[16]

$$\sigma_0 = qN_s \frac{\left(a_{H^+}^B/K_a\right)\exp\left(-\psi_0/\phi_t\right) - (K_b/a_{H^+}^B)\exp(\psi_0/\phi_t)}{1+\left(a_{H^+}^B/K_a\right)\exp\left(-\psi_0/\phi_t\right) + (K_b/a_{H^+}^B)\exp(\psi_0/\phi_t)} \tag{6.10}$$

当 N_s 很大时，ψ_0 的小变化可以产生 σ_0 的大变化。由于这些变化必须与其他电荷(如大分子的电荷)的变化相当，因此当 N_s 较大时，ψ_0 的允许变化被限制得较小。实际上，羟基位点固定了 ψ_0。这种固定降低了 BioFET 的灵敏度[18]。

羟基部位的表面电势与电容 C_a 有关，其强度为

$$C_a = \frac{\partial \sigma_0}{\partial \psi_0} \tag{6.11}$$

图 6.4 是 C_a 与 σ_0/q 的关系图。表面反应在式(6.7)和式(6.8)之间切换时，σ_0 = 0 处出现最小值。最小值处的电容由下式给出：

$$C_{\mathrm{a,min}} = \frac{qN_{\mathrm{s}}}{\phi_{\mathrm{t}}} \frac{2\sqrt{K_{\mathrm{b}}/K_{\mathrm{a}}}}{1+2\sqrt{K_{\mathrm{b}}/K_{\mathrm{a}}}} \tag{6.12}$$

SiO_2的最低值比其他氧化物更深，因为K_b/K_a对SiO_2来说更小。

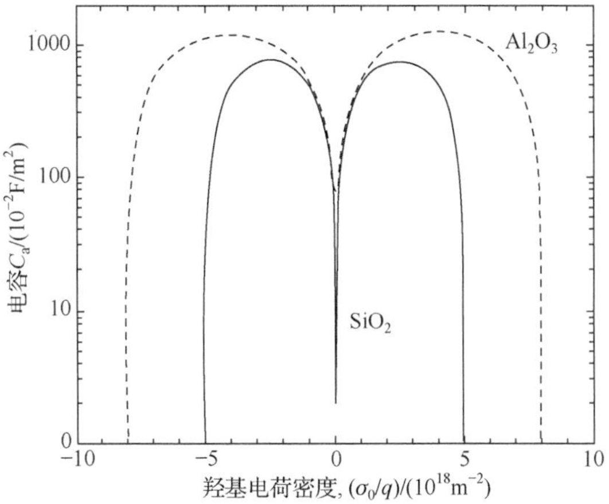

图 6.4　SiO_2(实线)和Al_2O_3(虚线)的位点结合模型的电容C_a，SiO_2的位点结合参数为$N_s = 5$ $10^{18}\ m^{-2}$，$pK_a = -1.3$，$pK_b = 5.7$；对于Al_2O_3，$N_s = 8 \times 10^{18}\ m^{-2}$，$pK_a = 5.9$，$pK_b = 10.1$[19]

3. 其他绝缘体

对用于 pH 测量的 ISFET 的研究早在 20 多年前就开始了。最常见的表面是SiO_2(由O_2/惰性气体混合物在 850～1200℃的温度下氧化产生)、Al_2O_3、Ta_2O_5和通过 LPCVD 产生的含氢的氮化硅(SiN-Si_3N_4)。在电解液中对 pH 高于 5 的SiO_2表面进行电学测量时，可能存在一种机制，即氧化物表面的电荷在一定程度上传播到绝缘体的内部，这就是观察到的漂移以及 pH 响应中的相关滞后现象的原因[20]。Al_2O_3的漂移较小，但少数表面位点可能在 pH 变化时响应缓慢[21]。Ta_2O_5显示出最小的漂移[22,23]。SiO_2的零电荷点($\sigma_0 = 0$)的 pH(pH_{pzc})远小于所有其他有用氧化物。Ta_2O_5和Al_2O_3上观察到的较低的漂移可能与这些表面表现出较高的pH_{pzc}有关，更接近于进行这些测量时的典型 pH 值。

氮化硅pH_{pzc}中的漂移更为复杂。人们发现对于这种材料氧化的 LPCVD 硅氮化物只有硅醇位点和主要的氨基位点，而氨基显著提高了pH_{pzc}[24]。尽管在空气中形成的氧化物可以通过 HF 溶液去除，但当电势施加到表面时，它会在电解液中重新形成。研究发现，含有少量氢的 LPCVD 硅氮化物薄膜是最稳定的。然而，较大密度的 NH 基团(与 O 为等电子体)会破坏等离子体增强化学气相沉积法生产的氮化硅薄膜的结构[25]。它们特别容易在水中自发氧化，这可能是造成更大漂移的原因。

根据 Martinoia 及其同事的研究，Si_3N_4 的亥姆霍兹层电容为 $C_{stern} = \varepsilon_{IHP}\varepsilon_{OHP}/(\varepsilon_{IHP}d_{IHP} + \varepsilon_{OHP}d_{OHP})$，其中 $\varepsilon_{IHP} = \varepsilon_{OHP} = 32\varepsilon_0$，$\varepsilon_0$ 是自由空间的介电常数。d_{IHP} 和 d_{OHP} 的估计值分别为 0.1 nm 和 0.3 nm。为了描述位点结合，除了由硅烷醇基团引起的部分外，在式(6.10)[24,26]中的表面电荷 σ_0 中还应加入一个与胺位点密度 N_{nit} 成比例的新项 σ_{nit}：

$$\sigma_{nit} = qN_{nit}\frac{a_{H^+}^{B}\exp\left(-\psi_0/\phi_t\right)}{a_{H^+}^{B}\exp\left(-\psi_0/\phi_t\right)+K_N} \tag{6.13}$$

式中，K_N 是胺类位点结合的平衡常数。

因为这些参数成功地解释了与 NaCl 溶液接触的 ISFET 的 pH 响应，所以假设亥姆霍兹层厚度接近 0.4 nm 是合适的[27]。胺结合已被纳入基于平面传感器[27]和纳米线[28]的 BioFET 模型中。但如果氮化物表面在水中氧化，表面就会被羟基覆盖，相对较差的氧化物表面就可以使用位点结合模型。

6.2.3 氧化物表面的分子

图 6.5 显示了 BioFET 中氧化物表面的分子示意图。如后文所述，通常会在表面涂上一层不带电的有机分子，将探针分子连接(拴住)到表面(功能化是指连接和探针分子膜的附着)。BioFET 的响应取决于这两层的性质。

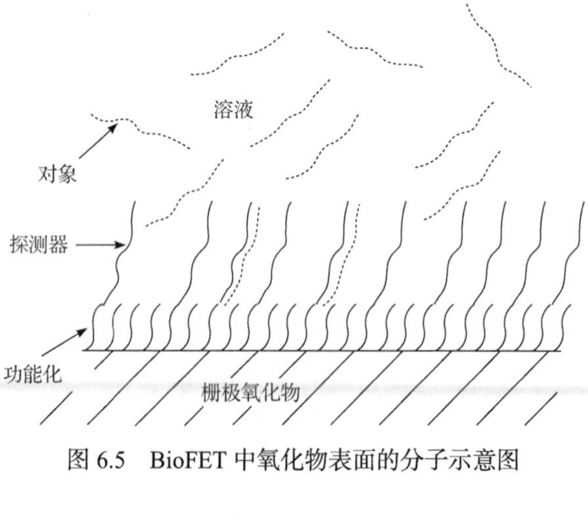

图 6.5 BioFET 中氧化物表面的分子示意图

1. 连接层

如后文所述，连接层通常是具有低导电性的介质。然而，它们确实存在缺陷，离子可以通过这些缺陷到达表面[30]。特别是，氢离子可能会通过缺陷迁移到氧化物表面，从而使羟基的电荷发生变化。发生这种情况的时间尺度取决于氢离子通过缺陷的迁移率。如果迁移率足够高，则仅用连接层覆盖表面来消除羟基的影响是不够的，连接层中的分子应该与羟基位点反应并使其钝化；否则，可能会有电流和电势的缓慢漂移效应，这些效应与由于杂交或电解质浓度变化导致的氧化物表面的羟基浓度调整有关。这也可以在阻抗的低频测量中观察到，如后文所述。

一个介电连接层可以被视为与氧化物电容和双电层电容串联的电容器。另一种极端情况是连接层完全对离子和水可渗透。可渗透层的可能性比绝缘层要小，因为连接层中的分子通常是疏水性的，所以连接层应排除水和离子。可渗透的连接层的影响将在本章的后面讨论。

2. 带电膜——特别是寡核苷酸

与连接层中的分子不同，带电大分子通常都是亲水的，置于溶液中的带电分子膜很可能会充满水和离子。例如，分子动力学模拟[31]显示，即使 DNA 相隔 2.7 nm(中心到中心)，Na^+和水分子也存在于 DNA 分子之间。当大分子是带电的长链聚合物(聚电解质)时，这样的膜称为聚电解质刷。人们对聚电解质刷的特性进行了广泛的研究[32,33]，特别是那些比它们的持久长度(聚合物链可以弯曲回到自身的长度)长得多的聚电解质刷。

一般来说，固定在表面上的探针分子必须有足够的间距才能与目标分子结合。这对于 DNA 来说尤为重要，因为在 DNA 上，结合是沿着探针的整个长度进行的。如果探针 DNA 挤得太紧，则不是所有的探针都能杂交。超过一定的探针密度，杂交的效率就会随着探针密度的增加而降低[34-36]。例如，Gong 等[36]发现在 0.11 mol/L 的溶液中，Au 上的目标密度在探针密度为 $4\times10^{12}\ \text{cm}^{-2}$ 时达到峰值 $2\times10^{12}\ \text{cm}^{-2}$。

3. 电刷的静电学和 Donnan 电势

在充满离子的带电膜中，膜内的离子浓度与膜外溶液的离子浓度不同，导致膜内外产生电势差，称为唐南(Donnan)电势。考虑膜外浓度为 n_0 的 $z{:}z$ 电解质，并假设组成膜的宏观离子以单位体积 N_m 个基本电荷的密度排列。组成 N_m 的电荷称为“固定电荷”[18]。假设膜足够厚，内部呈中性。设 ϕ_DP 为膜的中性部分与体相溶液之间的电势差。膜中离子的浓度为

$$n_\pm = \pm z n_0 \exp\left(\left(\mp z\phi_\text{DP} - \Phi_{\text{d}\pm}\right)/\phi_\text{t}\right) \tag{6.14}$$

在一般情况下，已经包含了色散势能 $\Phi_{\text{d}\pm}$。允许 $\Phi_{\text{d}+}$ 和 $\Phi_{\text{d}-}$ 不同，这概括了在模拟圆柱形 BioFET 时考虑的分配势的概念[29]。当离子接近表面，或从一个溶液转移到另一个溶液时，就会产生这些电势。在这种情况下，作用在离子上的力不能仅仅分解为由局部环境引起的作用力加上由电荷中性偏差产生的静电力，还需要一个额外的修正值，在接下来的大部分内容中，这些分散势被设为零，因为这

些值并不十分清楚。

如果膜足够厚，内部是中性的，那么在中性部分的总电荷密度必须为零，从而得出以下 Donnan 电势 ϕ_{DP} 的方程：

$$\phi_{DP} = \frac{\Phi_{d+} - \Phi_{d-}}{z} + \frac{\phi_t}{z}\operatorname{arcsinh}\frac{N_m}{2zn_b}\exp\left((\Phi_{d+} - \Phi_{d-})/\phi_t\right) \tag{6.15}$$

若$|N_m| \gg n_0$，则可简化为

$$\phi_{DP} = \begin{cases} \dfrac{\Phi_{d-}}{z} + \dfrac{\phi_t}{z}\ln\dfrac{N_m}{zn_0}, & \text{若 } N_m > 0 \\ -\dfrac{\Phi_{d+}}{z} - \dfrac{\phi_t}{z}\ln\dfrac{|N_m|}{zn_0}, & \text{若 } N_m < 0 \end{cases} \tag{6.16}$$

正如后面所讨论的，如果羟基的固定作用可以忽略不计，那么 ϕ_{DP} 就可以直接作为 V_T 的变化来测量。

6.2.4 膜模型和泊松-玻尔兹曼分析

前几节已经讨论了 BioFET 模型的组成部分，包括以下几点，如图 6.6 所示：

(1) 场效应晶体管(半导体加氧化物)用电荷片模型描述；

(2) 介电亥姆霍兹层；

(3) 表示连接层的一层，可以是(a)介电层，或者是(b)不带电的可渗透层；

(4) 表示探针分子层或探针加目标分子层的可渗透性带电膜；

(5) 溶液。

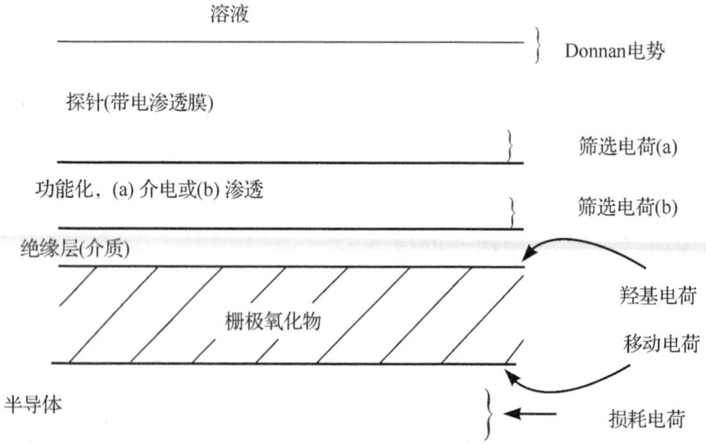

图 6.6　BioFET 膜模型的组成部分总结

与 Donnan 电势相关的电势变化发生在膜-液界面附近；电解液筛选电荷的位置取决于连接层是(a)介电层，或(b)不带电的可渗透层

在连续介质模型中，假设电荷在图 6.6 中各层的平行方向上是连续的，那么势能 $\Phi(x)$ 作为位置 x(垂直于层)的函数，通过求解泊松-玻尔兹曼(Poisson-Boltzmann, PB)方程得出

$$\frac{\partial^2\phi}{\partial x^2}=\frac{q}{\varepsilon}\Big(zn_0\exp\big((-z\phi-\Phi_{\mathrm{d+}})/\phi_{\mathrm{t}}\big)-zn_0\exp\big((-z\phi-\Phi_{\mathrm{d+}})/\phi_{\mathrm{t}}\big)+N_{\mathrm{m}}\Big) \tag{6.17}$$

这可以数值求解膜和溶液，包括位点结合的效应[39,40]。为了显示各种参数的影响，下面举例当 $\Phi_{\mathrm{d}\pm}=0$ 时，这些计算的结果。

1. Donnan 电势

图 6.7 显示了典型参数的计算结果，说明了随着薄膜厚度的增加，Donnan 电势是如何被实现的。膜中的电荷密度 N_{m} 为 $7\times10^{19}\ \mathrm{cm^{-3}}$，这对应于一个大约 10%的紧密堆积 ssDNA 阵列(如果紧密堆积为一个分子，则分子面积为 4 $\mathrm{nm^2}$)。为便于说明，氧化物取为 Al_2O_3，在中性 pH 下具有正表面。当厚度比屏蔽长度大时，Donnan 电势就可以很好地建立起来，这意味着电势在细胞膜中心附近是平坦的，但进行这种比较所需要的屏蔽长度不是体溶液中的屏蔽长度 λ_{b}，而是膜本身的屏蔽长度 λ_{m}，由线性化方程(6.18)[40]给出：

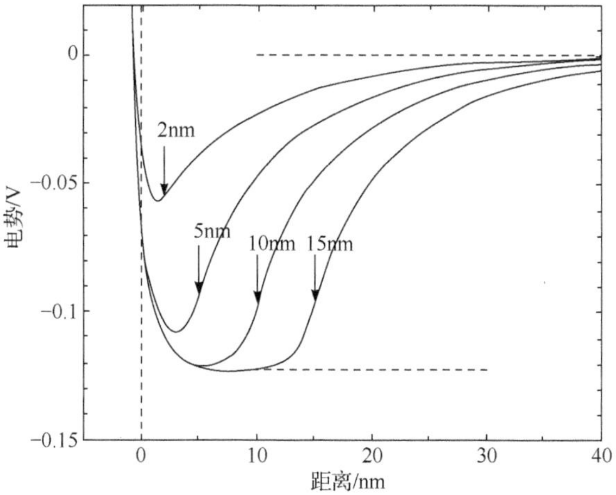

图 6.7　利用泊松-玻尔兹曼溶液对不同厚度的 DNA 膜的电势，展示了 Donnan 电势的变化。箭头表示每条曲线的膜的外边缘；该氧化物采用 Al_2O_3 的位点结合模型，位点结合参数见文献[19]，电解质浓度为 0.001 mol/L；电荷密度相当于未杂化的 DNA 单层，其紧密堆积程度为 10%；亥姆霍兹层取 1 nm 厚，不存在连接层；电势在本体溶液中为零(图 6.7 中膜的右侧)

$$\lambda_{\mathrm{m}}=\frac{2zqn_0}{\varepsilon\phi_z}\cosh\frac{\phi_{\mathrm{DP}}}{\phi_z}^{-\frac{1}{2}} \tag{6.18}$$

如果$|N_m| \ll n_0$，则λ_m减小到λ_b(比较方程(6.4))；如果$|N_m| \gg n_0$，则

$$\lambda_m = \frac{2zqn_0}{\varepsilon\phi_z}^{-\frac{1}{2}} \ll \lambda_b \tag{6.19}$$

2. 用杂交改变

图 6.8 显示了当膜中固定电荷浓度加倍时ψ_0和ϕ_{DP}的变化，模拟了 DNA 的杂交过程。羟基被赋予Al_2O_3的位点结合参数；这里忽略了连接层。Donnan 电势的变化$\Delta\phi_{DP}$远大于表面电势的变化$\Delta\psi_0$，反映了羟基对表面电势的固定作用。

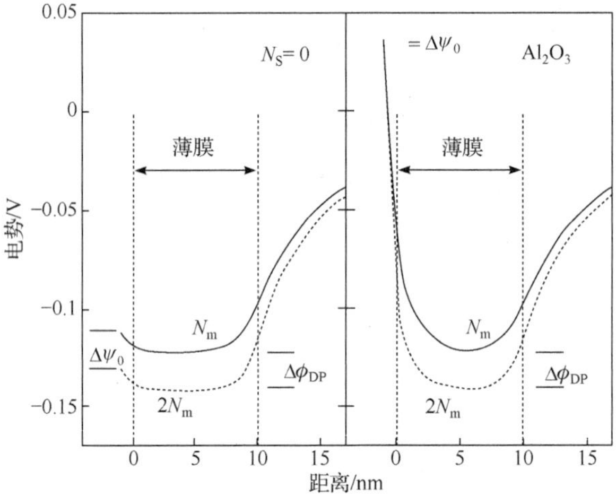

图 6.8　10 nm 厚的带电膜的泊松-玻尔兹曼方程电势，代表 10%紧密排列的 DNA。左侧面板为$N_S = 0$(表面无羟基)；右侧面板为Al_2O_3的位点结合模型；其他参数如图 6.7 所示

6.2.5　小信号分析和灵敏度

当薄膜厚度大于屏蔽长度λ_m时，可以推导出ψ_0随离子浓度、pH 或膜电荷密度变化的闭合表达式。考虑的三种灵敏度分别是：与电解质中离子浓度变化相关的离子灵敏度S_i，与膜电荷密度变化相关的电荷灵敏度S_c，以及与电解质 pH 变化相关的 pH 灵敏度S_p：

$$S_i \equiv \left.\frac{\partial\psi_0}{\partial \ln n_0}\right|_{N_m, a_0, \sigma_c} \tag{6.20}$$

$$S_c \equiv \left.\frac{\partial\psi_0}{\partial \ln N_m}\right|_{n_0, a_0, \sigma_c} \tag{6.21}$$

$$S_p \equiv -\frac{1}{\ln(10)}\left.\frac{\partial\psi_0}{\partial \mathrm{pH}}\right|_{n_0, a_0, \sigma_c} \tag{6.22}$$

这里，下标 σ_c 表示半导体和氧化物陷阱中的电荷应该保持固定。例如，S_c 是当 N_m 增加 e 倍(= 2.7181…)时 ψ_0 的变化。分析使用 $\alpha \equiv C_a/(C_a + C_{DL})$ 的定义，其中 C_{DL} 是双层电容。文献[41]中给出了这些量的完整表达式，但以下近似值是说明性的[42]，因为它们类似于可将 DNA 视作电荷平面且厚度可忽略不计的模型而推导出的表达式[43]。$\delta\psi_m$ 是外亥姆霍兹平面和中性膜之间的电势差(膜内溶液扩散层的电势)。假设 $\delta\psi_m/\phi_z \ll 1$ 的结果如下：

$$S_i \cong -(1-\alpha)\phi_z \tanh\frac{\psi_{DP}}{\phi_z} + \frac{\delta\psi_m}{2\phi_z}\left(1-\tanh^2\frac{\psi_{DP}}{\phi_z}\right) \tag{6.23}$$

$$S_c \cong (1-\alpha)\phi_z \tanh\frac{\psi_{DP}}{\phi_z} - \frac{\delta\psi_m}{2\phi_z}\tanh^2\frac{\psi_{DP}}{\phi_z} \tag{6.24}$$

$$S_p \cong -\alpha\phi_t \tag{6.25}$$

参数α反映了双电层和羟基团所引起的电容的相对大小。这等同于文献[44]中定义的参数，而“并联电容”C_a 的概念和“固有缓冲容量”的概念是对位点结合效应的相同描述。势能 $\delta\psi_m$ 必须单独计算；它取决于氧化物表面外的电场，因此由半导体中的电荷和氧化物表面上的电荷决定。

式(6.23)～式(6.25)阐明了一些重要的影响。

● 当对 pH 灵敏度高时，对 N_m 或 n_0 的灵敏度较低，反之亦然，通过式(6.25)中的因子α以及式(6.23)和式(6.24)中的$(1-\alpha)$可知。

● 当 $\delta\psi_m \to 0$ 时，$S_c = -S_i = (1-\alpha)\phi_z \tanh(\phi_{DP}/\phi_z)$，当 $|\phi_{DP}| \gg \phi_z$ 时，其趋向于 $\pm(1-\alpha)\phi_z$。灵敏度是 ϕ_t 的量级或者更小。

● 当 $|\phi_{DP}| \gg \phi_z$ 时，S_i 中的 $\delta\psi_m$ 项消失，S_c 中的 $\delta\psi_m/2$ 变为 $-(1-\alpha)\delta\psi_m/2$。因此，$S_c$ 可以通过改变 $\delta\psi_m$ 来增加(通过改变参考电极和半导体之间的偏置来实现)。灵敏度 S_c 增加是因为氧化物表面的电场在膜中产生了耗尽层，与半导体中形成的耗尽层类似。随着耗尽层的增长，膜的固定电荷更多地暴露出来，S_c 随之增加。遗憾的是，S_c 显著增加所需的电场与氧化物中的击穿电场相当[41]，因此以这种方式增加 S_c 是不可行的。

1. pH 和羟基密度的影响

图 6.9 显示了在 SiO_2 和 Al_2O_3 两种 pH 下，S_c 和 S_i 随 n_0 的变化。这些计算是根据 McKinnon[41]给出的表达式进行的，但根据泊松-玻尔兹曼方程进行的数值计算得出了无法区分的结果[42]。

图中说明了灵敏度一般会随着浓度的增加而降低。注意，S_c 和 S_i 的相对大小取决于材料，对于 SiO_2，$S_i > S_c$，而对于 Al_2O_3，$S_i < S_c$[42]。在绘制的案例中，SiO_2

在 pH = 6 时的灵敏度最高。这反映了图 6.4 中 SiO_2 的 C_a 最小值。由于位点结合模型中典型氧化物参数的 C_a 值非常大，因此几乎所有的羟基都必须消除，α才能降至接近零，而且完全恢复灵敏度 S_c[45]。

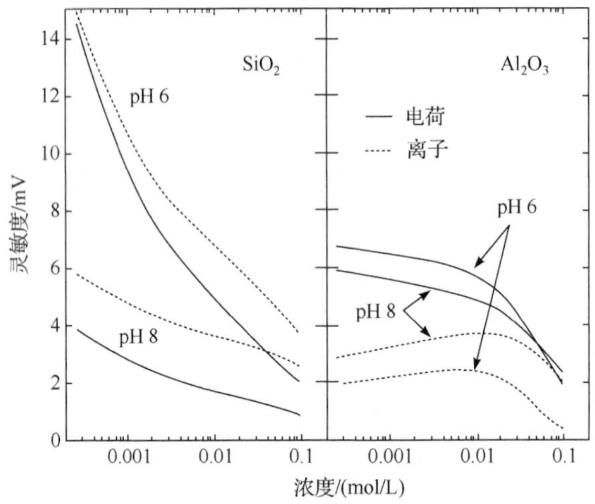

图 6.9　在 10%的紧密填充时，DNA 薄膜的灵敏度 S_c(实线曲线)和 S_i(虚线曲线)的绝对值，其中位点结合参数分别为 SiO_2 或 Al_2O_3，作为溶液浓度的函数，并针对两个 pH 进行了绘制

2. 离子灵敏度与电荷灵敏度的关系

由于 S_i 和 S_c 在较小的 $\delta\psi_m$ 范围内非常相似，因此设想可以用 S_i 的变化来表示杂交。文献[46]提出，可以通过比较 BioFET 对杂交前后盐浓度变化的响应来测量 DNA 杂交。其中，分别在杂交前和杂交后测量两种浓度下的 V_T。由于对溶液浓度变化的响应通常比对 DNA 的响应快得多，这种方法减少了与 BioFET 缓慢漂移相关的误差。在高盐浓度下测得的 V_T 值在杂交后的变化小于在低盐浓度下的测量值，反映了高盐浓度下的德拜长度的显著缩短，并可作为测量的有效参考。

3. 络合作用

溶液中的离子能够失去水合壳层，并与氧化物表面的羟基形成络合物。用于拟合氧化粒子上的电荷与 pH 函数关系的模型表明了络合物的形成。如果这些模型忽略了络合作用，那么拟合实验所需的亥姆霍兹电容就会大得不合理[47]。络合作用可以包含在泊松-玻尔兹曼方程的数值解中，但对参数典型值的计算灵敏度没有太大的影响[41]。

4. 不透水连接层

如果锚固层对离子不渗透，则可以通过简单的参数变化将其包含在模型中：

亥姆霍兹电容应该被替换为一个等效值，该值等于实际亥姆霍兹电容与连接层电容的串联组合。随着有效电容的减小(模拟连接层的厚度增加)，氧化物中的给定电场会在氧化物表面和膜之间产生更大的电势差。因此，当灵敏度作为半导体中电荷密度 σ_c 的函数时，灵敏度的特征似乎被压缩了。图 6.10 显示了 SiO_2 位点结合参数的电荷灵敏度 S_c，假设氢离子通过连接层中的缺陷运输到氧化物表面。当表面通过中性点时出现一个峰，这个峰值与图 6.4 中电容的最小值有关。当计算中加入连接层后，峰变窄。一旦峰完全发生在氧化物击穿之前的范围内，就有可能观察到它。

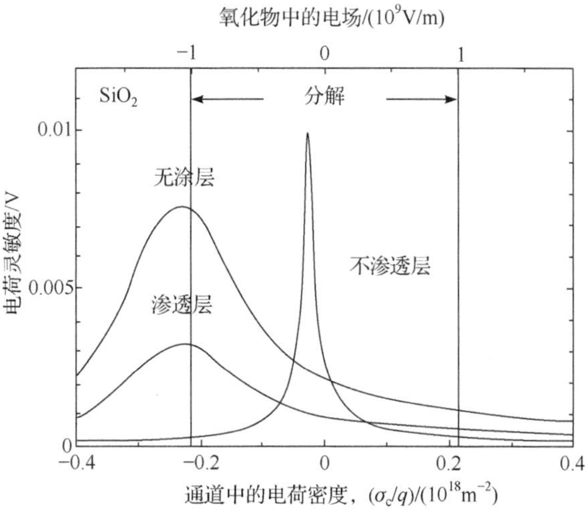

图 6.10　电荷灵敏度 S_c 作为半导体中电荷密度 σ_c/q 的函数，用于 SiO_2 的位点结合参数。DNA 层取致密堆积的 10%，厚度为 10 nm；DNA 和氧化物之间的连接层要么不存在(无涂层)，要么厚度为 1 nm；1 nm 的层要么被建模为介质(不渗透层)，要么被填充溶液(渗透层)；在垂线处，SiO_2 中的场达到击穿

对于图 6.10 中选取的参数，当引入不渗透的连接层后，在 $\sigma_c = 0$ 附近(曲线在 $\sigma_c = 0$ 附近相交)的灵敏度变化不大，连接层越来越厚(图中未显示)，灵敏度最终会降低。

5. 可渗透连接层

图 6.10 还显示了可渗透连接层的情况。这种情况不能包含在灵敏度的表达式中(式(6.23)～式(6.25))，但可以在泊松-玻尔兹曼方程[48]的数值解中直接处理。可渗透连接层降低了所有半导体电荷值的灵敏度，因为连接层中的离子屏蔽了与膜相关的电荷。这种降低也可以用 Donnan 电势来解释。如果可渗透连接层足够厚，那么带电膜在其两侧都有溶液。Donnan 电势出现在两个膜-溶液界面上，并且两

个 Donnan 电势相抵消[45]。

6. 混合引起的瞬态效应

由于 BioFET 对离子浓度和 pH 敏感，因此它们可以对溶液混合时浓度的变化作出响应。例如，如果将稀盐溶液加入浓溶液中，则稀溶液会浮在浓溶液之上。这会产生一个电势梯度，改变界面处的 pH 梯度。如果 BioFET 位于容器底部，则达到浓度平衡和信号稳定可能需要很多分钟。另外，如果将浓溶液加入稀释溶液中，则信号可以更快地响应[46]。

7. 信号的大小

在带电膜模型中，当氧化物中的电场较低且羟基密度较低时，最佳信号是 Donnan 电势的变化(式(6.24)中 $\delta\psi_m$ 和 α 都很小)。由于屏蔽是非线性的，因此当首次添加电荷时，Donnan 电势的变化比后来添加电荷时更大。因此，当向连接层添加带电的探针分子层时，信号要比目标分子与探针分子杂交时更大。对于 ssDNA 膜，其密度为 7×10^{19} 电荷/cm^3，相当于大约 10%的紧密堆积，在 0.01 mol/L NaCl 溶液中，Donnan 电势为−63.6 mV。当 N_m 加倍时，Donnan 电势降低了−17.8 mV(大约 $\phi_t/\ln 2$)，至−81.4 mV。因此，对于 $\alpha = 0$，添加探针分子时的信号几乎是目标分子与探针杂交时的 4 倍。

大信号是使用无电荷 DNA 模拟物如 PNA[49,50]和吗啉寡核苷酸(morpholinos)[51]的强大动力。当用作探针分子时，它们提供了更高的结合亲和力，并在低电解质浓度(小于 0.5 mol/L)下具有更强的稳定性。它们可以杂交；相反，在低盐浓度下不会去杂交。最近，在平面表面上使用吗啉寡核苷酸探针[52]进行的无标记电学(阻抗)测量表明，每平方厘米可以检测 3×10^{10} 个 DNA 目标，信噪比为 10：1。这些值与表面等离子体共振和蓝宝石晶体微天平的测量值相当，甚至更高。

将 17.8 mV 的电荷与所有 DNA 上的电荷直接(无屏蔽)置于场效应晶体管的栅极氧化物上时测量的电荷进行比较。假设栅极氧化物厚度为 5 nm，给出电容 $C_{ox}=6.9\times10^{-3}$ F/m^2。在上述堆积密度下，10 nm 厚的 DNA 层中由于磷酸盐骨架引起的固定电荷为 $Q_{DNA} = 0.112 C/m^2$，如果这是唯一涉及的电荷，则信号将是 $Q_{DNA}/C_{ox} = 16.2$ V，比 Donnan 电势变化大 900 倍。

即使 DNA 建模为一个不渗透的带电层，羟基位点不重要，信号也比 Q_{DNA}/C_{ox} 小得多(文献[53]，516 页)。如果电荷 Q_{ads} 吸附在溶液中的晶体管氧化物上，根据双层电容 C_{DL} 和氧化物的 C_{ox}，它在溶液中诱导一个电荷 Q_{sol} 和在半导体中诱导一个电荷 Q_{semi}。半导体中电荷的变化量 $Q_{semi} = Q_{ads}C_{ox}/(C_{ox} + C_{DL})$。取 C_{ox} 为上述 5 nm 厚的 SiO_2 层的电容，C_{DL} 为 20 μF 的亥姆霍兹层电容，则 $Q_{semi} = 0.033Q_{ads}$，相应的电压为 $0.033Q_{ads}/C_{ox} = 0.53$ V。

在这个例子中，电解质的存在会使 BioFET 的灵敏度降低 1/30。如果电解质能渗透 DNA，则 BioFET 的灵敏度又会降低 1/30。这还忽略了羟基产生的进一步降低。

6.2.6 BioFET 的大信号模型

到目前为止，所有讨论都假定一个唯一的 ψ_0 值能与给定的装置和工作点相关联。当 V_{DS} 小的时候，这是正确的，但是当 V_{DS} 大的时候会出现一个复杂情况，ψ_0 随源极和漏极之间栅氧化物位置的变化而变化，这种变化必须包含在 BioFET 的大信号模型中。

通过参数 $m = \delta\psi_0 / \delta\psi_s = C_{ox} / (C_{ox} + C_{DL} + C_a)$，将氧化物表面电势 ψ_0 的变化与半导体表面电势 ψ_s 的变化联系起来，修正了式(6.3)的强反型模型[40]。强反型时，m 在源处近似为 $m_0 = C_{ox} / (C_{ox} + C'_{DL} + C_a)$，其中 C'_{DL} 是对源极处双层电容的近似。式(6.3)中的参数 α_b 为

$$\alpha_b = 1 + \frac{\gamma_b}{2(1-m_0)\sqrt{\pm\phi_0 \pm V_{SB}}} \tag{6.26}$$

式中，$1-m_0$ 为修正系数。

根据近似的平面带电压 V_{FBA}，阈值电压变为

$$V_{THA} = V_{FBA} \pm \frac{\gamma_b}{1-m_0}\sqrt{\pm\phi_0 \pm V_{SB}} + \phi_0 \tag{6.27}$$

而电流变成

$$I_{DS} = \begin{cases} \pm\mu(1-m_0)C_{ox}\dfrac{W}{L}\left((V_{ref} - V_{THA})V_{DS} - \dfrac{\alpha_m}{2}V_{DS}^2\right), & |V_{DS}| \leqslant |V_{ref} - V_{THA}|/\alpha_m \\ \pm\mu(1-m_0)C_{ox}\dfrac{W}{L}\dfrac{(V_{ref} - V_{THA})^2}{2\alpha_m}, & |V_{DS}| > |V_{ref} - V_{THA}|/\alpha_m \end{cases} \tag{6.28}$$

通常情况下，m_0 与 1 相比是很小的，所以这个模型与场效应晶体管(式(6.1))的模型差别不大。

6.2.7 一维模型的局限性

膜模型是评估 BioFET 灵敏度的一个有用的起点，但应该认识到一些局限性。

1. 曼宁凝聚

当溶液中的离子凝结到带电的圆柱体上时，就会发生曼宁(Manning)凝聚，从而减少圆柱体的有效电荷。在半径趋近于零的带电圆柱体模型中，当单位长度电

荷超过 λ_B 的临界值[54](在介电常数 ε 的介质中 $\lambda_B = q/4\pi\varepsilon\phi_t$)时，反离子就会聚集在圆柱体上。对于水，$\lambda_B$ = 0.71 nm。由于 DNA 上的电荷沿磷酸主链以 0.34 nm 间隔分布，ssDNA 和 dsDNA 两者的电荷密度都超过了临界电荷密度，因此如果它们是半径趋于 0 的圆柱体，则它们将具有相同的归一化电荷密度。如果是这样的话，当 DNA 在 BioFET 中杂交时，N_m 不会发生变化，因此不会有信号。

然而，真正的 DNA 分子并不具有趋近于零的半径。对于半径为 r 的圆柱形分子，被封装在分子间距为 r 的组装体中，曼宁凝聚并不意味着离子与分子表面结合。相反，所谓的"凝聚"离子保持在与 $\sqrt{rR}$ [55]成比例的半径 R_M 范围内。当 R 仅为 r 的几倍时，凝聚的离子并不比未凝聚的离子更接近圆柱体，并且在 BioFET 中存在信号。可以定义一个横向平均的 Donnan 电势，它在[48]杂化时确实发生变化。即便如此，半径为 r 的圆柱体表明垂直方向上的强侧向屏蔽确实引入了显著的校正。这些校正可能被视为一种分散电势 $\Phi_{d\pm}$ 的形式，尽管这一观点尚未被探索。

通过求解泊松-玻尔兹曼方程并将其应用于圆柱形单元模型，对与传感器表面成法线方向的 DNA 的横向屏蔽修正值进行了估算[48]。在合理的 DNA 密度下，校正是显著的，将预测的信号降低高达 50%，但趋势与膜模型相同。在低浓度的 DNA(密排层的几个百分点或以下)和低离子强度(0.001 mol/L 或以下)时，误差可能会更高，膜模型可以将灵敏度高估 10 倍以上。在这些低浓度的 DNA 和低离子强度下的应用膜模型是不合理的。

2. BioFET 信号中的其他机制

到本章目前为止，我们假定信号是由膜的电荷密度变化引起的，而这个电荷密度可以通过假定膜的厚度来计算。在这种情况下，灵敏度由膜的 Donnan 电势变化决定，并通过因子 α 减小。其中 α 由式(6.24)中 $\delta\psi_m$ 的表面氢的反应提供。

如果这些假设失败，灵敏度就会不同。举个简单的例子，分子的取向可能在杂交时发生变化。那么杂化后的电荷密度 $N_{m,ds}$，将不仅仅是杂化前电荷密度 $N_{m,ss}$ 的 2 倍。

另一种检测杂交的机制是通过因子 α 的变化。氧化物表面上的大分子可以阻挡羟基团，并阻止它们改变其电荷状态。如果由于杂交反应，被阻挡的羟基团数量发生变化，那么 α 也会随之变化。例如，ssDNA 比 dsDNA 更加灵活，因此在杂交之前，单链 DNA 探针可能会弯曲至表面，从而阻挡羟基位点，但杂交后的双链 DNA 分子会远离表面站立，露出羟基位点[56]。如果这种机制在起作用，则 α 的变化可以通过在杂交前后对 pH 灵敏度 S_p 的变化来确认。

3. 高信号之谜

根据膜模型，对于未固定的表面(其中所有羟基都钝化了)，杂交的测量信号

应该是在 $\phi_t = 26$ mV 的数量级，对于固定的表面来说，信号甚至更小。那么，为什么有些研究报告了更高的响应，达到数十分之一伏或更多呢?

Poghossian 等[56]回顾了许多报道，并指出了其中一些问题。例如，一些研究没有使用参比电极，尽管尚不清楚去除参比电极会如何导致大信号。一些器件有裸露的硅表面，或表面只覆盖了本征氧化物的表面，在这些器件中，杂交可能会改变硅表面的陷阱，从而改变阈值电压，或通过成为协同分子场效应[57]的机制而向硅发生电荷转移。但似乎对所有高敏感性的报道并没有一个一致的解释。

另一个谜是观察到的带有悬挂栅极的设备中的信号[58]。这些设备中，多晶硅涂覆有氮化物并悬挂在也涂覆有氮化物的场效应晶体管上方。溶液填充了两个氮化物表面之间的间隙。报道显示，杂交导致阈值电压偏移超过 200 mV。膜模型预测膜会在两个表面上形成,因此在每个氮化物表面和溶液之间都会出现 Donnan 电势。Donnan 电势会为悬挂栅极与半导体之间的电势贡献相等且相反的信号，意味着杂交过程中不会产生信号。然而，实验中却观察到了较大的信号。

显然，需要做更多的工作来理解这些结果。

6.2.8　不同测量的比较

在 BioFET 上对 DNA 结合的早期首次检测是通过测量阻抗的变化来实现的，这些变化是随着 V_{ref}[59-61]、表面电势的变化，使用微悬臂梁[62]，或直接测量漏电流[63,64]。

阻抗测量提供了超过 100 mV 的测量，通常只记录电容分量。下面的部分将集中讨论阻抗法测量。

最敏感的测量涉及使用具有完全不匹配探针的参考传感器进行的差分测量，该探针位于与主传感器相同的表面上。微悬臂梁方法记录了 12 个碱基对寡核苷酸中单核苷酸多态性(SNP)的差分信号，并显示出毫伏级别的信号，对 2nmol 浓度的 DNA 具有灵敏度[62]。

在 BioFET 阵列上进行的差分测量(这里称为电势测量)是在多元素阵列上进行的，以区分通过扩增得到的 DNA 样本和语前非综合征性耳聋相关突变的患者的 DNA 样本[65]。

据报道，在 LPCVD 氮化硅表面功能化后，电势法得到的阈值电压偏移值 ΔV_T 高达 78 mV[62]。作者推测，如此大的正位移可能是由于 LPCVD 氮化硅上的电荷变化、随后的清洗、硅烷处理和戊二醛处理以及探针附着后甘氨酸阻断所引起的额外负电荷。杂化(共轭)后的位移为 11 mV。随后，同一小组报道了 ΔV_T 探针固定化后为 38 mV，杂交后为 12 mV[67]。

在这项工作中，作者表明 SNP 是可以被区分的，并表明使用特异性附着在杂交 DNA 上的 DNA 结合物(插入剂)可以增强信号，从而有助于进一步区分 DNA

基因型。他们后来展示了直接在 BioFET 表面上进行等位基因特异性引物延伸也可以具有这一优势[68]。

在有机溶剂中使用 APTES 溶液使高质量的 SiO_2 表面功能化，共轭后观察到较小的阈值位移。在 1 mmol/L 电解液中进行测量，报道了 4 mV 的偏移[69]。当参考另一个具有完全不匹配探针设备的信号时，位移被实时记录下来。

不同研究小组报道的反应幅度的差异，是由于在功能化之前制备栅极表面的方法不同。这种变化很可能是由于将锚固层和探针分子连接到栅极的过程和材料不同。

刚才描述的电势测量比阻抗测量对膜界面的细节更敏感。他们展示了之前描述的模型特征，特别是由杂交引起的阈值电压偏移 ΔV_T 比由探针连接引起的阈值电压偏移更小，ΔV_T 在较高的电解质浓度下更小，测量对位点绑定和固定过程的细节很敏感。这些效应通常归因于德拜屏蔽，但与模型的密切一致仍然是困难的。

困难的原因之一是测量独立量化的生物分子附着是困难的。辐射测量一般是不容易实现的。X 射线光电子能谱、X 射线反射率(XRR)和椭圆偏振测量容易由于空气暴露过程中意外碳吸收而产生误差。此外，使用 XRR 来确定生物层的厚度和密度时仅在非常薄的氧化层上是准确的，通常是薄化学氧化物，这些并不代表 BioFET 制备或功能化过程。蓝宝石晶体监控器可以检测沉积在溶液中的生物分子的质量，但很少用于真实复制设备制造和功能化过程的见证样本上。傅里叶变换红外光谱在原则上可以给出栅极表面上固定分子取向的信息。需要在理想化表面以外的更多表面上进行这些测量。

尽管有可信的模型，但许多论文使用了不适用的电荷和 ΔV_T 之间的关系的表达式，或者没有提及关键的实验细节。

6.2.9　BioFET 的三维模拟

为了更好地理解设备功能化和目标结合的细节，最近有人努力在三维中模拟 BioFET 的性能。最近，在 BioFET 中获得了在三维(使用 x、y 和 z 轴)的电势解决方案，并使用有限元法(FEM)来解决泊松-玻尔兹曼方程[28]。

在 BioFET 表面的溶液一侧，泊松方程为

$$-(\varepsilon(x,y,z)\ \ \phi(x,y,z)) = qn_0\exp\left(-\phi/\phi_t\right) - qn_0\exp\left(\phi/\phi_t\right) + \sum_i Q_i(x,y,z) \quad (6.29)$$

包括固定电荷 Q_i(大小为 q 的负电荷)，代表 DNA 主链，以螺旋的形式分布在具有自身亥姆霍兹层的介质圆柱体表面。电解质中的电荷被模拟为带有玻尔兹曼因子的带电连续体，玻尔兹曼因子调节了离子和阳离子密度。该圆柱体被电解液包围，方向为+y 方向。在 x-y 平面上的层表示了亥姆霍兹层、连接器层和氮化硅绝缘层。使用了前面提到的亥姆霍兹层厚度、介电常数和氮化硅的位点结合[26,27]，包括硅

醇(式(6.10))和胺基(式(6.13))的贡献。连接层被模拟为 1.5 nm 厚的连续、可渗透或不可渗透层。

为了模拟多个 DNA 分子驻留在一个表面上，将空间划分为多个单元，这些单元是沿 y 方向延伸的矩形圆柱体，每个单元有一个 DNA 圆柱体，单位间距的变化模拟探针密度的变化。采用有限元方法获得了自洽解，在单元边界处采用了周期边界条件。

模拟计算了溶液中的平均电势降，以确定硅的表面电势。由此计算了阈值电压，并考虑了杂交后的变化。采用标准方程(式(6.1))估计场效应晶体管电流变化。

这些模拟中最引人注目的部分是 ss-DNA 和 ds-DNA 圆柱周围形状和电荷分布的详细模型，但这些细节超出了本章的范围。大多数结果与前面描述的一维和二维计算一致。例如，探针附着时的平带电压变化 ΔV_{FB} 大于杂交时的，并且它不显著地依赖于 DNA 圆柱中的碱基对数量(7～100 碱基对(对于低电解质浓度))。

随着位点结合的开启，杂交后的最大 ΔV_{FB} 仅为毫伏的几分之一。当位点结合关闭时，对于 $4 \times 12\ \text{cm}^{-2}$ 的 DNA 探针密度和 20 mmol/L 的电解液浓度，杂交后的偏移为 35 mV。这些数值更接近实验确定的值，这使得作者认为位点结合在实验中可能被抑制，或者杂交过程中取向的变化增加了信号。这些可能性在前面关于一维模型的讨论中已经提到。

作者的结论是，这些模型仍然不够现实，需要做更多的工作来模拟连接层的特征、位点结合，以及杂交过程中可能发生的 DNA 取向变化。

6.3　BioFET 的阻抗测量

在固定频率 20 kHz[70,71]或 100 kHz[72]下对 BioFET 进行的首次阻抗测量显示，杂交后的阈值电压大幅度偏移。大部分章节集中在电势测量，该测量通过其电流-电压特性确定 BioFET 阈值电压 V_T 的变化。由于电解质中电荷的响应非常缓慢，对这些偏移的解释变得复杂起来。通过测量 BioFET 阻抗随频率的变化，可以确定电势测量中漂移的原因，并为生物亲和传感器的杂交过程提供新信息[73]。文献[74]描述了标准的基本概念，一篇综述[75]描述了免疫传感器、DNA 传感器和使用酶的生物传感器(EnFET)的阻抗分析。

阻抗为系统电压向量 $U(\mathrm{j}\omega)$和电流向量 $I(\mathrm{j}\omega)$之间的比值，其中 $\mathrm{j} = \sqrt{-1}$，角频率 $\omega = 2\pi f$，f 为测量测率。复阻抗可以表示为来自电阻和电容的实部分量 $Z_{re}(\omega)$和虚部分量 $Z_{im}(\omega)$的总和：$Z(\mathrm{j}\omega) \equiv U(\mathrm{j}\omega)/I(\mathrm{j}\omega) = Z_{re}(\omega) + \mathrm{j}Z_{im}(\omega)$。通常，将一个幅度小于 10 mV 的正弦信号 v_{in} 施加到 BioFET 上。这一过程如图 6.11 所示，其中显示了一个简单的电路，包括参比电极、Pt 对电极和溶液中的 BioFET 工作电极。使用带有反馈电阻 r 的 OPAMP(运算放大器)测量漏极电流 i_{ds} 的正弦变化，输出电压

v_{out} 与跨导($g_m \equiv \delta I_{DS}/\delta V_{GS}$)有关。由关系式给出传递函数 $H(j\omega)$：

$$v_{out} = -Ri_{in} = -Rg_m H(j\omega)v_{in} \tag{6.30}$$

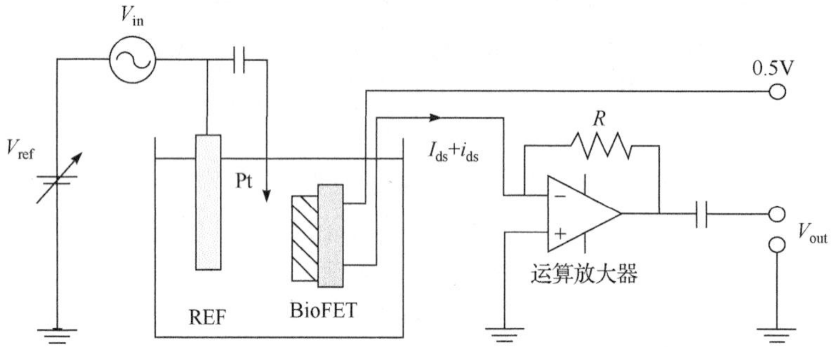

图 6.11 使用单个运算放大器的简单电路，用于测量溶液中 BioFET 或其他化学场效应晶体管的传递函数

在 BioFET 表面没有任何运动的带电分子时，$H = 1$。它是根据应用频率得到的，通常用来提取等效电路的元素和时间常数以模拟传感器响应[76,77]。

6.3.1 ISFET、REFET 和第一代生物膜的阻抗

1. ISFET

下文将介绍等效电路到当前实施方案的演变过程。

首先使用由并联电阻-电容元件组成的等效电路来解释 ISFET 对电势阶跃变化的响应[73]。如图 6.12 所示的等效电路，包括一个描述瓦尔堡(Warburg)阻抗的元件，用来描述 ISFET[78]。衬底的阻抗 Z_s 已在标准文本[12]中描述。它可以用与电路接触电阻相关的寄生串联电阻 R_s 和与场效应晶体管沟道阻抗串联的块状半导体衬底电阻来表示。在反型状态下，由于通道阻抗响应迅速，且其并联电容相比栅极绝缘层电容 C_{ox} 较大，因此通常可以忽略沟道阻抗。参考电极 Z_{ref} 电容较大，其阻抗主要由串联电阻组成。可买到的商业微参比电极的直径约为 0.5 mm，电阻 $R_{ref} < 5\ k\Omega$，但这些直径仍然比典型的微传感器表面大得多。离子从本体电解液扩散到电极界面所产生的 Warburg 阻抗 W 与位点结合相关的电容 C_a(在 6.2 节中描述)串联，并且它们与双层电容 C_{DL} 并联。

2. REFET

研究了具有聚对二甲苯覆盖的栅极绝缘层且对氢氧根离子不敏感的 ISFET，即 REFET[79,80]，以消除对标准 Ag/AgCl 或甘汞参比电极的依赖。这些参比电极难以微型化且存在因多孔塞处内部电解液流失而导致的漂移问题。

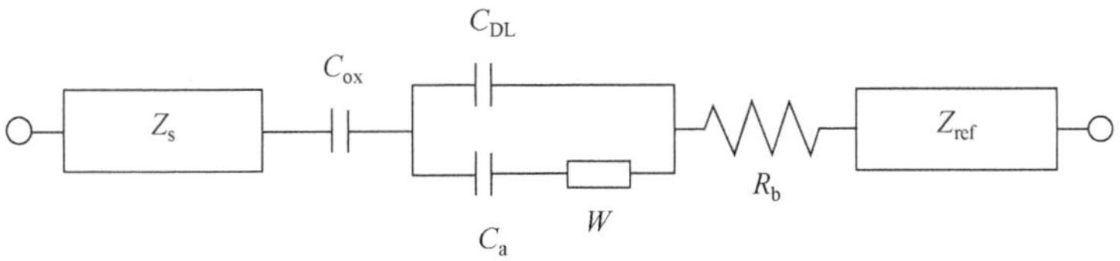

图 6.12 电解液中带有氧化物栅极的 ISFET 等效电路

Bergveld 团队[81]在一篇开创性的论文中回顾了最初使用聚对二甲苯和其他替代品如聚苯乙烯、聚四氟乙烯和双丙烯的情况。这与正在进行的 BioFET 的阻抗测量仍然相关，这些测量用于研究 DNA 或蛋白质的结合。为了将参比电极的 pH 响应和漂移降低到几毫伏(直流)以下，研究得出结论，即必须解决由针孔形成、污染物、不必要的离子附着和某些材料黏结不良等引发的问题。研究还提到了使用硅烷、等离子体沉积或绝缘体清洗过程的初步尝试结果不尽如人意。使用较厚的层可以显著降低场效应晶体管的灵敏度，因为它们的电容较低，而且它们的非活性表面导致亥姆霍兹层的串联电容较低[82]，特别是在低电解质浓度时。

研究人员对非阻隔层进行了研究，以恢复由厚离子阻塞聚合物层引起的灵敏度降低。此外，还研究了添加剂以消除相对移动的阳离子(尤其是 K^+)在常见电解质中的渗透选择性(倾向于附着或允许特定离子的结合或纳入)[81]。这种渗透选择性通常在离子选择性 CHEMFET 中被利用，但对 ISFET(也会对 BioFET)是有害的。最后，我们发现 5 μm 厚的双相层适用于 REFET。它由聚(2-羟乙基甲基丙烯酸酯)(p-HEMA)上的丙烯酸盐层组成，p-HEMA 是一种与栅极氧化物结合良好的水凝胶。这种双层结构对 pH 变化几乎没有敏感性和选择性渗透性，但由于 p-HEMA 层的离子渗透性，仍保持高电容。

3. 使用 ISFFET/REFET 对测量差分输出

上述研究[81]中展示的阻抗测量方法，至今仍是生物场效应晶体管(BioFET)测量的基础。此外，研究还采用了差分放大电路，该电路的输入端分别连接 ISFET 和 REFET，二者均配备前置放大器，以此来获取传递函数。与传统的参比电极不同，使用 Pt 制成的准参比电极(*QRE*)来建立共同电势，这可能会引入电势变化，因为 Pt 电极-电解质界面不是通过表面离子交换固定的，也就是说，它不是一个真正的参比电极。尽管如此，使用 ISFET/REFET 对的差分放大器的输出是稳定的，这是因为它具有高共模抑制比。

利用差分放大器进一步研究了 REFET[83,84]。尽管这些研究具有指导意义，但对于 BioFET 来说，可能更有效的是使用与所有目标都不完全互补的探针传感元件作为差分检测方案中的参照元件。在这种情况下，差分放大器将仅检测到由于共轭而引起的响应变化，并最小化由于功能化过程引起的其他实质性响应。

为了分析候选涂层对 REFET 的阻断或非阻断特性，等效电路通过与电阻 R_{mem} 并联的电容 C_{mem} 来表示聚合物层 [81]。这种配置的传递函数如下所示：

$$H(\mathrm{j}\omega)=\frac{1+\mathrm{j}\omega R_{mem}C_{mem}}{1+\mathrm{j}\omega R_{mem}(C_{mem}+C_{ox})} \tag{6.31}$$

在高频时，$H(\mathrm{j}\omega)\to C_{mem}/(C_{mem}+C_{ox})$，如果已知 C_{ox}，则可以用公式(6.31)确定 C_{mem}。在低频时，如果与膜界面相关的低频现象(Warburg 阻抗和与位点结合相关的质子交换)不显著，则 C_{mem} 应该是恒定的。$\log[H(\mathrm{j}\omega)]$与 ω 的关系图用于确定两个时间常数:

$$\tau_1=R_{mem}(C_{mem}+C_{ox}) \tag{6.32}$$

以及膜的弛豫时间:

$$\tau_2=R_{mem}C_{mem} \tag{6.33}$$

对于 $1/\tau_1$ 到 $1/\tau_2$ 之间的角频率，在对数-对数图上的响应以 $1/\omega$ 的形式下降，斜率为−1，如图 6.13 所示。

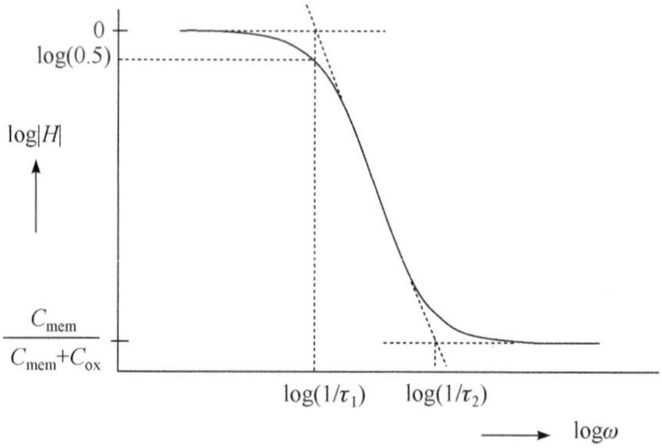

图 6.13　文中式(6.32)和式(6.33)所描述的传递函数形状，其中 C_{mem} 为膜电容；C_{ox} 为氧化物电容

4. 蛋白质膜的首次阻抗研究

研究人员已经使用一种简单的模型来计算固定电荷在膜中的阻抗，其中包括固定电荷浓度 N_t 和离子浓度 n_0 的体电解质[18,86]。在下面的离子浓度 r、活性 a 和迁移率 u 中，上标表示离子电荷，下标 s 和 m 分别表示溶液和膜中的值。假设膜处于平衡状态，则体相和膜中的活性是相关的: $a_s^+a_s^-=a_m^+a_m^-$。由于 $n_s^+=n_s^-=n_s$，$n_m^-=n_m^+=N_t$，可以确定体相中移动离子的浓度：$2n_s^+=\sqrt{N_t^2+4n_s^2}-N_t$ 和 $2n_s^+=\sqrt{N_t^2+4n_s^2}+N_t$。膜电阻 R_{mem} 如下：

$$R_{mem}=\frac{2d_m}{FA_m}\bigg/(u_m^++u_m^-)\sqrt{N_t^2+4n_s^2}-(u_m^+-u_m^-)N_t \tag{6.34}$$

式中，F 为法拉第常数；A_m 为膜面积；d_m 为膜厚度。

在对一项 50～200 μm 厚的带电蛋白层(交联溶菌酶)阻抗的研究中，该分析被用于估计膜电阻[86]。这些膜在 pH = 6 时具有正的固定电荷，当 pH 增加到 9.4 时电荷减少，更接近等电子点 *pI*(膜分子不带电的 pH，溶菌酶的 *pI* = 11)。体电解质的串联电阻是通过测量未涂覆的 ISFET(见 6.3.1 节 5.)测定的，并通过比较与膜相同厚度的体溶液层的电阻，估算了膜电阻。这一数值低于未涂覆的 ISFET，表明由于反离子的比电导率更高，膜具有更高的电导率。结果至少在定性上与模型一致，并表明 pH = 6 时，在膜中建立 Donnan 平衡而导致了阻力的下降。然而，pH 的增加导致固定电荷的减少从而使电阻增加，这表明膜中反离子的迁移率比在溶液中的低。这项工作启发了后来关于更薄的蛋白质膜的研究。

5. 电解质的串联电阻

电解液造成的较大体电阻，对低电解液浓度下的阻抗测量构成了严重限制。也有研究表明，栅极表面周围的泄漏封装可能对阻抗测量产生特别有害的影响[87]。由于水的介电常数大约是空气的 80 倍，因此传感器接触附近的电场可以比在空气中传播得更远。

大串联电阻可以很容易地估算。采用一系列直径随距离传感器表面增加而增加的电阻元件的模型，用来估算溶液电阻[86]。使用 0.2 mmol/L KCl 电解质进行操作，可以得出结论，大部分电阻被限制在靠近传感器表面的一个小层。这就是所谓的扩散电阻现象，其在固态器件中的大小通常可以精确计算。只要已知溶液的电导率 κ，就可以简化计算，一个固定均匀电势的半径为 r 的小圆盘代表传感器表面，以及一个接地的面积更大的圆盘代表与传感器的距离为 d 的参比电极。

在图 6.14 中，使用 KCl[88]标准公布的静态电导率数据来绘制电阻率($\rho = 1/\kappa$)和 25℃水溶液中 KCl 浓度的典型电阻函数。

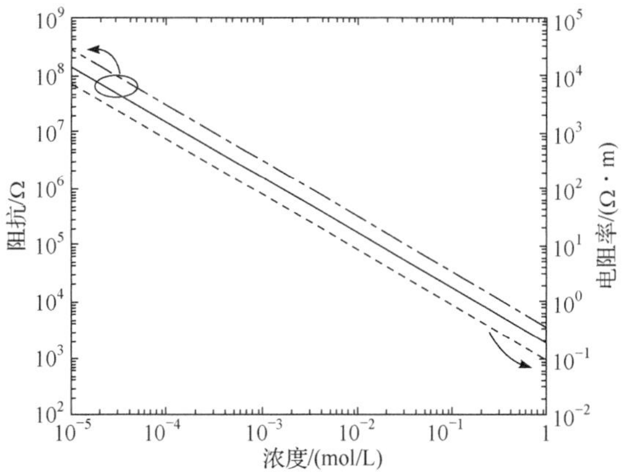

图 6.14　25℃ KCl 水溶液的电阻率和电阻率随浓度的变化曲线，---表示电阻率，- · - · 表示直径为 50 μm 圆盘的扩展电阻，—表示 50 μm 立方体的扩展电阻

在生物传感器阻抗测量常用的频率(小于 200 kHz)下，电解质的介电常数可以用其静态值很好地近似[89,90]。对于 KCl 和 NaCl，电导率随频率的小幅度变化可以用科尔-科尔(Cole-Cole)方程很好地拟合[89]，但在实际应用中，电导率通常可以用它们的静态值很好地近似。

如果不熟悉扩展阻力的概念，那么本段将进行描述。精确的计算表明，只要参考电极足够大，当栅极表面到参考平面的距离从 0 增加到仅比栅极尺寸大几倍时，电阻有两个极限值。超过这个距离，电阻不会明显增加，但对于稀薄的电解质，电阻仍然可以相当大。假设一个半径为 r 的圆栅极表面，与一个固定电势的大平面平行，即参考电极。假设电势在靠近栅极的平面上也是固定的。对于距栅极一小段距离 d 的参比电极，溶液电阻由通常的公式 $R_{sol}=d/\pi r^2\kappa$ 给出。但当 $d\to\infty$时，模型显示溶液电阻达到恒定值，$R_{sol}\to 1/4r\kappa$；也就是说，电阻仅由栅极的尺寸和电导率决定。

事实上，精确计算表明，当 $d\approx 2r$ 时，电阻达到 $0.8/4r\kappa$[91]。对于直径在几十微米量级的栅极和最小的参比电极，通常直径为 500 μm，很难将电阻降低到小于扩散电阻的值，除非电极与栅极的距离比 $2r$ 更近。这对于现有的参比电极是很难做到的。因此，将参比电极集成到传感器表面或沟道表面制造的板上是有利的。这可以使用当前的 MEMS 技术和微流体系统来实现。

6.3.2　膜传感器

正如后续的例子中讨论的那样，在大于 10～100 Hz 频率下进行的阻抗测量，通常都是由膜电容和电阻决定的。它们通常称为微电子机械场效应晶体管(micro-electro-mechanical field-effect transistor，MEMFET)，大多数可以与 CMOS 芯片表面的所有相关的电子器件(和微流体应用器)集成，以方便进行阻抗测量。

1. 离子选择性表面

在 ISFET 上涂覆的由醋酸纤维素或聚氨酯组成的可渗透膜的阻抗测量被用来研究这些聚合物的渗透性[92]。兰德尔电路(Randles circuit)是一种经典的电化学阻抗谱(EIS)等效电路模型，如图 6.15 所示。它包括一个与 C_{DL} 并联的串联组合的体

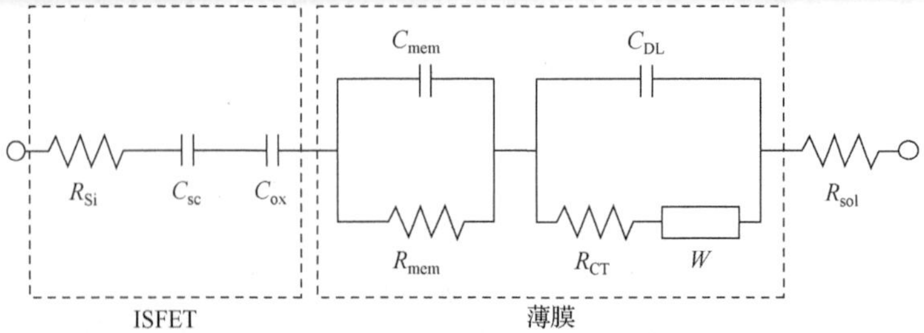

图 6.15　BioFET 的等效电路，包括膜的阻抗和描述膜表面相关阻抗的 Randles 电路

电阻(R_{CT}的传递电阻以及 Warburg 阻抗)。在频率小于 100 Hz 时，这些贡献的重要性被详细研究[89]。

对阴离子选择性 CHEMFET 的研究证实，在这些低频率下，界面阻抗通常不显著，因为表面离子的快速交换导致 R_{CT} 太小，无法被观察到[85,94]。

2. 抗原-抗体结合

早期的研究中，如果抗原直接用硅烷嫁接到栅极氧化物表面，则无法检测到抗体的结合。但如探针在聚硅氧烷膜中孵化，就能成功检测到抗体的结合。抗体改变了膜的 R_{mem} 和 C_{mem}。作者将串联电阻的变化归因于接触点。他们能够检测到 10～150 ng 的单克隆抗体[95]。该小组之前使用汞探针和电化学电池测定了硅烷和膜层(十八烷基二甲基氨基硅烷)的电容和电阻。电化学电池的电容测量表明，硅烷分子的单分子层是绝缘的，并估计介电常数 $\varepsilon = 2\varepsilon_0$[96]。

对于免疫传感器，电解质的离子强度受到限制，因为离子浓度高的电解质不利用抗体和抗原之间的库仑相互作用[97]，可能会导致固定化生物分子的释放。低离子强度(因此电导率低)电解质的一个问题是，在频率大于几百赫兹时，体电解质电阻作为与传感结构串联的寄生电阻，变得与传感器阻抗相当，并可能显著影响测量的传感器电容。因此设计了具有工作电极和 Ag/AgCl 参比电极的流体电池[98]。

在现场应用中使用快速 BioFET 传感器正变得可行。由于抗体在血液或血清等体液中可以达到可检测的浓度(nmol/L 或更高)，因此这一领域的研究有望获得收益。稍后使用纳米线免疫场效应晶体管的工作将在 6.4 节中简要讨论。

3. 电化学(法拉第)阻抗光谱法

电化学阻抗测量是在覆盖有导体(通常是 Au)的栅极上进行的，这些导体与信号地电连接。电极可以用酶覆盖，并且可以使用氧化还原对来驱动电流到栅极表面，以显示溶液中目标分子的存在。目前已经使用这种方法研究了栅表面形成的酶层和沉淀物[75]。

等效电路是一个标准的 Randles 电路[99]，但没有与半导体和绝缘体相关的所有组件。同样，Warburg 阻抗的效果只在低频时显著。这样就只剩下图 6.15 所示的并联电容和电阻组合。标准的双层电容 C_{dl} 替换为导体的恒定双层电容 C_{au}，与在电极上积累的沉淀物的电容 C_{mod} 串联。

传递电阻包括与电极表面串联的电阻 R_{Au}，以及与在电极上沉积的沉淀物传导相关的电阻 R_{mod}。由于 $R_{mod} > R_{Au}$，这项技术有效地监测了由沉淀物或酶层变化产生的界面转移电阻的增加。之所以提到这些，是因为它们也可以集成在 CMOS 芯片上。

4. EnFET

正如在引言中提到的，EnFET 是一种带有酶层的 BioFET，可以产生响应。

这里提供了一些关于这些设备有效性的案例。

在四个具有 Al_2O_3 栅极和硅烷连接剂的器件上形成了生物催化层。在每个“栅极”上，固定不同的酶单分子层：葡萄糖氧化酶、脲酶、乙酰胆碱酯酶和乙酰糜蛋白酶，形成了一个能够激发控制栅极电势的生物催化反应阵列[100]。这些 EnFET 通过改变传感层的 pH 并检测 pH 的变化，分别显示了其对尿素、葡萄糖、乙酰胆碱和 n-乙酰-酪氨酸乙酯的感知能力。EnFET 生物传感器的主要优点是响应时间快，可达几十秒。与传统的基于厚聚合物的 EnFET 相比，这一优势来自于基质渗透到生物催化活性位点的低扩散屏障，以及栅极表面与体溶液的紧密结合。

阻抗谱技术已被用于表征 ISFET 器件栅极表面生物材料层的结构，并研究抗原-抗体在栅极界面上的结合[100]。利用 τ_1 和 τ_2 的测定(上文式(6.32)和式(6.33))可以估计出相应蛋白质层的膜厚。该方法被用于研究包含葡萄糖氧化酶的多层结构以及二生物素交联的亲和素多层系统。该方法还用于通过监测栅极表面上抗原-抗体复合物的形成来感应二硝基苯抗体。

6.3.3 DNA 杂交检测

1. 预杂交 DNA 中的 SNP 检测

采用 8 元素阵列(1 mm^2 磁盘)，在 50 mmol/L Tris-ClO_4 缓冲液(包括 4mm 的 $Fe(CN)_6^{3-/4-}$)中已杂交的 DNA 自组装单层上，通过电化学阻抗谱检测单核苷酸多态性(SNPs-1 bp 不匹配)[101]。阵列的元素被孵化 5 天，以将硫醇末端附着在 ds-DNA 上的 Au 电极上。一些 ds-DNA(B-DNA)链由完全匹配的 ss-DNA 组成，其他链包含一个单一碱基对错配。在自组装后，通过添加 0.4 mmol/L $Zn(ClO_4)_2 \cdot 6H_2O$ 溶液，芯片上的 B-DNA 被转化为含金属的 M-DNA。

这些阻抗测量表明，不匹配的 DNA 膜电阻显著低于完全匹配的 DNA。为了解释工作电极表面的不均匀性，等效电路中采用恒相位元件来代替 Warburg 阻抗。

2. 原位杂交的 SNP 检测

SNP 也可以通过在具有 10 nm 厚氧化物的 BioFET 上测量传递函数来检测。测量完成后，将目标完全匹配的传感器元件的传递函数减去目标不匹配的传感器元件的传递函数[102]。靶标序列(20 个碱基对靶标，与探针相同)有 1、2 或 3 个不匹配，在 0.01～100 mmol/L NaCl 溶液中进行测量。栅极宽度为 8 μm 或 16 μm，长度为 1～2 μm，排列成 4 × 4 矩阵，如文献[103]所述。

采用快速运算放大器制作了输出频率范围为 1 Hz～100 kHz 的频率选择放大器级联。将传递函数拟合为一个简单的等效电路，描述单电阻和电容并联的 DNA 膜；然而，个别传递函数在频率低于 200 Hz 时明显上升而不是趋于平稳。杂交前后使用了相同的电解质溶液和测量技术。

将结果与在同一平台上相同目标(1 次、2 次或 3 次不匹配)上进行的电势测量结果进行比较(1 次、2 次或 3 次不匹配)。杂交后监测 160 min 的电势。电势测量可以区分 3 个碱基对的失配和完全匹配目标的扫描，但对于 2 个碱基对错配，这种区分仅略高于噪声水平。SNP 则无法区分。

对阻抗谱数据进行处理后，在频率为 $1/\tau_1 \sim 1/\tau_2$(由式(6.31)和式(6.32)定义)的传递函数中，可以明显观察到 1 个碱基对的失配。$1/\tau_1$ 和 $1/\tau_2$ 的变化表明，DNA 在杂交后更加密集，电阻和电容都更高，如预期的那样。虽然结果令人鼓舞，但标准化程序并不完全令人满意。数据通过使传递函数在 30 Hz 处重合来归一化，然后相减形成差分传递函数(DTF)。此外，在 $1/\tau_1$ 和 $1/\tau_2$ 之间的传递函数中可以观察到轻微的弯曲。对于较低浓度的电解质，完全匹配和一个碱基对失配的 DNA 的 DTF 的差异甚至更大，但数据的拟合并没有明显改善。这个问题有一部分可能是由于在低电解液浓度下进行测量时，所需的体电解质的高串联电阻所导致的，而这种低浓度是为了使测量结果落在电子设备的频率范围内。

在后续使用 NaCl 浓度在 $10^{-2} \sim 10^{-5}$ mol/L 范围内的缓冲液时，分析中包括图 6.16 所示的接触电容 C_{CL}[104]。由于阵列中六个元件的源极连接在一起，源电解

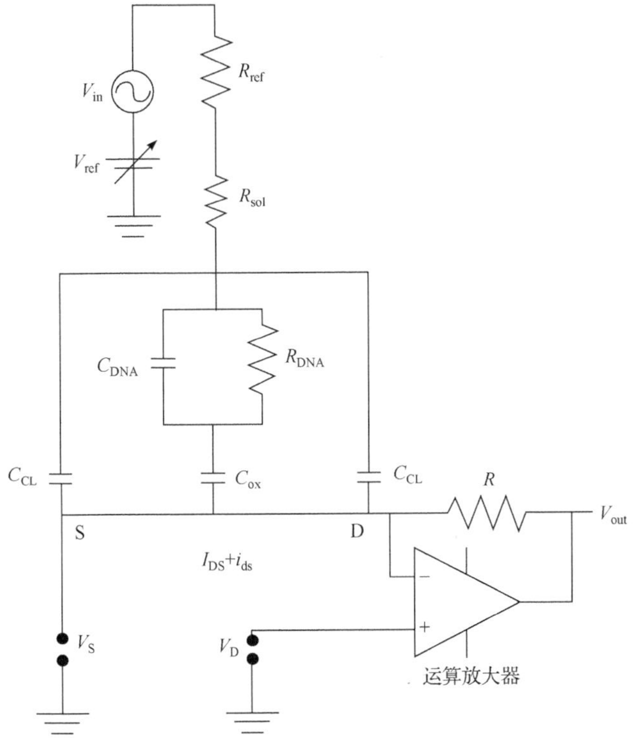

图 6.16　BioFET 的等效电路包括源极和漏极触点与整体电解质之间的电容 C_{CL}。这是由源的电容决定的，因为阵列中的源是连接在一起的[104]；其他电路元件如前所述

质电容主导了漏极电解质电容。并没有证明在等效电路中包含的额外元件 C_{CL} 以计算传递函数是正确的，并且没有报道 C_{CL} 的值。

同样的平台也被用于研究细胞结合[105]，在等效电路中考虑更多的元件以解释细胞及其界面。结果表明，一个简单的膜模型最终能够描述芯片表面结合良好的细胞，并给出有关结合和黏附的信息。

这项工作的最终目的是制造一种简单的设备，可在现场使用，与便携式电子一起封装，对传递函数的变化进行实时测量。对于 DNA 检测来说，在低离子强度下进行测量是一项艰巨的任务。6.4 节描述了使用纳米线获得的 BioFET 灵敏度的进展。

6.4　MOS 纳米线 BioFET

在本节中，我们展示了纳米线(NW—具有纳米级横截面的导体或半导体)可提高传感器灵敏度的结果。同时讨论了描述潜在灵敏度极限的最新模型。

1991 年报道了碳纳米管纳米线的制备[106]，随后在 1997 年使用升华工艺制造了第一个硅纳米线[107,108]。气-液-固(VLS)工艺使用金属(如 Au)的纳米尺寸模板，与硅形成低温共晶。当硅气源接触时，这充当了形成纳米线的催化剂。源包括蒸气前驱体和激光烧蚀或热蒸发产生的硅蒸气。纳米线在形成时，金属模板保持在顶部，而纳米线则在下方形成。

与制造成场效应晶体管的纳米线(或纳米管)的表面结合，可能会导致半导体体内载流子的耗尽或积累，并可能提高灵敏度，使单分子检测成为可能。载流子在半导体主体中的耗竭或积聚，从而提高灵敏度，实现单分子检测。这些纳米线 BioFET 已被用于制造检测生物和化学物种的高灵敏度电化学传感器，可实时监测生物分子的附着情况。

当硅纳米线通过源极和漏极接触[10]形成场效应晶体管时，这种“自下而上”形成硅纳米线的方法会产生严重的加工复杂性。使用导电聚合物的早期工作及其在制造生物传感器的最新进展也被回顾[10]，尽管它们可以很容易地在 CMOS 芯片上制造，但这里不做介绍。本节将重点介绍硅纳米线的近期进展。

6.4.1　基于硅纳米线的生物亲和传感技术

自从其作为生物传感器引入以来，目标溶液已经通过微流体沟道应用于硅纳米线传感器，这些微流体沟道由以下材料形成，如聚二甲基硅氧烷(PDMS，一种硅酮)、聚甲基丙烯酸甲酯(PMMA，包括有机玻璃和树脂)，或基于环氧树脂的光敏胶 SU-8 等。还可以使用更灵活和贴合的热塑性塑料。下文介绍了一些优秀的应用器件。

1. 探针目标结合与朗缪尔模型

最近，使用硅纳米线作为实时检测 DNA、抗原或抗体结合的工具已经成为可能。为此，我们描述了一个模型，给出了当目标应用时生物亲和传感器信号的时间依赖性，这是一种基于朗缪尔(Langmuir)等温线的常见分析。它描述了在具有探针分子密度 N_p 的分子层表面上，浓度为 C 的目标的结合目标密度 N_{ds}(单位面积的数量)。假设目标的附着速率 r_{ads} 同溶液中目标浓度与表面上空结合位点数的乘积有关：$r_{ads}=k_{on}C(N_p-N_{ds})$，其中 k_{on} 为关联速率常数。目标解吸速率 $r_{des}=k_{off}N_{ds}$，其中 k_{off} 为解离速率常数。在平衡状态下，$r_{des}=r_{ads}$，$k_{off}N_{ds}=k_{on}(N_p-N_{ds})$，结合目标的平衡浓度由朗缪尔等温线描述：

$$\frac{N_{ds}}{N_p}=C\,k_{on}(k_{off}+Ck_{on})=\frac{K_A C}{1+K_A C} \tag{6.35}$$

其中，结合亲和力常数 $K_A\equiv k_{on}/k_{off}$。将表面带入平衡状态的目标附着速率在应用目标溶液后由下式给出：

$$\frac{dN_{ds}(t)}{dt}=C\,k_{on}\left(N_p+N_{ds}(t)\right)-k_{off}N_{ds}(t) \tag{6.36}$$

假设目标浓度 C 不随时间变化，则有以下解：

$$N_{ds}(t)=\frac{C\,k_{on}N_p}{k_{off}+k_{on}C}\;1-\exp\left(-(k_{on}C+k_{off})t\right) \tag{6.37}$$

通过拟合加入目标后观察到的 N_{ds} 随时间的变化，在下文的工作中确定了速率常数 k_{on} 和 k_{off}[109]。

与 DNA 探针相比，PNA 探针对 DNA 靶序列具有更高的灵敏度和特异性，在室温下杂交速度更快。它们的稳定性和杂交速率也较少依赖于电解质的离子强度[110]。

对于使用 PNA 探针的 DNA，通过循环伏安法测定 15 个碱基对的双链体的亲和力常数，测得的互补目标为 1.5×10^8 L/mol，单碱基失配的亲和力常数为 5.1×10^7 L/mol。表面等离子体荧光光谱测量得到的完全匹配为 2.1×10^8 L/mol，单个碱基失配的值为 4.4×10^7 L/mol [111]。这些高亲和力常数高于 DNA-DNA 双链的常数，被归因于 PNA 主链上的电荷缺失，这消除了双链形成过程中的电荷-电荷排斥。

当寻找在正常条件下不会解离的目标和探针组合时，通常使用链霉亲和素-生物素组合。链霉亲和素是一种质量为 52800 Da(道尔顿 Daltons：原子质量单位 g/mol)的四聚体蛋白，生物素的质量为 244.31 Da。链霉亲和素-生物素复合物的亲和力常数约为 10^{15} L/mol，是自然界已知最强的非共价相互作用之一。因此，解离作用可以忽略不计[112]。

2. 发展历史

碳纳米管通常被安装在绝缘衬底上，如图 6.17 所示。一个非极化的电极(如 Pt 或 Au)用来控制溶液电势，相对于碳纳米管偏置，以调制源极和漏极之间的测量电流。研究表明，一些令人困扰的早期测量的假象与 Pt 的使用有关，可以通过使用真正的参比电极来精确控制溶液电势来消除[111]。这些研究中使用 Ag/AgCl 参比电极，在 15 μmol/L 牛血清白蛋白(BSA，一种用于防止不必要的非特异性结合的常用试剂)的磷酸盐缓冲盐水溶液(PBS-2.7 mmol/L KCl，137 mmol/L NaCl，10 mmol/L 磷酸盐，pH = 7.4)中完成的实验。一个−15 mV 阈值电压偏移明显归因于 BSA 在 15 μm 长、3 nm 直径的碳纳米管附近吸收。

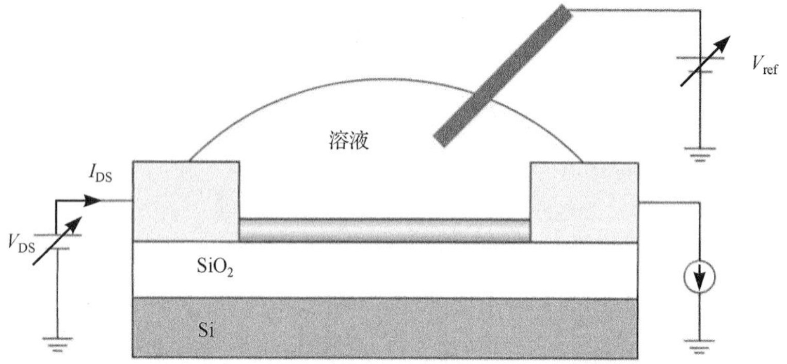

图 6.17　溶液中纳米线和参比电极的侧视图。在这种情况下，参考电极和源接触点相对于地源电势是偏置的，衬底是浮动的；硅纳米线的常见做法是消除参考电极和相对于漏极或源极的硅衬底偏置

硅纳米线通常覆盖一层绝缘层，如 SiO_2，通常只是其本征氧化物。其导电性可以通过溶液中的参比电极(或伪参考电极)来调节，如图 6.17 和图 6.18 所示。然而，硅纳米线通常被放置在 SiO_2 基片上，没有提及参比电极。纳米线可以通过向该衬底上施加相对于纳米线的电势来调制，也就是说，在不刻意固定体溶液电势的情况下，衬底和纳米线之间施加了电势。

从溶液中调制硅纳米线所需的电势要比应用到背栅的电势小得多(通常小于 1 V)，而对于一些通过光刻技术生产的平面硅纳米线，背栅电势(相对于纳米线漏极 $V_{GS} > \pm 10$ V)已有报道。尚需观察的是，在实际环境中，不需要参比电极的假设是否成立，因为在传感器区域外的沟道中，不受控制的过程可以调节表面的电势。

通常用杂交后的电流 I_{DNA} 与杂交前的电流 I_0 的差值来表示纳米线的响应(信号的分数变化)；也就是说，响应由 $(I_{DNA}-I_0)/I_0$ 给出，但也可以由电阻变化 $(R_{DNA}-R_0)/R_0$ 给出。噪声由杂化前后电流的均方根波动确定。在下文中，纳米线的灵敏度被定义为相对于基线(电导率为 0)，电导的变化，即 $G_0{:}S \equiv (G-G_0)/G_0$。

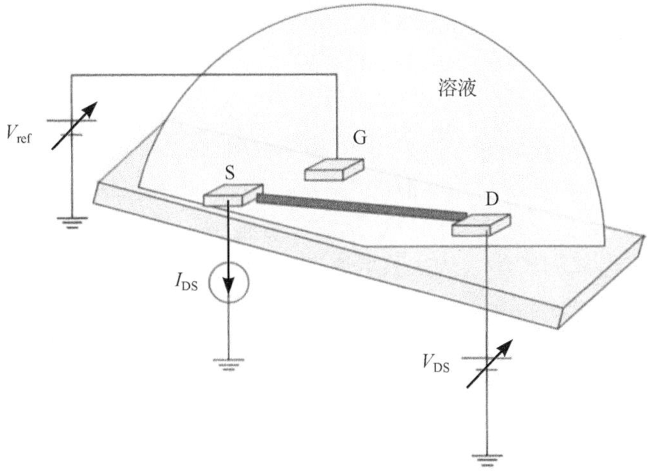

图 6.18　溶液中的纳米线传感器显示栅电极与绝缘衬底表面结合

6.4.2　基于 VLS 方法生长的硅纳米线

2001 年，首次使用 VLS 方法生长的硼掺杂(p 型)硅纳米线，结果表明，带有本征氧化层的表面具有 pH 依赖的电导，并且通过在表面覆盖 APTES，在 pH 为 2～9 的范围内获得了对 pH 变化的线性响应[114]。然后对 APTES 功能化的纳米线作为生物亲和传感器进行测试。

这项工作研究了生物素附着的敏感性极限，并在用 d-生物素阻断残留的 APTES 后，发现可以使用生物素检测链霉亲和素的结合浓度至少为 10 pmol/L。作者报道了生物素在单克隆抗生物素上的分离速率常数约为 0.1 s^{-1}，与先前报道的值一致。此外，抗原功能化的硅纳米线显示可逆的抗体结合和浓度依赖的实时检测。通过将钙调蛋白附着到硅纳米线表面，也证明了代谢指标 Ca^{2+}的可逆结合。

硅纳米线还被用于 BioFET 的其他突破性应用；例如，研究特异性结合到蛋白质的有机小分子，这些蛋白质对于新药物的发现和开发[115]以及病毒的检测[116]至关重要。

将 PNA 探针置于直径为 20 nm 的纳米线上，在低至亚皮摩尔浓度范围内发挥作用时，它们可作为超灵敏和选择性的实时 DNA 传感器[115]。将 PNA 探针通过生物素固定在纳米线上，通过微流体沟道监测目标应用后电导随时间的变化，显示灵敏度低至 10～20 fmol/L。纳米线能够区分与囊性纤维化跨膜受主基因中ΔF508 突变位点相关的野生型和突变型 DNA 序列。这项工作得出结论，该技术比表面等离子体共振(SPR)、纳米粒子增强 SPR 和蓝宝石晶体微平衡技术更敏感，并且通过背景减除程序，它在确定结合和解离速率常数以及平衡解离常数方面有潜力超过 SPR。

癌症蛋白标记物如 PSA 的纳米线阵列能够在飞摩尔浓度下被高选择性地检测出来。在包含数百根单独纳米线的阵列中，同时集成了 p 型和 n 型硅纳米线，这使得能够辨别出假阳性(和假阴性)信号[118,119]。

这些 VLS 纳米线阵列的制造和许多检测的细节已在一份协议中描述[120]。在功能化之前，使用氧气等离子体清洗纳米线上的本征氧化物[115]。

在另一篇重要的论文中，同一小组的作者将纳米线的响应测量结果与具有氧化物的 5 nm 直径 p 型硅纳米线进行的实际计算结果进行了比较[121]。这些结果与在 10 mmol/L 磷酸盐缓冲液(pH = 7.4)中测量的结果进行比较，使用靠近纳米线的小 Au 垫来调制溶液相对于纳米线的电势，如图 6.18 所示。

基于硅圆柱体和电解质的泊松-玻尔兹曼方程的精确解的计算表明，当纳米线在阈值下(耗尽状态)工作时，灵敏度是最佳。这已被 pH 传感实验证实了。作者的结论是，通过在这种模式下使用离子强度(10 μmol/L)极低的电解质，可能只检测到几个基本电荷。

这项工作的另一个有趣方面是设备噪声的测量。信噪比在亚阈值区域最大，但当传导完全关闭时，作者推测噪声由溶液噪声效应主导，而不是纳米线中的噪声效应。这可能是由电解液中的串联扩散电阻(在 6.3.1 节 5.中定义)引起的，这可能会导致显著的热噪声。对 50 μm^2 MOS 传感器的分析表明，对于低于 1 mmol/L 的电解质浓度，传感器和参比电极之间的噪声主导了场效应晶体管噪声[122]。对于纳米线传感器，扩散电阻会随着器件尺寸的减小而增加，但这可以通过将参比电极靠近传感器来补偿。

他们通过 APTES 和单克隆抗体功能化纳米线表面来检测 PSA，极大地提高了传感能力。检测限约为 1.5 fmol/L，是之前在线性状态下(接近阈值)所达到的 0.75 pmol/L 的灵敏度的 500 倍。这仍然低于另一小组[123]在掺杂 3×10^{18} cm^{-3} 的 n 型纳米线上使用标准 CMOS 技术处理所达到的约 0.03 fmol/L。这两个小组都使用了在纳米线表面有硅氧化物的纳米线，VLS 纳米线的本征氧化物用氧气等离子体清洁，CMOS 纳米线的氧化物用氧气等离子体产生。两者在 Si/SiO_2 界面和氧化物中可能都有非常高水平的缺陷和陷阱，并且都检测到 PSA 浓度远低于执行标准 PSA 测试所需的浓度(4 mg/L[124]-PSA 质量为 28.4 kDa)。VLS 和 CMOS 结果的差异可能至少部分与不同器件的功能化有关；然而，VLS 纳米线为 p 型，CMOS 纳米线为 n 型。

6.4.3 平面 MOS 纳米线——无栅极

由于目前在 CMOS 芯片上生产具有纳米尺寸的设备，上述结果最终可以直接转移到更容易控制的“自上而下”的 CMOS 工艺中。硅纳米线可以在市售的绝缘体上硅(SOI)衬底上制造。这些衬底由一个晶体硅层(器件层)组成，该层由一层

SiO_2(BOX 层)与硅衬底分开。所述衬底可通过将两个晶圆结合并刻蚀其中一个晶圆，或通过注入氧气和退火在常规硅晶圆表面以下一段距离处形成 SiO_2 层来制备。通过热氧化循环后再用稀 HF 溶液中刻蚀，可以减少设备层的厚度。所研究的器件层仍比电阻率显著增加的 10 nm 极限厚度要厚[125]。

2004 年，首次报道了使用标准 CMOS 技术制造硅纳米线生物传感器[126]。这些传感器是在具有 200 nm 厚的 BOX 层和 60 nm 厚的器件层的 SOI 晶片上制造的，通过离子注入掺杂，然后在 925℃的氮气环境下活化 10 min。测量了一个掺硼的 p 型样品(其掺杂密度为 10^{19} cm^{-3})，以及一个掺磷的 n 型样品(其掺杂密度为 10^{18} cm^{-3})。

晶片通过电子束光刻(用于纳米线)和光学光刻(用于微米级电引线)，然后进行反应离子刻蚀(RIE)。在 900℃下，在氧气环境下退火 1 min，在硅纳米线表面生长出 3 nm 厚的栅极氧化物。在末端形成铝触点，并使用抬升技术覆盖 100 nm 的氧化物。最后，硅片在形成气体(含 3.8%氢气的氮气)中在 450℃下退火 30 min，以与铝进行可靠的欧姆接触，并消除硅和热氧化物之间的界面态。

用水等离子体清洗纳米线(50 nm 宽，60 nm 厚，100 μm 长)后，将它们暴露于氩气中的(3-巯基丙基)三甲氧基硅烷(MPTMS)蒸气中 4 h，用无水乙醇冲洗，氮气吹干。通过将 MPTMS 覆盖的样品暴露在 5 μmol/L 探针溶液中 12 h，实现了 12 个单体 ss-DNA 探针的固定，这些探针以丙烯酸磷酰胺官能团为终止端。

测量是在仅溶解于超纯水中的 25 pmol/L 目标 DNA 溶液中进行的。具有互补目标的样品信号得到了很好的解析，而具有 1 个碱基对不匹配的样品则在噪声中，也就是说，SNP 以极佳的分辨率被区分。对于超纯水中的互补目标溶液，n 型和 p 型纳米线的传感器响应分别为 12%和 46%，信噪比分别为 8 和 6。

随后，同一作者使用相同的技术制造了 50 nm 高的硅纳米线，但在这种情况下，在生物传感器测试中使用了 PNA 探针[127]。此外，测量了 50～800 nm 宽度的干燥纳米线的伏安特性。将结果与商业二维器件模拟软件得到的电势和载流子图的计算结果进行了比较。

计算结果证实了测量结果，表明纳米线传感器的灵敏度强烈依赖于线宽。根据纳米线宽度在 800～100 nm 的数据计算出，纳米线对 DNA 黏附的灵敏度与表面体积比((2×高+宽)/(宽×高))之间的线性关系。当导线宽度较小时(例如 50 nm)，会出现非线性增强现象。从模拟结果来看，50 nm 宽的导线的变化量是 200 nm 宽的导线变化量的 20 倍，这种灵敏度的提升与在最窄的纳米线上测量到的电导非线性降低相对应。模拟结果表明，这种非线性响应是由氧化物-半导体边界处存在的固定正电荷从所有方向耗尽载流子(空穴)引起的。对于更小宽度的线，靠近线垂直侧面的区域被耗尽载流子的比例比更宽的线大得多，因此更细的线对表面电势的变化更敏感。得出的结论是，通过调节二维载流子耗尽，可以优化纳米线的灵敏度。

50 nm 宽的 PNA 功能化装置，对 10 pmol/L 的目标 DNA 溶液的响应为 25%，而之前报道的[126]DNA 功能化装置，对 25 pmol/L 的 DNA 浓度的响应为 12%。因此，PNA 功能化硅纳米线的灵敏度大约是 DNA 功能化硅纳米线的四倍，但其无法检测到像使用 VLS 法制造的硅纳米线所报告的 10～20 fmol/L 浓度[117]。

6.4.4 背栅平面传感器

1. 蛋白质的阿摩尔检测

使用标准 CMOS 工艺在 SOI 晶圆上使用反应离子刻蚀制备 67 nm(宽) × 40 nm(厚)的硅纳米线，获得了对 PSA 的最高灵敏度[122]。n 型 Si 沟道的掺杂浓度为 3×10^{18} cm^{-3}。

用氧气等离子体处理晶片，在纳米线上生成—OH 基团，以便随后与 APTES 溶液(1%乙醇)结合。随后，将氨基改性的表面与戊二醛(含有 $NaBH_3CN$ 的 25 wt% 戊二醛)反应，并通过其天然的氨基与戊二醛结合 PSA(含有 $NaBH_3CN$ 的 120 μg/mL 抗 PSA)。然后使用乙醇胺(含有 $NaBH_3CN$)阻断未反应的表面醛。通过将溶液 pH 调整至 7.6(pI 高于 6.9)，使蛋白质带电荷为负，从而优化信号。据报道，对 PSA 的灵敏度为 1 fg/mL(约 30 amol/L)。

2. 背栅 SiNW 生物亲和传感器性能演示

Si〈111〉面是硅上直接功能化的首选表面，其表面氧污染程度比 Si〈100〉面低[128]。由于〈111〉平面比其他硅晶面刻蚀速度慢得多，它们通常会随着不同方向的特征被刻蚀掉而变得光滑。因此，这种技术已被用来制造最光滑的表面，并已用于在 Si〈110〉器件层上使用 CMOS 技术制造双栅鳍式场效应晶体管(FinFET)，采用 TMAH(四甲基氢氧化铵)作为刻蚀剂[129]。Si〈111〉平面也被用于硅纳米线的电活性、电化学编程以及空间选择性生物功能化[130]。

用 TMAH 湿法刻蚀 Si〈100〉层形成的纳米线，沿着〈111〉晶面形成光滑的边缘和一个梯形轮廓，纳米线沿着(100)方向仔细排列。在掺杂浓度较低的 p 型(10^{15} cm^{-3})SOI 衬底上刻蚀宽 50 nm、高 25 nm 的纳米线。合成的结构具有梯形截面。据报道，更光滑的表面和反应离子刻蚀损伤的消除可以改善硅纳米线的电性能[131]。使用商业软件模拟的干设备的性能确定了 12 个设备的平均迁移率为 54 $cm^2/(V\cdot s)$，最大为 139 $cm^2/(V\cdot s)$。考虑到高场和倾斜 Si〈111〉晶面迁移率预期值较低[132]，这些结果与掺杂浓度为 10^{15} cm^{-3} 的 p 型硅中电子的理想值(450 $cm^2/(V\cdot s)$[14])相当。测量是在 V_{DS}=2 V 和背栅电势(相对于漏极的硅衬底偏置)$V_{GD} > -20$ V 的情况下进行的。下面将介绍一些有趣的应用和结果。

这项工作证明了链霉亲和素在 20 fmol/L 水平上与生物素功能化表面的结合。在该浓度下，信噪比达 140，意味着最终可以检测到 70 amol/L 浓度。使用山羊抗小鼠 IgG 功能化传感器和山羊抗小鼠 IgA 功能化传感器，证明了能够选择性地检测 100 fmol/L 浓度的小鼠 IgG 或 fmol/L 量级浓度的小鼠 IgA 的能力。

在这些演示中已经使用了大型溶液室，并在随后的一篇论文[133]中加入了目标分子在纳米线上的快速循环，以克服大分子目标扩散缓慢的限制；展示了 20 个碱基对 DNA 完全结合的反应时间在 30～50 s 范围内。电解质的德拜长度为 2.3 nm(见式(6.5))，选择这个长度是为了包括表面分子，而不检测纳米线外未结合的分子。当使用具有更长德拜长度的低离子强度缓冲液时，结果表明，通过检测纳米线外的对照物(与探针 DNA 不互补的目标)可能会产生假阳性。

氨基终止表面也进行了反应，使表面马来酰亚胺终止，并使用 20 的碱基对的硫醇终止 DNA 探针来测试传感器对 DNA 结合的灵敏度。在低至 10 pmol/L 的浓度下，成功检测到 20 个碱基对的目标。

最近的一篇综述给出了该小组工作的更多细节[134]。阐述了功能化化学和各种生物靶标的检测，并对其他组的结果进行了比较。最后，我们提到了该小组的工作，该小组展示了一个模块，该模块从全血样本中分离出 PSA(2 ng/mL)和乳腺癌标志物，用纯电解质冲洗模块，并使用光化学方法将目标物质释放到电解质中。利用他们的纳米线阵列成功地检测到了目标物质[135]。这标志着一种范式的转变，因为其证明了纳米线阵列可以与相对简单的净化模块一起使用，应用于即时检验市场。

3. 纳米带

在另一篇最近的论文中，一个研究小组测试了背栅硅纳米线(宽 50～150 nm，高 100 nm，长 1 μm)的 pH 依赖性[136]。这些器件具有肖特基势垒触点(TiW/Au)，并在 900℃的干燥氧气中氧化 10 min 形成厚度约为 5 nm 的栅极氧化物。制备了宽度分别为 1000 nm、100 nm、60 nm、45 nm 的器件，高度为 100 nm。一些设备用 APTES 处理，以改变栅极表面电荷的 pH 依赖性，使它们能够附着链霉亲和素。将计算结果与二维结构截面电势和载流子密度的模拟结果进行了比较，该模拟考虑了由于溶液界面上的位点结合而产生的电荷层和 Si-SiO_2 界面上的任何电荷。三篇论文报道了器件的 pH 依赖性的细节、详细的模拟以及对这些结果的解释。以下简要总结。

随着纳米线宽度的减小，阈值电压随着表面电荷的增加而增加，这降低了给定表面体积比的灵敏度[137]。在高的背栅偏置下，纳米线可以表现出雪崩击穿。作者的结论是，这些电荷层导致了雪崩的电势变化，对于非常窄的背栅纳米线，电荷可能导致场坍塌并大幅降低纳米线的电导。要使纳米线导电，需要施加足够大的栅极电压或漏源极电压。这可能会损坏纳米线芯片，因为通过 400 nm BOX 层的击穿电压约为 10 V 时，会对纳米线芯片造成损伤。

在随后的论文[138]中，通过改变器件层的厚度，生产了三个晶圆，使纳米线高度分别为 105 nm、65 nm 和 50 nm。这些纳米线长 1 μm，宽 2 μm。他们证明了该装置可以在反型模式和积累模式下操作，并且根据沟道和受主涂层表面之间的距离与德拜屏蔽长度的关系，可以解释积累的灵敏度增加。在正栅极电压下，反型层(电子)在 BOX 表面附近形成。对于较大的负背栅电压，积累层(空穴)在热氧化物界面附近形成。对于正栅极电压，电子分布在反型层下方的耗尽层中，耗尽层厚度为 4 nm(德拜长度)。

用于生物亲和性试验的装置经氧气等离子体处理，然后用 APTES 和生物素功能化。施加电压为 $V_{DS} = 2.0$ V。在加入链霉亲和素时，采用低离子强度(德拜长度为 2.3 nm)进行测量。对于最薄硅层(45 nm)，在 BOX 表面处的反型层显示了链霉亲和素附着的亚皮摩尔级灵敏度。

对于链霉亲和素的检测，响应在累积模式下比在反型模式下大，但这并没有导致更高的检测灵敏度，因为噪声增加了。这种效应归因于导电沟道的位置，对于空穴来说，它更接近生物分子的屏蔽表面电荷。此外，在积累模式和反转模式下，随着硅厚度的减小，响应增加[136]。

最后，通过模拟验证了模拟的电导率比值在积累模式下确实更大,这与观察结果一致，但比实验中获得的值要大。作者推测，这是由于沟道与传感表面距离较近，沟道中的空穴以及液体中的带电分子的屏蔽作用较差[139]。

这还有待解释。一个可能的原因是，正如这些演示之前用于功能化的等离子体处理，如果不被多晶硅或金属层保护，就可能会完全去钝化热氧化物界面处的硅悬挂键。由氧气等离子体或离子轰击产生的电势可能在某些方面产生了影响。无论如何，模拟和实验都表明，有必要考虑氧化物界面处固定电荷的非均匀性。

6.4.5　消除氧化层

最近的一项研究集中于通过超薄氧化物或直接对 Si〈100〉表面进行功能化，来实现硅纳米线(SiNW)在接近硅表面处的功能化[109]。结果表明，在 0.165 mol/L 电解质中通过静电力将探针键合到氨基终止的表面，可以显著提高检测灵敏度。这意味着电解质浓度足够高，可以实时研究传感器上的目标结合，并获得结合和解离速率常数。

硅纳米线是使用超晶格纳米线图案转移(SNAP)工艺(稍后描述)在 SOI 晶圆上形成的一个 2 mm 长的、由 400 个间距为 35 nm 的硅纳米线组成的阵列。纳米线高 20 nm，宽 20 nm，并且 p 型和 n 型掺量均达到 8×10^{18} cm^{-3} 的水平。在溅射工艺形成金属触点和引线后，晶圆在形成气体(95% N_2，5% H_2，475℃，5 min)中进行了退火。最后，它被氮硅化物覆盖，并且氮化物中的开口被刻蚀以暴露纳米线。

比较了两种功能化过程。第一种方法与之前描述的 VLS 设备上使用的方法类似，纳米线在火山泥溶液中清洗，留下 0.5～1 nm 厚的化学硅氧化物，然后使用甲苯中的(3-氨基丙基)二甲基乙氧基硅烷进行功能化。第二种方法是用稀释的 HF 去除氧化物，用氟化铵(NH_4F)进行氢终止，然后用光化学方法在硅表面形成带有 Si—C 键共价键合的氨基改性表面[140,141]。它对裸硅表面具有选择性，因此 BOX 表面没有功能化，消除了来自纳米线边缘的信号。

针对 p 型掺杂样品给出生物亲和性数据。单链 10 μmol/L DNA (16 个碱基对)在 1×SSC 缓冲液(15 mmol/L 柠檬酸钠，150 mmol/L NaCl，pH = 7.5，离子浓度为 0.165 mol/L)中流动，通过微沟道在阵列上流动 1 h，并允许静电力吸附在硅纳米线的氨基终止表面。通过反馈回路控制到金属电极的电流，使溶液电势保持在一个恒定的值。在 SPR 测量中使用了相同的溶液。

与有化学氧化物的器件相比，没有氧化物的半硅纳米线在溶液中的场效应晶体管特性得到了改善，显著提高了 DNA 结合的灵敏度，动态范围提高了约 100 倍。它们还表现出响应随盐浓度的对数变化。

除了证明直接将氨基共价键合到硅表面增强了检测灵敏度外，测量结果还表明了其他显著的结果。由于在用于测量的 0.165 mol/L 缓冲液中计算出的德拜长度约 0.6 nm，这个结果表明，DNA 必须以某种方式将自身非常紧密地限制在具有共价键合氨基的纳米线表面，否则 DNA 电荷将不会改变晶体管电流。DNA 结合和膜厚度的细节尚不清楚；然而，结果表明，通过将探针分子的静电结合与胺端烷基连接分子和硅(Si)表面的直接共价键合相结合，可以更有效地监测共轭作用。

作者还提出了基于朗缪尔模型的统计分析结果，该模型确定了 k_{on}、k_{off} 和结合亲和常数 K_A(见式(6.37))，这些参数与 SPR 得到的值在相同的范围内，因此作者认为纳米线的电阻变化可以用于对结合动力学的定量测定，但比 SPR 更灵敏。

随后，另一小组使用共价键合探针与 PNA 探针杂交而得到更好的灵敏度，而不是刚才描述的静电附着[142]。他们还使用了深紫外光刻技术，比电子束光刻或后面讨论的 SNAP 方法更适合生产，以制造(63 ± 5) nm 的方形纳米线。同样的光化学过程，将共价键合的氨基终止表面形成在纳米线上。接着使用双官能团连接剂戊二醛共价连接氨基终止的 PNA 探针，该连接剂可以耦合两个氨基。这种方法使得 PNA 连接的密度更高，并且能够选择性地连接到硅纳米线上。在 0.01 × SSC 缓冲液(比上述低 100 倍)中进行测量，目标为 22 个碱基对。使用 22 个碱基对，在 10 fmol/L 的 22 碱基对溶液中检测到连接反应，并且能够区分单个碱基错配的情况。在连接过程中未报告相关测量结果。

6.4.6 替代纳米线制造方法

电子束光刻图版技术的分辨率限制在 15 nm 量级[143]。一种称为 SNAP 的图案化方法[144]已经证明了在 SOI 衬底上制备大型硅纳米线阵列的能力，线宽和间距分别为 10～20 nm 和 40～50 nm。简单地说，SNAP 方法是通过切割 GaAs 晶体边缘来转移图案，该晶体上沉积了 GaAs/AlGaAs 超晶格。用合适的刻蚀剂对晶圆片进行处理后，切割边缘上出现了一系列纳米沟槽。Pt 以倾斜的角度沉积在这个边缘工具上。然后，通过与 SOI 晶圆接触，将表面上的 Pt 转移，从而创建刻蚀掩模。通过仔细的(低能量的)反应离子刻蚀和自旋玻璃掺杂，即使纳米线中的掺杂分布并不均匀，也可以在纳米线中获得良好的电阻特性[145]。使用 SNAP 技术制备的纳米线宽为 14 nm，每个传感元件(5～10 根)，能够在 0.15 mol/L 电解质(0.15 mol/L NaCl，0.15 mol/L 柠檬酸钠，pH = 7.0)中检测目标浓度小于 220 10^{-18} mol 的 DNA 的结合[146]。目标溶液通过微流体沟道流过纳米传感器。p 型和 n 型纳米传感器在较宽的动态范围内都表现出了灵敏度，它们的响应与浓度呈对数关系。

硅纳米线也被转移到了涂有绝缘层的硅晶片上，使用的是一种类似于接触印刷的过程[147]。这些纳米线的电学特性可以通过具有预期选择掺杂的硅衬底来控制。经过热氧化处理后，采用步进光刻法在衬底上确定 0.8～1 μm 宽的氧化物线条。经过深硅反应离子刻蚀循环后再去除氧化物，创建了具有倒三角形截面的硅线条，由更窄的硅支柱支撑。然后对硅衬底进行热氧化，接着刻蚀氧化物以产生在倒三角形中心附近具有小于 1 nm 直径的自由硅纳米线。转移后，形成源漏接触，通过原子层沉积技术沉积了 Al_2O_3，然后沉积并图案化栅金属。展示了长度从 5～200 μm 不等、直径从 20～100 nm 不等的有序硅纳米线，它们具有良好的电气特性。这个过程的变化可以用来制造生物传感器阵列。

作为 SOI 衬底的一种更经济的替代品，已经研究了多晶硅(poly)和 p-n 结硅纳米线的使用。最近，一个使用多晶硅的团队报告了在 pmol/L～fmol/L 水平上检测到禽流感病毒(HPAI)DNA 的致病性毒株(H5 和 H7)[148]。采用标准侧壁间隔器技术制造的高质量器件级的聚硅薄膜被用来在氮化硅上制备了宽 80 nm、厚约 50 nm 的纳米线阵列。它们通过标准的 APTES 戊二醛过程进行了功能化。

另一种多晶 CMOS 工艺产生了一种底部间隙纳米线几何结构，其中长 900 nm、高 20 nm 的纳米间隙被刻蚀在多晶栅和硅衬底之间的氧化物层中[149]。对禽流感病毒(AIa 抗原)的抗原进行的初步测定在 10 μg/mL 水平上是成功的。

最后，我们提到了在晶体硅层上使用硅纳米线制造生物传感器的工作，该纳米线与硅体衬底形成 p-n 结[150]。纳米线宽度为 50～150 nm，据报道，反向偏置结的漏电流低到可以忽略。据报道，PSA 抗原的测试在 10 ng/mL 的目标溶液中是成功的。

6.4.7　纳米线电气模型

对上述纳米线中电势和载流子密度的二维模拟涉及在纳米线表面设置电势和

固定电荷。对理想 MOS 器件进行了如下计算，也就是说，忽略了氧化物中的电荷以及 Si/SiO_2 界面处的快态电荷。该模拟器使用标准模型[14]来根据电势计算硅中的空穴和电子浓度，利用了费米-狄拉克统计和半导体中建立的准费米能量。这些与泊松方程一起使用，我们把这些称为半导体的标准方程。为了方便起见，把它们写在下面。

在半导体中，方程以介电常数 ε_{Si}、掺杂浓度 N_B、空穴浓度 p、电子浓度 n、本征载流子浓度 n_i 和准费米能级 E_F 表示：

$$\begin{aligned} -\frac{\mathrm{d}(\varepsilon_{\mathrm{Si}}\phi)}{\mathrm{d}x} &= q(p-n+N_{\mathrm{B}}) \\ p &= n_{\mathrm{i}}\exp((E_{\mathrm{F}}+E_{\mathrm{r}}-V_{\mathrm{GS}}-\phi)/\phi_{\mathrm{t}}) \\ n &= n_{\mathrm{i}}\exp(-(E_{\mathrm{F}}+E_{\mathrm{r}}-V_{\mathrm{GS}}-\phi)/\phi_{\mathrm{t}}) \end{aligned} \tag{6.38}$$

其中，V_{GS} 为纳米线源与浸入体电解质中的参比电极之间的电势；E_r 则考虑了溶液中的参比电极电势、功函数和电子亲和力项。后者用于 ISFET，但对于纳米线，通常在溶液中不使用参比电极，或有时只是使用由 Pt 或 Au 制成的金属电极(不极化)来控制溶液电势。

在无生物分子的电解质中，采用泊松-玻尔兹曼方程，介电常数和体积浓度分别由 ε 和 n_0 给出。离子为一价($z = 1$)，阳离子浓度为 n_+，阴离子浓度为 n_-：

$$\begin{aligned} -\frac{\mathrm{d}(\varepsilon\phi)}{\mathrm{d}x} &= q(n_+-n_-) \\ n_\pm &= n_0\exp(\mp\phi/\phi_{\mathrm{t}}) \end{aligned} \tag{6.39}$$

1. 圆柱状膜

最近，6.2 节中详细考虑的可渗透离子的膜模型被应用于圆柱形纳米线上，并升级为包括膜-电解质界面的离子分配、靶标-探针平衡，以及与氧化物的位点结合[29]。对于圆柱形纳米线的圆柱对称性进行了计算，并将溶液电势固定在参考电势。使用标准模型描述硅中的传导，使用硅表面电势的渐进沟道近似计算电导。

利用泊松方程计算通过绝缘体和亥姆霍兹层的电势，假设在外部亥姆霍兹平面上有位结合。具有介电常数 ε_{ox} 和厚度 d_{ox} 的绝缘体的泊松-玻尔兹曼方程以表面电荷密度 σ_s 表示：

$$-\frac{\mathrm{d}(\varepsilon_{\mathrm{ox}}\phi)}{\mathrm{d}x} = \sigma_{\mathrm{s}} \tag{6.40}$$

介电常数和适用于硅氮化物的位点结合被用来计算 σ_s，包括硅醇(式(6.10))和胺基(式(6.13))的贡献[24]。然而，作者假设标准的亥姆霍兹电容，即 SiO_2 的 20 μF/ cm^2，而不是对于硅氮化物的 70.8 μF /cm^2[26,27]。一个良好的硅醇基团近似描述了表面电荷，以 pI(6.2 节中的 pH_{pzc})而不是以 pK_a 和 pK_b 来描述。

泊松-玻尔兹曼方程还被用来确定由于生物大分子存在的介电常数为 ε_m 和电荷密度为 N_m 的膜中的电势ϕ和离子电荷浓度，如前文一维模型所述(见式(6.17))。移动离子从溶液渗透到膜时遇到的自由能障 ΔE_m 包括自然电荷-介电相互作用能，在很大程度上是由于溶液和膜之间的介电常数差异。离子-溶剂和离子-偶极子相互作用也可能做出重要贡献[74]。这就得到了膜内的泊松-玻尔兹曼方程：

$$
\begin{aligned}
-\frac{\mathrm{d}(\varepsilon_m\phi)}{\mathrm{d}x} &= q(n_+ - n_-) + qN_m \\
n_\pm(r) &= n_0\exp(-E_m \mp \phi/\phi_t)
\end{aligned}
\tag{6.41}
$$

我们采用广义的 Langmuir-Freundlich(朗缪尔-弗罗因德利希)等温线[151]来描述 DNA 与 DNA 或 PNA 探针杂交的表面浓度 N_{ds}，用 C 表示溶液中的目标浓度，N_p 表示探针总密度，K_A 表示结合亲和力：

$$
N_{ds} = N_p\frac{(K_A C)^\nu}{1+(K_A C)^\nu} \tag{6.42}
$$

式中，ν 为与表面结合能异质性有关的参数，$0<\nu\leqslant 1$(见朗缪尔等温线式(6.35))。

两种方案代表了 16 个碱基对 DNA 链的固定电荷：方案 A 是对于一个 5.5 nm 厚的膜，DNA 垂直于表面，介电常数 $\varepsilon=80\varepsilon_0$；方案 B 为 2 nm 厚的 DNA 平行于表面的膜，介电常数 $\varepsilon=20\varepsilon_0$。离子分配只考虑后者，即较致密的膜。

自洽计算是针对一系列 E_F 值的径向电势和电荷分布进行的，使用了式(6.38)～式(6.42)和位点结合项。这些数值解在径向上进行了积分，然后沿长度使用渐进沟道近似来计算在接触之间施加小电势 V_{DS} 时的纳米线电导。

随着栅极电势的增加，在连接前 G_{ss} 和连接后 G_{ds} 的电导被计算出来，电导从积累状态经过平带增加到耗尽态和反型态，这是 MOS 器件的典型特性。"亚阈值状态"包括平面带以下载流子(空穴)的积累和平面带以上载流子(空穴)的耗尽，类似于 6.2 节中描述的 ISFET 的电流变化。带电分子的附着引起特征曲线的偏移，这些偏移表现为在平带附近的电压偏移(在亚阈值区)，在探针附着后由 ΔV_0 和杂化后的偏移量 ΔV_{hyb} 表示。

计算表明，方案 A 和方案 B 的 ΔV_{hyb} 偏移都是 5 mV。然而，方案 A 在探针附着时显示出更大的 ΔV_0 偏移，42 mV 相对于方案 B 的 7 mV。对于方案 B，在膜上没有达到 Donnan 电势，导致探针附着时的偏移较小。能量势垒导致膜中有效离子强度降低，从而显著增加了 Donnan 电势。膜-电解质界面处的能量障碍，在以前的工作中没有仔细讨论，对设计具有最佳灵敏度的 BioFET 有重要影响。

对于杂交的灵敏度 $\Delta G/G\equiv(G_{ds}-G_{ss})/G_s$。在反型条件下，它有最高的栅极电势值，为 $\Delta G/G=\exp(-\Delta V_{hyb}/\phi_t)-1$。而 $\Delta G/G$ 随栅极电势的最大变化发生在亚阈值

区域(平带附近)。这是纳米线最能区分由于生物分子电荷增加而引起的电导变化和背景电导的地方。

其他的结论加强了先前对平面 BioFET 的结论，即移动电解质离子和位点结合有助于屏蔽生物分子电荷，这导致了对附着的非线性响应，PNA 探针增强了灵敏度，Donnan 电势可以在实践中遇到的正常探针密度的膜中达到，达到 Donnan 电势会降低灵敏度。如果把 DNA 平铺则可以获得更好的灵敏度。

将这些计算与 6.4.5 节[109]中讨论的 SNAP 方法制备纳米线的实验数据进行比较。另一个重要的结论是，Langmuir-Freundlich 等温线中参数 v 所表示的表面异质性对于确定纳米线输入动态范围(最小和最大电导之间的差异)至关重要，这是通过比较器件有无氧化物推导出来的。不含氧化物的纳米线具有较好的输入动态范围，其 v 值较低(= 1/2)；而那些有本征氧化物的则不然。

这是一篇非常值得详细阅读的论文，因为它是迄今为止对 DNA 杂交电检测的最完整分析。

2. 纳米线电容和表面电势的测定

在硅中使用泊松-玻尔兹曼方程(带有载流子玻尔兹曼统计量的泊松方程)以及在电解质和氧化层中使用泊松-玻尔兹曼方程，来计算圆柱形截面的电势分布，这在另一篇文章中有讨论。在本节中讨论了这一问题，因为它还为纳米线(NW)中的检测机制提供了一个简单的描述[121]。

对于硅中的空穴密度ρ，德拜长度 $\lambda_{\mathrm{Si}}=\sqrt{\varepsilon_{\mathrm{Si}}\phi_{\mathrm{t}}/pq}$)。这些器件的均匀掺杂密度 N_{B} 为 10^{18}～10^{19} cm^{-3}，大多数载流子(空穴)的德拜长度为 1～1.5 nm(参见文献[14]，第 78 页)。当纳米线无净电荷时，整个空穴密度为ρ_0，等于硼掺杂密度 N_{B}。将计算结果与长度 L = 2 μm、半径 R =5 nm 的纳米线进行比较，该纳米线使用厚度为 1 nm 的本征氧化物，可能已经用氧气等离子体进行了清洗。在 pH 范围为 4～9 的 10 mmol/L 磷酸盐缓冲溶液中，对 APTES 功能化的表面进行了测量。

对于没有附加电荷的理想 MOS 器件，纳米线中的电势 $\phi_{\mathrm{Si}}(r)$ = 0，对氧化物表面上可变电荷量的响应模拟了带电生物分子的影响或 pH 的变化。假设在接触面之间施加的电压可以忽略，因此计算电导时不考虑接触面沿长度的变化。由于半导体中准费米能级的移动引起的能带弯曲，电荷会使表面势ϕ_{Si}在周围区域产生$\delta\phi_{\mathrm{Si}}$的偏移。这改变了半导体中的载流子(空穴)浓度 δ_{p}，从而改变了德拜长度 λ_{Si}。由于圆柱对称性，纳米线中的电势从周界处的值 $\delta\phi_{\mathrm{Si}}$ 变化，达到中心的最小值或最大值，如图 6.19 所示。

计算结果表明，对于小的空穴浓度(耗尽状态或亚阈值状态)，屏蔽长度近似等于德拜长度，且 $\lambda_{\mathrm{Si}}\gg R$，导致沿半径各点上的空穴密度变化几乎均匀，由 $\delta p(r)$= $p\exp(-\delta\phi_{\mathrm{Si}}/\phi_{\mathrm{t}})$给出。电势由德拜长度 λ_{Si} 描述，电势从纳米线表面几乎呈指数下降。

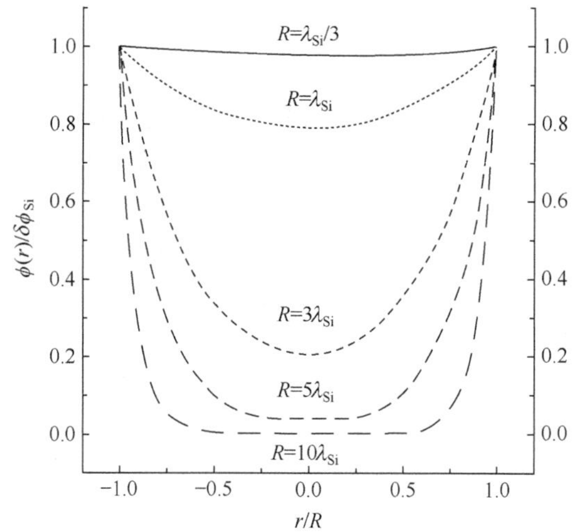

图 6.19　归一化 $\phi(r)/\delta\phi_{Si}$ 作为半径为 R 的硅纳米线内归一化径向位置 r/R 的函数，用于不同的德拜长度 λ_{Si}: $\lambda_{Si}=3R$，R，$R/3$，$R/5$ 和 $R/10$

对于 $\lambda_{Si}\gg R$，载流子密度随 r 的变化很小，纳米线电导的变化由下式给出：

$$G=q\int_0^R 2\pi r\delta p(r)\mathrm{d}r=q\pi R^2 p\exp(-\delta\phi_{Si}/\phi_t) \tag{6.43}$$

式中，$\phi_{Si}=0$ 时，电导为 $G_0=q\mu\pi R^2 p$，μ 为载流子迁移率。在亚阈值(空穴耗尽)状态下，纳米线的体积得到充分利用，灵敏度最大为 $\Delta G/G_0=(G-G_0)/G_0$。

为了进行比较，测量结果与 pH 和 V_{GS}(Au 电极上的电势)有关。这些纳米线在栅极电势 $V_{GS}=0V$ 时接近反转，当栅极电势 $V_{GS}=0.2\sim0.5V$ 时，处于亚阈值区域。为了计算电导变化δG，我们定义了一个参数 ξ(即“栅极耦合效率”)，以拟合作为 V_{GS} 函数得到的 G 值：

$$G=q\pi R^2 p\exp(-\xi\delta\phi_{Si}/\phi_t) \tag{6.44}$$

这就得到$(\delta G/\delta\phi_{Si})/G=\delta\ln G/\delta\phi_{Si}=-\xi/\phi_t$，并且改变 G 一个数量级所需的 $\delta\phi_{Si}$ 的值为 $\delta\phi_{Si}=-\phi_t\ln(10)/\xi$。在 pH 为 4 时的 APTES 处理过的氧化物的亚阈值状态下，测得的 S_S 约为 0.33。

测得的电导值被用来确定 pH 为 4 时 $\delta\phi_{Si}$ 的值，这是通过跨导 $\delta G/\delta V_{GS}$(约 700 nS/V)拟合线性范围内的数据得到的，即 $\delta G(\text{pH }4)=(\delta G/\delta V_{GS})\delta\phi_{Si}\ (\text{pH}=4)$，这确定了 $\delta\phi_{Si}/\delta\text{pH}=-30\text{mV/pH}$ 的值，这可以与优质热氧化物的 ISFET 的 $\delta\phi_{Si}/\delta\text{pH}\approx-46\text{mV/pH}$ 进行比较[16]。然而，已知较低质量的氧化物可以在其表面形成水凝胶[152]，导致 $\delta\phi_{Si}/\delta\text{pH}$ 较高，并且在较高的 pH 下，$\delta\phi_{Si}/\delta\text{pH}$ 可能更高[16,44]。此外，APTES 的效果对 pH 敏感性也有影响。Si-SiO_2 界面的任何快速态也会改变亚阈值斜率[14]。

对圆柱的纳米线电容 C_{NW} 和双层电容 C_{DL}，使用电解质和半导体的泊松-玻尔兹曼方程的良好近似进行了有用的估计。对于 $\lambda_{Si} \gg R$，纳米线电容 $C_{NW} \approx 2\pi pqR\lambda_{Si}L/\phi_t$，$\lambda_{Si}$ 较小时，$C_{NW} \approx \pi pqR^2\lambda L/\phi_t$。电解质的德拜长度由上面的介电常数 ε 和德拜屏蔽长度 λ_b 给出(式(6.5))。低盐浓度的纳米线圆柱体，$\lambda_b \gg R$，$C_{DL} = \pi\varepsilon L/\ln(\lambda_b/R)$。

根据双圆柱电容公式 $C_{ox} = 2\pi\varepsilon_{ox}L/\ln(1+t_{ox}/R)$，其中 t_{ox} 为氧化物厚度，ε_{ox} 为氧化物介电常数，确定电容为 $C_{ox}/L=1.4\times10^{-15}$ F/μm，这导致介电常数 $\varepsilon_{ox}/\varepsilon_0 \approx 28$。这表明氧化物必须对电解质的渗透性很强。然而，这还有待解释，因为作者在他们的分析中没有包括由位点结合而产生的电容 C_a，并且使用了一个有问题的等效电路。

一个用于描述纳米线、氧化层和双电层结构的等效电路表面，其中双电层电容与氧化层电容和纳米线电容的串联组合并联：$C = 1/(1/C_{ox} + 1/C_{NW}) + C_{DL}$。这种关系是不正确的，因为它违反了纳米线中心与整体电解质之间的高斯定律[39,40]，并没有描述纳米线与栅极之间的所有电势下降[153]。该纳米线的等效电路应与 6.2 节中参考的平面 BioFET 相同，并应包括与 C_{DL} 串联的电容组合 $C_a + C_{DL}$ 以及 C_{DL} 和 C_{ox}: $C^{-1} = C_{NW}^{-1} + C_{ox}^{-1} + (C_a + C_{DL})^{-1}$。然而，纳米线电容的限制和纳米线操作的描述仍然非常有用。

3. 三维模型

最近，人们在计算半导体和溶液相中的电势和电荷方面做了大量的工作[154]。在此分析中考虑了量子效应，但在纳米线半径超过 10 nm 时可能不显著。这些模拟可以描述大多数与纳米线表面生物分子共轭相关的现象。在此，我们将介绍一项工作，该工作展示了可从这些计算中推导出的实际信息。虽然模拟结果难以与获得的实验数据精确拟合，但具有一定的指导意义。

Nair 等使用的三维泊松-玻尔兹曼解算器能够模拟电解质中任意形状的导电表面上的生物分子静电特性[155]。在分子附着的附近，圆柱形纳米线被近似为一个等势面。氧化层被认为是没有位点结合的完美电介质。计算得到的电解质溶液中生物分子在纳米线表面的电通量作为半导体中泊松-玻尔兹曼方程和漂移扩散方程的边界条件。生物大分子的结构从蛋白质数据库中获得[156]，其电荷分布的复杂分布从分子动力学模拟器的力场参数中映射出来[157]。电解质离子被排除在生物分子之外，但分子上的亥姆霍兹层没有被考虑。

通过模拟，他们能够描述实验结果并证实之前模拟的结论。它们首先讨论了一些一般性问题，然后介绍了纳米线设计的重要问题。他们对低浓度半导体中掺杂密度的统计波动进行了估计，这种波动是由纳米线表面附近电解质上的电荷线分布造成的，并认为这将导致低掺杂水平下线灵敏度的严重变化，从而很难在传感器表面检测到少量分子。如果在检测目标之前将每根纳米线的初始电导率存储在存储器中，并对多个纳米线进行统计取平均值，以获得每次测量的灵敏度，则可以缓解这一问题。

一些观察结果有助于比较纳米线在空中(S_{air})和在水中(S_{water})的氮氧化物的敏感性。通过比较积聚和耗尽状态下的纳米线，模拟结果显示，S_{water}(耗尽状态下的纳米线)⩽ S_{air}(耗尽状态下的纳米线)；S_{water}(积聚状态下的纳米线)⩾ S_{air}(积聚状态下的纳米线)。因此，在空气中观察到的灵敏度取决于掺杂类型。他们发现，当纳米线中载流子耗尽时，空气中的灵敏度要比处于累积状态时高一个数量级；而在水中，两者之间的差异要小得多。这与水的介电常数大有关系。同时，电场会从附着生物分子层外的纳米线向更远的地方扩散。

计算表明，对于负表面电荷，预计 n 型纳米线比 p 型敏感；对于正电荷，p 型纳米线预计比 p 型敏感，这一点已通过测试得到证实[118,146]。模拟结果表明，灵敏度与长度成反比，并随着纳米线半径的减小而增加[126,131]。

模拟结果与经验一致，这表明长度相同但碱基对序列不同的 DNA 链之间产生差异的概率对 DNA 探针来说非常低，但对 PNA 来说较高。他们的研究表明，蛋白质在其 pI 值较低的地方更容易被检测到，因为这些地方带有大量电荷。这是意料之中的，而且与最近对纳米线的测量结果一致[122,131]。

这项工作没有包括位点结合，作者指出这对蛋白质来说可能特别重要，因为它们的电荷将由表面 pH 的变化决定，这可以很容易地纳入计算中。这项工作也不包括生物分子周围的亥姆霍兹层。在 6.2 节[28]所述的平面传感器研究中和应用于上述圆柱体[29]的膜模型中，这一贡献被认为是重要的。

最近的其他研究也考虑了位点结合和固定电荷对 BioFET 反型、弱反型和亚阈值区域性能的影响[158,159]。

6.4.8　扩散导致的缓慢响应

随着纳米线传感器的出现，人们首次尝试确定如果响应受到扩散限制，那么相对较大的生物分子的缓慢扩散将如何限制溶液中可获得的最终实际灵敏度[160]。对于正在研究的较低浓度，问题就出现了：如果一个人等待一段实际时间来记录信号的变化，如果目标只是被允许扩散到传感器表面，那么传感器表面共轭分子的密度是多少[161-163]。本分析考虑了描述分析物浓度 C 随时间变化的扩散方程，并要求修正方程(6.35)以考虑随时间变化的影响。最近，瞬变响应的建模考虑了位点结合和目标分离的影响($k_{off} = 0$)[161]。

传感器表面的几何形状由分形分析法处理[164]，并考虑最小检测浓度 $C(t = 0) \equiv C_0$ 及其与可用于孵化的稳定时间 t_s 的关系。由此得到一个比例关系：$C_0 \oplus k_D t_s^{1/D_F}$，其中 D_F 为表面的分形维数，k_D 则与传感器的物理尺寸和分析物的扩散系数有关。

最近对这项工作进行了总结[164]。图 6.20 显示了最小可检测浓度 $C(t=0)\equiv C_0$ 及其与可用于孵化的稳定时间 t_s 的关系。它清楚地表明，在目标浓度方面，纳米线和纳米线阵列(包括“纳米网”)的时间响应优于平面传感器。此外，还讨论了对单个目标到达时间的统计分析[165]。即使是纳米线，很明显也需要找到克服扩散极限的技术，这也适用于通过层流沟道应用的目标。

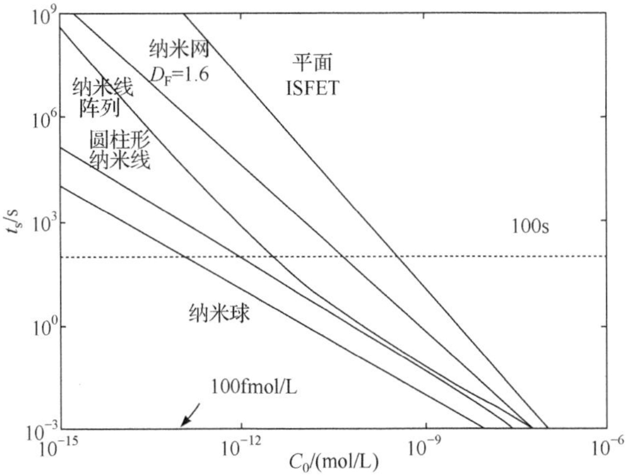

图 6.20　基于对几种纳米线几何形状(圆柱形纳米线、纳米球、平面 ISFET、纳米网、纳米线阵列)的分形分析绘制的稳定时间 t_s 与最小可检测浓度 C_0 的关系图

6.4.9　总结

随着工程师和科学家在大量数据和现有良好模型的帮助下完善制造技术，纳米线传感器的性能和可重复性无疑会得到改善。

有一些明显需要改进的地方，也有一些问题。除了经常使用的相对较差但电容很高的原生(化学)氧化物之外，是否还有其他替代品？绝缘层能薄到什么程度？它能被消除吗？也许使用 Si〈110〉晶圆来生产 FinFET[129]结构，在纳米线的每一侧都有垂直 Si〈111〉壁可以产生更好的结果，并有助于完全消除氧化层。

我们有机会消除 Si-SiO_2 界面上困扰某些器件的固定电荷。CMOS 工程师都知道，通过等离子体处理不受多晶栅或金属栅保护的 SiO_2-Si 界面，可以完全接触 Si 悬空键的钝化。我们自己的经验是，即使是使用“远程”或“温和”等离子体的等离子体清洗设备，也可以留下大于 $5\times10^{12}\text{eV}^{-1}\cdot\text{cm}^{-2}$ 的界面态密度。这一水平会显著降低最佳纳米线的灵敏度。紫外线-臭氧处理或与远程等离子体不在同一视线范围内的原子氧束可有效地去除碳污染，同时维持小于 $2\times10^{11}\ \text{eV}^{-1}\cdot\text{cm}^{-2}$ 的界面态密度，而无须在成型气体中重新退火[166]。是否有一种完全可靠的湿法工艺可以在连接剂分子附着之前去除偶联碳或加工残留物？是否可以使用强碱性磷酸盐洗涤剂(通常用于清洁精密光学元件)等液体清洗，还是需要更具腐蚀性的溶液[167]来去除碳？臭氧水似乎还没有被纳米线测试过。

唯一被证明可以在高盐浓度下进行电测量的功能化方法是使用探针的静电结合[109]。能否制作出更好的静电结合层或薄膜?

关于膜-电解质界面和水-空气界面介电常数不连续的影响的一些研究早前已被引用[29,37]，但更多的细节有待探索。此外，栅-膜界面处存在较大的介电常数偏移，这一点需要进一步考虑，特别是对于蛋白质和脂质层[168,169]。

本章所述的所有努力都是为了建立最全面的模型，即使是包括亥姆霍兹层和位点结合的简单模型，离预测真实器件的灵敏度也还有一定距离。在更好地理解所有界面反应的细节之前，情况仍将如此。

最后，为了在低目标浓度下获得合理的响应时间，显然需要在目标涂布器中采用湍流、平流、电泳、电动或其他过程。

参 考 文 献

[1] C. Stagni, C. Guiducci, L. Benini, B. Riccò, S. Carrara, B. Samorí, C. Paulus, M. Schienle, M. Augustyniak, and R. Thewes, *IEEE J. Solid-State Circuits*, **41**, 2956-2963 (2006).

[2] R. Thewes, C. Paulus, M. Schienle, F. Hofmann, A. Frey, R. Brederlow, P. Schindler-Bauer, M. Augustyniak, M. Atzesberger, B. Holzapfl, M. Jenkner, B. Eversmann, G. Beer, M. Fritz, T. Haneder, and H.-C. Hanke, *Proceeding of the 30th European Solid-State Circuits Conference and 34th European Solid-State Device Research Conference*, Leuven, Belgium, September 21-23, 2004, ed. R. P. Mertens C. L. Claeys, M. Steyaert, and C. L. Claeys, pp. 19-28 (2004).

[3] P. Bergveld, *IEEE Trans. Biomed. Eng.*, **17**, 70-71 (1970).

[4] P. Bergveld, *IEEE Trans. Biomed. Eng.*, **19**, 342-351 (1972).

[5] P. Bergveld, *Sens, Actuat. B*, **88**, 1-20 (2003).

[6] S. D. Moss, J. Janata, and C. C. Johnson, *Anal. Chem.*, **47**, 2238-2243 (1975).

[7] J. Janata, *Electroanalysis,* **16**, 1831-1835 (2004).

[8] H.-S. Wong, H. White, *IEEE Trans. Electron Dev.*, **36**, 479-487 (1989).

[9] T. C. W. Yeow, M. R. Haskard, D. E. Mulcahy, H. I. Seo, and D. H. Kwon, *Sens. Actuat. B*, **44**, 434-440 (1997).

[10] A. K. Wanekaya, W. Chen, N. V. Myung, and A. Mulchandani, *Electroanalysis*, **18**, 533-550 (2006).

[11] Y. Tsividis, *Operation and Modeling of the MOS Transistor*, 2nd ed. (New York, McGraw-Hill, 1999).

[12] E. H. Nicollian and J. R. Brews, *MOS (Metal Oxide Semiconductor) Physics and Technology*, 2nd ed. (New York: Wiley, 1982).

[13] D. W. Greve, *Field effect Devices and Applications: Devices for Portable, Low-Power, and Imaging Systems* (Upper Saddle River, NJ, Prentice Hall, 1998).

[14] S. M. Sze, *Physics of Semiconductor Devices*, 2nd ed. (New York, John Wiley & Sons, 1981).

[15] D. A. McQuarrie, *Statistical Mechanics* (New York, Harper and Row, 1976).

[16] R. E. G. van Hal, J. C. T. Eijkel, and P. Bergveld, *Sens. Actuat. B: Chem.*, **24-25**, 201-205 (1995).

[17] D. E. Yates, S. Levine, and T. W. Healy, *J. Chem. Soc. Faraday Trans.* 1, **70**, 1807-1818 (1974).

[18] R. B. M. Schasfoort, P. Bergveld, R. P. H. Kooyman, and J. Greve, *Anal. Chim. Acta*, **238**, 323-329 (1990).

[19] L. Bousse and J. D. Meindl, in *Geochemical Processes at Mineral Surfaces*, ed. J. A. David and K. F. Hayes (American Chemical Society, Washington, 1986), p. 79.

[20] L. Bousse, N. F. de Rooij, and P. Bergveld, *IEEE Trans. Electron Dev.*, **30**, 1263-1270 (1983).

[21] L. Bousse, H. H. van den Vlekkert, and N. F. de Rooij, *Sens. Actuat. B*, **2**, 103-110 (1990). 22.

[22] M. Klein and M. Kuisl, *VDI-Ber.*, **509**, 275-279 (1984).

[23] T. Mikolajick, R. Kühnhold, and H. Ryssel, *Sens. Actuat. B*, **44**, 62-267 (1997).

[24] D. L. Harame, L. J. Bousse, J. D. Shott, and J. D. Meindl, *IEEE Trans. Electron Devices*, **34**, 1700-1706 (1987).

[25] A. H. M. Smets and M. C. M. van de Sanden, *Phys. Rev. B*, **76**, 073202 (2007).

[26] S. Martinoia and G. Massobrio, *Sens. Actuat. B*, **62**, 182-189 (2000).

[27] S. Martinoia, G. Massobrio, and L. Lorenzelli, *Sens. Actuat. B*, **105**, 14-15 (2005).

[28] S. Uno., M. Iio, H. Ozawa, and K. Nakazato, *Jpn. J. Appl. Phys.*, **49**, 01AG07 (2010).

[29] Y. Liu and R. W. Dutton, *J. Appl. Phys.*, **106**, 014701 (2009).

[30] M. Stelzle, G. Weissmueller, and E. Sackmann, *J. Phys. Chem.*, **97**, 2974-2981 (1993).

[31] O. S. Lee and G. C. Schatz, *J. Phys. Chem. C*, **113**, 15941-15947 (2009).

[32] S. Miklavic and S. Marcelja, *J. Phys. Chem.*, **92**, 6718-6722 (1998).

[33] S. Misra, S. Varanasi, and P. P. Varanasi, *Macromolecules*, **22**, 4173-4179 (1989).

[34] T. M. Herne and M. J. Tarlov, *J. Am. Chem. Soc.*, **119**, 8916-8920 (1997).

[35] A. W. Peterson, R. J. Heaton, and R. M. Georgiadis, *Nucl. Acid. Res.*, **29**, 5163-5168 (2001).

[36] P. Gong and R. Levicky, *Proc Natl. Acad. Sci.*, **105**, 5301-5306 (2008).

[37] B. W. Ninham and V. Yaminsky, *Langmuir*, **13**, 2097-2108 (1997).

[38] W. Kunz, P. Lo Nostro, and B. W. Ninham, *Curr. Opin. Coll. Interf. Sci.*, **9**, 1-18 (2004).

[39] D. Landheer, D., G. Aers, W. R. McKinnon, M. J. Deen, and J. C. Ranuarez, *J. Appl. Phys.*, **98**, 044701/1- 15 (2005).

[40] D. Landheer, W. R. McKinnon, G. Aers, W. Jiang, M. J. Deen, and M. W. Shinwari, *IEEE Sens. J.*, **7**, 1233-1242 (2007).

[41] W. R. McKinnon and D. Langheer, *J. Appl. Phys.*, **104**, 124701 (2009).

[42] D. Landheer, W. R. McKinnon, W. H. Jiang, and G. Aers, *Appl. Phys. Lett.*, **92**, 253901 (2008).

[43] B. K. Wunderlich, P. A. Neff, and A. R. Bausch, *Appl. Phys. Lett.*, **91**, 083904 (2007).

[44] R. E. G. van Hal, J. C. T. Eijkel, and P. Bergveld, *Adv. Coll. Interf. Sci.*, **69**, 31-62 (1996).

[45] P. Bergveld, *Biosens. Bioelectron.*, **6**, 55-72 (1991).

[46] W. H. Jiang, D. Landheer, G. Lopinski, W. R. McKinnon, A. Rankin, E. Ghias-Begloo, R. Griffin, N. G. Tarr, N. Tait, J. Liu, and W. N. Lennard, *ECS Trans.*, **16**, 441-450 (2008).

[47] M. Kosmulski, *Chemical Properties of Material Surfaces* (New York, Dekker, 2001).

[48] W. R. McKinnon and D. Landheer, *J. Appl. Phys.*, **100**, 054703 (2006).

[49] M. Egholm, O. Buchardt, L. Christensen, C. Behrens, S. M. Freler, D. A. Driver, R. H. Berg, S. K. Kim,B. Norden, and P. E. Nielsen, *Nature*, **365**, 566-568 (1993).

[50] S. Tomac, S. Sarkar, T. Ratilainen, P. Wittung, P. E. Nielsen, B. Nordén, and A. Gräslund, *J. Am. Chem. Soc.*, **118**, 5544-5552 (1996).

[51] J. Summerton, in *Discoveries in Antisense Nucleic Acids*, C. Brake, Ed.; *Advances in Applied Biotechnology*; (Portfolio Publishing Co., The Woodlands, TX, 1989); pp. 71-80.

[52] N. Tercero, K. Wang, P. Gong, and R. Levicky, *J. Am. Chem. Soc.*, **131**, 4953-4961 (2008).

[53] G. F. Blackburn, Chemically sensitive field effect transistors, *Biosensors: Fundamentals and Applications*, ed. A. P. F Turner, I. Karube, and G. S. Wilson (Oxford, Oxford University Press, 1987), pp. 481-530.

[54] G. S. Manning, *J. Chem. Phys.*, **51**, 924-933 (1969).

[55] M. Deserno and C. Holm, "Cell model and Poisson-Boltzmann theory: A brief introduction," in *Electrostatic Effects in Soft Matter and Biophysics,* eds. C. Holm, P. K'ekicheff, and R. Podgornik, *NATO Science Series II—Mathematics, Physics and Chemistry*, Vol. 46 (Kluwer, Dordrecht, 2001), p. 27.

[56] A. Poghossian, A. Cherstvy, S. Ingebrandt, A. Offenhäusser, and M. J. Schöning, *Sens. Actuat. B: Chem.*, **111-112**, 470-480 (2005).

[57] D. Cahen, R. Naaman, and Z. Vager, *Adv. Funct. Mater.*, **15**, 1571-1578 (2005).

[58] O. De Sagazan, M. Harnois, A. Girard, F. LeBihan, A. C. Salaun, S. Crand, and T. Mohammed-Brahim, *ECS Trans.*, **14**, 3-10 (2008).

[59] E. Souteyrand, J.P Cloarec, J. R. Martin, C. Wilson, I. Lawrence, S. Mikkelson, and M. F. Lawrence, *J. Phys. Chem. B*, **101**, 2980-2985 (1997).

[60] J. P. Cloarec, J. R. Martin, P. Polychronakos, I. Lawrence, M. F. Lawrence, and E. Souteyrand, *Sens. Actuat.* B, **58**, 394-398 (1999).

[61] P. Estrela, P. Migliorato, H. Takiguchi, H. Fukushima, and S. Nebashi, *Biosens. Bioelectron.*, **20**, 1580 (2005).

[62] J. Fritz, E. B. Cooper, S. Gaudet, P. K. Sorger, and S. R. Manalis, *Proc. Natl. Acad. Sci.*, **99**, 14142- 14146 (2002).

[63] D.-S. Kim, H.-J. Park, H.-M. Jung, J.-K. Shin, P. Choi, J.-H. Lee, and G. Lim, *Jpn. J. Appl. Phys. B*, **43**, 3855 (2004).

[64] F. Uslu, S. Ingebrandt, D. Mayer, S. Bocker-Meffert, M. Odenthal, and A. Offenhausser, *Biosens. Bioelectron.,* **19**, 1723-1731 (2004).

[65] F. Pouthas, C. Gentil, D. Côte, and U. Bockelmann, *Appl. Phys. Lett.*, **84**, 1594-1596 (2004).

[66] T. Sakata, M. Kamahori, and Y. Miyahara, *Mater. Sci. Eng. C*, **24**, 827-832 (2004).

[67] T. Sakata and Y. Miyahara, *ChemBioChem*, **6**, 703-710 (2005).

[68] T. Sakata and Y. Miyahara, *Biosens. Bioelectron.*, **22**, 1311-1316 (2007).

[69] S. Ingebrandt and A. Offenhäusser, *Phys. Stat. Sol.* (a), **203**, 3399-3411 (2006).

[70] E. Souteyrand, J. P Cloarec, J. R. Martin, C. Wilson, I. Lawrence, S. Mikkelson, and M. F. Lawrence, *J. Phys. Chem. B*, **101**, 2980-2985 (1997).

[71] J. P. Cloarec, J. R. Martin, P. Polychronakos, I. Lawrence, M. F. Lawrence, and E. Souteyrand, *Sens. Actuat.* B, **58**, 394-398 (1999).

[72] J. P. Cloarec, N. Deligianis, J. R. Martin, I. Lawrence, E. Souteyrand, C. Polychronakos, and M. F. Lawrence, *Biosens. Bioelectron.*, **17**, 405-412 (2002).

[73] R. L. Smith, J. Janata, and R. J. Huber, *J. Electrochem. Soc.*, **127**, 1599-1603 (1980).

[74] A. J. Bard and L. R. Faulkner, *Electrochemical Methods: Fundamentals and Applications* (Wiley, New York, 1980).

[75] E. Katz and I. Willner, *Electroanalysis*, **15**, 913-946 (2003).

[76] J. E. B. Randles, *Discuss Faraday Soc.* 1, 11 (1947).

[77] B. V. Ershler, *Discuss. Faraday Soc.*, **1**, 269 (1947).

[78] L. Bousse and P. Bergveld, *J. Electroanal. Chem.*, **152**, 25-39 (1983).

[79] T. Matsuo and M. Esashi, Extended Abstracts of the Electrochemical Society Spring Meeting (1978), Seattle, WA., pp. 202-203.

[80] T. Matsuo and H. Nakajima, Characteristics of reference electrodes using a polymer gate ISFET, *Sens. Actuat.* **5**, 293-305 (1984).

[81] P. Bergveld, A. Van den Berg, P. D. Van der Wal, M. Skowronska-Ptasinska, E. J. R. Sudholter, and D. N. Reinhoudt, *Sens. Actuat.*, **18**, 309-327 (1989).

[82] H. Nakajima, T. Matsuo, and M. Esashi, *J. Electrochem. Soc.*, **129**, 141-143 (1982).

[83] A. Errachid, J. Bausells, and N. Jaffrezic-Renault, *Sens. Actuat. B*, **60**, 43-48 (1999).

[84] A. Errachid, N. Zine, J. Samitier, and J. Bausells, *Electroanalysis*, **16**, 1843-1851 (2004).

[85] M. M. G. Antonisse, B. H. M. Snellink-Ruël, R. J. W. Lugtenberg, J. F. J. Engbersen, A. van den Berg, and D. N. Reinhoudt, *Anal. Chem.*, **72**, 343-348 (2000).

[86] J. Kruise, J. G. Ripens, P. Bergveld, F. J. B. Kremer, J. R. Starmans, J. Haak, J. Feijen, and D. N. Reinhoudt, *Sens. Actuat. B*, **6**, 101-105 (1992).

[87] J. M. Chovelon, N. Jaffrezic-Renault, Y. Gros, J. J. Fombon, and D. Pedone, *Sens. Actuat. B.*, **3**, 43-50 (1991).

[88] E. Juhasz, K. N. Marsh, and T. Plebanski, contributors to Section "Electrolytic Materials" in *Recommended Reference Materials for Realization of Physicochemical Properties*, Ed. K. N. Marsh (Pergamon Press Ltd., IUPAC, 1981), *Pure Appl. Chem.*, **53**, 1841-1845 (1981).

[89] T. C. Chen and G. Hefter, *J. Phys. Chem. A*, **107**, 4025-4031 (2003).

[90] R. Gulich, M. Köhler, P. Lunkenheimer, and A. Loidl, *Radiat. Environ. Biophys.*, **48**, 107-114 (2009).

[91] M. W. Denhoff, *J. Phys. D: Appl. Phys.*, **39**, 1761-1765 (2006).

[92] A. Friebe, F. Lisdat, and W. Moritz, *Sens. Mater.*, **5**, 065-082 (1993).

[93] A. Demoz, E. M. J. Verpoorte, and D. J. Harrison, *J. Electroanal. Chem.*, **389**, 71-78 (1995).

[94] R. D. Armstrong, and G. Horvai, *Electrochim. Acta*, **35**, 1-7 (1990).

[95] H. Maupas, C. Saby, C. Martelet, N. Jaffrezic-Renault, A. P. Soldatkin, M. H. Charles, T. Delair, and B. J. Mandrand, *Electroanal. Chem.*, **406**, 53-58 (1996).

[96] C. Schyberg, C. Plossu, D. Barbier, N. Jaffrezic-Renault, C. Martelet, H. Maupas, E. Souteyrand, M. H. Charles, T. Delair, and B. Mandrand, *Sens. Actuat. B*, **27**, 457-460 (1995).

[97] C. J. van Oss, R. J. Good, and M. K. Chaudhury, *J. Chromatogr.*, **376**, 111-119 (1986).
[98] B. Prasad and R. Lal, *Meas. Sci. Technol.*, **10**, 1097-1104 (1999).
[99] F. Patolsky, M. Zayats, E. Katz, E., and I. Willner, *Anal. Chem.*, **71**, 3171-3180 (1999).
[100] A. B. Kharitonov, M. Zayats, A. Lichtenstein, E. Katz, and I. Willne, *Sens. Actuat. B*, **70**, 222-231 (2000).
[101] X. Li, Y. Zhou, T. C. Sutherland, B. Baker, J. S. Lee, and H.-B. Kraatz, *Anal. Chem*, **77**, 5766-5769 (2005).
[102] S. Ingebrandt, Y. Han, F. Nakamura, A. Poghossian, M. J. Schöning, and A. Offenhäusser, *Biosens. Bioelectron.*, **22**, 2834-2840 (2007).
[103] Y. Han, A. Offenhäusser, and S. Ingebrandt, *Surf. Interface Anal.*, **38**, 176-181 (2006).
[104] R. GhoshMoulick, X. T. Vu, S. Gilles, D. Mayer, A. Offenhäusser1, and S. Ingebrandt, *Phys. Status Solidi A*, 206, 417-425 (2009).
[105] S. Schäfer, S. Eick, T. Hoffman, T. Dufaux, R. Stockmann, G. Wrobel, A. Offenhäusser, and S. Ingebrandt, *Biosens. Bioelectron.*, **24**, 1201-1208 (2009).
[106] S. Iijima, *Nature*, **354**, 56-58 (1991).
[107] A. M. Morales and C. M. Lieber, *Science*, **279**, 208-211 (1998).
[108] D. P. Yu, Z. G. Bai, Y. Ding, Q. L. Hang, H. Z. Zhang, J. J. Wang, Y. H. Zou, W. Qian, G. C. Xiong, H. T. Zhou and S. Q. Feng., *Appl. Phys. Lett.*, **72**, 3458-3460 (1998).
[109] Y. L. Bunimovich, Y. S. Shin, W. Yeo, M. Amori, G. Kwong, and J. R. Heath, *J. Am. Chem. Soc.*, **128**, 16323-16331 (2006).
[110] J. Wang, D. Palecek, P. Nielsen, G. Rivas, X. Cai, H. Shiraishi, N. Dontha, D. Luo, P. A. M. Farias, *J. Am. Chem. Soc.*, **118**, 7667-7670 (1996).
[111] J. Liu, L. Tiefenauer, S. Tian, P. E. Nielsen, and W. Knoll, *Anal. Chem.*, **78**, 470-476 (2006).
[112] T. E. Creighton, *Proteins—Structures and Molecular Properties*, 2nd ed. (W. H. Freeman and Company, New York, 1993).
[113] E. D. Minot, A. M. Janssens, I. Heller, H. A. Heering, C. Dekker, and S. G. Lemay, *Appl. Phys. Lett.*, **91**, 093507 (2007).
[114] Y. Cui, Q. Wei, H. Park, and C. M. Lieber, *Science*, **293**, 1289-1292 (2001).
[115] W. U. Wang, C. Chen, K.-H, Lin, Y. Fang, and C. M. Lieber, *PNAS*, **102**, 3208-3212 (2005).
[116] F. Patolsky, G. Zheng, O. Hayden, M. Lakamamyali, X. Zhuang, C. M. Lieber, *PNAS*, **101**, 14017 (2004).
[117] J. -I Hahm and C. M. Lieber, *Nano Lett.*, **4**, 51-54 (2004).
[118] G. Zheng, F. Patolsky, Y. Cui, W. U. Wang, and C. M. Lieber, *Nat. Biotechnol.*, **23**, 1294-1301 (2005).
[119] G. Zheng, F. Patolsky, and C. M. Lieber, *Mater. Res. Soc. Symp. Proc.*, Vol. 900E, 0900-O07-04, 1-6 pages.
[120] F. Patolsky, G. Zheng, and C. M. Lieber, *Nat. Protoc.*, **1**, 1711-1724 (2006).
[121] X. P. A. Gao, G. Zheng, and C. M. Lieber, *Nano Lett.*, **10**, 547-552 (2010).
[122] T. A. Stamey, Z. Chen, and A. F. Prestigiacomo, *Clin. Biochem.*, **31**, 475-481 (1998).2
[123] A. Kim, C. S. Ah, H. Y. Yu, J.-H. Yang, I.-B. Baek, C.-G. Ahn, C. W. Park, and M. S. Jun, *Appl.*

Phys. Lett., **91**,103 901 (2007).

[124] M. J. Deen, M. W. Shinwari, and J. C. Ranuarez, Noise considerations in field-effect biosensors, *J. Appl. Phys.*, **100**, 074703 (2006).

[125] J.-H. Choi, Y.-J. Park, and H.-S. Min, *IEEE Electron Dev. Lett.*, 16, 527-529 (1995).

[126] Z. Li, Y. Chen, X. Li, T. I. Kamins, K. Nauka, and R. S. Williams, *Nano Lett.*, **4**, 245-248 (2004).

[127] Z. Li, B. Rajendran, T. I. Kamins, X. Li, Y. Chen, and R. S. Williams, *Appl. Phys. A: Solids Surf.*, **80**, 1257-1263 (2005).

[128] W. J. Royea, A. Juang, and N. S. Lewis, *Appl. Phys. Lett.*, **77**, 1988 (2000); and references therein.

[129] Y. Liu, K. Ishii, T. Tsutsumi, M. Masahara, and E. Suzuki, *IEEE Electron Dev. Lett.* **24**, 484-486 (2003).

[130] Y. L. Bunimovich, G. Ge, K. C. Beverly, R. S. Ries, L. Hood, and J. R. Heath, *Langmuir*, **20**, 10 630-10 638, (2004).

[131] E. Stern, J. F. Klemic, D. A. Routenberg, P. N. Wyrembak, D. B. Turner-Evans, A. D. Hamilton, D. A. LaVan, T. M. Fahmy, and M. A. Reed, *Nature*, **445**, 519-522 (2007).

[132] S. C. Sun, and J. D. Plummer, *IEEE J. Solid-State Circuits*, **15**, 562-573 (1980).

[133] E. Stern, R. Wagner, F. J. Sigworth, R. Breaker, T. M. Fahmy, and M. A. Reed, *Nano Lett.* **7**, 3405- 3409 (2007).

[134] E. Stern, A. Vacic, and M. A. Reed, *IEEE Trans. Electron Dev.*, **55**, 3119-3130 (2008).

[135] E. Stern, A. Vacic, N. K. Rajan, J. M. Criscione, J. Park, B. R. Ilic, D. J. Mooney, M. A. Reed, and T. M. Fahmy, *Nat. Nano.*, **353**, 1-5 (2009).

[136] N. Elfström, R. Juhasz, I. Sychugov, and T. Engfeld, *Nano Lett.*, **9**, 2608-2612 (2007).

[137] N. Elfström and J. Linnros, *Appl. Phys. Lett.*, **91**, 103502 (2007).

[138] N. Elfström, A. W. Karlström, and J. Linnros, *Nano Lett.*, **8**, 945-949 (2008).

[139] N. Elfström and J. Linnros, *Nanotechnology*, **19**, 235201 (2008).

[140] J. A. Streifer, H. Kim, B. M. Nichols, and R. J. Hamers, *Nanotechnology*, **16**, 1868-1873 (2005).

[141] T. Strother, R. J. Hamers, and L. M. Smith, *Nucl. Acid. Res.*, **28**, 3535-3541 (2000).

[142] G.-J. Zhang, J. H. Chua, R.-E. Chee, A. Agarwal, S. M. Wong, K. D. Buddharaju, and N. Balasubramanian, *Biosens. Bioelectron.*, **23**, 1701-1707 (2008).

[143] C. Vieu, F. Carcenac, A. Pepin, Y. Chen, M. Mejias, A. Lebib, L. Manin Ferlazzo, L. Couraud, and H. Launois, *Appl. Surf. Sci.*, **164**,111-117 (2000).

[144] N. A. Melosh, A. Boukai, F. Diana, B. Gerardot, A. Badolato, P. M. Petroff, and J. R. Heath., *Science*, **300**, 112-115 (2003).

[145] R. A. Beckman, E. Johnston-Halperin, Y. Luo, N. Melosh, J. Green, and J. R. Heath, *J. Appl. Phys.*, **96**, 5921-5923 (2004).

[146] M. M.-C. Cheng, G. Cuda, Y. L. Bunimovich, M. Gaspari, J. R. Heath, H. D. Hill, C. A. Mirkin, A. J. Nijdam, R. Terracciano, T. Thundat, and M. Ferrari, *Curr. Opin. Chem. Biol.*, **10**, 11-19 (2006).

[147] K.-N. Lee, S.-W. Jung, W.-H. Kim, M.-H. Lee, K.-S. Shin, and W.-K. Seong, *Nanotechnology*, **18**, 445302 (2007).

[148] C.-H. Lin, C.-H. Hung, C.-Y. Hsiao, H.-C. Lin, F.-H. Ko, and Y.-S. Yang, *Biosens. Bioelectron.*, **24**, 3019-3024 (2009).
[149] K.-W. Lee, S.-J. Choi, J.-H. Ahn, D.-I. Moon, T. J. Park, S. Y. Lee, and Y.-K. Choi, *Appl. Phys. Lett.*, **96**, 033703 (2010).
[150] C.-G. Ahn, C. W. Park, J. -H. Yang, C. S. Ah, A. Kim, T.-Y. Kim, H. Y. Yu, M. Jang, S. -H. Kim, I.-B. Baek, S. Lee, and G. Y. Sung, *J. Appl. Phys.*, **106**, 114701 (2009).
[151] R. Sips, *J. Chem. Phys.*, **16**, 490-495 (1948).
[152] J. Janata, *Analyst*, **119**, 2275-2278 (1974).
[153] L. Bousse, *J. Chem. Phys.*, **76**, 5128-5133 (1982).
[154] C. Heitzinger and G. Klimeck, *J. Comput. Electron.*, **6**, 387-390 (2007).
[155] P. R. Nair and M. A. Alam, *IEEE Trans. Electron Dev.*, **54**, 3400-3408 (2007).
[156] H. M. Berman, J. Westbrook, Z. Feng, G. Gilliland, T. N. Bhat, H. Weissig, I. N. Shindyalov, and P. E. Bourne, *Nucl. Acid. Res.*, **28**, 235-242 (2000).
[157] W. F. van Gunsteren and H. J. C. Berendsen (Biomos BV Gromos-87 Manual, 1987).
[158] K. Lee, P. R. Nair, H. H. Park, D. Y. Zemlyanov, A. Ivanisevic, M. A. Alam, and D. B. Janes, *J. Appl. Phys.*, **103**, 114510 (2008).
[159] K. Lee, P. R. Nair, A. Scott, M. A. Alam, and D. B. Janes, *J. Appl. Phys.*, 105, 102046 (2009).
[160] P. E. Sheehan and L. J. Whitman, *Nano Lett.*, **5**, 803-807 (2005).
[161] P. R. Nair and M. A. Alam, *Nano Lett.*, **8**, 1281-1285 (2008).
[162] P. R. Nair and M. A. Alam, *Phys. Rev. Lett.*, **99**, 256101 (2007).
[163] P. R. Nair and M. A. Alam, *Appl. Phys. Lett.*, **88**, 233120 (2006).
[164] M. A. Alam and P. R. Nair, *Proc. 9th ULIS*, pp. 40-47, (2008).
[165] J. Go and M. A. Alam, *Appl. Phys. Lett.*, **95**, 033110 (2009).
[166] D. Landheer and M. Denhoff, unpublished.
[167] Y. Han, D. Mayer, A. Offenhäusser, and S. Ingebrandt, *Thin Solid Films*, **510**, 175-180 (2006).
[168] R. R. Netz, *Phys. Rev. E*, **60**, 3174-3182 (1999).
[169] S. Q. Lud, M. G. Nikolaides, I. Haase, M. Fischer, and A. R. Bausch, *ChemPhysChem*, **7**, 379-384 (2006).

第 7 章　基于 MEMS 的光学化学传感器

H. Xie
电气与计算机工程系，佛罗里达大学，盖恩斯维尔，佛罗里达州 32611
Z. M. Qi
传感器技术国家重点实验室，空天信息创新研究院，中国科学院，北京 100190

7.1　引　　言

7.1.1　MEMS 概述

集成电路(IC)在过去几十年中极大地改变了世界，促进了计算机和手机等技术的发展。集成电路创新的驱动力是成本和功能。随着集成电路向更小尺寸、更低成本、更高性能和更多功能发展，一个新的领域——微机电系统(MEMS)——在 20 世纪 80 年代逐渐发展起来。在 MEMS 领域的早期，最著名的 MEMS 设备是微型转子。虽然它们没有达到最初的预期，但 MEMS 微电机激发了无数研究人员对 MEMS 的研究。

MEMS 在欧洲称为微系统，在日本称为微机器。尽管术语不同，但 MEMS 利用现有的集成电路制造技术来制造各种微型传感器和驱动器。几乎涉及工程、科学和医学的所有学科，包括微电子、电子、机械、化学、物理、生物、医学、化学、航空航天等。随着价格的下降，MEMS 器件正在进入许多消费电子产品领域，包括笔记本电脑和手机。由于体积小，MEMS 微型传感器与传统传感器相比具有许多优势，例如便携、高速、高分辨率和低功耗。由于是批量制造，MEMS 传感器的成本也低得多。此外，大多数 MEMS 制造工艺与集成电路兼容，因此 MEMS 可与集成电路电子器件集成，提供“智能”传感器或“智能”微系统。

MEMS 在我们的日常生活中也得到了广泛的应用。汽车的安全气囊内嵌有 Anlog Devices Inc.(ADI)的微加速度计。汽车还可能装有罗伯特博世公司(Bosch)的 MEMS 陀螺仪的电子稳定程序(ESP)和飞思卡尔半导体(Freescale)的 MEMS 胎压传感器。我们使用德州仪器(TI)的数字微镜设备(DMD)便携式投影仪进行演示。我们还使用惠普(HP)的 MEMS 喷墨打印机。此外，新型手机还可能安装了意法半导体(ST)的陀螺仪和加速度计。当然，这些只是 MEMS 应用的几个例子。事实上，全球 MEMS 市场规模已达 65 亿美元。

由于使用的材料种类繁多，而且难以处理易碎的微结构，MEMS 最初都是“内部”制造。例如，ADI、博世、ST、飞思卡尔和 TI 等主要的 MEMS 制造商都有自己的 MEMS 生产工厂。正如我们从集成电路制造中了解到的那样，“内部”工厂模式既不符合成本效益，也无法促进技术创新。业界已经意识到这一问题，并大力推动建立 MEMS 晶圆代工厂。目前，MEMS 代工行业还不成熟，但许多 MEMS 代工企业，如 Dalsa Semiconductor、Micralyne、Silex Microsystems、Asia Pacific Microsystems(APM)、IMT、Tronics Microsystems、MEMSCAP 和 X-FAB 已经能够提供可靠的 MEMS 制造服务。另一个好消息是，CMOS 代工巨头台积电(TSMC)也已成为 MEMS 代工企业。

随着这些 MEMS 代工厂的出现，MEMS 设计公司或无晶圆厂的公司的数量在过去几年中不断增加。这些无晶圆厂的公司包括 HP 和 Lexmark(喷墨打印机)，Invensense、Melexis、Qualtre 和 Senodia(陀螺仪)，Knowles 和 Akustica(麦克风)，SiTime 和 Silicon Clocks(振荡器)等许多其他公司。

7.1.2　MEMS 制造

MEMS 制造虽然是从集成电路制造发展而来的，但由于在大多数情况下需要制造可移动的微结构，因此有其独特的制造技术。MEMS 系统制造的关键技术包括表面微加工和体微加工。

表面微加工是在衬底上形成微结构。在微米尺度下，很难形成悬浮微观结构。因此，基于“牺牲”概念的表面微加工技术应运而生。如图 7.1(a)所示，MEMS 结构是在固体衬底上一层一层构建的，类似于集成电路制造。如图 7.1(b)所示，MEMS 制造的主要区别在于至少有一层薄膜被选择性地去除，以形成悬浮 MEMS 结构，选择性去除的层称为牺牲层，这一工艺步骤称为“释放”。只要对结构材料有足够的选择性，则包括电介质、金属和聚合物在内的许多材料都可用作牺牲层。常用的牺牲材料有 SiO_2、铝、多孔硅和光刻胶。图 7.1(c)中的 SEM 图显示了桑迪亚国家实验室制造的微齿轮。

图 7.1　表面微加工

体微加工是指去除“体”基板的一部分，形成沟槽、空腔、通孔等工艺。典型的体微加工工艺是用 KOH 进行各向异性硅刻蚀。如图 7.2(a)所示，〈100〉方向的刻蚀速率远高于〈111〉方向的刻蚀速率，几乎没有刻蚀(111)平面。这种明确的斜度(精确为 54.7°)，是喷墨喷嘴的理想选择。还可用于制作对准光纤的 V 形槽(图 7.2(b))。该工艺简单，成本极低，产量高。

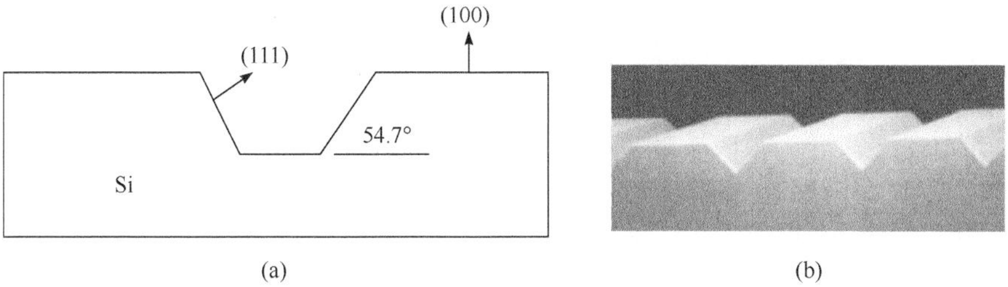

(a)　　(b)

图 7.2　硅的各向异性湿刻蚀

另一种进口批量微加工工艺是深反应离子刻蚀(DRIE)。该工艺最早由博世公司开发。现在 DRIE 已经成为 MEMS 制造的标准工艺。它具有很高的刻蚀率，这要归功于高密度电感耦合等离子体。如图 7.3 所示，高纵横比是通过交替进行刻蚀和钝化来实现的。

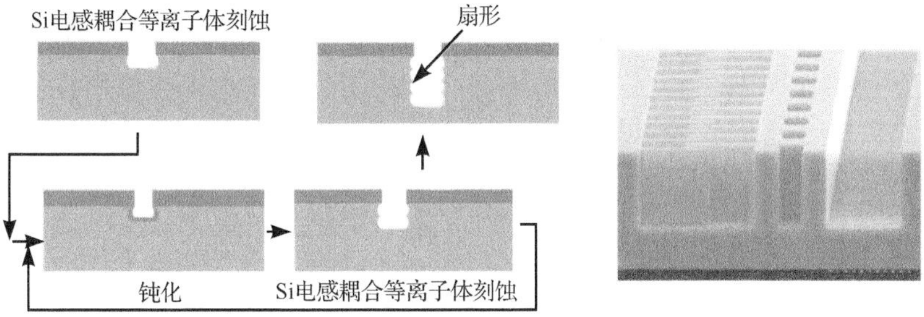

图 7.3　驱动硅刻蚀

刻蚀和钝化都是在同一个处理室中完成的，只需在 SF6 和 CHF3 之间切换气体沟道，就能实现从一种工艺到另一种工艺的转换。由于重复的循环，侧壁上会形成扇形。为了获得光滑的侧壁，可以使用额外的氢气退火。典型的纵横比约为 25：1，但也有报道称纵横比高达 100：1。

除了表面和体微机械加工外，还有其他几种 MEMS 制造技术。例如，研究人员可能使用 LIGA(德语为 Lithographie，GaLvaNoformung，Abfrmung；英文称 Lithography，electrodeposition，and molding)，来制造超高纵横比(大于 100：1)的微结构，但 LIGA 非常昂贵，而且由于需要同步辐射源，其可用性非常有限。晶圆到晶圆键合是另一种常用的微机械加工工艺，通常用于制造单晶三维微结构。晶圆到晶圆键合有多种技术。常用的熔合键合成品率高，但需要 1000℃左右的高温。通过使用玻璃熔块键合或阳极键合，可将键合温度降至约 450℃，但需要数百伏的高偏置电压。通过共晶键合或环氧键合，可将键合温度进一步降低到 100～400℃。

7.1.3 程序概要

在 7.1.1 节中，我们只提到了 MEMS 加速度计、陀螺仪、麦克风和压力传感器。还有大量其他 MEMS 传感器。所有这些传感器可以分为几类：机械、化学、光学、磁、热和生物传感器。本章接下来几节的重点是光学化学传感器。7.2 节介绍了光学传感原理。吸收、偏振、相位、分光、干涉和双折射都可以用于光学传感。本章将介绍傅里叶变换光谱(FTS)和基于光波导的传感技术。7.3 节描述 MEMS FTS，7.4 节讨论 MEMS 波导化学传感器。

7.2 光学传感原理

光具有波粒二象性，并表现出许多独特的性质。下面的一维波方程描述了平面波在非吸收介质中沿 z 方向传播的情况：

$$E = E_0 \sin(kz - \omega t) \tag{7.1}$$

其中，k 是传播常数，等于 $2\pi/\lambda$，这里λ是波长；ω是角频率；等于 $2\pi\nu$，这里ν是频率。波的速度为

$$v = \nu \times \lambda = c/n \tag{7.2}$$

其中，c 为真空中的光速；n 是介质的折射率。当两个相干波到达光电探测器时，就会发生干涉，可用下式描述：

$$|E|^2 = |E_{0.1}|^2 + |E_{0.2}|^2 + 2E_{0.1}E_{0.2}\cos\frac{2\pi}{\lambda_0}\int_0^{l_1} n_1(l)\mathrm{d}l - \int_0^{l_2} n_2(l)\mathrm{d}l \tag{7.3}$$

式中，λ_0为自由空间波长；n_1、n_2分别为沿两条光路的折射率；l_1、l_2分别为两条光路的物理长度。

式(7.3)给出了几种基于干涉的光学检测方法。①与 l 相关的变化：位移、应变、热膨胀等。②与 n 相关的变化：应力、温度、吸收、浓度、成分、电场、磁场等。

光的粒子性质可以很容易地用光子来描述。光子的质量为零，但它有能量 W_p 和动量 p，分别为

$$W_\mathrm{p} = h\nu = hc/\lambda_0 \tag{7.4}$$

$$p = \frac{h\nu}{c} = \frac{h}{\lambda_0} \tag{7.5}$$

其中，h 是普朗克常量。

当光线入射到物质(气体、固体或液体)上时，光线可能被反射、吸收或透射，这取决于物质的能态结构和光线的光子能量。能量态可以用雅布隆斯基(Jablonski)图表示，如图 7.4 所示，其中 S_i 和 T_i(i 为正整数)分别表示单线态和三线态。如果光子能量大于基态与 S_1 之间的能隙，光子将被吸收，光子能量转移到受激电子上。受激电子通过热弛豫而迅速下降到 S_1。然后，一个能量略小于被吸收光子的新光子被发射出来。这种从 S_1 到 S_0 的发射称为荧光。S_1 处的部分激发电子通过热弛豫到 T_2，然后再到达 T_1。从 T_1 到 S_0 的发射称为磷光。由于荧光和磷光都与能态密切相关，因此可以用于探测各种物质。

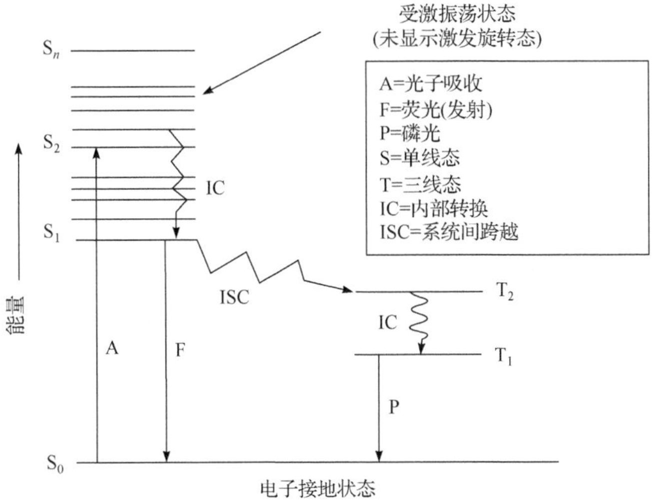

图 7.4　光子-电子相互作用的雅布隆斯基图

当光通过吸收介质时，光强会衰减，衰减可以用下式描述：

$$P(\lambda) = P_0(\lambda) \cdot 10^{-\alpha(\lambda) b M_c} \tag{7.6}$$

其中，$\alpha(\lambda)$为摩尔消光系数，单位为 L/(mol · cm)；b 为吸收介质中的光程长度，单位为 cm；M_c 为物质的量浓度，单位为 mol/L。消光系数与波长有关。因此，该关系式可用于直接测量浓度。更重要的是，由于消光系数与波长有关，吸收光谱法还可用于同时测量多个物种并精确定位特定物种。

拉曼散射会改变散射光子的波长。波长移动由分子的振动能或旋转能量决定。因此，拉曼光谱可用于材料分析和化学传感。由于水的拉曼散射很弱，而红外吸收很强，因此拉曼光谱尤其适用于获取水介质中的振动光谱。此外，偏振、双折射、非线性光学效应、蒸发波耦合和表面等离子体共振也可用于化学传感。

图 7.5 总结了光学传感原理。光学传感的优点包括：遥感，多沟道/多参数检测，隔离电磁干扰，微创活体测量，高选择性和特异性，以及良好的安全性和生

物相容性。

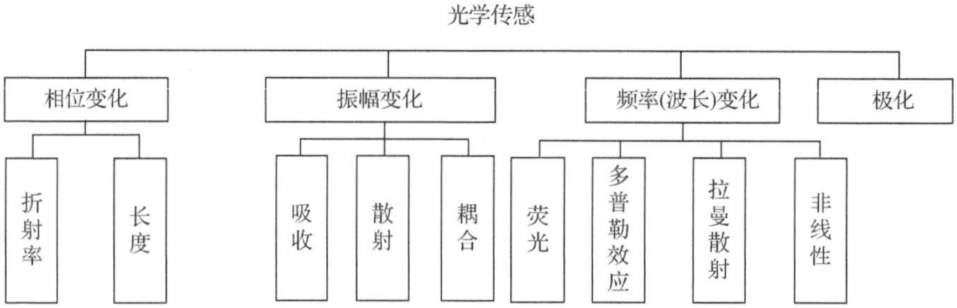

图 7.5　光学传感方案

7.3　MEMS 基傅里叶变换光谱用于化学传感

7.3.1　分子中的量子态

光谱学是一种重要的化学或材料分析方法，因为每种分子都有其独特的能级结构。电子和原子核之间的相互作用形成了许多能级或态，这些能级或态可以被建模为分子轨道。能级最低的状态是基态，即 S_0。如图 7.6 所示，在 S_0 以上有单线态 S_1、S_2 等，以及三线态 T_1、T_2 等。这些就是分子的电子态。分子中的原子可以产生不同的振动模式。这些模式具有不同的能级，称为分子的振动态。对于具有净偶极矩的分子，还存在旋转态。获得这三种激发态所需的能量大不相同。如图 7.6 所示，电子跃迁需要的能量最高，而旋转跃迁需要的能量最低。电子跃迁涉及的光谱范围从深紫外到近红外，振动跃迁对应于中红外到远红外范围，旋转跃迁在微波频率范围内。

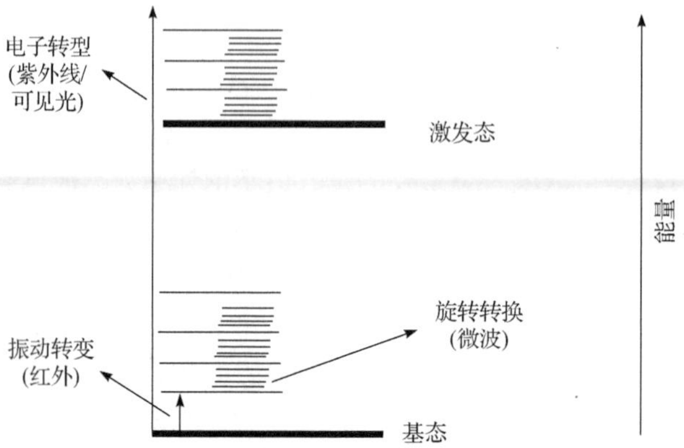

图 7.6　分子的量子化状态

电子跃迁和振动跃迁的结合几乎跨越了整个光谱范围。图 7.7 总结了各种光学光谱方法，如荧光光谱、拉曼光谱、红外光谱等，都可以用于化学和生物检测。

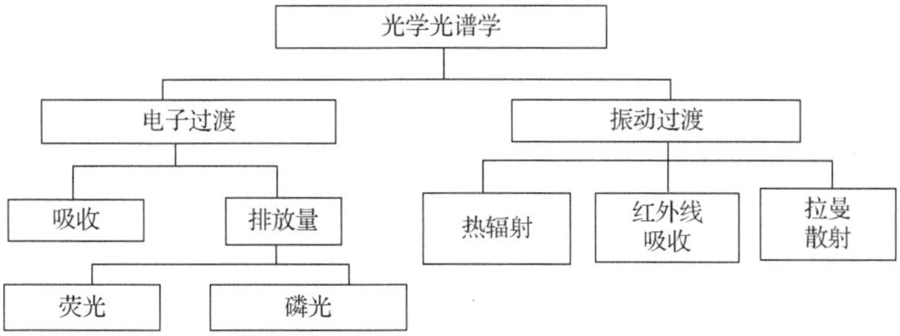

图 7.7　光学光谱学中的各种机制

7.3.2　光学光谱法

化学和生物制剂的快速检测对国家边境安全、战场和反恐工作非常重要。自 2001 年以来，恐怖主义对美国的威胁越来越大[1]。爆炸物已经从传统的 TNT 扩展到由硝酸、硝酸铵、柴油、糖等未加工工业化学品制成的简易爆炸装置，因此传统的爆炸物检测技术还远不够。许多恐怖组织可能会使用化学武器，因为化学武器制造成本很低，而且容易获取和运输。此外，生物战剂和生物恐怖主义的威胁日益严重[2]。然而，耗时的实验室测试和分析要求可能会导致灾难性的结果。在民用方面，公共安全和健康的工作环境也要求立即识别有毒化学品、有毒材料和许多其他有害物质。安全妥善地处理化学废物，是全世界面临的一个日益严峻的挑战。现场评估通常是不够的，需要在场外或附近的实验室进行进一步测试[3]。这会给识别和清理过程增加大量的时间和费用。此外，化学/生物传感器可在医学中发挥极其重要的作用，以降低医疗成本、提高生活质量和挽救生命，但大多数化学传感器和生物传感器因其选择性和稳定性差以及便携性差而无法在现场使用[4]。

光学光谱结合光谱库可用于快速识别特定化学或生物制剂的存在[4,5]。物体的化学键和官能团是独一无二的，因此会产生独特的吸收度光谱模式。除了官能团外，氢键、分子构象甚至化学反应都可以通过分析这些吸收光谱模式来确定。因此，光学光谱具有高度的选择性和特异性。此外，光学光谱可以在非接触甚至远程[6]的情况下获得，这对现场工作人员、急救人员和医护人员的安全非常重要。

为了获得光学光谱，可以使用可调光源或宽带光源。使用可调光源可简化检测系统，因为不需要光谱仪；但这类光源价格昂贵，光谱带宽小，光谱覆盖范围有限。基于宽带光源的系统成本较低，可以在较宽的光谱范围内工作，但需要光谱仪。分光计可以是可调谐的法布里-珀罗等离子体或色散组件，如棱镜或光栅，用于单独检测透射光或反射光的波长。然而，所有这些方法需在物质浓度分辨率和光谱分辨率之间进行权衡，因为光谱分量的分离会降低每个光谱分量的信号功率。

7.3.3 傅里叶变换光谱法

傅里叶变换光谱(FTS)不需要色散元件,它只使用一个光电探测器来收集整个光谱范围的光信号[7]。相比之下,非 FTS 使用光电探测器阵列,每个光电探测器只能接收到整个光谱中一小部分的光信号。因此,FTS 具有更高的信噪比,可以使用成本更低的光电探测器。

为了获得 FTS,通常使用迈克耳孙干涉仪。如图 7.8 所示,光被分成两束,分别射向两个镜子。其中一面镜子是固定的,另一面是可移动的。从分束器(BS)发出的两束光被两块反射镜反射回来,合并后的光束通过样品到达光电探测器。

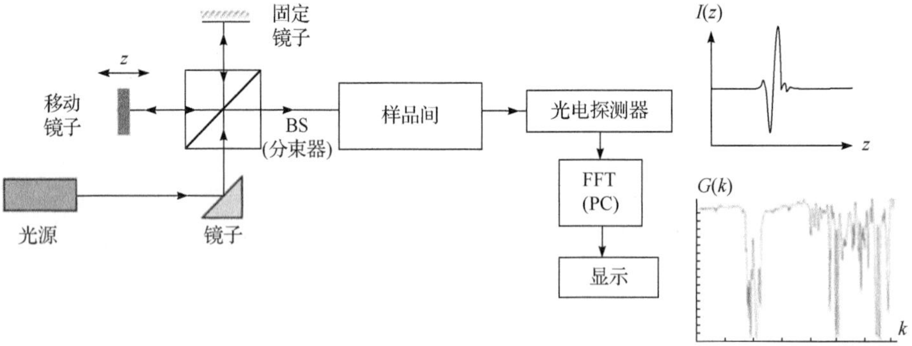

图 7.8 FTS 系统的简化框图

样品可吸收特定波长,光电探测器会记录干涉图信号 $I(z)$,可表示为

$$I(z)=\frac{1}{2}I(0)+\frac{1}{2}\int_{-\infty}^{\infty}G(k)\mathrm{e}^{\mathrm{i}kz}\mathrm{d}k \tag{7.7}$$

其中,z 为活动镜的位置;$I(0)$为零程差时的强度;$k(=2\pi/\lambda)$为角波数;$G(k)$为光谱功率密度。值得关注的是出现这些"强度峰值"的波长。由式(7.7)可以看出,$I(z)$和 $G(k)$是一对傅里叶变换。因此,频谱密度可以通过傅里叶逆变换解码,即

$$G(k)=\frac{1}{\sqrt{2\pi}}\int_{-\infty}^{\infty}\left[2\cdot I(z)-I(0)\right]\mathrm{e}^{-\mathrm{i}kz}\mathrm{d}z \tag{7.8}$$

7.3.4 傅里叶变换红外光谱法

红外(IR)范围内的傅里叶变换红外(FTIR)光谱(或称傅里叶红外光谱)在化学和生物传感方面非常强大,因为带有分子指纹的分子的几乎所有振动跃迁和某些旋转跃迁都在红外范围内。此外,光学元件,特别是用于红外的色散光谱仪,价格都很昂贵。因此,FTIR 光谱被广泛用于分子识别和传感。

FTIR 光谱具有灵敏、快速、高分辨率、强特异性等特点。Thermo Scientific

的医用示波器 4700 分辨率为 0.4 cm^{-1}。然而，传统的 FTIR 光谱仪价格昂贵，体积大，而且不便于携带。例如，Bruker Optics 声称的世界上最小的 FTIR 光谱仪 ALPHA 仍然重达 15 磅(1 磅=454g)[8]。因此，即时护理应用迫切需要便携、廉价、微型化的 FTIR 光谱仪。红外光谱微型化面临的主要挑战包括笨重的扫描机构和昂贵的冷却红外探测器。

7.3.5　MEMS FTIR

传统的 FTIR 光谱仪是台式系统，提供非常精确和高性能的结果。然而，由于其精密的镜像扫描机制，这些仪器体积庞大，购买和维护费用昂贵。MEMS 的出现为使用微反射镜和微执行器的微型化光谱仪提供了新渠道。一些研究小组已经报道了基于迈克耳孙干涉仪方法的微型 FTIR 光谱仪。这两种光谱仪设计的主要区别在于微镜的驱动方法。MEMS 的驱动机制有几种，分别是静电、电热、电磁和压电致动剂。在对微型化 FTS 系统进行评述之前，先介绍这些致动机制的原理。

1. MEMS 驱动器

1) 静电驱动

静电驱动是 MEMS 领域最流行的驱动机制，因为它具有速度快、功耗低、易于制造的特点。如图 7.9 所示，驱动器可以由平行板或互错梁组成。如图 7.9(a)所示，平行板驱动器可以产生平面内或平面外(垂直)的运动。交错梁或梳齿指也可以产生平面内或垂直运动。梳齿传动有三种不同的工作模式：横向、纵向和垂直，分别如图 7.9(b)～(d)所示。

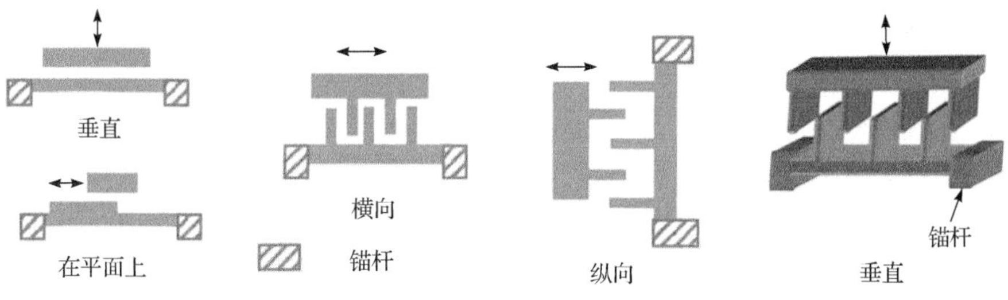

图 7.9　各种静电驱动配置

图 7.9 中所示的所有配置都可以由一个简单的平行板驱动器来模拟。假设平行板的面积为 A，板之间的间隙为 g，则平行板的电容可以表示为

$$C(z)=\frac{\varepsilon_0 A}{g(z)}=\frac{\varepsilon_0 A}{g_0-z}=\frac{\varepsilon_0 A}{g_0}\left(1-\frac{z}{g_0}\right)^{-1}=C_0\left(1-\frac{z}{g_0}\right)^{-1} \tag{7.9}$$

式中，g_0为静止时的间隙；z为动板位移；$C_0=\varepsilon_0 A/g_0$为静止电容；ε_0为空气介电常数。如果在平行板上施加电压 V，则产生垂直(或横向)于平行板的静电力，该静电力为

$$F(z,V)=\frac{1}{2}\frac{\mathrm{d}C(z)}{\mathrm{d}z}V^2 \tag{7.10}$$

将式(7.9)代入式(7.10)即可得出

$$F(z,V)=\frac{C_0V^2}{2g}\left(1-\frac{z}{g_0}\right)^{-2} \tag{7.11}$$

当位移远小于间隙时，横向力不变，即

$$F(z,V)=\frac{C_0V^2}{2g} \tag{7.12}$$

如果两个极板不是完全重叠且重叠面积是可变的，则施加的电压也可以产生平行于极板的静电力。这种平行或纵向静电力可以表示为

$$F(x,V)=\frac{1}{2}\frac{\mathrm{d}C(A)}{\mathrm{d}x}V^2=\frac{\varepsilon_0 C_0V^2}{2g}\frac{\mathrm{d}A}{\mathrm{d}x} \tag{7.13}$$

其中，间隙保持不变，边缘电容忽略不计。如果板块是矩形的，并且运动垂直于其中一条边，则该力是恒定的。

2) 磁驱动

当电流 I 流过一条垂直于外部磁场 B 的导线时，导线将受到磁力的作用，从而产生磁力。根据拉普拉斯定律，磁力(有时也叫洛伦兹力)的计算公式为

$$F_{\mathrm{mag}}=BI\ell \tag{7.14}$$

其中，ℓ是暴露在磁场中的导线的长度。

磁力可以用来产生面内或面外的直线运动或旋转。磁场可能来自永磁体或线圈。图 7.10 显示了在可动部件上沉积有磁性材料的磁性驱动器。外部磁场会在磁性物质区域感应出磁极。感应磁场与外部磁场的相互作用会产生一种力，这种力会使涂有磁性材料的活动部件与外部磁场对齐。根据外部磁场的方向，驱动力可以在平面内，也可以在平面外。

线圈可以通过改变注入电流产生可变磁场。图 7.11 显示了基于线圈的磁驱动方法。根据弹簧的设计和外部磁场的方向，可以产生活塞运动或旋转。

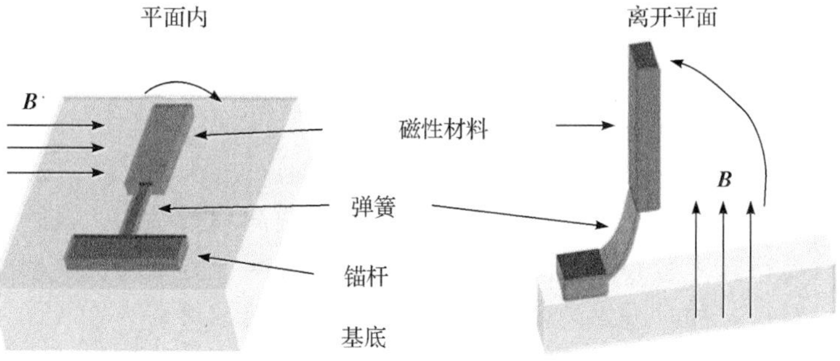

图 7.10　采用磁性材料的磁性驱动器

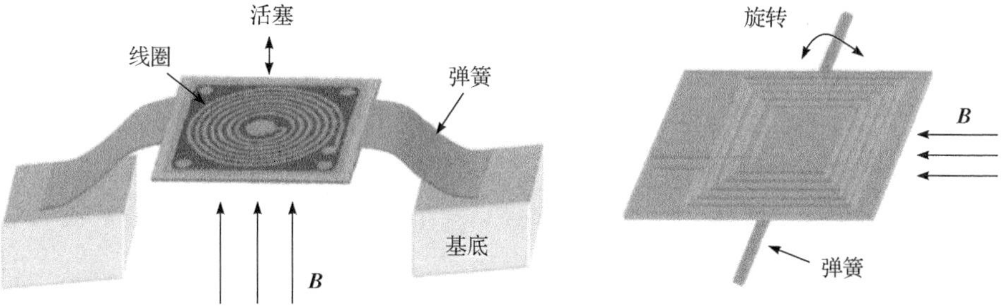

图 7.11　使用线圈的磁驱动器

3) 电热驱动

大多数电热驱动器都基于热双态驱动器。双形结构由两层具有不同膨胀温度系数(TCE)的材料组成。当温度变化 ΔT 时，TCE 的差异会产生应力，导致双形梁弯曲。温度变化可以由焦耳加热或红外线吸收引起。双形结构如图 7.12 所示，由 TCE 分别为 α_1 和 α_2 的两层组成。双形梁尖端的切线角度为

$$\theta_{\mathrm{T}} = L\beta_{\mathrm{r}}(\alpha_1 - \alpha_2)\ T \tag{7.15}$$

其中，L 为双形梁的长度；β_{r} 为与两层厚度和杨氏模量相关的常数。

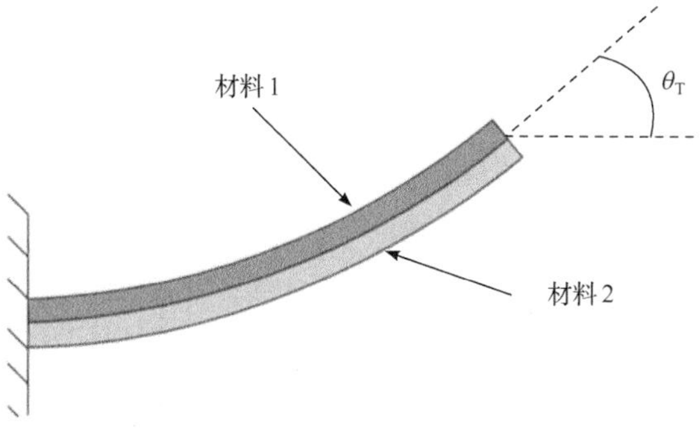

图 7.12　双形结构

旋转可以通过角放大而产生较大的运动。如图 7.13(a)所示，双形体的末端连接着一个刚性框架。如果框架较长，则即使双曲面驱动器的角度变化很小，也会在框架顶端产生较大的运动。然而，这种简单的双曲面设计会同时产生较大的倾斜和横向偏移，极大地限制了其应用范围。可以通过增加第二组双形体和框架来解决倾斜问题。如图 7.13(b)所示，第二组双晶片是向后折叠的，因此其旋转运动与第一组双晶相同，但方向相反，如果两个双晶和两个框架的长度选择适当，则倾斜为零。但是这种改进的设计仍然存在较大的横向偏移。

如图 7.13(c)所示，为了同时补偿横向偏移，需要添加第三组双形体和框架。如果满足以下关系，则横向移位可以消除：

$$l_1 = l_3 = \frac{1}{2} l_2 \text{和} L_1 = L_2 \tag{7.16}$$

其中，l_1、l_2 和 l_3 分别为第一、第二和第三双形体的长度；L_1 和 L_2 分别为两个框架的长度。然后，倾斜和侧移都会得到补偿。因此，这种设计称为无倾斜和无侧移(TLSF)双曲面设计。

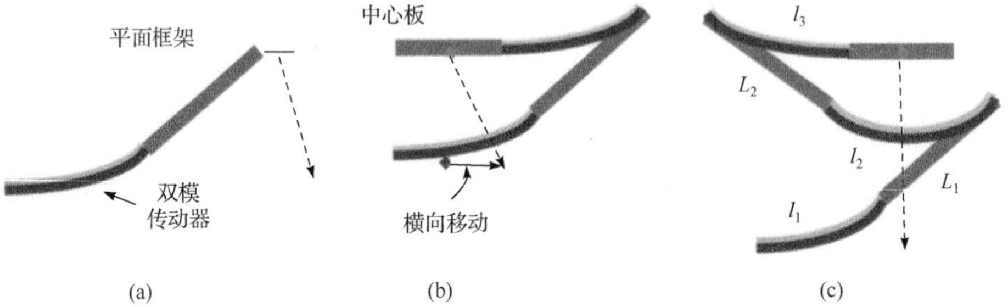

图 7.13　双压电晶片零件梁设计

(a) 平面框架的简单双形体；(b) 倾斜补偿双形体组；(c) TLSF 双形体设计

2. 基于静电微镜的微型 FTIR

1) 以侧壁为反射镜面的静电微镜

通常很难产生大的平面外运动。因此，研究人员利用大的行程来移动具有反射侧壁表面的反射镜。

Manzardo 等报道了一种基于 MEMS 的 FTIR 系统，其中使用了静电梳状驱动器用于移动 MEMS 镜[9]。图 7.14(a)显示了静电梳状驱动器的布局设计。微镜连接到驱动器上。为了保持镜子的线性运动，两个相同的梳状驱动器 A 和 B 被放置在相对的位置。当两个幅值相同的异相电压信号 V_{ac} 分别施加到 A 和 B 上时，反射镜的位移Δx 为

$$\Delta x = 2\frac{\varepsilon_0 Nh}{g} V_{ac} V_{dc} / k \tag{7.17}$$

式中，k 为悬吊弹簧的弹簧常数；h 为梳齿指的高度；g 为梳齿指间隙；N 为活动梳齿上的梳齿指数量；ε_0 为空气中的介电常数；V_{dc} 为直流偏置电压。

镜面为硅深反应离子刻蚀所形成的硅侧壁，如图 7.14(b)所示。反射镜尺寸为 75 μm × 500 μm。当 V_{ac} = 10 V、V_{dc} = 15 V 时，测得的最大位移δ_{max} = 77 μm，最大光程差为 154 μm。633 nm 处的光谱分辨率估计值为 $\Delta\lambda = \lambda_2/\delta_{max} \approx 5.2$ nm，与图 7.15(a)所示的实验结果吻合。800 nm 发光二极管的测量干涉图如图 7.15(b)所示。

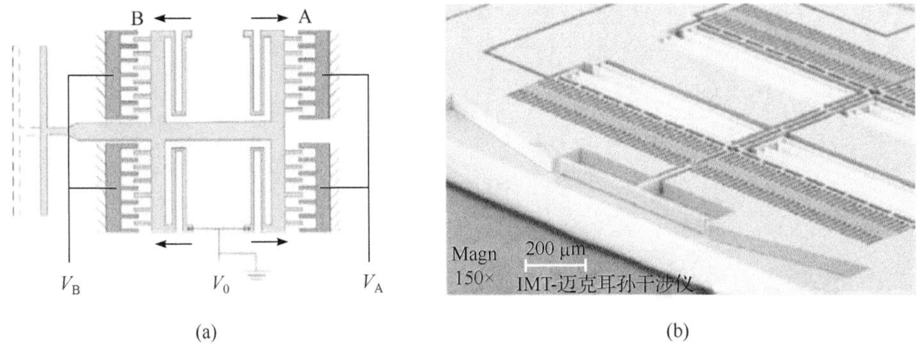

图 7.14　用于傅里叶变换光谱的驱动器原理图

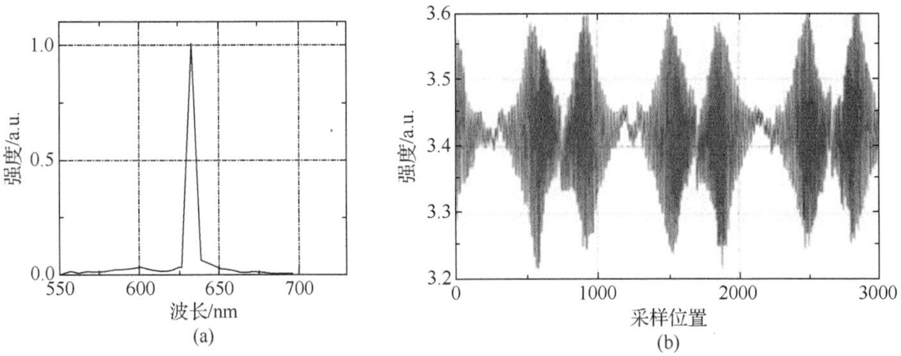

图 7.15　(a) δ_{max} = 77 μm 时 He-Ne 激光器的光谱；(b) 多次扫描测得的发光二极管的干涉图

Yu 等报道了另一个用于 FTIR 的侧壁 MEMS 镜[10]。该 FTIR 系统将硅分束器、MEMS 微反射镜和光纤 U 形槽集成在一块芯片上。所有这些元件均由 SOI 晶圆的(110)器件层制成。该制造工艺结合了深反应离子刻蚀的灵活定义能力和 KOH 湿法刻蚀。KOH 刻蚀可提供平滑的垂直侧壁。然而，这需要(110)器件层，这使得反射镜的方向不是 45°，而是 70.53°的尴尬角度。图 7.16(a)显示了制作的器件的一部分。

整个装置尺寸为 4 mm × 8 mm。可动镜的特写视图和固定镜的特写视图分别如图 7.16(b)和图 7.16(c)所示。可动镜面比固定镜面光滑得多。

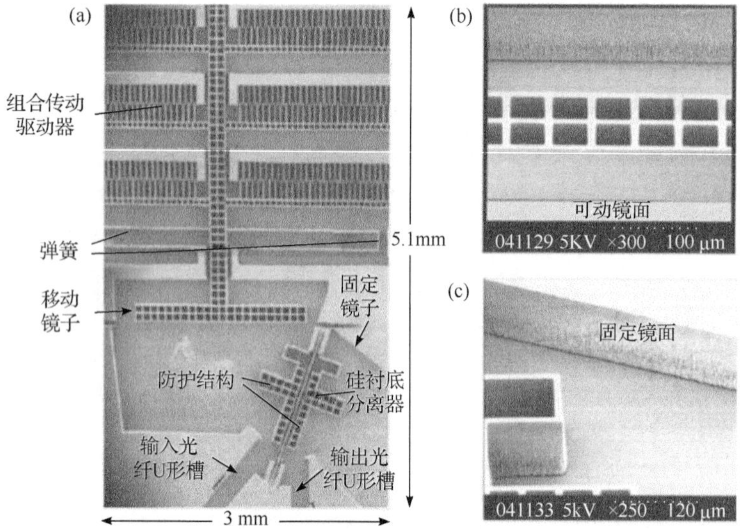

图 7.16 (a) 微加工 FTIR 光谱仪的 SEM 图像；(b) KOH 刻蚀得到的带有侧壁的可动镜面的 SEM 图像；(c) DRIE 定义侧壁的固定镜面的 SEM 图像

反射镜的最大位移约为 25 μm，对应的驱动电压为 150 V。因此，可实现的最大光程差(OPD)为 50 μm，从而使 1500 nm 近红外光的光谱分辨率达到 45 nm。图 7.17(a)显示了三种不同波长(1500 nm、1520 nm、1580 nm)的测量干涉图。由于扫描速度不恒定，干涉图需要重新采样。图 7.17(b)显示了 FTIR 光谱仪在重新采样和光栅化以消除非线性效应后而获得的光谱。

第二侧壁微镜提高了反射镜表面的光滑度，但代价是迈克耳孙干涉仪的设计效率低下，而且反射镜的尺寸仍受限于器件层的厚度，通常小于 100 μm。此外，

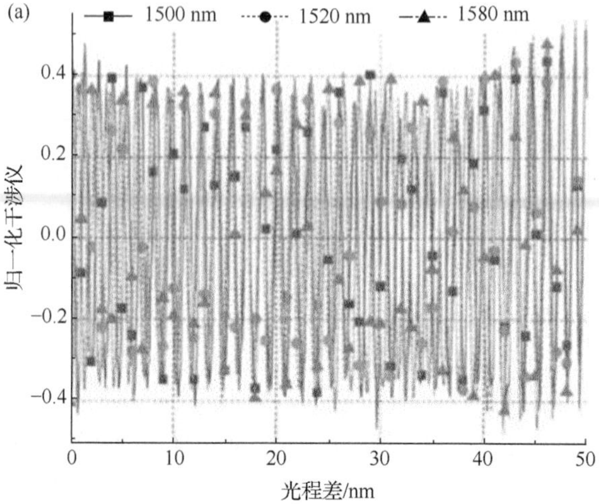

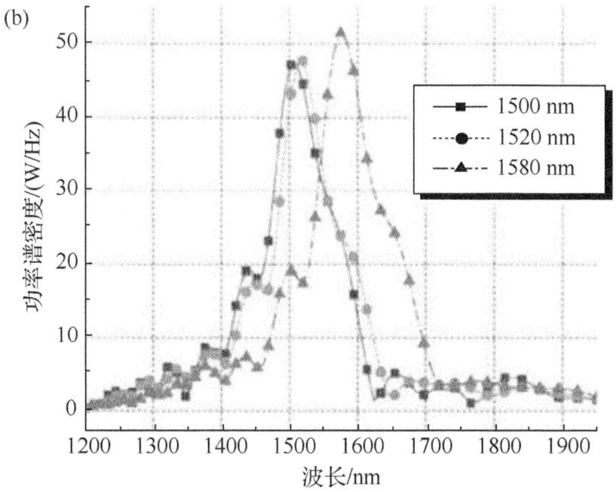

图 7.17　干涉图重新采样和光栅化后测量的光谱

即使在 150 V 下，扫描范围也只有 25 μm，这大大限制了光谱分辨率。

2) 具有较大平面外位移的静电微镜

为了克服侧壁微镜的缺点，Sandner 等[11]提出了一种基于 MEMS 的微型 FTIR 光谱仪，该光谱仪采用了可在平面外移动的静电微镜。设备布局如图 7.18(a)所示，设备尺寸为 1.8 mm × 9 mm。该装置有一个中央反射板、一个长弹簧光梁和梳状驱动器。其基本思想是激发常规平面内梳状驱动器(图 7.18(b))的平面外模式(图 7.18(c))。为了实现大的面外平移运动，该装置必须具有较高的 Q 值。Sandner 等[11]将镜子放置在 100 Pa 的真空室中，在 40 V 电压、5 kHz 共振频率下实现了 200 μm 的最大位移。

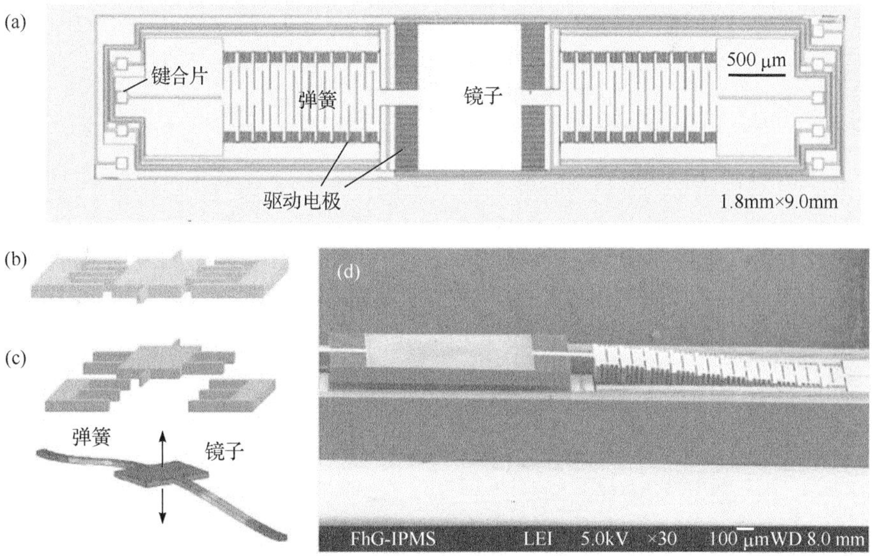

图 7.18　平移的静电微镜

400 μm 光程差理论上可产生 25 cm^{-1} 的光谱分辨率。镜版尺寸为 1.5 mm × 1.1 mm。较大的镜面孔径大大降低了耦合损失。图 7.19 显示了真空封装 FTIR 系统的开放视图。MEMS 镜面在真空腔室中于 100 Pa 的环境下工作，并采用佩尔捷冷却红外探测器用于红外探测。参考干涉仪实时监测反射镜的位置和速度。图 7.20 为 0.2 mmol/L 丙酮和 0.2 mmol/L 乙醇的吸收光谱。

图 7.19 FTIR 系统原型照片

这种平面外微镜具有较大的光学孔径和较大的扫描范围。然而，大的扫描范围是通过在真空中共振操作实现的。真空包装价格昂贵，而且大大增加了整体包装尺寸。此外，在高真空环境下的稳定性和可靠性也值得关注。

3. 基于电磁微镜的微型 FTIR

采用侧壁镜具有平面集成的优点。两个主要的限制是小的镜子尺寸和小的扫描范围。Solf 等提出利用电磁驱动来获得大的扫描范围[12]。同时，为了便于集成，采用了 LIGA 技术创建的深侧壁反射镜，如图 7.21 所示。准直光学器件、探测器、驱动器和反射镜等全部组装在一个芯片上。光学工作台和反射镜是由 380 μm 厚

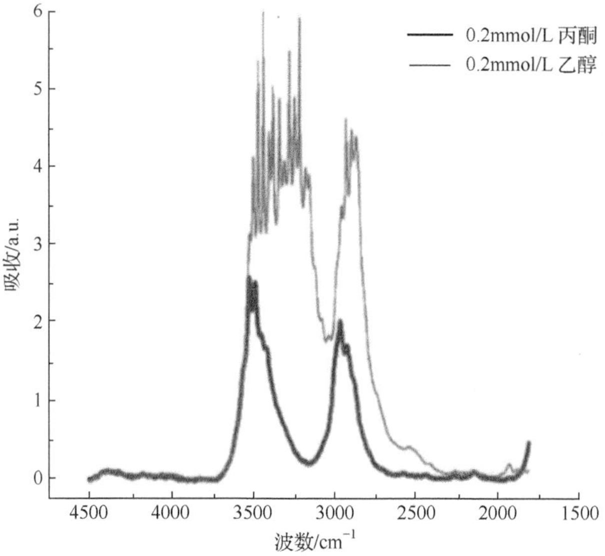

图 7.20　丙酮和乙醇在 0.2 mmol/L 流动槽中的吸收光谱

的电镀高合金制成。芯片尺寸为 11.5 mm × 9.4 mm。通过光纤耦合到光束分离器的光被分成两束：一束射向左边的固定镜，另一束射向右边的活动镜。活动镜与驱动器相连，并可通过驱动器移动。驱动器有两个组装好的微线圈。两束光均反射回分束器，然后射向光电二极管，在那里检测干涉。驱动器是由软磁铁镍合金制成的线性磁阻电机。可移动的柱塞由一组四折叠悬臂梁悬挂。柱塞的两端各有一个驱动线圈，因此柱塞可以向两个方向拉动，从而将行程范围扩大了一倍。

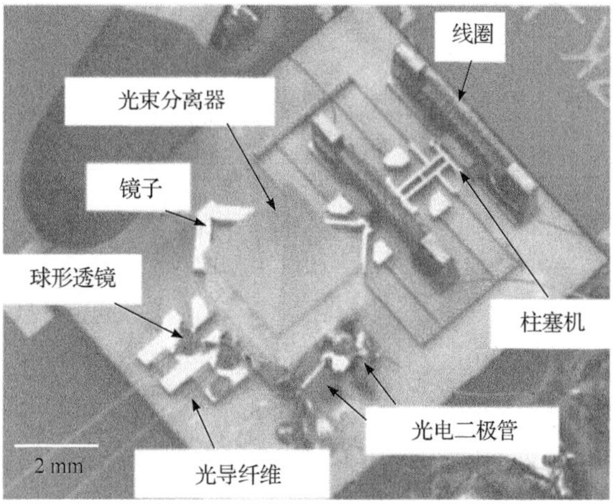

图 7.21　支持 LIGA 的 FTIR 的俯视图

产生的磁力取决于线圈中的绕组数量。在使用 300 个绕组、功率为 12 mW 的情况下，最大位移约为 110 μm。如果输入功率超过 12 mW，驱动器就会变得不稳定，出现拉入行为。图 7.22(a)显示了 1540 nm 激光的干涉图。在本实验中，驱动器的位移约 54 μm，采用 850 nm 激光测量镜的位移。图 7.22(b)显示了经过傅里叶分析后得出的干涉图，在 1540 nm 处分辨率为 24.5 nm。

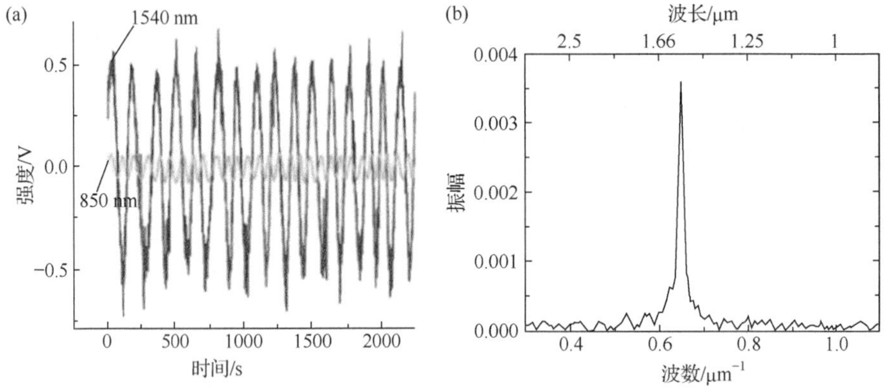

图 7.22　(a) 1540 nm 激光的干涉图，采用 850 nm 激光进行位置测量；(b) 1540 nm 激光光谱测量结果

总之，这种基于 LIGA 的 MEMS FTIR 设计实现了大扫描范围和大光学孔径。然而，由于拉入不稳定，整个扫描范围只有一小部分是可用的。此外，LIGA 工艺非常昂贵，而且使用范围非常有限。

4. 基于电热微反射镜的微型 FTIR

如前所述实现，静电和电磁 MEMS 反射镜都已用于微型 FTS 系统。然而，这些驱动方法只能产生几十微米左右的镜面扫描范围，因此光谱分辨率较低。最近报道的静电驱动器的最大扫描范围为 200 μm，但它是在共振下实现的，而且需要真空包装，这牺牲了系统的成本效益和紧凑性。

对于 FTS，光谱分辨率与活动镜的行程范围成反比，即

$$\sigma = 1/(2\cdot z_{\max}) \tag{7.18}$$

式中，σ为光谱波数(σ以波数表示，$\sigma = k/2\pi = 1/\lambda$)，$\Delta\sigma$为波数中的光谱分辨率($cm^{-1}$)；$z_{\max}$为反射镜的最大位移。我们可以把波数转换成波长，即

$$\lambda = \lambda^2\cdot \sigma = \lambda^2/(2\cdot z_{\max}) \tag{7.19}$$

因此，如果最大位移是 50 μm，波数分辨率为 100 cm^{-1}。光源中心波长为 1.5 μm 时，波长分辨率为 22.5 nm。请注意，波长分辨率随波长的平方而增加。对于较长的波长(如中波或长波红外)，波长分辨率会迅速降低。具有大位移的 MEMS 镜

对于 FTIR 光谱来说至关重要。例如，对于波长为 1.0 μm 的光，要实现 1 nm(或 1 cm^{-1})的分辨率，反射镜需要移动 0.5 mm；而对于波长为 2 μm 的光，要达到相同的分辨率，反射镜必须移动 2 mm。

另外，通过使用独特的大垂直位移(LVD)双曲面驱动器设计，电热微镜可以在不产生共振的情况下产生数百微米的大驱动范围[13]。最近开发的无侧移(LSF)-LVD 驱动器设计实现了超过半毫米的大垂直驱动，侧移和倾斜非常小[14]。

如图 7.23(b)所示，LSF-LVD 驱动器由两个刚性框架和三个串联的 Al/SiO_2 双形梁组成，用于倾斜和侧移补偿。镜板(Si 层上的 Al 涂层)由两个相对边缘的 LVD 驱动器支撑。每个驱动器由两对 LSF-LVD 驱动器组成，它们通过一个刚性框架相互连接，并共用第三个双曲面梁。第三双形梁沿着镜面边缘全部连接在一起，以尽量减少垂直驱动时的倾斜。双形梁在释放后向上卷曲，导致镜面静止位置最初升高。在嵌入式 Pt 加热器上进行电热驱动时，由于 Al 和 SiO_2 的热膨胀率不同，双形梁向下弯曲，导致镜板产生净垂直位移。MEMS 面是采用参考文献[3]介绍的类似工艺制造的。图 7.23(a)显示的是镜面尺寸为 1.8 mm × 1.6 mm 的制造装置的 SEM 图像。

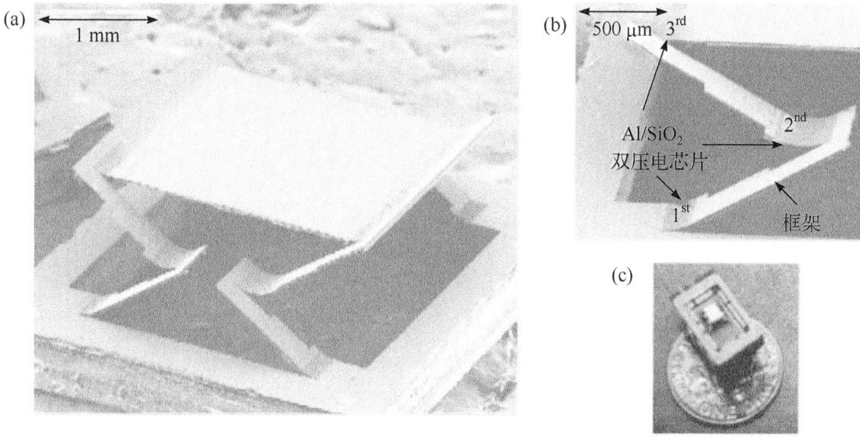

图 7.23　(a) 制备的 LVD 微镜的 SEM 图像，(b)LSF-LVD 驱动器和(c)装有一枚 10 美分硬币的封装装置

如图 7.24(a)所示，在两个驱动器上施加 4 V 直流电压时，MEMS 镜面的最大垂直位移约为 1 mm。最大倾斜角(MTA)约为 2.5°。倾斜的主要原因是加热器电阻和两个驱动器结构的制造变化。为了尽量减少倾斜，需要分别驱动两个驱动器，并通过实验确定两个驱动电压之间的最佳电压比。采用位置敏感探测器(PSD)来测量倾斜角。在镜面驱动过程中，PSD 会检测通常入射到 MEMS 镜面(经分光镜反射后)的反射光束的偏移，从而计算出倾斜角。图 7.25 显示了 MTA 为 0.55°，两

个驱动器上的斜坡驱动电压为 0.45～1.32 V，频率为 0.5 Hz。将一个驱动电压调整到 0.45～1.25 V 时，MTA 将降至 0.06°。

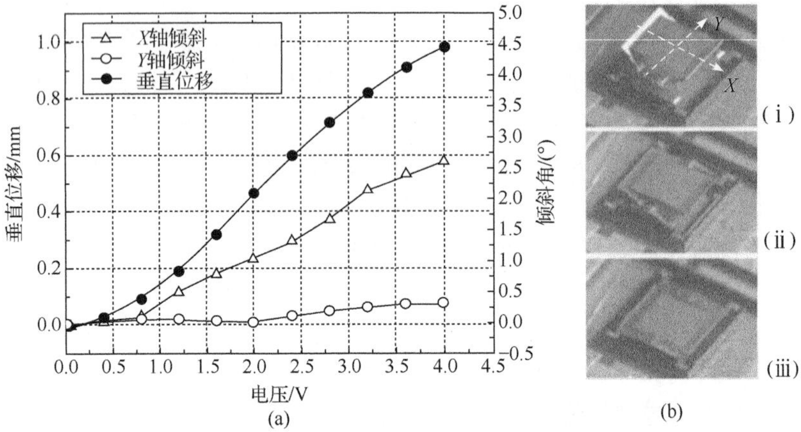

图 7.24　(a) 垂直位移和倾斜角随驱动电压的实验结果；(b) 封装器件在(ⅰ)0 V、(ⅱ)2 V 和(ⅲ)3.5 V 驱动下的显微图片

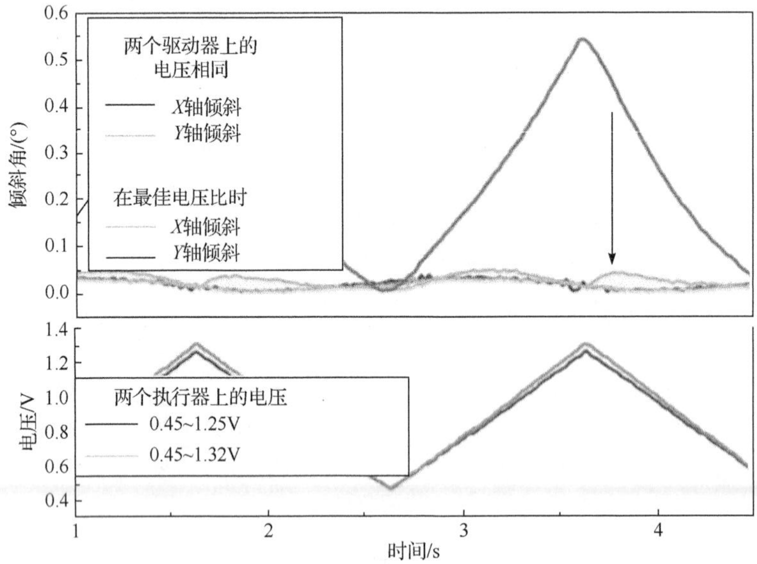

图 7.25　用 PSD 测量两个驱动器在相同电压下的倾斜角和在最佳电压比下的最小倾斜角

LSF 镜被放置在 FTS 装置中作为扫描镜。光谱测量实验使用的是 He-Ne 激光器。图 7.26 显示了在两个驱动器上分别施加 0.45～1.25 V 和 0.45～1.32 V 的斜坡波形后得到的干涉图。所获得的干涉图给出了时域的干涉信号。然而，由于整个驱动器范围内反射镜速度的不均匀性，时域干涉图与光程差的直接相关性并不

适用。因此，必须对数据进行重新采样，以考虑扫描的不均匀性。以前曾使用过相位校正、自适应数字滤波和多项式插值等方法，对光程差数据进行线性重新采样。我们的方法略有不同。首先使用插值法对原始干涉图数据进行过采样。然后找到条纹最大值和最小值，并在每个条纹最大值和最小值之间选择等间距的采样点。由于每个最大值和最小值之间的连续点间距相等，因此镜面速度不均匀性可以通过这种方法得到校正。通过使用已知波长的光源(例如 He-Ne 激光)，这些样本点可用于校准光谱仪。使用校准采样点对未知波长的干涉图进行重新采样，即可将校准结果应用于该干涉图。

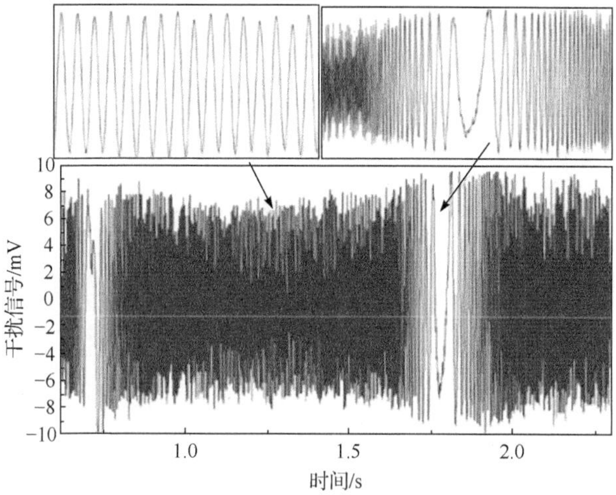

图 7.26　He-Ne 激光器在驱动电压分别为 0.45～1.25 V 和 0.45～1.32 V 时的干涉图。插图显示镜面的减速/加速范围和均匀的镜面速度范围

如图 7.27 所示，MEMS 镜像驱动范围约为 70 μm 和 261 μm(光程差分别为 140 μm 和 522 μm)，得到的光谱分辨率分别为 71.4cm^{-1} 和 19.2 cm^{-1}。

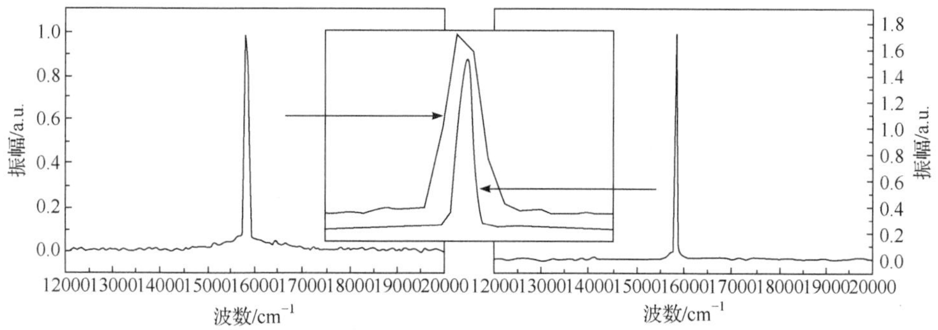

图 7.27　He-Ne 激光器的光谱分辨率为 71.4 cm^{-1} 和 19.2 cm^{-1}

5. 对镜面倾斜不敏感的傅里叶变换光谱仪[15]

FTS 小型化的另一个挑战是如何控制扫描镜的倾斜。如图 7.28(a)所示，扫描镜的意外倾斜很容易造成两束反回光的错位，从而影响用于傅里叶变换的干扰信号。扫描过程中可动镜的稳定性是非常重要的[16,17]。如图 7.28(b)所示，如果活动镜倾斜角度为 θ，活动镜到光电探测器的距离为 L，则从两个反射镜反射回来的两束光之间的距离为$\Delta y = \tan\theta \times l$。设 $\theta = 1°$，即 0.0175 rad，$l = 10$ mm，则$\Delta y = 175$ μm。这意味着两束反射光将偏移 175 μm。更重要的是，由于活动镜的倾斜，两块反射镜发出的光束波面在光电探测器的不同位置具有不同的相位差。因此，光电探测器会同时检测到多个条纹(如果有的话)。根据上述假设，镜子孔径 d =1 mm。光电探测器表面最大光程差为 $d \times \tan\theta$ =17.5 μm，对于 1.5 μm 光程来说，光路差约为 12λ。如此大的相位差范围将导致干涉图的严重失真，进而产生不准确的光谱。

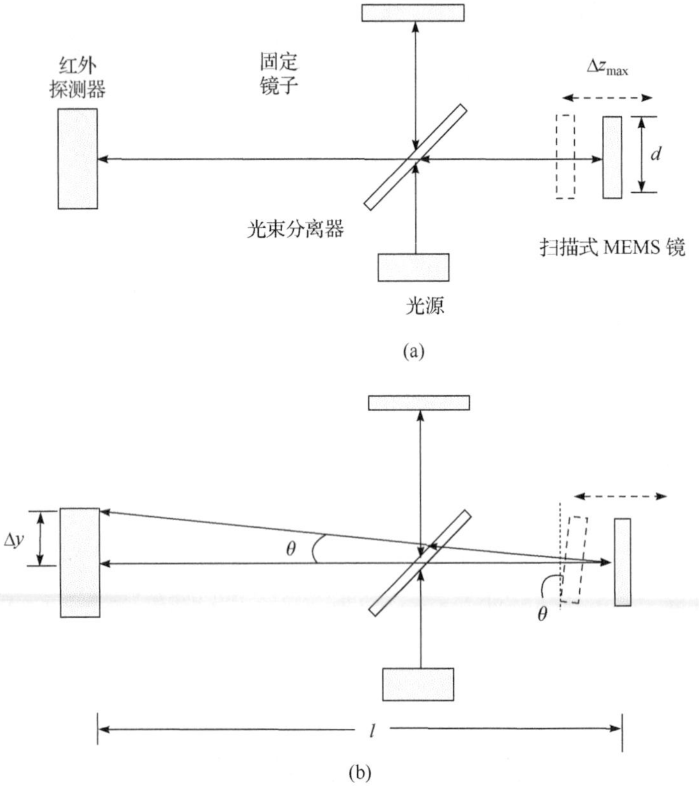

图 7.28 (a) 常规 FTIR 光谱仪示意图；(b) 反射镜倾斜时的波束偏移示意图

对于 MEMS 反射镜，大范围扫描时倾斜几乎是不可避免的。因此，提出了一种对镜面倾斜不敏感的 FTS，利用双反射 LVD MEMS 镜面和角立方体反向反射器来补偿 MEMS 镜面的微小倾斜[15]。图 7.29(a)显示了 MTI-FTS 概念。从分束器发出的两束光都指向 MEMS 双反射镜。干涉仪的两个臂上分别有一个角立方反射镜和一个固定镜。在静止位置，MEMS 镜面位于光程差零点。通过驱动 MEMS 镜，可以产生两个子臂的光程差，并通过光电探测器检测干涉图。扫描镜的倾斜可利用 MEMS 镜和反射镜的双重反射进行补偿，反射镜的反射光束始终与入射光束平行。当 MEMS 反射镜向任何方向倾斜时，两束光都会从倾斜度相同但相反的 MEMS 镜上反弹出来。由于角立方的直角布置，返回的光束会向相反的方向偏移。因此，返回的两束光在传输回分束器时，在同一个方向上有相同的偏移量。这种 MTI-FTS 的另一个优点是其等效光程差是 MEMS 镜物理扫描范围的 4 倍，与传统 FTS 相比增加了一倍，从而进一步提高了光谱分辨率[18]。

图 7.29(b)显示了实验装置的图片，其尺寸约为 12 cm × 5 cm × 5 cm。通过进一步减小分束器和后向反射器等部件的尺寸，可以得到更小的尺寸。用 He-Ne 激光在基于传统的迈克耳孙干涉仪的 FTS 和通过相同 MEMS 镜的 MTI-FTS 上进行了 FTS 实验。MEMS 镜面以 0.1 Hz 垂直扫描 0.4 mm。图 7.30(a)显示了传统 FTS 中获得的干涉图，MEMS 镜的倾斜极大地影响了干涉图。只有在每个驱动周期的小驱动电压下才会检测到干涉信号，此时倾斜角度很小。相比之下，MTI-FTS 对镜面倾斜的灵敏度要低得多，在图 7.30(b)中相同的镜面驱动下，整个周期都能提供良好的干扰信号。

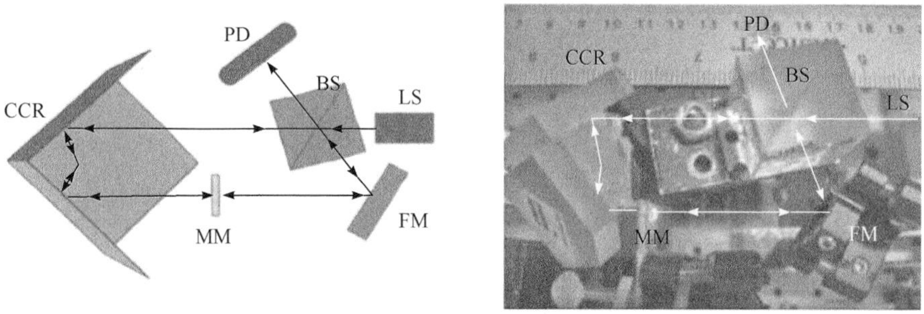

(a)　(b)

图 7.29　(a) 双反射式 MEMS 镜面的 FTS 系统，(b)MTI-FTS 演示装置的照片
CCR：角锥反射镜，(b) PD：光电探测器，BS：分束器，MM：MEMS 微镜，FM：固定镜，LS：光源

图 7.31 显示了在不同镜面扫描范围内校准非整型镜面扫描后获得的 He-Ne 激光器的光谱。反射镜驱动范围分别为 131 μm 和 308 μm(光程差分别为 522 μm 和 1.23 mm)，光谱分辨率分别为 19.2cm^{-1} 和 8.1 cm^{-1}。

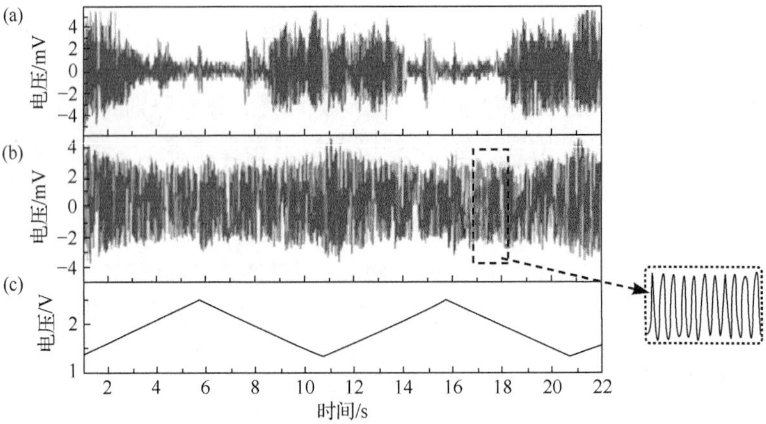

图 7.30　He-Ne 激光器的干涉图。由(a)传统的 FTS 装置，(b)MTI-FTS 装置和(c)微镜驱动的斜坡电压为 1.2V～2.5V，0.1Hz

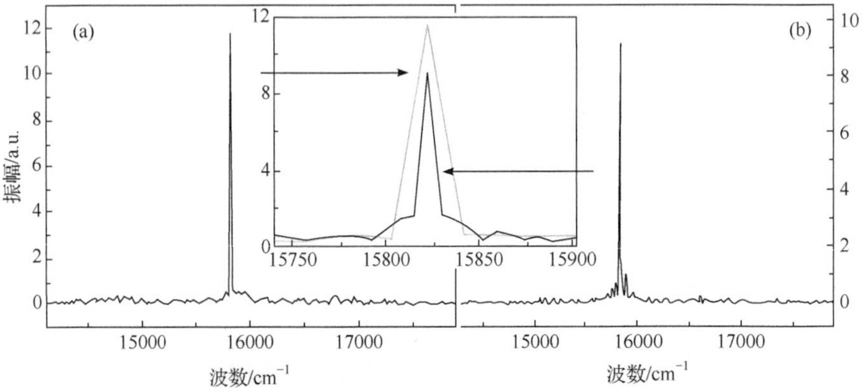

图 7.31　在(a)1.2～2V 和(b)1.2～2.5V 的斜坡波形下，微反射镜驱动得到不同分辨率的 He-Ne 激光器的光谱。插图比较了 19.2 cm^{-1} 和 8.1 cm^{-1} 的光谱分辨率

7.3.6　总结

正如本节所讨论的，静电、电磁和电热微反射镜都被用于微型傅里叶变换光谱。静电微镜速度快，功耗低，但扫描范围小，一般小于 100 μm。据报道，一种静电驱动器设计的最大扫描范围为 200 μm，但它需要真空封装和共振操作，这大大增加了成本和整体封装尺寸。电磁驱动器可实现约 400 μm 的扫描，但由于拉入行为，其使用范围只能达到 54 μm，而且制作需要高成本的 LIGA 技术。电热双态微环可以达到约 1 mm 的扫描范围，且批量制造成本低。基于电热 MEMS 反射镜的 FTS 系统已经取得了良好的结果。可重复性和可靠性将成为 MEMS FTS 系统商业化的主要障碍。

7.4　干涉式 MEMS 化学和生化传感器

7.4.1　引言

与电子传感器相比，基于光波导(OWG)的化学和生化传感器具有许多内在优势，包括高灵敏度、无标记检测能力、抗电磁干扰、无电击和火花、良好的安全性和高可靠性。正是由于这些优点，基于 OWG 的化学和生化传感器在各个领域得到了广泛的应用。随着当前光学 MEMS 技术的快速发展，OWG 传感器因其与 MEMS 加工技术的良好兼容性而日益受到关注。OWG 具有板状和条状两种几何结构，这些结构已被应用于化学和生物化学传感器中。条状 OWG 是典型的 MEMS 元件，而板状 OWG 在一个维度上也保持了 MEMS 的特性。条状几何 OWG 传感器目前是通过在硅衬底上使用 MEMS 工艺结合 SiON 技术制造的。下一代 OWG 传感器将是包含传感元件、LED 光源、硅-光电二极管探测器和 CMOS 数据处理器的单晶硅芯片设备。此外，通过在集成光学(IO)传感器芯片上集成或堆叠 MEMS 样品预处理和微流体元件，预计可实现基于 OWG 的片上实验室系统。

如图 7.32 所示，光学化学和生化传感器使用功能薄膜而不是相应的体材料与分析物相互作用，从而实现快速检测。由于薄膜厚度很小，从纳米到微米不等，因此无论是透射测量还是反射测量的体光学传感器，其灵敏度都很低，不足以进行痕量测量。基于 OWG 的化学和生化传感器，其与体光学器件截然不同，而是利用蒸发场来研究固定在波导表面的传感层，将传感层因与分析物相互作用而产生的物理或化学特性变化转化为可测量的信号，信号可以是强度、相位、谐振角

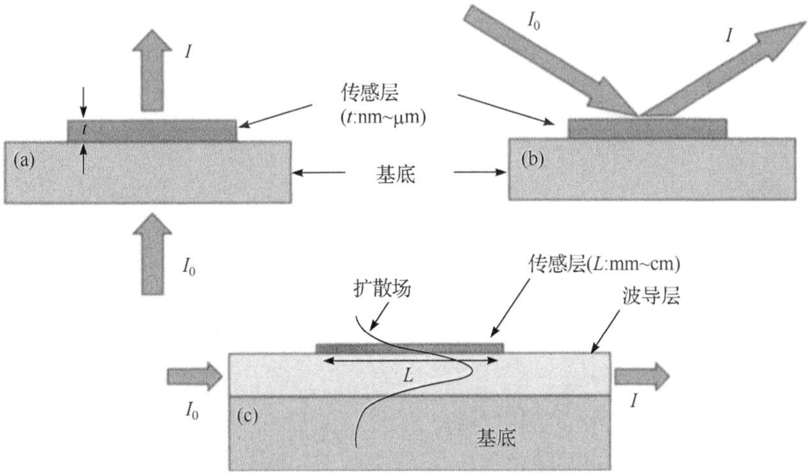

图 7.32　具有(a)透射和(b)反射测量的大块光学传感器示意图；(c)OWG 传感器原理图

或谐振波长。蒸发场与传感层相互作用的路径长度很长，从几毫米到几厘米不等；因此，OWG 传感器的灵敏度可比体光学传感器高几个数量级。OWG 传感器在抗环境干扰方面也优于体光学器件。在基于 OWG 的化学和生化传感器的大家族中，研究最广泛的传感器之一是集成光学干涉仪传感器[19-53]。这是因为导波模式的相位对传感层的折射率和/或厚度的变化极为敏感，而这些变化很容易发生在几乎所有的表面相互作用中。没有在其表面固定传感层的 OWG 干涉仪是一种有效的多功能传感器。只要用不同的分子识别材料对波导表面进行功能化处理，它就可以应用于多种化学和生化传感器。

从结构上看，OWG 干涉仪主要包括马赫-曾德尔(Mach-Zehnder)干涉仪(MZI)[19-33]，偏振(或差)干涉仪(PI 或 DI)[34-38]，包含板状和条状结构的杨氏干涉仪(YI)[39-52]，以及法布里-珀罗干涉仪(FPI)和迈克耳孙干涉仪[53,54]。前三种类型最常用于化学和生化传感应用。根据目前的研究成果，MZI 和 YI 传感器普遍具有较高的灵敏度。与 MZI 和 YI 相比，PI 传感器结构简单，但灵敏度低。法布里-珀罗干涉仪在化学和生化传感器的应用非常有限[53]。迈克耳孙干涉仪主要用于位移测量，很少用于化学和生化传感[55]。本节总结了作为多功能传感器元件(而非特定的化学或生化传感器)的 OWG 干涉仪。

7.4.2 集成光学马赫-曾德尔干涉仪传感器

MZI 传感器是典型的集成光学设备，由三维单模波导组成，几何形状如图 7.33 所示。两个 Y 形波导结构分别作为功率分配器和重组器，通过两个平行臂相互连接。MZI 芯片通常覆盖一层低折射率材料(如 SiO_2 和 MgF_2)的缓冲层，在其中一个臂的区域留下一个窗口，用于化学和生化传感。

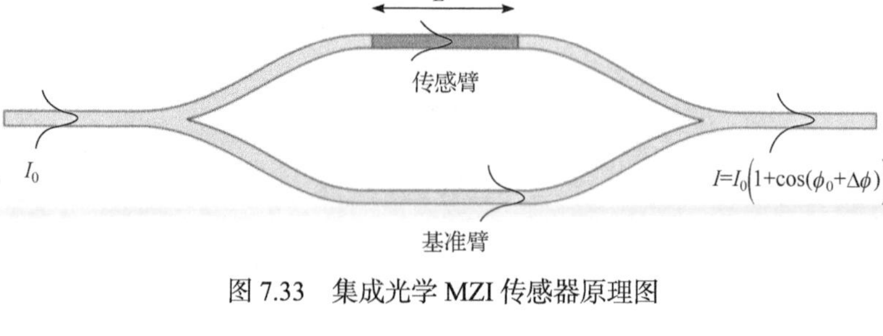

图 7.33 集成光学 MZI 传感器原理图

带有覆盖层的另一只臂由于对瞬变波不敏感而充当基准。窗口的长度(L)从毫米到厘米不等。对于工作波长λ下工作的 MZI 传感器，根据式(7.20)，输出光强(I)随传感臂中导波模式的相位变化($\Delta\phi$)而变化。式(7.21)表明，$\Delta\phi$与由表面分析物相互作用的蒸发场引起的模态指数(N_{eff})变化有关。每单位路径长度对体液折射率(n_C)的灵敏度(S)定义为相位变化量($\Delta\phi$)与折射率变化量(Δn_C)的比值，可记为

式 (7.22)。

$$I = I_0\left(1+\gamma\cos\left(\phi_0+\Delta\phi\right)\right) \tag{7.20}$$

$$\Delta\phi = \frac{2\pi L}{\lambda}\ N_{\text{eff}} \tag{7.21}$$

$$S = \frac{\Delta\phi}{\Delta n_{\text{C}}} = \frac{2\pi L}{\lambda}\quad\frac{\Delta N_{\text{eff}}}{\Delta n_{\text{C}}} \tag{7.22}$$

式中，$I_0 = (I_{\max}+I_{\min})/2$($I_{\max}$ 和 $I_{\min}$ 是干涉图样中的峰值和波谷强度)，所谓条纹对比度$\gamma = (I_{\max} - I_{\min})/(I_{\max} + I_{\min})$，$\phi_0$是长度为 L 的传感臂中导波模式的初始相位。

γ 、ϕ_0 和 S 是集成光学干涉传感器的重要参数，它们共同决定了传感器的检测极限。γ 值越大，$\Delta\phi$ 的分辨率就越高，检测极限就越低；要检测极小浓度的分析物，ϕ_0 的值必须能迫使 MZI 在线性响应区域工作。对于集成光学 MZI 传感器，γ主要由 Y 形功率分配器的性能决定。理想的 Y 型功率分配器可以为传感臂和参考臂提供相同的强度，从而实现最高的条纹对比度。然而，实际上很难制造出 3dB 的 Y 型功率分配器。因此，集成光学 MZI 传感器的条纹对比度一般为$\gamma < 1$。

玻璃片、硅片、$LiNbO_3$ 和 GaAs 晶体等多种衬底材料已被用于制造化学和生化传感器应用的 MZI[19-33]。目前备受关注的硅基 MZI 包括两种结构：基于全内反射(TIR)的传统波导结构[23-26]和反谐振反射光波导(ARROW)结构[30-33]。这两种结构由 $Si/SiO_2/Si_3N_4/SiO_2$ 多层脊线波导组成，采用 MEMS 工艺结合 SiON 技术制成。然而，全内反射结构的波导层是 Si_3N_4 薄膜，而 ARROW 结构的波导层是 SiO_2 薄膜。1999 年，Heideman 和同事 Lambeck 在硅衬底上实现了单片全内反射型 MZI 传感器[23]。这个复杂的装置包含一个 ZnO 电光相位调制器、一个偏振器、一个 $L =$ 5 mm 的传感窗口和两个光纤耦合器。图 7.34(a)和(b)显示了器件结构的俯视图和沿该器件一条分支的纵向横截面。图 7.34(c)显示了真实 MZI 设备的光电图像。通过相位调制器，可以调整 MZI 传感器的初始相位，使其工作在线性响应区域。他们器件的工作波长为$\lambda = 850$ nm，性能数据如下：N_{eff}的分辨率为$\Delta N_{\text{eff}} = 5\times10^{-9}$；$n_{\text{C}}$ 分辨率为$\Delta n_{\text{C}} = 2\times10^{-8}$；化学诱导层厚有效增加的分辨率约为 2×10^{-5} nm，相当于 0.01 pg/mm^2 的质量覆盖率；实验室条件下的 N_{eff}漂移小于 $5\times10^{-8}\text{h}^{-1}$；光纤插入损耗为 10 dB。当$\Delta N_{\text{eff}} = 5\times10^{-9}$，$\Delta n_{\text{C}} = 2\times10^{-8}$时，单位路径长度的灵敏度为$\Delta N_{\text{eff}}/\Delta n_{\text{C}} = 0.25$。由于下层 SiO_2 包层与 Si_3N_4 芯层之间的折射率差异较大，因此该值较高。

基于玻璃 OWG 基的 MZI 价格便宜、损耗低、耐酸性/碱性腐蚀、相对容易制备、可兼容单模光纤耦合，因此被广泛用作化学和生化传感器[19-21]。基于玻璃 OWG 基的 MZI 采用了标准光刻工艺结合离子交换法制备。具有分级指数剖面的离子交换玻璃波导具有非常微弱的蒸发场，从而导致$\Delta N_{\text{eff}}/\Delta n_{\text{C}}$ 的值很小，因此传感臂单位长度的灵敏度较小。1991 年，Boiarski 等用钾离子交换法制备了一种玻璃基 MZI[19]。通过该装置，他们测量到ΔN_{eff} /Δn_C的值在 0.0018～0.002，是之前提到的 Si_3N_4 芯层 MZI 的 1/100 。为了提高 MZI 传感器的灵敏度，Qi 等[28]设计了一种通道平面复合光学波导(COWG)作为传感臂[28]。如图 7.35(a)所示，沟道平面 COWG 由单模玻璃沟道波导局部覆盖一层高折射率材料(如 TiO_2 和 Ta_2O_5)的锥

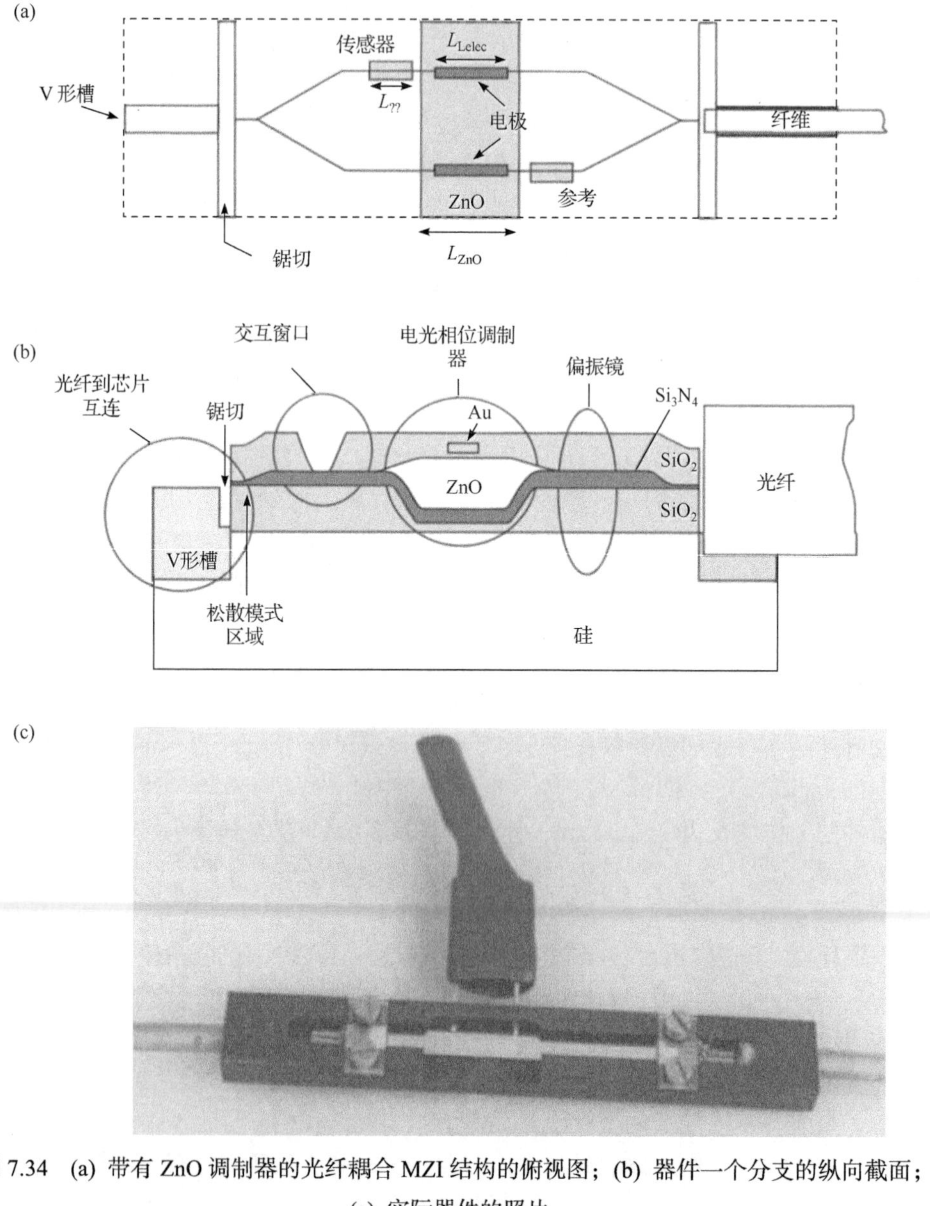

图 7.34　(a) 带有 ZnO 调制器的光纤耦合 MZI 结构的俯视图；(b) 器件一个分支的纵向截面；(c) 实际器件的照片

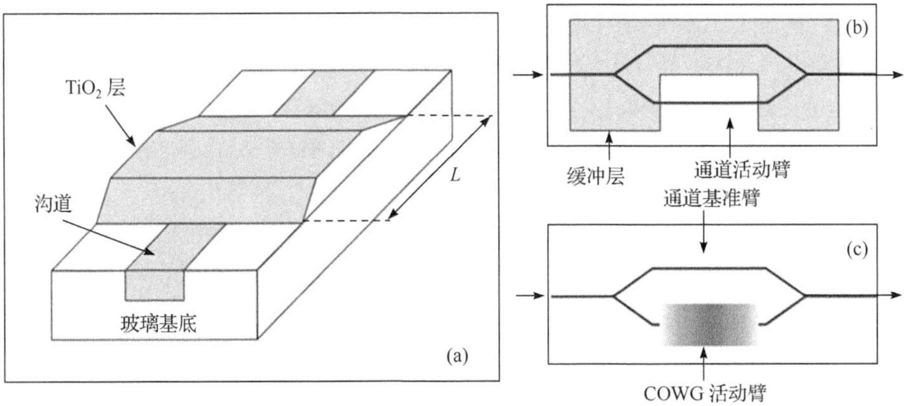

图 7.35　(a) 沟道-平面 COWG 的结构；(b) 带有通道活动臂和低折射率缓冲层的玻璃基 MZI 传感器的传统结构；(c) 带有 COWG 活动臂而没有缓冲层的玻璃基 MZI 传感器的改进结构

形薄膜组成。与裸玻璃沟道波导相比，基于锥形速度耦合理论的沟道平面 COWG 中导波模式的绝热转换可显著增强衰减场。计算数据和实验数据相结合表明，使用沟道平面 COWG 作为基于玻璃 OWG 的 MZI 传感器的传感臂，可使灵敏度提高 70 倍以上。由于 COWG 传感臂与裸沟道参考臂之间的显著差异，基于玻璃 OWG 的 MZI 传感器不再需要低指数缓冲层。

7.4.3　复合波导偏振干涉仪传感器

除了沟道平面波导外，还可以使用掩模溅射法在单模平板玻璃波导上制作一层锥形 TiO_2 或 Ta_2O_5，从而轻松制备出具有平面结构的更简单 COWG。图 7.36(a) 显示了平面-平面的 COWG 芯片的光刻图，明亮的条纹为锥形 TiO_2 薄膜。单模平板和沟道玻璃波导是低折射率和偏振不敏感的 OWG，允许在棱镜耦合条件下用一束线偏振激光同时激发基本横向电模(TE_0)和横向磁模(TM_0)。单模玻璃波导的损耗也很低，对表面变化的敏感性很差，因此 TE_0 和 TM_0 模式可以传播很长一段距离，并允许在不干扰模式传播的情况下将测量室安装到单模玻璃波导上。另外，由 TiO_2、Ta_2O_5 等高折射率材料制成的单模薄膜波导，其通常具有较大的传播损耗、较大的模态双折射，以及对表面相互作用非常敏感。因此，COWG 是低损耗、无双折射、低灵敏度的玻璃波导和高损耗、显著双折射、高灵敏度的薄膜波导的优化组合。薄膜的两个锥度保证了单模玻璃波导的未覆盖区域和覆盖区域之间的绝热模态转换，有效地抑制了模式间的转换。对于化学和生化传感器的应用，COWG 不仅提供了一个局部感应区域，而且还提供了两个非活动区域，用于放置棱镜耦合器和测量室。

无论是平面-面 OWG 是沟道-面 OWG，都可以直接用作非常简单但灵敏度很高的 PI 传感器，其原理是在覆盖有 TiO_2 锥形薄膜的波导区域内，TE_0 和 TM_0 模式之间存在空间分隔器[34-36]。空间分离导致两种模式之间存在较大差异：TE_0 模式的蒸发场远强于 TM_0 模式。因此，TiO_2 薄膜在 100 nm 范围内发生的化学和物理变化会导致 TE_0 模式的有效折射率(N_{TE})相对于 TM_0 模式的有效折射率(N_{TM})发生较大的变化。图 7.36(b)说明了基于 COWG 的 PI 传感器的结构，它与传统的 OWG 吸收传感器一样简单。一对玻璃棱镜耦合器用折射率匹配液体(亚甲基碘化物)连接在玻璃波导上，测量室安装在波导上以屏蔽 TiO_2 薄膜。利用线性偏振 He-Ne 激光束以一定的入射通过度照射棱镜耦合器，TE_0 和 TM_0 模式同时在玻璃波导中被激发。通过第一个 TiO_2 锥度，TE_0 和 TM_0 模式在薄膜覆盖区域传播，在该区域两种模式自发分离。第二个 TiO_2 锥使两种模式在分量发生层中重新组合。输出光束经过 45°偏振分析仪，使 TE 和 TM 组件产生干涉。利用光电二极管探测器对干涉条纹进行实时监测。诱导的 TE_0 和 TM_0 模态相位差变化($\Delta\varphi$)可表示为

$$\Delta\phi = \frac{2\pi}{\lambda}\int_0^L \left(\Delta N_{TE} - \Delta N_{TM}\right)dz \tag{7.23}$$

式中，λ为真空波长；L 为锥形 TiO_2 薄膜的长度；ΔN_{TE} 和ΔN_{TM} 分别为 N_{TE} 和 N_{TM} 的变化量。

图 7.36(c)显示了测量室内由折射率变化引起的 PI 传感器的时间干涉关系图。相位差变化($\Delta\phi$)与 NaCl 水溶液浓度和折射率的变化曲线，如图 7.36(d)所示。表

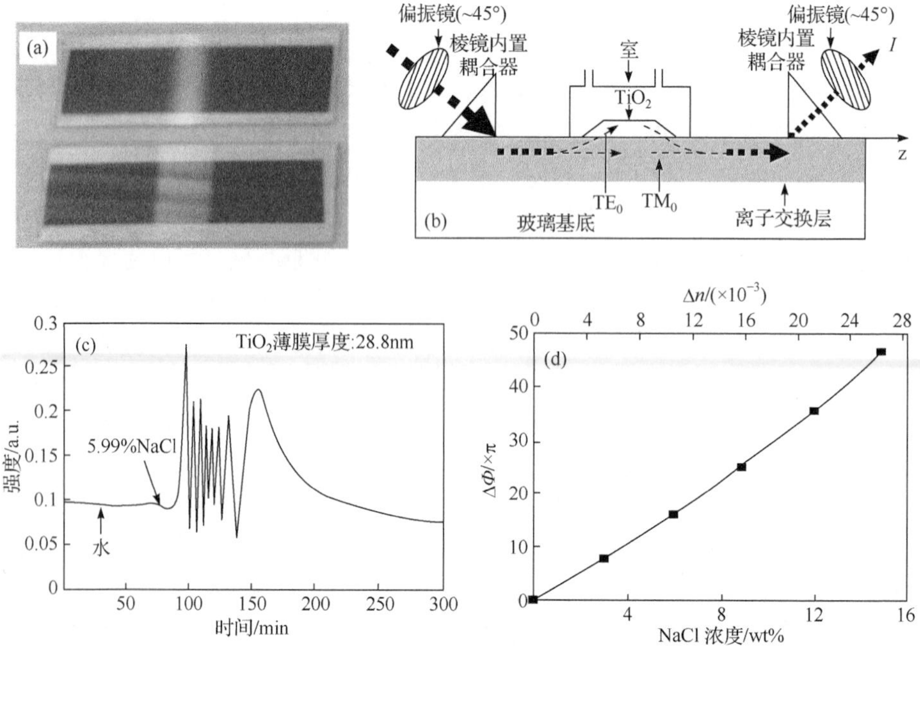

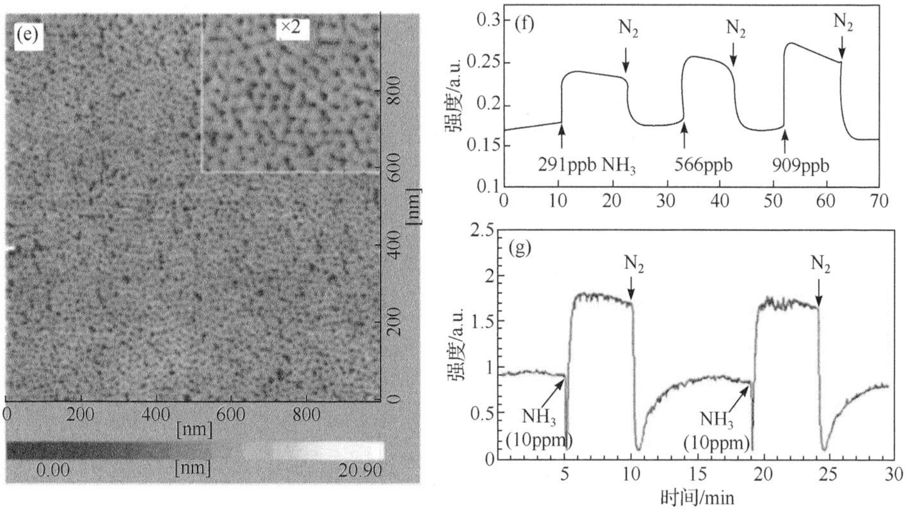

图 7.36　(a) COWG 芯片的照片；(b) 基于 COWG 的 PI 传感器的结构示意图；(c) 传感器对液体折射率变化的时间响应；(d) PI 传感器的相位随 NaCl 溶液浓度的变化；(e) 包覆在 COWG 芯片上的介孔 TiO_2 薄膜的 AFM 图像；(f)和(g)涂层在介孔 TiO_2 膜上的基于 COWG 的 PI 传感器对氨气的时间响应

明$\Delta\phi = 1°$对应于$\Delta n_C \approx 1 \times 10^{-6}$。在高折射率材料的锥形层上覆盖一层纳米多孔薄膜后，基于 COWG 的 PI 传感器可在室温下检测 ppb 级的氨气[36]。图 7.36(e)显示了在 COWG 的溅射 TiO_2 层上浸涂的溶胶-凝胶模板介孔 TiO_2 薄膜的原子力显微镜(AFM)图像。图 7.36(f)和(g)显示了在室温下使用包覆介孔 TiO_2 薄膜的基于 COWG 型的 PI 传感器，测量对氮气中不同浓度氨气的响应。其他基于阶梯折射率平面波导的 PI 传感器也有报道[37,38]，其单位路径长度的灵敏度通常较小，如 Lambeck 在文献[24]中所述。

7.4.4　集成光学杨氏干涉仪传感器

1. 集成光学 YI 的传感原理

图 7.37(a)显示了基于 OWG 的 YI 传感器的示意图，该传感器包含两个紧密相连的平板或条纹波导和一个线阵电荷耦合器件(CCD)探测器。单个波导的输出光沿 x 方向发生衍射，衍射光强度 $I_s(x)$可由式(7.24)表示。两束发散光束重叠形成空间干涉图样，x 方向上的干涉光强 $I(x)$可表示为式(7.25)。

$$I_S(x) = I_0 \sin^2\left(\frac{\pi b x}{\lambda\sqrt{D^2 + x^2}}\right)\left(\frac{\pi b x}{\lambda\sqrt{D^2 + x^2}}\right)^{-2} \tag{7.24}$$

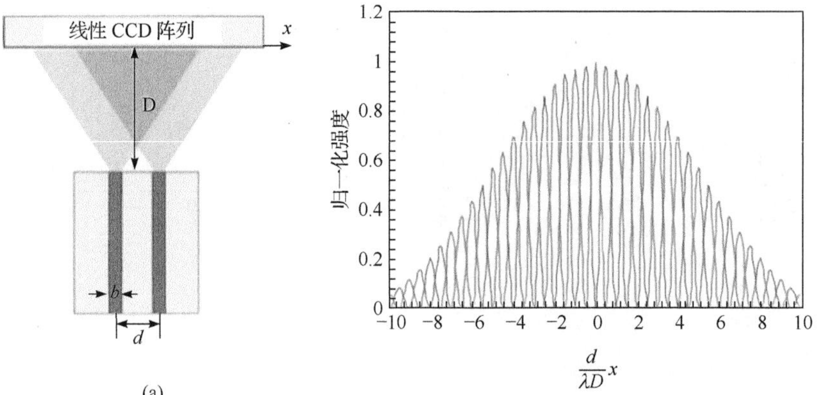

(a)　(b)

图 7.37　(a) 基于 OWG 的 YI 器件示意图；(b) 模拟干涉图样

$$
\begin{aligned}
&I(x) = 2I_S(x)\left[1+\cos\left(\frac{2\pi d}{\lambda D}x+\phi_0+\phi\right)\right] \\
&\Rightarrow I(x) = 2I_S(x)\left[1+\cos\left(2\pi\ \ fx+\phi_0+\phi\right)\right]
\end{aligned} \tag{7.25}
$$

$$
\phi_0+\phi = \arctan\frac{\int_{-\infty}^{+\infty} I(x)\sin(2\pi fx)\,\mathrm{d}x}{\int_{-\infty}^{+\infty} I(x)\cos(2\pi fx)\,\mathrm{d}x} \tag{7.26}
$$

式中，I_0为单波导的光强；b 为平板波导的芯厚或条纹波导的芯宽；d 为芯与芯间距；D 为 OWG 芯片端面到 CCD 探测器的距离；$f = d/(D)$；ϕ_0 为两波导之间的初始相位差；$\Delta\phi$ 为蒸发场与分析物之间的表面相互作用所引起的相位差变化。根据式(7.26)，利用傅里叶变换法，可确定($\phi_0 + \Delta\phi$)的值。图 7.37(b)显示了$\lambda = 0.633$ μm、$b = 4$ μm、$d = 50$ μm、$D = 10$ mm 时模拟的两种干涉图样。两种图样的相位差为 180°。

2. 平板式 YI 传感器

平板式 YI 传感器包括两种类型。一种是基于 SiON 技术的多层板状 OWG 芯片，它由两个平面核心层组成，中间由一个缓冲层隔开。如图 7.38(a)所示，板片 OWG 的上部核心用于化学或生物化学传感，下层核心层作为基准。英国 Farfield Sensor Ltd.已将这种板片 OWG YI 传感器作为生物分析仪而商业化[40-43]。图 7.38(b)显示了平板式杨氏干涉生物分析仪的配置。由于可以同时测量 TE 和 TM 模式($\Delta\phi_{TE}$ 和 $\Delta\phi_{TM}$)的相位变化，因此这种生物分析仪称为双偏振干涉仪(DPI)。图 7.38(c)为商用 DPI 仪器的照片。通过同时测量$\Delta\phi_{TE}$和$\Delta\phi_{TM}$时，TE 和 TM 两种模式(N_{TE}和 N_{TM})的有效折射率可由下式确定：

$$N_{TE}=N_{TE}^0+\frac{\lambda}{2\pi L}\ \phi_{TE} \tag{7.27}$$

$$N_{TM}=N_{TM}^0+\frac{\lambda}{2\pi L}\ \phi_{TM} \tag{7.28}$$

其中，N_{TE}^0 和 N_{TM}^0 分别是测量前 TE_0 和 TM_0 两种模式的有效折射率，它们是针对每个特定 OWG 芯片给出的。因此，用平面光波导的特征值方程对测得的 N_{TE} 和 N_{TM} 进行最佳拟合，就可以得到在光波导表面形成的分析物层的厚度和折射率。如图 7.39 所示为在波导上形成的蛋白质吸附层的模拟结果，其核心层为 200 nm，衬底、核心和包层的折射率分别为 1.52、1.77、1.33。在$\lambda = 633$ nm 时，波导 N_{TE}^0 和 N_{TM}^0 分别为 1.56861 和 1.60521。在$\Delta N_{TE} = 0.00027$ 和$\Delta N_{TM} = 0.00039$ 的条件下进行的模拟表明，蛋白质吸附层的折射率为 $N_{ad} = 1.4$ nm，厚度为 $t_{ad} = 3$ nm。将ΔN_{TM} 固定为 0.00039，将ΔN_{TE} 改变为 0.0029，则 $N_{ad} = 1.4667$ nm，$t_{ad} = 1.5565$ nm。

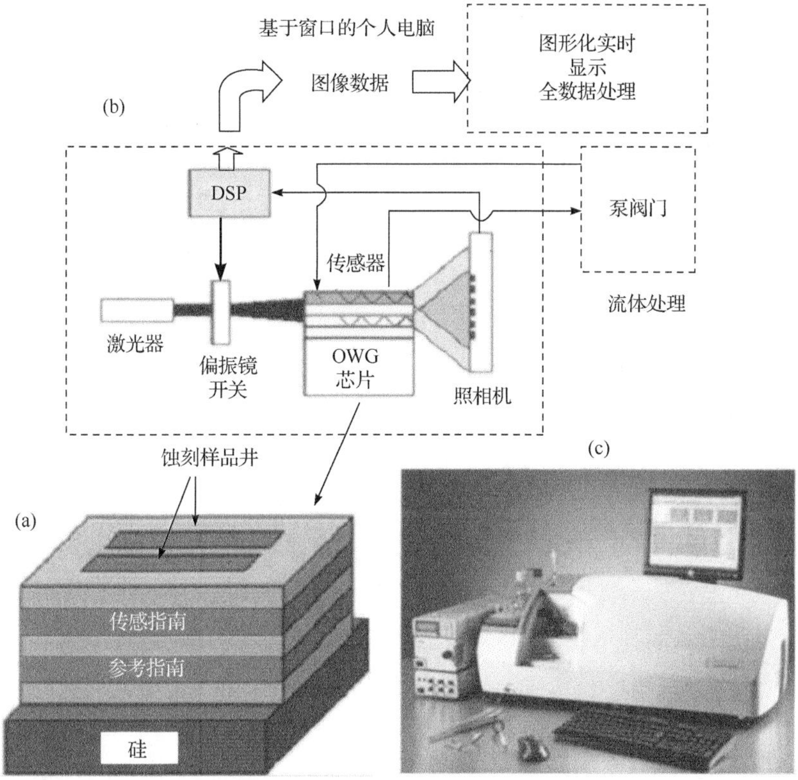

图 7.38　(a)基于多层平板 OWG 的 YI 原理和(b)采用多层平板 OWG 芯片的所谓双偏振干涉仪生物分析仪的结构

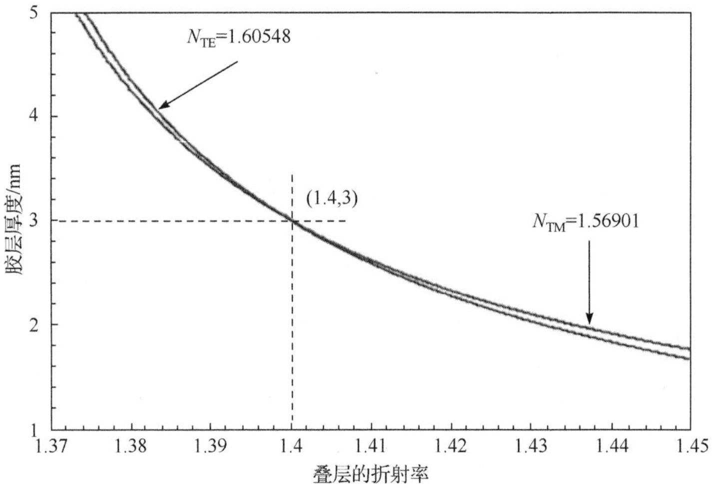

图 7.39　OWG 上测定分析物层厚度和折射率的模拟

另一种平板 OWG YI 传感器示意图如图 7.40 所示，该传感器使用双缝元件将单光束入射光分成两束，这两束光同时通过一个集成光栅耦合到一个平面波导中，从而产生一条传感和一条参考路径[26]。与传感路径和参考路径对应的输出光束通过第二个双缝元件，产生杨氏干涉图样，用线性 CCD 探测器进行检测。从图 7.40 可以看出，传感器系统包含许多独立的光学元件，这给传感器系统的准备工作带来了困难。

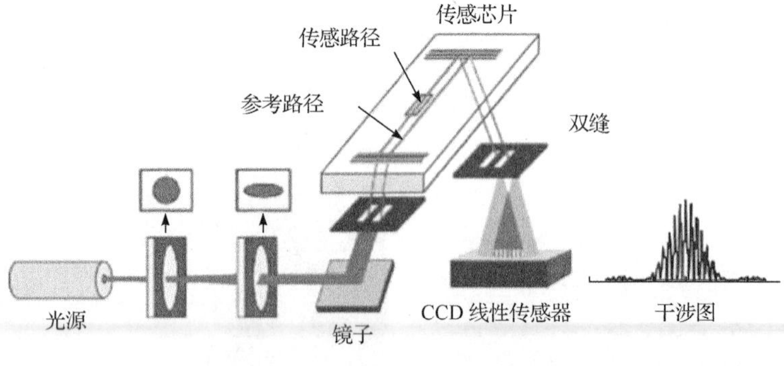

图 7.40　平板 OWG YI 系统的光学装置，包括一个包含光栅耦合器的平板波导芯片、两个双缝元件和一个线阵 CCD 探测器

3. 条纹型 YI 传感器

条纹型波导 YI 传感器通常由传感臂和基准臂以及一个 3 dB 的 Y 型波导分路器组成，该分路器将输入光功率分配给两个臂。从臂端发射的发散光束重叠在一起，形成二维空间干涉图样。使用线性 CCD 检测器只能检测到横向的条纹偏移。

图 7.41 显示了条纹波导 YI 传感器的常见结构，它实际上是半个集成光学 MZI 传感器。图 7.42 显示了 Ymeti 等开发的多沟道集成光学 YI 传感器的一个特例[49,50]。多沟道 YI 传感器包含多个传感窗口，能够同时检测多种分析物。现有的平板波导和条纹波导 YI 传感器的共同特点是：①传感器芯片一般由阶跃折射率 OWG 组成；②通常采用对接耦合法；③通过对线性 CCD 探测器检测到的空间干涉图进行傅里叶分析，确定测量所引起的相位变化。

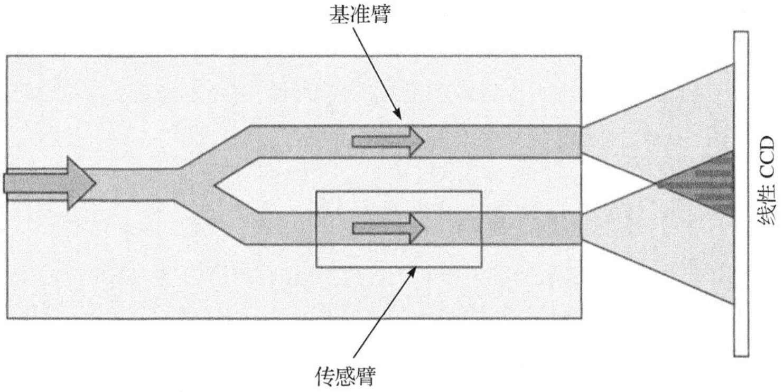

图 7.41　条纹波导 YI 传感器的常见结构

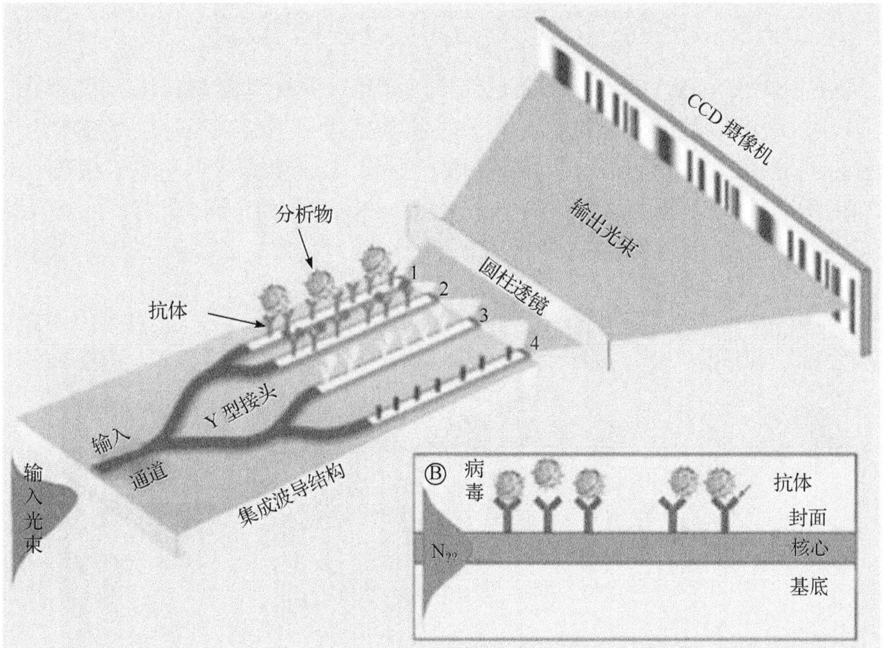

图 7.42　多沟道波导 YI 传感器原理图

昂贵的 CCD 探测器不利于集成 YI 传感器的广泛应用。事实上，用一个简单的带狭缝的硅光电探测器代替 CCD 探测器，就可以很容易地探测到光学集成 YI 传感器的时间干涉模式。在之前工作的基础上，Qi 等最近开发了一种改进结构的玻璃波导 YI 传感器[51,52]。如图 7.43(a)所示，该传感器与上述 YI 传感器的不同有四个方面：①传感器芯片为玻璃片，其中包含了多对平行的直波导，但没有 Y 形分支的功率分配器，波导是分级索引单模波导；②传感臂是一个波导平面 COWG，可为传感器提供高灵敏度，并使用未覆盖的波导作为参考臂；③采用棱镜耦合方法，为传感器在横向提供高对比度的点线干涉图样(图 7.43(b))；④所使用的探测器不是 CCD，而是狭缝光电二极管组件。狭缝光电二极管组件检测到的光功率(P)可表示为

$$P = 2P_0\ 1 + \frac{\lambda D}{\pi da}\sin\frac{\pi da}{\lambda D}\cos\phi + \phi_0 + \frac{2\pi d}{\lambda D}x_0 \tag{7.29}$$

式中，λ为激光波长；P_0为光从一个沟道通过狭缝的功率；d 为沟道与沟道之间的间距；a 为狭缝宽度；D 为输出棱镜到狭缝的距离；x_0 表示虚线干涉图上的狭缝位置；ϕ_0 为测量前两个信道的相位差；ϕ为相位差变化量。由式(7.29)可以得到基于 COWG 的 YI 传感器的条纹对比度如下：

$$\gamma = \frac{P_{\max} - P_{\min}}{P_{\max} + P_{\min}} = \frac{\lambda D}{\pi da}\left|\sin\frac{\pi da}{\lambda D}\right| = \left|\sin\mathrm{c}\frac{\pi da}{\lambda D}\right| \tag{7.30}$$

为了方便波导芯片的更换和简化器件的操作，我们预先制备了集成棱镜腔组件。利用这种棱镜腔组件，YI 传感器就变得稳定可靠，能够实时检测波导表面非常缓慢的物理和化学过程。图 7.43(c)和(d)展示了集成棱镜室组件关闭状态下的正视图和打开状态下的侧视图。图 7.43(e)显示了包含玻璃波导 YI 芯片的实际棱镜室组件的照片。图 7.43(f)和(g)基于 COWG 的 YI 传感器对蛋白质非特异性吸附的时间响应。

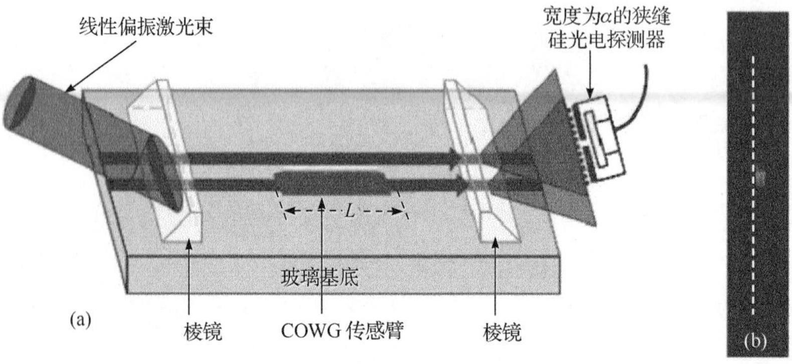

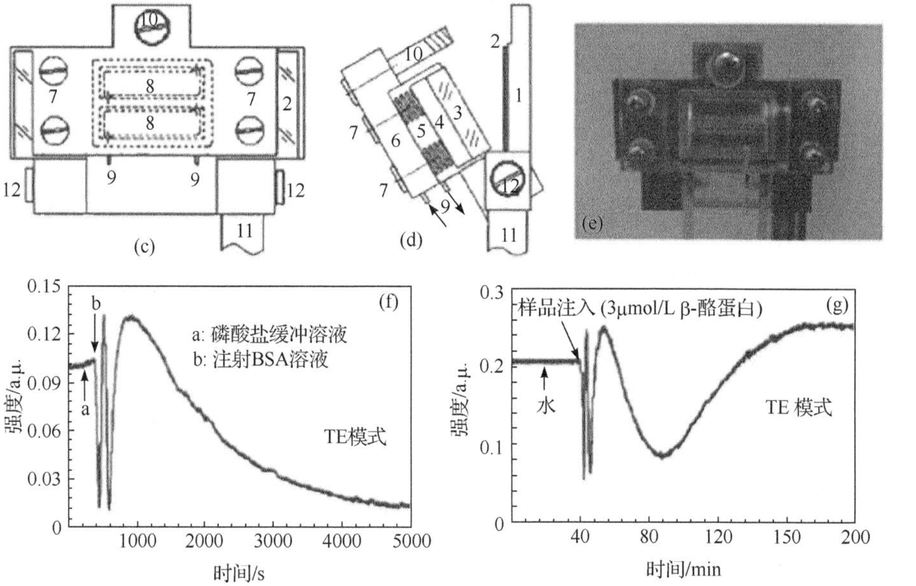

图 7.43　(a)改进结构的玻璃波导 YI 传感器；(b) 点线干涉图案；(c) 棱镜室集成系统在关闭状态下的前视图；(d)处于打开状态的侧视图(1-后板；2-OWG 芯片；3-棱镜耦合器；4-棱镜；5-弹簧；6-前板；7-幻灯片螺丝；8-液室；9-进口和出口；10-锁紧螺钉；11-支柱；12-旋转轴)；(e) 实际棱镜室系统的照片；(f) YI 传感器的响应或 BSA 从 PBS 中吸附的响应；(g) 传感器对水溶液中β-酪蛋白的非特异性吸附的响应

7.4.5　集成光学法布里-珀罗干涉仪传感器

前面提到的所有集成光学干涉仪传感器都是基于蒸发波与固定在波导表面的分析物分子的相互作用。对于这些干涉仪，单位路径长度的灵敏度严重依赖于衬底(或下包层)和核心层之间的折射率差。为了提高器件的整体灵敏度，蒸发波传感路径长度一般从毫米到厘米不等，远超出了 MEMS 尺度。2006 年，Kinrot 等[53]证明，导波与整体分析液的相互作用，而不是蒸发波与表面分析液单层之间的相互作用，使得传感路径长度降低到亚毫米级别。利用 MEMS 加工和硅片制作了一种基于 SU8 波导的 MZI，其中集成了周期性分段波导 FPI，用于化学和生化物质的块状传感(图 7.44)。使用比以前报道的装置小得多的 720 μm 长的分段波导 FPI，测量液体折射率的检测限为$\Delta N = 4 \times 10^{-5}$。这种集成 FPI 传感器的高灵敏度源于样品和波导段之间重复的势垒转换产生的菲涅耳反射所引起的多重反射效应。Kinrot 的工作为制造基于干涉测量的化学和生化传感器应用的 MEMS 级集成光学芯片开辟了道路。

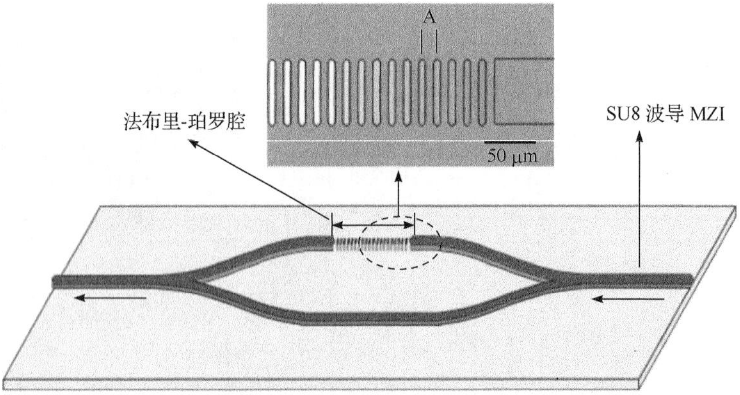

图 7.44 集成在 MZI 结构中的周期性分段波导法布里-珀罗干涉仪原理图

7.4.6 总结

本节简要回顾了作为多功能表面敏感传感器的集成光学干涉仪。在化学和生化传感器应用方面，集成光学干涉仪主要包括 MZI、YI 和 PI。单片 MZI 传感器由条纹波导组成，一般通过 MEMS 工艺结合 SiON 技术制作。垂直集成的板式 YI 传感器已成为商用生物分析仪。基于 COWG 的 PI 传感器是最简单和最便宜的集成光学传感器之一，但它可以为痕量，甚至超痕量检测提供所需的高灵敏度。集成光学干涉传感器芯片的尺寸一般为几厘米，以方便使用，且具有高灵敏度，但芯片上的基本元件是 MEMS 结构。从这个角度来看，集成光学干涉仪可以被称为干涉式 MEMS 传感器。三维 SiON 波导作为典型的光学 MEMS 元件，为制造小型、高度集成和精密的多功能传感器系统提供了许多机会。下一代集成光学化学和生化传感器将是包含 OWG 传感元件、LED 光源、硅-光电二极管探测器、CMOS 数据处理器、MEMS 样品预处理和微流控组件的单晶硅芯片设备。

参 考 文 献

[1] D. H. Ellison, *Handbook of Chemical and Biological Warfare Agents*, 2nd edition, CRC Press, Boca Raton, FL, 2007.

[2] Countering Bioterrorism: The Role of Science and Technology, Panel on Biological Issues, Committee on Science and Technology for Countering Terrorism, National Research Council, National Academies Press, 2002.

[3] V. M. A. Hakkinen, Gas chromatography/mass spectrometry in on-site analysis of chemicals related to the chemical weapons convention, in *Encyclopedia of Analytical Chemistry* (2000), 1001-1007.

[4] J. L. Gottfried, F. C. De Lucia, C. A. Munson, and A. W. Miziolek, Standoff detection of chemical and biological threats using laser-induced breakdown spectroscopy, *Appl. Spectrosc.* 62 (2008), 353-363.

[5] N. Gayraud, Ł. W. Kornaszewski, J. M. Stone, J. C. Knight, D. T. Reid, D. P. Hand, and W. N. MacPherson, Mid-infrared gas sensing using a photonic bandgap fiber, *Appl. Opt.* 47 (2008), 1269-1277.

[6] D. K. Lynch, M. A. Chatelain, T. K. Tessensohn, and P.M. Adams, Remote identification of in situ atmo- spheric silicate and carbonate dust by passive infrared spectroscopy, *IEEE Trans. Geoscience and Remote Sensing*, 35(3), (1997) 670-674.

[7] E. V. Loewenstein, The history and current status of Fourier transform spectroscopy, *Appl. Opt.* 5 (1966), 845-854.

[8] http://www.brukeroptics.com/alpha.html.

[9] O. Manzardo, H. P. Herzig, C. R. Marxer, and N. F. de Rooij, Miniaturized time-scanning Fourier trans- form spectrometer based on silicon technology, *Opt. Lett.* 24 (1999), 1705-1707.

[10] K. Yu, D. Lee, U. Krishnamoorthy, N. Park, and O. Solgaard, Micromachined Fourier transform spec- trometer on silicon optical bench platform, *Sens. Actuat. A* 130-131 (2006), 523-530.

[11] T. Sandner, A. Kenda, C. Drabe, H. Schenk, and W. Scherf, Miniaturized FTIR-spectrometer based on optical MEMS translatory actuator, *Proc. SPIE*, 6466 (2007) 646602-1-646602-12.

[12] C. Solf, J. Mohr, and U. Walrabe, Miniaturized LIGA Fourier transformation spectrometer, in *Proc. IEEE*, 2 (2003), pp. 773-776.

[13] A. Jain, H. Qu, S. Todd, and H. Xie, A thermal bimorph micromirror with large bi-directional and vertical actuation, *Sens. Actuat. A*. 122 (2005), pp. 9-15.

[14] L. Wu, A. Pais, S.R. Samuelson, S. Guo, and H. Xie, A miniature Fourier transform spectrometer by a large-vertical-displacement microelectromechanical mirror, *Proc. of the 2009 OSA Spring Optics and Photonics Congress*, Vancouver, BC, Canada, FWD4, 2009.

[15] L. Wu, A. Pais, S. R. Samuelson, S. Guo, and H. Xie, A mirror-tilt-insensitive Fourier transform spec- trometer based on a large vertical displacement micromirror with dual reflective surface, *Proc. of the 15th International Conference on Solid-State Sensors, Actuators and Microsystems (Transducers '09)*, June 21-25, 2009, Denver, CO, pp. 2090-2093.

[16] B. Saggin, L. Comolli, and V. Formisano, Mechanical disturbances in Fourier spectrometers, *Appl. Opt.* 46 (2007), 5248-5256.

[17] R. C. M. Learner, A. P. Thorne, and J. W. Brault, Ghosts and artifacts in Fourier-transform spectrometry, *Appl. Opt.* 35 (1996), 2947-2954.

[18] U. Wallrabe, C. Solf, J. Mohr, and J. G. Korvink, Miniaturized Fourier transform spectrometer for the near infrared wavelength regime incorporating an electromagnetic linear actuator, *Sens. Actuat. A: Physical*, 123-124 (2005), pp. 459-467.

[19] A. A. Boiarski, R. W. Ridgway, J. R. Busch, G. Turhan-Sayan, and L. S. Miller, *SPIE* 1587 (1991), 114-128.

[20] N. Fabricius, G. Gauglitz, and J. Ingenhoff, *Sens. Actuat. B* 7 (1992), 672-676.

[21] J. Ingenhoff, B. Drapp, and G. Gauglitz, *Fresenius J. Anal. Chem.* 346 (1993), 580-583.

[22] Y. Liu, P. Hering, and M.O. Scully, *Appl. Phys. B* 54 (1992), 18-23.

[23] R. G. Heideman and P. V. Lambeck, *Sens. Actuat. B* 61 (1999), 100-127.

[24] P. V. Lambeck, *Meas. Sci. Technol.* 17 (2006), R93-R116.

[25] F. Brosinger, H. Freimuth, M. Lacher, W. Ehrfeld, E. Gedig, A. Katerkamp, F. Spener, and K. Cammann, *Sens. Actuat. B* 44 (1997), 350-355.

[26] S. Busse, M. DePaoli, G. Wenz, and S. Mittler, *Sens. Actuat.* 80 (2001), 116-124.

[27] Kunz, R. E. *Sens. Actuat. B* 38 (1997), 13-28.

[28] Z. Qi, N Matsuda, K. Itoh, M. Murabayashi, and C. Lavers, *Sens. Actuat. B* 81 (2002), 254-258.

[29] P. Hua, B. J. Luff, G. R. Quigley, J. S. Wilkinson, and K. Kawaguchi, *Sens. Actuat. B* 87 (2002), 250-257.

[30] D. Jimenez, E. Bartolome, M. Moreno, J. Munoz, and C. Dominguez, *Opt. Commun.* 132 (1996), 437-441.

[31] F. Prieto, L.M. Lechuga, A. Calle, A. Liobera, and C. Dominguez, *J. Lightwave Technol.*, 19 (2001), 75-83.

[32] F. Prieto, B. Sepulveda, A. Calle, A. Llobera, C. Dominguez, and L.M. Lechuga, *Sens. Actuat. B* 92 (2003), 151-158.

[33] S. -H. Hsu and Y. -T. Huang, *Opt. Lett.* 30 (2005), 2879-2897.

[34] Z. Qi, K. Itoh, M. Murabayashi, and C. R. Lavers, *Opt. Lett.* 25 (2000), 1427-1429.

[35] Z. Qi, K. Itoh, M. Murabayashi, and H. Yanagi, *J. Lightwave Technol.* 18 (2000), 1106-1110.

[36] Z. Qi, I. Honma, and H. Zhou, *Anal. Chem.* 2006, 78, 1034-1041.

[37] Y. M. Shirshov, S. V. Svechnikov, A. P. Kiyanovskii, Y. V. Ushenin, E. F. Venger, A. V. Samoylov, and R. Merker, *Sens. Actuat. A* 68 (1998), 384-387.

[38] C. Samm and W. Lukosz, *Sens. Actuat.* B 31 (1996), 203-207.

[39] Y. Ren, P. Mormile, L. Petti, and G.H. Cross, *Sens. Actuat. B* 75 (2001), 76-82.

[40] M. J. Swann, L. L. Peel, S. Carrington, and N. J. Freeman, *Anal. Biochem.* 329 (2004), 190.

[41] G. H. Cross, Y. Ren, and N. J. Freeman, *J. Appl. Phys.* 86 (1999), 6483-6488.

[42] S. Ricard-Blum, L. L. Peel, F. Ruggiero, and N. J. Freeman, *Anal. Biochem.* 352 (2006), 252-259.

[43] P. D.Coffey, M. J. Swann, T. A. Waigh, F. Schedin, and J. R. Lu, *Opt. Express.* 17 (2009), 10959-10969.

[44] K. Schmitt, B. Schirmer, C. Hoffmann, A. Brandenburg, and P. Meyrueis, *Biosens. Bioelectron.* 22 (2007), 2591-2597.

[45] D. Hradetzky, C. Mueller, and H. Reinecke, *J. Opt. A: Pure Appl. Opt.* 8 (2006), S360-S364.

[46] A. Brandenburg, R. Krauter, C. Künzel, M. Stefan, and H. Schulte, *Appl. Opt.* 39 (2000), 6396-6405.

[47] E. Brynda, M. Houska, A. Brandenburg, and A. Wikerstal, *Biosens. Bioelectron.* 17 (2002), 665-675.

[48] A. Brandenburg and R. Henninger, Integrated optical Young interferometer, *Appl. Opt.* 33 (1994), 5941-5947.

[49] A. Ymeti, J. S. Kanger, J. Greve, P. V. Lambeck, R. Wijn, and R. G. Heideman, *Appl. Opt.* 42 (2003), 5649-5660.

[50] A. Ymeti, J. Greve, P. Lambeck, T. Wink, S. van Hövell, T. Beumer, R. Wijn, R. Heideman, V. Subramaniam, and J. Kanger, *Nano. Lett.* 7 (2007), 394-397.

[51] Z. Qi, S. Zhao, F. Chen, and S. Xia, *Opt. Lett.* 34 (2009), 2113-2115.
[52] Z. Qi, S. Zhao, F. Chen, R. Liu, and S. Xia, *Opt. Express* 18 (2010), 7421-7426.
[53] N. Kinrot and M. Nathan, *J. Lightwave Technol.* 24, (2006), 2139-2145.
[54] O. G. Helleso, P. Benech, and R. Rimet, *Sens. Actuat. A* 47 (1995), 478-481.
[55] R. Fuest, N. Fabricius, U. Hollenbach, and B. Wolf, *SPIE* 1794 (1993), 352-365.

后　记

美国化学传感器的销售是全球数十亿美元的传感器市场的最大部分，其中包括用于气体和液体的化学检测仪器、生物传感器和医疗传感器。尽管硅基器件在该领域占据了主导地位,但它们通常无法在高温和压力等因素的恶劣环境中运行。

《半导体器件传感器在气体、化学和生物医学方面的应用》一书深入探讨了这些仪器如何成为重要角色以及背后的原因，展示了该领域的研究成果，涵盖了原创的理论和实验工作，并且阐释了这些研究如何转化为实际应用和产品。

本书由相关领域的权威人士编写，概述了半导体及纳米材料传感器领域的研究成果，为读者提供了该主题的全面概览。本书是一份宝贵的参考资料，特别适合在各类传感器应用领域工作的专业人士。书中内容广泛，涉及众多应用领域，包括：

- 基于氮化镓的传感器阵列，用于快速和可靠的医疗测试
- 光学传感器
- 无线远程氢气传感系统
- 基于 MOS 的、薄膜和基于纳米线的传感器

本书探讨了宽带隙半导体传感器，这些传感器作为硅基传感器的替代品，展现出众多优点，如出色的化学稳定性、能在高温下工作，以及对蓝光和紫外线的敏感性。尽管已有一些方法被用于生物医学检测，但这些方法受限于多种因素。书中研究的纳米材料器件，是实现生物医学传感应用中快速、无标记、灵敏且高选择性的多靶标检测系统的最佳选择。本书是一个宝贵的资料，为高年级本科生、研究生以及从事气体、化学、生物和医学传感器研究的科研人员提供了丰富的基础知识和详细的技术信息。